Introduction to the Interpretation
of Organic Mass Spectra

# 有机质谱解析
# 导论

汪聪慧　欧阳伟民　蒋 超　编著

化学工业出版社
·北京·

## 内 容 简 介

本书系统介绍了商用质谱仪器上各种电离技术所获谱图的解析方法，深入叙述了电离技术原理、离子源内产生的离子类型与特征，以及气相中单分子离子裂解反应的相关理论与规则；书中详细阐述了正、负离子的裂解反应类型与影响因素，以及图谱解析用的基础技术，为读者提供了从基础理论到实践应用的全面指导。本书不仅关注合成和天然有机小分子的解析，还重点介绍了生物质谱领域多肽、蛋白质、糖、核苷酸等生物大分子的分子量测定和序列分析。对于肽和蛋白质的 ESI-MS 和 MALDI-MS 鉴定，书中也进行了详尽的说明，展现了有机质谱技术在生物领域的重要应用。

为帮助读者巩固所学知识，本书提供了 20 余道习题，并在附录中给出了习题答案。此外，附录还收录了天然同位素丰度和精确质量表、常见的中性碎片丢失表、常见的低质量端碎片离子表等实用信息，方便读者在进行质谱解析时查阅参考。部分信息可通过扫描二维码获取电子版。

本书既适合有机质谱领域的专业工作者阅读，也可作为环境科学、医药卫生、临床医学、农业化学、食品化学、精细化工、材料科学、法庭科学等领域中使用有机质谱分析的科技人员、教师、研究生的参考书籍。

**图书在版编目（CIP）数据**

有机质谱解析导论 / 汪聪慧，欧阳伟民，蒋超编著
. —北京：化学工业出版社，2024.6（2025.7 重印）
ISBN 978-7-122-45564-2

Ⅰ.①有… Ⅱ.①汪… ②欧… ③蒋… Ⅲ.①有机
分析-质谱法　Ⅳ.①O657.63

中国国家版本馆 CIP 数据核字（2024）第 089038 号

责任编辑：傅聪智　　　　　　　　　　　文字编辑：毕梅芳　师明远
责任校对：宋　玮　　　　　　　　　　　装帧设计：王晓宇

出版发行：化学工业出版社（北京市东城区青年湖南街 13 号　邮政编码 100011）
印　　装：北京建宏印刷有限公司
710mm×1000mm　1/16　印张 23¼　字数 439 千字　2025 年 7 月北京第 1 版第 2 次印刷

购书咨询：010-64518888　　　　　　　　售后服务：010-64518899
网　　址：http://www.cip.com.cn
凡购买本书，如有缺损质量问题，本社销售中心负责调换。

　　有机质谱分析目前已深入许多领域，就医药领域而言，各种质谱技术不仅在药物代谢及药代动力学和药物动力学的研究中发挥了不可替代的作用，而且在天然产物的结构解析中具有不可或缺的作用。有机质谱法与紫外光谱法、红外光谱法以及核磁共振波谱法一起构成了有机化合物结构测定的四大工具。它们的图谱解析一直是理论研究和实践应用的重要手段。

　　《有机质谱解析导论》从目前各种电离方式所形成谱图的特点出发，深入浅出地介绍了离子的碎裂规律，并以大量的实例对若干类有机物谱图的分析过程予以详细的叙述。围绕图谱解析，辅以适用的理论和基础技术作铺垫，形成完整的专著。在讨论解析方法的章节中，突出了判断分子离子的一些非常见方法和各种特例，归纳了影响优势裂解的各种因素，并提出以谱图中段的特征离子为导向对复杂的合成有机物和天然产物进行图谱分析的建议。

　　该书具有实用、全面、系统的特点，反映了作者较高水平的学术造诣、丰富的实践经验和拥有的理论知识。在书的各章节中，所述及的内容许多都来自作者的研究和实验。该书在有限的篇幅中为读者提供的图谱解析的基本方法，相信有助于读者在各自耕耘的实践中积累图谱解析的经验。基于我对作者和对该书内容的了解，在此书即将付梓之时作此序。

蒋建东

中国工程院院士

2024 年 5 月

　　有机质谱法作为有机化合物分析的重要工具之一，已经走过近百年的历程。尽管它的主要目标仍然是解决有机物的定性、定量分析问题，但是在深度和广度上有了巨大的进展。主要成果体现在下述几个方面：复杂体系中 $10^{-12}\sim10^{-15}$ 量级的痕量有机物检出、鉴定及定量；依靠各种在线联用手段和质量分离方法相关联的众多电离技术，发现新的物质；深入到生物大分子的分析，形成当前生物质谱法的新分支等。

　　这些成果的应用已经涵盖了诸如环境科学、医药卫生、临床医学、农业化学、食品化学、精细化工、材料科学、法庭科学等领域。全国每天都有数万台质谱仪器在运转，其中会有不少未知物的质谱图需要进行分析。作者希望通过本书所提供的图谱解析方法，去应对标准谱库中检索不到的困惑；并使用几种电离技术，获得多维的信息，以解析未知物的结构，这就是本书编著的主要目的。

　　《有机质谱解析导论》是一本针对有机质谱解析的专著，由 7 章和 9 个附录组成。第 1 章介绍了目前商用质谱仪上装备的电离源［电子电离（EI）、化学电离（CI）、场电离/场解吸（FI/FD）、快原子轰击（FAB）、基质辅助激光解吸电离（MALDI）和大气压电离（API）］所产生的各种类型的离子。第 2 章介绍了指导谱图解析的理论、规则以及术语。第 3 章讨论了正离子裂解反应的规律，这是对各类化合物进行谱图解析的基础，尤其对骨架重排反应的把握具有重要意义。和正离子的情况相似，书中汇集了 CI、MALDI、ESI 和 APCI 电离形成的负离子。无论是气相的分子-离子反应还是单分子裂解反应，它们的分子离子或准分子离子甚至加合离子，其进一步的裂解反应基本上遵循偶电子规则，这是在解析过程中的着眼点。第 4 章是用于谱图解析的四个方面基础技术。除了谱图检索、元素组成式获得、同位素丰度运用以外，本书以较多的篇幅叙述 MS/MS 技术，它的重要性与软电离技术的应用密切相关。书中除描述传统且成熟的 CID 之外，还涉及 ECD、ETD 和最新的 EAD 技术，后三者可提供互补的分析信息，已成为目前有机质谱法的新增长点。第 5 章至第 7 章的篇幅占了整书 40% 以上。无论是 EI 还是其他软电离技术所提到的大量解析实例，都通过图和文字予以具体说明。由于解析是以分子离子为起点，因此一些判断分子离子峰的实例介绍将有助于读者较全面地掌握其基本方法；其中，解释谱图中段的特征离子是结构测定的关键。本书还附有供读者练习的少量习题，以便读者进一步熟悉解析方法。至此，可以说本书7章的内容互为关联，构成了一个完整的体系。

这里，有两点需说明：一是为了使读者可追溯原创文献，作者秉承尊重、真实、可靠的宗旨，提供本书所有引用的国内外资料和数据的出处；二是本书例外地采用"式"的表述，以便形象地描述被分析物的裂解方式、碎裂过程和可能的离子结构，使读者在解析这些化合物时有更深的了解。

在本书的撰写过程中，作者的朋友和同事王永东、陆鼎新、刘连志、贺小蔚、白伟东及李斌在文献资料、素材的提供和图、式的制作上给予了大力的帮助，特别是本书责任编辑对本书的初稿提出了宝贵又贴切的修改建议，使本书得以顺利地脱稿和出版。中国工程院院士蒋建东教授为本书作序。在此，作者一并致以诚挚和衷心的感谢。鉴于本书所涉及的内容比较广泛，而作者受专业背景的限制，对于书中不妥之处真诚地希望读者不吝赐教。

作　者
2024 年 5 月

# 缩略语表

| 缩略语 | 英文全称 | 中文名称 |
| --- | --- | --- |
| AMDIS | automated mass spectral deconvolution and identification system | 自动化质谱图解卷积和鉴定系统 |
| APCI | atmospheric pressure chemical ionization | 大气压化学电离 |
| API | atmospheric pressure ionization | 大气压电离 |
| APPI | atmospheric pressure photo ionization | 大气压光电离 |
| BIRD | blackbody infra-red dissociation | 黑体红外解离 |
| CAD | collisionally activated dissociation | 碰撞活化解离 |
| CCS | collision cross section | 碰撞横截面 |
| CI | chemical ionization | 化学电离 |
| CID | collision induced dissociation | 碰撞诱导解离 |
| CIMS | chemical ionization mass spectrometry | 化学电离质谱 |
| CLIPS | calibrated lineshape isotope profile search | 校正的线形谱图同位素轮廓搜索 |
| CTD | charge transfer dissociation | 电荷转移解离 |
| DART | direct analysis in real time | 实时直接分析 |
| DBE | double bond equivalents | 双键当量 |
| DE-RE-TOFMS | delayed extraction reflection time of flight mass spectrometry | 具有延迟引出技术的反射式飞行时间质谱 |
| DESI | desorption electrospray ionization | 解吸电喷雾电离 |
| DHB | 2,5-dihydroxybenzoic acid | 2,5-二羟基苯甲酸（龙胆酸） |
| DIOS | desorption ionization on silicon | 多孔硅解吸电离 |

| DNA | deoxyribonucleic acid | 脱氧核糖核酸 |
|---|---|---|
| EAD | electron activated dissociation | 电子活化解离 |
| ECD | electron capture dissociation | 电子捕获解离 |
| EDD | electron detachment dissociation | 电子剥离解离 |
| EE | even electron ion | 偶电子离子 |
| EED | electron excitation dissociation | 电子激发解离 |
| EI | electron ionization | 电子电离 |
| EMS | enhanced mass scans | 增强的质谱扫描 |
| EPI | enhanced product ion scans | 增强子离子扫描 |
| ESI | electrospray ionization | 电喷雾电离 |
| ETD | electron transfer dissociation | 电子转移解离 |
| FAB | fast atom bombardment | 快原子轰击 |
| FD | field desorption | 场解吸 |
| FI | field ionization | 场电离 |
| FSMI | full spectrum molecular imaging | 全谱分子成像 |
| FTICRMS | Fourier transform ion cyclotron resonance mass spectrometry | 傅里叶变换离子回旋共振质谱 |
| FWHM | full width at half maximum | 半峰宽 |
| GB | gas basicity | 气相碱度 |
| HCCA (α-CHCA) | α-cyano-4-hydroxycinnamic acid | α-氰基-4-羟基肉桂酸 |
| HCD CELL | high collision dissociation cell | 高能碰撞解离池 |
| HECD | hot electron capture dissociation | 热电子捕获解离 |
| 3-HPA | 3-hydroxylpicolinic acid | 3-羟基-2-吡啶甲酸 |
| ICRCIMS | ion cyclotron resonance chemical ionization mass spectrometry | 离子回旋共振化学电离质谱 |
| IKES | ion kinetic energy spectrum | 离子动能谱 |
| ILM | ion liquid matrix | 离子液态基质 |
| IP | ionization potential | 电离电位 |
| IR | infrared spectroscopy | 红外光谱 |
| IRMPD | infrared multiphoton dissociation | 红外多光子解离 |
| ISCID | in-source collision induced dissociation | 源内碰撞诱导解离 |
| ISD | ion-source decay | 源内分解 |

| LDI | laser desorption ionization | 激光解吸离子化 |
| LMIS | liquid metal ion source | 液态金属离子源 |
| LSIMS | liquid secondary ion mass spectrometry | 液体二次离子质谱 |
| LSM | liquid support matrix | 液体支撑基质 |
| MAD | metastable atom-activated dissociation | 亚稳态原子活化解离 |
| MALDI | matrix assisted laser desorption ionization | 基质辅助激光解吸电离 |
| MIKES | mass analyzed ion kinetic energy spectrum | 质量分离的离子动能谱 |
| MIM | multiple ions monitoring | 多离子监测 |
| MRM | multiple reaction monitoring | 多反应监测 |
| mRNA | messenger RNA | 信使核糖核酸 |
| MRT | multi reflecting TOF | 多反射飞行时间质谱 |
| NBA | 3-nitrobenzyl alcohol | 3-硝基苄醇 |
| NCI | negative chemical ionization | 负化学电离 |
| NICI | negative ion chemical ionization | 负离子化学电离 |
| NLS | neutral loss scan | 中性丢失扫描 |
| NP | 4-nitrophenol | 4-硝基苯酚 |
| OE | odd electron ion | 奇电子离子 |
| PA | proton affinity | 质子亲和能 |
| PAH | polycyclic aromatic hydrocarbon | 多环芳烃 |
| PASEF | parallel accumulation serial fragmentation | 平行累积串行碎裂 |
| PCDD | polychlorinated dibenzo-$p$-dioxin | 多氯代二苯并对二噁英 |
| PCI | positive chemical ionization | 正化学电离 |
| PCR | polymerase chain reaction | 聚合酶链式反应 |
| PFHT | $tris$-(perfluoroheptyl)-$S$-triazine | 全氟三庚基三嗪 |
| PFK | perfluorokerosene | 全氟煤油 |
| PFNT | $tris$-(perfluorononyl)-$S$-triazine | 全氟三壬基三嗪 |
| PFTBA | perfluorotributylamine | 全氟三丁胺 |
| PMF | peptide mass fingerprinting | 肽质量指纹谱 |
| PSD | post source decay | 源后分解 |

| PST | peptide sequence tag | 肽序列标签 |
|---|---|---|
| PTCR | proton transfer charge reduction | 质子转移/电荷降低 |
| QET | quasi equilibrium theory | 准平衡理论 |
| RDA | retro-Diels-Alder | 反 Diels-Alder |
| RMSE | root mean square error | 均方根差 |
| SALDI | surface assisted laser desorption ionization | 表面辅助激光解吸电离 |
| SAMMI | spectrally accurate modeling of multiply charged ions | 多电荷离子谱图准确度模型 |
| SDS-PAGE | sodium dodecyl sulfate-polyacrylamide gel electrophoresis | 十二烷基硫酸钠-聚丙烯酰胺凝胶电泳 |
| SID | surface induced dissociation | 表面诱导解离 |
| SIM | selected ion monitoring | 选择离子监测 |
| SIMS | secondary ion mass spectrometry | 二次离子质谱 |
| SL | sarcolysine | 苯丙氨酸氮芥 |
| SORI-CID | sustained off resonance irradiation-collision induced dissociation | 持续偏共振辐射-碰撞诱导解离 |
| SRM | selective reaction monitoring | 选择反应监测 |
| TCDD | tetrachlorodibenzodioxin | 四氯二苯并二噁英 |
| TFA | trifluoroacetic acid | 三氟乙酸 |
| THAP | 2,4,6-trihydroxyacetophenone | 2,4,6-三羟基苯乙酮 |
| TIMS | trapped ion mobility spectrometry | 捕集离子淌度谱 |
| TLC | thin-layer chromatography | 薄层色谱 |
| TMS | tetramethylsilane | 四甲基硅烷 |
| tRNA | transfer ribonucleic acid | 转移核糖核酸 |
| UVPD | ultraviolet photo dissociation | 紫外光诱导解离 |

# 目录
CONTENTS

**4**

图谱解析用的基础技术

114~183

**5**

电子电离图谱的解析

184~240

# 6

有机小分子软电离图谱的
解析

241~295

# 7

生物大分子的 ESI-MS 和
MALDI-MS 图 谱 解 析
简介

296~341

附录

342~358

# 1 电离技术及离子源内产生的离子

有机质谱法建立在离子测定的基础之上，因此质谱分析的首要条件是实现有机化合物的离子化，也就是电离。电离首先使分子形成分子离子，后者因带有剩余的内能而发生进一步的裂解，产生碎片离子。

目前已有多种电离方法，它们的原理、实施条件、实验环境等各不相同，电离时除产生分子离子和碎片离子以外还有不同类型的离子，如准分子离子、亚稳离子、多电荷离子、加合离子、簇离子等。本章将介绍目前已装备在常规质谱仪器上的离子源，简述它们的原理，并讨论在离子源内产生的各类离子。

## 1.1 电子电离

### 1.1.1 电子电离源及电子电离的过程

电子电离源可以追溯到 20 世纪 20 年代，它是有机质谱仪器最为经典、最基本的离子源。图 1-1 为电子电离源的简图，图中阴影区为一定能量的电子与气相中有机分子相互作用的区域，有机分子失去一个电子形成正电荷离子，然后在推斥板和拉出板的作用下离开离子源。

EI 早先是电子碰撞（electron impact）的缩写，也俗称电子轰击，现在统称为电子电离（electron ionization，缩写 EI）。这是因为电子碰撞的表达易造成误解，以为电子真的与有机分子相碰撞而发生离子化。由于在分子的范畴内电子是如此之小，在 $10^{-4} \sim 10^{-6}$ mmHg（1mmHg＝133.322Pa）的真空条件下要轰击到所相遇的有机分子的任何一个

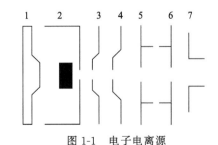

图 1-1　电子电离源
1—推斥板；2—离子化室；3—拉出板；4—屏蔽板；
5—聚焦透镜一；6—聚焦透镜二；7—偏转板

部位是不可能的；另外，从有机化合物的键能角度看，碳-氟单键为 116kcal/mol（1kcal＝4.1840kJ），碳-碳三键为 212.6kcal/mol，70eV 能量的电子相当于 1600kcal/mol，一旦电子与有机分子相碰撞，那么分子的任何键都会发生断裂，这样有机分子的裂解将无规律可循。可是，事实上有机化合物的裂解是有规律可循的。因此，Johnstone 在他的专著中把电子碰撞过程叙述为电子碰撞诱导裂解[1]，并作了如下的叙述：电子靠近或者穿越分子，它的波由于与分子的电场相互作用而发生扭曲，扭曲的波可看作由许多不同的正弦波所组成，其中有一些将以适当的频率作用于分子轨道上的价电子，导致后者的激发，最终有机分子抛出一个电子使分子带正电荷而形成分子离子。70eV 的电子使分子离子化，并给予分子离子剩余内能 5～6eV，也就是这些剩余内能使分子离子发生进一步单分子离子的裂解反应。

### 1.1.2　电子电离源中的正离子

在 EI 源中，实际上可形成正、负两大类离子，可以通过改变极性的办法分别予以接收。在一般的条件下 EI 源中形成的负离子的丰度仅为正离子的 0.1%～1.0%，因此大量的研究集中于 EI 源中产生的正离子。

（1）分子离子

分子离子是由分子失去一个电子形成的，是质谱图中最重要的信息。绝大多数有机化合物是偶电子的分子，即分子最外层有成键电子对。所以，失去一个电子后分子离子成为奇电子离子（用 $M^{+\cdot}$）。一般不用母离子来称呼分子离子，因为母离子是相对于子离子而言的。与分子离子相关的还有准分子离子（quasi-molecular ion）和假分子离子（pseudo-molecular ion）。前者是指 $[M+H]^+$ 或 $[M-H]^+$ 离子，M 是指分子。有一些类别的化合物在 EI 源中能形成上述准分子离子。假分子离子是指分子经离子化后形成与原来中性分子结构不同的分子离子。EI 过程是属于垂直跃迁的电离，一般认为分子离子的结构与中性分子的结构没有多大差别，许多裂解过程由此出发。但是，从能量学的角度看，分子离子是处于不稳定的激发状态，因此在结构上应与中性分子有差异，这一观点也为一些实验结果所证实。例如 $PhSOCH_3$ 在 EI 源中能产生苯酚（PhOH）离子，证明该分子离子经重排形成 $PhOSCH_3$ 然后失去 $SCH_2$ 形成上述离子。

（2）碎片离子

分子离子有多种方式进行裂解，可以说，各种裂解反应处于竞争之中，由此导致了一系列的碎片离子。分子离子的裂解遵循这样的原则：在所有的裂解反应中，需要能量越低的反应就越占优势。不过，优势的反应不一定在谱图中产生最强峰，因为它还会进一步发生二级、三级裂解，如 McLafferty 等人展示的 6-正十二烷酮 EI 谱[2]（图 1-2）中 $m/z$ 114 是一级裂解碎片离子，而 $m/z$

58 为其进一步裂解的二级碎片离子。图中的 $m/z\,99$ 和 $m/z\,113$ 两离子的后缀 $\alpha$ 表示是由 $\alpha$ 裂解产生的，$m/z\,71$ 和 $m/z\,85$ 的后缀 $i$ 表示两离子是由 $i$ 诱导裂解产生的。

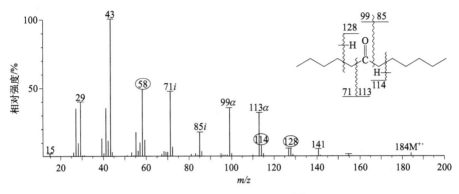

图 1-2　6-正十二烷酮 EI 谱[2]

　　碎片离子分为两大类：一类为简单裂解形成的碎片；一类为重排形成的碎片。简单裂解是比较常见的，从解析的角度来看，这种裂解能直观地反映分子的部分结构，它为人们所期望。重排离子比较复杂，重排过程是分子内部发生氢或其他原子、基团的转移，并同时释放中性分子或自由基。显然，释放的中性分子或自由基以及形成的碎片离子在原来的结构中是不存在的。从解析的角度来看，氢原子的重排不影响结构的判断，而基团重排（常称骨架重排）常容易造成假象而导致解析失误，如下式即为一例。

$$\left[\underset{Ph-O}{\overset{CH_3}{\phantom{CH_3}}}\right] \quad (1\text{-}1)$$

（3）同位素离子

　　自然界存在的元素中有 70% 左右具有天然同位素，这就意味着含有某种元素的碎片离子并不只呈现一个单峰，而是出现一簇峰，即除了丰度最大的同位素外，还有丰度较小的其他质量数的同位素。由诸元素组成的分子中，分别取丰度最大的元素质量数，组成该分子的分子量。各同位素的丰度值可参见附录 1，在该附录内也能找到构成纯有机化合物的少数单同位素，如 F、P、I。这意味着，绝大多数纯有机化合物总是由多同位素组成，因此，扫描它们的电子电离谱，或者采用其他离子化方法，总是能看到分子离子（也包括碎片离子）的主同位素和次同位素峰。次同位素峰的丰度可由该元素在化合物中的数量计算出。正确和精密地获得同位素峰的比值可以定性推测化合物中所含有的元素及数量，也可以在低分辨条件下对精确质量测定起到辅助作用。需要重视的是，在低分辨条件下谱图中若出现强度明显超出同位素 P+1、P+2 比值的峰，则有可能提供新的裂解反应信息。同位素离子在各种离子化方法中始终存在，所以在介绍其他离子化方法时不再重复讨论。

（4）多电荷离子

这是指多于一个电荷的离子，在 EI 源中常见的是双电荷离子，三电荷离子比较少见，但有时也能发现，如化合物 $(CH_3)_3SiOSi(CH_3)_2OSi(CH_3)_3$，它的 $M-CH_3$ 离子就出现了三电荷离子 $m/z$ 73.7。稠环、有机金属化合物、含溴或氧的化合物中均可找到双电荷离子，强度一般为基峰的百分之一左右，个别情况可以达到 6%，例如 9$H$-芴的 EI 谱图中有 $m/z$ 69（2.8%）、$m/z$ 69.5（6.0%）、$m/z$ 70（0.8%）。由于同位素的存在，在低分辨的谱图中很易发现非整数质量的离子而得以辨认。双电荷离子可以来自分子离子，也可以是碎片离子。双电荷离子出现的强度次序如下：

饱和烃＜饱和胺类＜烯烃＜饱和含硅化合物＜多烯烃＜芳香烃＜芳香含氮化合物

请注意，双电荷离子的强度不一定和单电荷离子相对应，这意味着在质谱图中找到的明显的双电荷离子，其所对应的单电荷离子不一定有很大的强度，反之亦然。另外，许多归一化后的质谱图中对低强度的双电荷离子并不显示，再加上计算机处理低分辨谱图时常取整数名义质量来表达。所以，即使它们存在，在制成的标准谱图中也难以见到双电荷离子，但在早期的紫外示波记录仪上则很易发现。

（5）亚稳离子

离子化室中形成的离子在到达收集器前不发生进一步裂解者皆称为稳定离子，否则便为亚稳离子。亚稳离子能反映母离子-子离子之间的关系，为裂解反应提供信息。亚稳离子的形成、控制、计算和应用等，在有关参考书中都有叙述。这里需要说明的有两点：一是，当仪器有足够长的无场漂移区时（如磁质谱仪），在低分辨的谱图上就能呈现亚稳峰。亚稳峰是呈扩散的高斯形或平顶、盘形峰，它至少占据 1 个质量单位的峰宽，并小于基峰强度的 1%。不过，如同双电荷离子的情况，只有使用紫外示波记录仪才能发现（图 1-3）。也可以使用特定的装置和方法，记录和计算出亚稳跃迁峰，如对于双聚焦扇形分析器来说，利用去焦技术、静电场扫描及联动扫描等方法都可以获得亚稳离子信息[3]，又如飞行时间分析器的源后分解（post source decay, PSD）技术。二是，有三种反应得不到亚稳跃迁

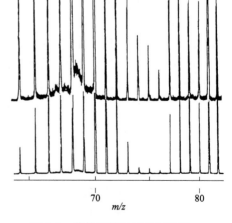

图 1-3　紫外示波记录的亚稳峰

信息，即源内分子内部的异构或重排、形成络合过渡态的过程、快速的二级裂解。第三种情况是指形成的一级碎片离子具有相当低的出峰电位（简称 AP）值，它立即发生二级裂解，此时的一级裂解反应无亚稳跃迁，而二级裂解的亚稳峰常被误认为是由母离子变成最终子离子反应的亚稳跃迁。

## 1.2 化学电离

### 1.2.1 化学电离源

化学电离（chemical ionization，CI）是 1969 年开始应用的技术[4-5]，由于它具有强的分子离子峰或准分子离子峰和较高的灵敏度这两个特点而得到迅速发展。化学电离源与电子电离源的差异主要在离子化室上。图 1-4（b）为化学电离源，与图 1-4（a）开放的电子电离源不同，它的离子化室是密闭的。常规的 CI 实验是这样进行的：在离子化室内反应气体压力为 1mmHg（亦即 1Torr，1Torr＝133.322Pa）左右，平均自由路径相当于 $2\times10^{-2}$mm，在此条件下首先反应气的分子发生电离形成反应离子，然后再与气相中的样品分子相互反应使样品分子离子化，由此形成的分子离子或准分子离子会进一步发生裂解形成碎片，这就构成 CI 谱。如果用反应式来表示的话，下式中 R 代表反应气体，$R^+$ 代表反应气体的反应离子，A 代表被分析的样品分子。式（1-2）仅表示 CI 的原理，实际的反应离子和样品分子离子的情况要复杂得多。

图 1-4 电子电离源和化学电离源的示意图

(a) EI    (b) CI

$$\left.\begin{array}{l} R+e^-\longrightarrow R^++2e^- \\ R^++A\longrightarrow A^++R \\ A^+\longrightarrow A_1^+,A_2^+,A_3^+ \end{array}\right\} \qquad (1\text{-}2)$$

### 1.2.2 正离子化学电离

正离子 CI 可分为酸碱型和氧化还原型两种主要形式。

（1）酸碱型

它是指反应过程中发生了质子的转移，按下式表达为：

$$M+BH^+\longrightarrow[M+H]^++B$$
$$M+BH^+\longrightarrow[M-H]^++H_2+B$$

由于反应离子是偶电子离子，样品生成的准分子离子也是偶电子离子，故这种类型也称为偶电子酸碱反应。例如常用甲烷（$CH_4$）作反应气，它的反应离子是 $CH_5^+$（47%$\Sigma I$）和 $C_2H_5^+$（41%$\Sigma I$），它们是经过下述过程产生的：

$$\left.\begin{aligned}
CH_4 + e^- &\longrightarrow CH_4^{+\cdot} + 2e^- \\
CH_4^{+\cdot} + CH_4 &\longrightarrow CH_5^+ + CH_3^\cdot \\
CH_4^{+\cdot} &\longrightarrow CH_3^+ + H^\cdot \\
CH_3^+ + CH_4 &\longrightarrow C_2H_5^+ + H_2
\end{aligned}\right\} \quad (1\text{-}3)$$

（2）氧化还原型

它是指反应过程中发生了电荷的转移，表达为

$$M + B^{+\cdot} \longrightarrow M^{+\cdot} + B$$

如用 $N_2$ 作反应气，可进行如下的反应：

$$N_2 + e^- \longrightarrow N_2^{+\cdot} + 2e^-$$
$$M + N_2^{+\cdot} \longrightarrow M^{+\cdot} + N_2$$

由于反应离子 $N_2^{+\cdot}$ 为奇电子离子，样品的产物离子也为奇电子离子，故这种类型的反应也称为奇电子氧化还原型反应。

（3）反应气的选择

酸碱反应和氧化还原反应都可以用通式来表达：

$$-\Delta H^\ominus = A(M) - A(B)$$

式中，$A$ 为质子或电子的亲和力；$-\Delta H^\ominus$ 为释放的反应热，其大部分在反应过程中转化为产物离子的内能。从上述关系式来看，$-\Delta H^\ominus$ 越大表明反应越容易进行，裂解程度也越大，在谱图中的碎片峰也越多。从这个意义上说，通过反应气的选择可以调节被分析化合物的 CI 谱信息。表 1-1 为常见的一些反应气。该表需要说明的是：①表中的反应强度指反应离子的酸强度或作为氧化剂时氧化电位的大小；②有少数反应气既可以用作酸碱型，也可以用作氧化还原型；③酸碱型反应包括质子化反应（标为 P）、夺氢负离子反应 $[M-H]^+$（标为 H）、加合反应（标为 Ad）和消除反应（标为 E1）；④在氧化还原反应中，E 表示电荷交换反应。表中的 IP 是电离电位（ionization potential 的缩写），PA 是质子亲和能（proton affinity 的缩写）。

**表 1-1  常见的 CI 反应气**

| 反应气 | 主要反应离子 | 反应类型 | 主要反应 | IP[28]/eV | PA[28]/eV | 反应强度 |
|---|---|---|---|---|---|---|
| $CH_4$ | $CH_5^+, C_2H_5^+$ | 酸碱 | P, H | 12.5 | 5.7 | 强 |
| $i\text{-}C_3H_8$ | $i\text{-}C_3H_7^+$ | 酸碱 | P, H | 11.0 | 6.5 | 中等 |
| $i\text{-}C_4H_{10}$ | $i\text{-}C_4H_9^+$ | 酸碱 | P, H | 10.6 | 7.0 | 弱 |
| $H_2O$ | $H_3O^+, H_5O_2^+$ | 酸碱 | P, H | 12.6 | 7.2 | 弱 |
| $CH_3OH$ | $CH_3OH_2^+, (CH_3OH)_2H^+$ | 酸碱 | P, H | 10.9 | 7.9 | 弱 |

| 反应气 | 主要反应离子 | 反应类型 | 主要反应 | IP[28]/eV | PA[28]/eV | 反应强度 |
|---|---|---|---|---|---|---|
| $NH_3$ | $NH_4^+, N_2H_7^+$ | 酸碱 | P,Ad | 10.2 | 9.0 | 弱 |
| $H_2$ | $H_3^+, H_2^{+\cdot}$ | 酸碱<br>氧化还原 | P,H,E | 15.4 | 4.4 | 强 |
| He | $He^{+\cdot}$ | 氧化还原 | E | 24.6 | 1.8 | 强 |
| Ar | $Ar^{+\cdot}$ | 氧化还原 | E | 15.8 | 3.8 | 强 |
| $N_2$ | $N_2^{+\cdot}$ | 氧化还原 | E | 15.6 | 5.1 | 强 |
| NO | $NO^+$ | 氧化还原<br>酸碱 | E,H,Ad,E1 | 9.3 | 5.5 | 弱 |

另外，NO 是自由基分子，用作氧化还原反应时，它的反应离子应为 $NO^+$ 离子。氩气（Ar）作为氧化还原的反应气有它独特之处：Ar 的 IP 值为 15.8eV，与大多数有机化合物的 IP 值相差 4～6eV，这个能量差与 EI 过程中的分子离子所获得的剩余内能相接近。与其他反应气的氧化还原反应相比，它的电荷交换谱图与 EI 的谱图比较接近，只不过用 Ar 作反应气时 CI 谱中样品的分子离子峰强度要低于相应的 EI 谱，这是因为 Ar 的电荷交换反应条件下不会产生太多的低内能分子离子。与 $N_2$ 相比，Ar 反应气为单原子状态，这就意味着它无振动自由度，所以发生电荷交换反应时不会把能量转移为 Ar 本身的振动能，这样较多部分的能量转移到产物离子上，并形成后者进一步碎裂的内能。实际上，在许多 CI 的研究中使用多元反应气，即电荷交换和质子化反应、多元质子化反应等以获得更多的 CI 信息。

## 1.2.3 化学电离源内的正离子

（1）准分子离子

我们把 M+1 或 M−1 峰称作准分子离子峰。化学电离是一种温和的电离方式，与 EI 相比有"软"电离之称。通常，CI 有强的分子离子峰或强的准分子离子峰。

（2）加合离子

CI 谱中最高质量处的峰有时不是准分子离子，而是分子与反应离子形成的加合离子。例如用 $CH_4$ 作反应气时，会出现 $M+C_2H_5$ 和 $M+C_3H_5$ 等离子。这种性质的离子反过来也有助于判断质谱图中准分子离子 M+H 的位置。笔者在研究十二种内酯型冠醚时均能找到 $M+C_2H_5$ 和 $M+C_3H_5$ 的峰，它们的强度为 M+H 峰的 10%～20%[6]。

（3）碎片离子

CI 谱中也有碎片离子，其有两个特点：一是与分子离子或准分子离子相比，谱图中碎片离子强度要低得多。这是由于 CI 离子化过程不像 Franck-Condon 效应对 EI 过程那样受约束，而是通过离子-分子反应将能量转移给样品分子。由于转移的能量较少，大多数情况是准分子离子峰为 CI 谱的基峰。尽管可以通过改变反应气的性质来调节 CI 谱中碎裂的程度，但若与 EI 谱相比，准分子离子峰的相对强度总是高于 EI 谱中的分子离子峰，而碎片峰的强度则不如 EI 谱中的碎片峰。二是碎片离子峰数目少且集中在谱图的高质量端，这与 CI 发生的局部位置有关。对于含有极性官能团的化合物，反应离子的攻击方向取决于被攻击分子的官能团的偶极矩。在多官能团的情况下可以在所有官能团上发生攻击，不过其概率随偶极矩的大小而异。一旦反应体系达到局部裂解时的能量阈值，就在攻击处发生离子-分子反应。这种反应的结果是官能团的丢失或官能团本身的裂解。因此，碎片集中在高质量处。表 1-2 为长碳链烷烃的 EI、CI 谱图的比较。采用 $CH_4$ 作反应气的 CI 谱，与 EI 谱相比，从表中可见明显有从 $C_{12}$ 到 $C_{17}$ 的系列碎片峰，而且它们的强度比较接近。这说明在缺少官能团的情况下，反应离子的攻击是随机且多点的。在 C—C 键受攻击与 C—H 键受攻击的概率相近的情况下，由于 C—H 键数目多于 C—C 键，所以 M—H 峰最强而其他碎片峰的强度相近。图 1-5 为 Milne 等人展示的脯氨酸 EI、CI 谱图的比较[7]，CI 谱中基峰为 M+H 峰，是由于形成了稳定的四价氮的准分子离子。碎片峰为 $m/z$ 70 则是极性基团受攻击后丢失 HCOOH 的结果。

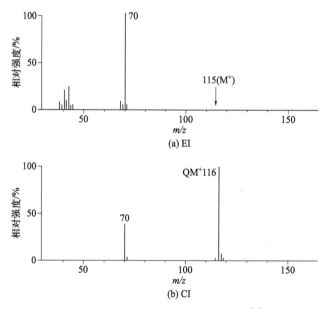

图 1-5　脯氨酸的 EI、CI 谱图的比较[7]

**表 1-2  正十八烷烃 EI/CI 谱高质量碎片峰的强度比较**

| 电离方式 | 离子的相对强度/% | | | | | | |
|---|---|---|---|---|---|---|---|
| | $C_{12}$ | $C_{13}$ | $C_{14}$ | $C_{15}$ | $C_{16}$ | $C_{17}$ | M 或 M−H |
| EI | 2.6 | 1.9 | 1.5 | 1.3 | 0.7 | 0.3 | 2.3 |
| CI | 8.9 | 8.1 | 4.8 | 6.3 | 7.4 | 10.3 | 100.0 |

（4）一些难以解释的离子

CI 源中会产生一些难以解释的离子，这些离子来自于一些反应。例如低聚反应（oligomerization reaction），形成质子缔合的二聚体，甚至多聚体。例如苯，则会形成质子化联苯。取代反应（指亲核取代反应），典型的例子为 $NH_3$ 作反应气，反应离子 $NH_4^+$ 与环烷酮发生反应，环烷酮的氧被 $NH_2$ 所取代。这种情况往往发生在氨或甲胺作反应气时与芳香族化合物之间的反应。氧化还原反应则是反应离子将被分析化合物氧化。例如以 NO 作反应气能将醇氧化成醛，或者将烷烃氧化成烯烃，再经氢负离子的转移，导致谱图中出现 $[M-3]^+$ 离子[8]。只要反应气或者被分析化合物具有可氧化还原的基团，就有发生氧化还原反应的可能，并形成难以解释的产物离子。

## 1.2.4  正离子 CI 谱的优势

（1）提供分子量信息

如果分子离子峰有 1% 的相对强度，就可以认为该化合物的 EI 谱具有分子量信息。大约有 70%～80% 的有机化合物可以用 EI 方法进行分析。这就意味着有 20%～30% 的有机化合物在 EI 源中缺少分子离子峰或因分子离子峰相对强度低于 1% 而容易淹没在化学噪声之中。CI 方法可以获得明显的分子量信息，可以分析这 20%～30% 化合物中的一部分，当然是指在真空条件下能气化而不发生热解的化合物。

（2）EI 与 CI 的信息可以互补

CI 谱图除了有力地提供分子量的信息外，还以高质量处的碎片峰为其特点。因此，结合低质量处有丰富碎片峰的 EI 谱，可以达到化合物结构信息的互补。

（3）选择性裂解反应

由于 CI 谱的碎片与化合物的官能团性质及其位置有关，再加上不同性质的反应气体可以改变碎裂的程度，因此可以在 CI 上实现选择性裂解并应用于结构测定，也包括异构体的区分[9]。

# 1.3 场电离和场解吸

## 1.3.1 场电离和场解吸源

与 EI 离子源相组合的场电离（field ionization，FI）/场解吸（field desorption，FD）源被称为复合离子源。它由三部分组成，即场电离和场解吸的发射体、送入发射体的推杆以及离子化室。图 1-6 表示进入离子源的推杆、推杆前端的发射体以及发射体处在离子化室中的状态。图 1-7 为发射体，在它的两个柱体支架上已焊上一根直径 $10\mu m$ 的钨丝。这根钨丝首先要进行活化，也就是让钨丝上长出微针来，这是为了达到足够场强度以进行电离的必要条件[3]。图 1-8 为活化后的钨丝（称发射丝）在扫描电镜下的照片。场电离用的微针长 $4\sim5\mu m$，场解吸用的微针长 $20\sim30\mu m$。

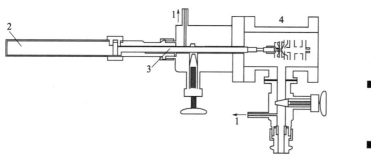
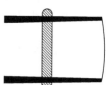

图 1-6  Varian MAT 731 的 FI/FD/EI 复合源
1—低真空；2—推杆导轨；3—FI/FD 发射体推杆；4—离子源

图 1-7  发射体

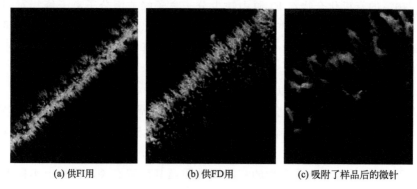

(a) 供FI用          (b) 供FD用          (c) 吸附了样品后的微针

图 1-8  扫描电镜下的发射丝

## 1.3.2 场电离和场解吸原理

FI 和 FD 的电离原理基本相同，仅在样品的导入上有差异。若气化了的有机分子通过发射丝时发生电离，就是 FI；若将有机样品吸附在微针上，然后通过加热电流，使样品解吸，在离开发射丝时发生电离，就是 FD。

FI 的原理、方法最早是由 Inghram 等人在 1954 年提出，不过那时仅用于吸附、催化等物理化学的研究。直至 1963 年在实验技术得到突破后才使 FI 用于有机化合物，使定性、定量分析成为可能。其基本原理如下：将正高压加在金属刀片、尖端、细丝等场离子发射体上，由此形成 $10^7 \sim 10^8 \mathrm{V/cm}$ 的场强。气相有机分子在高静电场发射体附近，其分子内库仑场的势能面发生变形，以致分子的价电子以一定概率穿越有限厚度的势垒壁到达金属的发射体，这一离子化过程是按量子力学的隧道效应进行的[3]。在外电场的存在下有机分子的价电子势能若达到或超过金属钨丝的最高费米电位（$\mu$），此时不需要达到势垒的能量，电子就如通过隧道那样以一定的概率到达金属。一旦价电子到达金属，分子就形成正离子而远离金属，由此发生了场电离。尽管 FI 的离子化条件比较温和，但是对固体样品来说 FI 仍需要依靠气化方式进样，故不易气化和热稳定性差的化合物还是难以适用。

1969 年 Beckey[10] 介绍了 FD 技术。把用作发射体的细丝在被分析的固体样品溶液中浸一下，待溶剂挥发后少量被沾上的样品就以范德瓦耳斯力吸附于发射体上。通上小的加热电流时，受热的样品即刻从发射体上解吸出来并扩散到场发射区内（约距几个埃处，1 埃 = 1Å = 0.1nm），在高场强下发生离子化。目前一种通俗的定性解释是金属表面场解吸的空穴力理论。与固体的气化能相比，解吸能要小得多，所以称 FD 为一种温和的离子化和样品导入方法。它特别适合于难气化和热稳定性差的固体样品分析，苯磺酸钠和氨基糖的分析证明了这一点。代替金属材料，若由碳材料制成的微针作为发射体，会导致离子化过程变得很复杂。

### 1.3.3 FI 源中的正离子

（1）分子离子

场电离不给予分子离子过多的剩余能量，因而减少了分子离子进一步发生裂解的概率，增强了分子离子峰，减少了碎片离子峰。场电离的条件比较温和，EI 源中分子离子峰微弱甚至缺失的样品在 FI 谱图中可显示强的分子离子峰。如 1,3-二氧噁烷类化合物为洗涤剂、化妆品、织物等用的香料，它们的结构式如下，其 EI、FI 的数据比较[11]可参见表 1-3。

显然，由于化合物中有季碳原子的存在，在 EI 谱中分子离子峰很弱，尤其是表 1-3 中化合物 3 和 4 基本上缺乏分子离子峰。但在 FI 谱图中分子离子峰明显，有的甚至为谱图的基峰。FI 谱图中有时会出现明显的 M＋H 峰而不是分子离子峰，这主要取决于：极性分子是处在高电场发生场电离，还是处在低电场发生场电离。在高电场是诱导裂解的单分子反应过程；而在低电场则由于极化而导致凝聚，继而发生分子间的反应。前者形成分子离子，而后者形成 M＋H 离子。典型的例子就是单糖类如葡萄糖，在 EI 谱图中仅有碎片峰，而在 FI 谱图中呈现 $m/z$ 181 的 M＋H 基峰。

表 1-3　1,3-二氧噁烷类化合物的 EI、FI 的数据比较

| 化合物 | R | R′ | $M_w$ | EI | | FI | |
|---|---|---|---|---|---|---|---|
| | | | | $M^{+\cdot}$ | 基峰 | $M^{+\cdot}$ | 基峰 |
| 1 | H | H | 158 | <0.2% | $m/z$ 56 | 100% | $m/z$ 158 |
| 2 | H | $i$-$C_3H_7$ | 200 | 2.0% | $m/z$ 56 | 96.7% | $m/z$ 56 |
| 3 | $CH_3$ | $C_2H_5$ | 200 | <0.1% | $m/z$ 73 | 7.4% | $m/z$ 128 |
| 4 | $C_2H_5$ | $C_2H_5$ | 214 | <0.1% | $m/z$ 87 | 4.0% | $m/z$ 185 |

（2）碎片离子

FI 的裂解机理及其动力学与 EI 不完全相同，因而碎片峰信息可以得到互补。例如季戊四醇硝酸酯，在 EI 源中最高质量峰为 $m/z$ 76，而在 FI 谱中除了分子离子峰 $m/z$ 316 外，还有 $m/z$ 240（M－76）和 $m/z$ 194（M－122），后者为分子离子丢失 $NO_2CH_2ONO_2$ 形成的峰[12]：

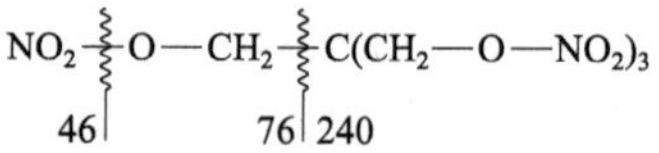

$$NO_2{\stackrel{}{\smash{\big\}}}}O-CH_2{\stackrel{}{\smash{\big\}}}}C(CH_2-O-NO_2)_3$$
$$46 \qquad 76 \qquad 240$$

FI 裂解反应基本上是一级裂解，少数情况下能看到二级裂解碎片，这与分子离子的内能较低有关。FI 以简单断裂为主，谱图中重排离子的碎片峰强度低。

（3）亚稳峰

FI 谱中的亚稳峰强度大，甚至会出现这样的情况，即谱图中相应的碎片峰很弱却出现了它的强亚稳峰。例如 Beckey 展示的薄荷酮（menthone）的 EI 和 FI 图比较[13]（图 1-9）。在 FI 的原始图中能在 $m/z$ 81.4 处看到宽度几乎为一个质量数的正常亚稳峰（此处仅简单标以 $m_n^*$），它对应于 $m/z$ 154 碎裂成 $m/z$ 112（按 $m^* = m_2^2/m_1$ 计算）的跃迁过程，峰强度达 12%。另外，从 $m/z$ 112 碎片峰的位置到正常亚稳峰之间的质量标尺上有超过一个质量数的宽峰，其强度为 0.6% 左右，这种峰被称为快速亚稳峰（此处仅简单标以 $m_f^*$ 形式）。快速亚稳峰不是来自简单断裂反应，因为简单断裂反应具有高的反应速率常数并在离子源内形成正常的碎片峰；也不是来自骨架重排反应，因骨架重排反应的活化能比氢重排反应大，故反应速率常数低，需要的反应时间长，峰以正常亚稳峰的形式出现。快速亚稳峰是氢重排反应形成的，其反应速率常数正好使反应发生在离子加

速区域，它是 FI 谱的特点。快速亚稳峰的位置介于正常碎片峰和正常亚稳峰之间，如果有正常碎片峰，最通常的情况是靠近正常碎片峰的低质量端。总之，FI 源中亚稳峰既明显又丰富，其强度要比 EI 源中的亚稳峰高出一个数量级。

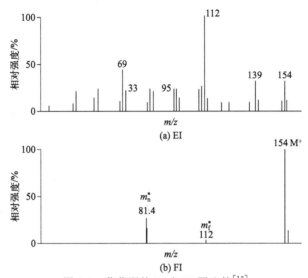

图 1-9　薄荷酮的 EI 和 FI 图比较[13]
两个亚稳峰的强度视为放大一倍的结果，实际峰宽应在示波记录仪上才显示

## 1.3.4　FD 源中的正离子

（1）分子离子峰

场电离的分子离子峰强度比 EI 大，而场解吸的分子离子峰或准分子离子峰要比场电离更强。从 Beckey 等人[14]展示的氯霉素的 EI、FI 及 FD 谱图（图 1-10）中可以看出，FD 的分子离子峰强度比 FI 大 4 倍以上。EI 源中由于分子离子极易裂解为 $m/z$ 170 和 $m/z$ 152 而看不到分子离子峰。在图 1-10 中我们还注意到 M 和 M＋H 峰同时出现，且 M＋H 峰强度通常比 M 峰小，这是常见的情况。但是，有些化合物如多糖、核苷酸、氨基酸等仅出现 M＋H 峰而不出现 M 峰。FD 的分子还会发生阳离子化。

（2）碎片离子

FI 谱图中碎片峰的强度和数量均明显低于 EI 谱；而与 FI 相比，FD 谱图中高质量区域内的碎片峰更少，原因之一是 FI 谱中热分解产物的离子往往比 FD 多。就碎片离子的来源来说，FD 谱中也有简单断裂和重排两种，与 EI、FI 不同之处在于正常质量位置上出现的 FD 重排峰来自表面重排反应，它们往往是 M＋H 离子丢失中性分子而形成的。例如果糖的 FD 谱中［图 1-11（a）］$m/z$ 181 为 M＋H 峰，$m/z$ 163 为 M＋H－$H_2O$ 峰，$m/z$ 149 为 M＋H－$CH_3OH$ 峰。果糖

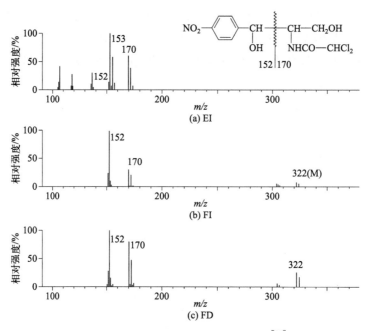

图 1-10　氯霉素的 EI、FI 及 FD 谱图[14]

中 $m/z$ 162 是果糖分子的热分解脱水产物再经场离子化后形成的。当提升加热电流，随着受热过程的加剧，$m/z$ 162 峰强度也将增加 [图 1-11(b)]。

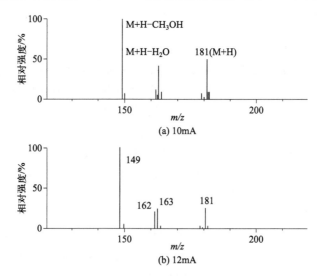

图 1-11　果糖在不同温度下的 FD 谱

（3）双电荷离子和双分子离子

EI 谱中双电荷离子在少数化合物中出现，且强度一般不超过 1%～2%；但

FD 谱中双电荷离子不仅容易出现而且强度也大，有时相对强度可达 10％～20％，甚至更高。如提高发射丝加热电流，*O*-乙酰基水杨酸（$M_w$ 180）的 FD 图谱中呈现强的双电荷离子 *m/z* 60.5、*m/z* 82.5。FD 谱中还能出现双分子离子 2M 和准双分子离子，如 2M－2、2M－1、2M＋1 等，这是表面离子-分子反应的产物。

（4）簇离子

有些化合物的 FD 谱图中会出现离子群，它们并非比分子离子高出 1～2 个质量单位，而是高出很多，苯磺酸钠的 FD 谱图就是一例。苯磺酸钠的分子量是 186，在谱图中并未出现 *m/z* 186 峰，而在 *m/z* 203、383、563、743、923 却分别出现 M＋Na、2M＋Na、3M＋Na、4M＋Na 以及 5M＋Na 的峰。簇离子中的 *n* 数和它们的强度还随加热电流的改变而变化。据称这是表面诱导反应的结果。羧基脂肪酸、有机酸、季铵盐等化合物都有此现象。

（5）同位素离子

见电子电离源中的相关介绍。

## 1.4 快原子轰击

### 1.4.1 快原子轰击源

快原子轰击（fast atom bombardment，FAB）是 Barber 等人[15]于 20 世纪 80 年代初发展的一种电离方法。它的实验方法为一束中性气体粒子轰击样品，从而导致有机分子的电离并获得质谱图。图 1-12 为 FAB 源的示意图。中性氩原子束由氩离子枪产生，能量为 2～10keV。当氩原子束施加在试样探头的样品上时，产生的样品离子束通过一组透镜聚焦到仪器的入口狭缝上，然后进入分析器。

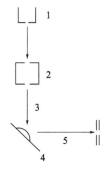

图 1-12　FAB 源的示意图
1—氩离子枪；2—交换室；3—氩原子；4—含样品底物的探头；5—离子束

## 1.4.2　快原子轰击电离

早先使用一定能量的一次离子轰击试样表面，使试样原子或分子发射二次离子，形成了表面分析的二次离子质谱（secondary ion mass spectrometry，SIMS）。这一方法被改进为有机样品溶解或悬浮在介质溶液中，如同激光解吸源那样，获得了很好的效果。这种改进的方法称为液体二次离子质谱（liquid secondary ion mass spectrometry，LSIMS）。以后的实验发现，介质不导电使得被分析物处于带电状态，从而影响随后轰击的正常进行。于是，用中性原子代替离子以避免样品在分析过程中带电，如此构成的 FAB 方法是真正的轰击而导致的离子化。利用带几千电子伏的重粒子（通常是中性原子）轰击含样品的凝聚相（包括固体或液体），表面会发射电子、光子、带电或不带电的原子或分子。有机物的 FAB 方法仅涉及液体底物中样品分子的电离和离子的发射行为。尽管 FAB 的实验简单，但形成离子的机理颇为复杂，目前根据实验现象而作的解释有如下几种。

（1）动能传递导致二次离子的溅射

使用氙气（Xe）代替氩气（Ar），发现氙气产生的样品离子流强度大于氩气，这是由于 Xe 的原子量大于 Ar，因而在相同能量的条件下前者有较大的动量，或者在相同速度的条件下前者有较大的能量。若使用铯离子枪，即高温加热碘化铯，蒸发出铯离子经电场加速，形成较氩离子或氙离子能量更高的铯离子，可以提高分析的灵敏度，有助于大分子的发射。

（2）离子化的有机分子的表面发射

有机分子阳离子化过程中需要的能量远低于有机分子本身被电离成分子离子所需要的能量。高能的中性原子与阳离子化的有机分子相互作用，达到阳离子化的有机分子发射。实际上确实在液体介质中加入低浓度的 NaCl、LiCl 等盐类可以使不容易获得质子化分子的糖类样品，得到 [M＋Na]$^+$ 和 [M＋Li]$^+$ 峰。有些化合物在不加碱金属离子的情况下其 FAB 谱中也会出现阳离子化的分子离子，这是因为样品、试剂、溶剂中含有痕量碱金属离子，也说明这类化合物有强烈的阳离子化倾向。高能的中性原子作用在液体介质上，通过能量传递使阳离子化分子从凝聚态转变为气态。

（3）有机分子的偶极子与激发的等离子体作用

在高能量的粒子作用下，在碰撞处形成非平衡的等离子体，后者与有机分子的偶极子相互作用，导致有机分子的电子激发而离子化。

（4）类似于基质辅助的激光解吸过程

高能粒子的轰击下使液体介质解吸，而后者的定向运动作用于大分子，并在低于气化所需的能量下发生大分子的蒸发和电离。

### 1.4.3 FAB 源中形成的正离子

（1）分子离子与准分子离子

许多化合物在 FAB 源中能呈现强的准分子离子峰，在正离子 FAB 谱图中以 M+H 的形式出现，反映了这些化合物的分子结构中往往含有多羟基或者氨基的特点。而在负离子 FAB 源中小肽（C 端保留 COOH）或糖，则呈现 M−H 峰。图 1-13 是分子量 1510 的糖肽的正离子 FAB 谱图，这是笔者从卵蛋白中得到糖肽，研究其正离子 FAB 行为时获得强的 M+H 准分子离子峰[16]，在引用的该文献中还可以看到负离子 FAB 的结果，同样也具有强的 M−H 峰。

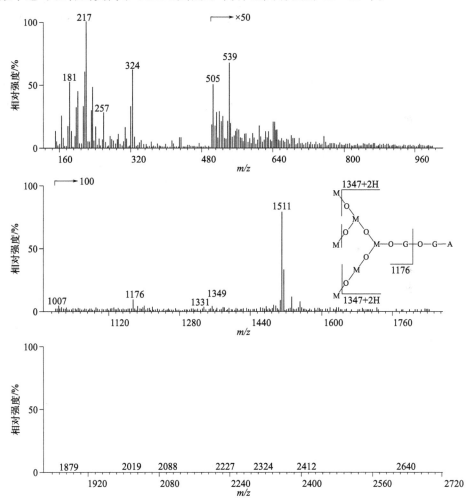

图 1-13　分子量 1510 的糖肽正离子 FAB 全谱
M 代表甘露糖；G 代表 N-乙酰基葡糖胺；A 代表天冬酰胺残基

尽管 FAB 技术适合于高极性化合物的分析，但并不能说在 FAB 谱图中不会出现 M 峰。有的化合物其正离子 FAB 谱图中会同时出现 M 和 M＋H 峰。同样，在 FAB 中能够形成 M＋H 峰的化合物（如寡肽、糖苷、寡糖等）也有形成阳离子化的倾向。在底物中加入 NaCl、KCl、LiCl 等盐类能够明显获得有些糖苷化合物的 M＋Na、M＋K 或者 M＋Li 峰。一些带羧基的抗生素如青霉素、吡硫头孢菌素、海他青霉素（hetacillin）、核苷酸等也都具有此性质。阳离子化的方法对于能形成 M＋H 峰的化合物并不是都见效，这是其一；其二是碱金属盐的用量在提高阳离子化的效果上也有一定范围，通常为 0.1mol/L 的浓度。不过与 FD 的阳离子化相比较，在 FAB 实验中对碱金属的浓度没有像 FD 那样受很大的限制，因为，在后者的实验中过多的金属盐反而会抑制有机离子的场解吸。

（2）碎片离子

FAB 谱图中，高质量端的碎片离子以少而弱为其特点。由于底物所产生的离子有相当的强度，而且除主要的系列峰外还有经历复杂过程形成的中等或低强度的底物离子，因此在有机小分子的 FAB 谱图中，低质量区内很难观察到样品的碎片离子，除非低质量端的碎片离子强度超过底物所产生的主系列离子。对于生物大分子而言，碎片离子往往反映它们的序列信息，并且都来自氢重排的碎裂反应。

（3）双分子离子

FAB 谱图中也会出现双分子离子，典型的像 L-肉毒碱的正离子 FAB 谱。$m/z$ 162 为 M＋H 峰，$m/z$ 323 为 2M＋H 峰，$m/z$ 484 为 3M＋H 峰。这种双分子离子在磷霉素缓血酸铵谱图中也有如 FD 源中所述的双分子离子乃至三分子离子的簇离子特征[17]。

（4）加合离子

由于底物的参与，在一些 FAB 谱图中会出现 M＋G＋H 或者 M＋G＋Na 峰，此处 M 为样品分子，G 为底物如甘油、一硫代甘油。例如腺苷 5′-三磷酸二钠盐（$M_w$ 551）的 FAB 谱就存在 $m/z$ 644（M＋92＋H）、$m/z$ 666（M＋92＋Na）的峰；链霉素硫酸盐（$M_w$ 581）属于氨基糖类抗生素，谱图中也同样有 $m/z$ 674（M＋92＋H）的峰，甚至还有 $m/z$ 772（M＋92＋$H_2SO_4$＋H）的峰；新霉素硫酸盐除了 $m/z$ 713（M＋$H_2SO_4$＋H）外还有 $m/z$ 811（M＋2$H_2SO_4$＋H）峰，显然多个 $H_2SO_4$ 的加合与分子中多个 $NH_2$ 的存在有关。糖肽的全甲基衍生物也具有这样的性质[18]，图 1-14(a) 为未衍生化的糖肽（$M_w$ 1348）的正离子 FAB 谱；图 1-14(b) 为全甲基化的衍生物（$M_w$ 1712）的正离子 FAB 谱。谱中 M 峰不明显而 $m/z$ 1820（M＋108）却相当明显。由于使用的底物为一硫代甘油（$M_w$ 108），所以存在 M＋G 峰。

（5）底物的簇离子

FAB 谱图中摆脱不了底物离子的干扰，这是由于底物的分子量不大，但它可以形成簇离子。例如甘油（$M_w$ 92）在正离子的 FAB 谱图中有簇离子 $(G)_n +$H 的离子系列，$n=1$，2，3…，其中强度大的峰（相对强度大于 10% 以上）在 $n=1\sim4$；它还有 $(G)_n +Na$ 的离子系列，强度大的峰 $n=1\sim5$；负离子 FAB 则有 $(G)_n -H$ 的离子系列。底物除了上述的主要离子系列外，还有一些碎裂过程比较复杂的碎片离子，由它们进一步形成加合离子使 FAB 谱图的 $m/z$ 300 以下的低质量区域变得异常复杂，因而在谱图解析时要特别谨慎。

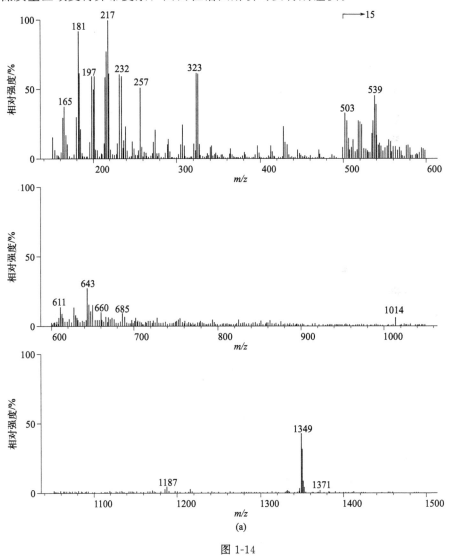

图 1-14

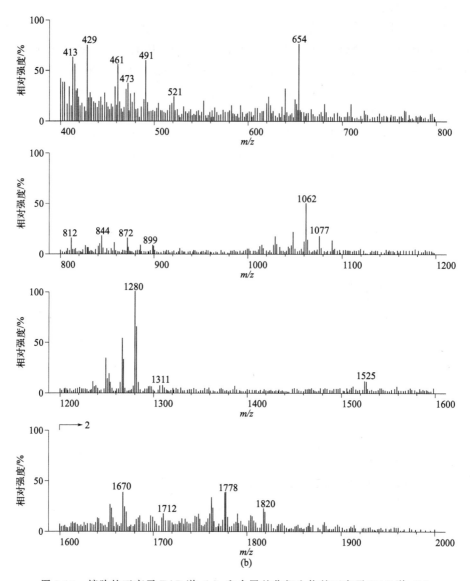

图 1-14 糖肽的正离子 FAB 谱 （a） 和全甲基化衍生物的正离子 FAB 谱 （b）

# 1.5 基质辅助激光解吸电离

## 1.5.1 基质辅助激光解吸电离源

HPLC-ESI-MS 和 MALDI-TOFMS 两种技术目前已经成为生物大分子研究强有力的支撑工具，它为生物大分子的鉴定和结构分析提供了方向，因此 Fenn、

Tanaka（田中耕一）及 Wathrich 获得了 2002 年诺贝尔化学奖。基质（包括靶载体、底物、添加物）、样品制备等深入的研究也进一步推动了 MALDI（基质辅助激光解吸电离）技术的发展。当然，MALDI 的出现离不开激光解吸电离和含样品的液体底物的 FAB 电离这两个方法的启示。

自 1963 年 Hohig 和 Woolston[19] 首次发表激光解吸电离的论文后，Vastola[20] 随后将这一方法引入有机质谱分析。五十多年来激光质谱法得到了显著的发展。激光解吸电离（简称 LDI）有效地解决了热稳定性低、难气化样品的分析难题。该技术向着两个方向发展：一是有机小分子的分析；二是生物大分子的分析。对于有机小分子的分析，是将样品溶解于溶剂中，取一小滴加在金属的探头上，待溶剂蒸发后形成薄层。然后，用一束激光（紫外到红外的波长范围）聚焦于该表面层，使样品电离。该法所得的谱图中突出的是质子化分子离子、阳离子化分子离子，尤其是阳离子化分子离子。这是因为碱金属离子对有机分子的极性基团有强的亲和力，且比有机分子的 IP 值低 3～5eV，它们能以偶电子离子的方式形成稳定的离子。碱金属离子来自金属探头的表面，或金属的热电离，或样品、溶剂中存在的痕量碱金属离子。通常准分子离子为基峰，谱图中还有若干重要的碎片离子。若调制激光的辐射密度，会增加碎片离子峰强度。

关于上述 LDI 过程，有以下几种解释[21]：①离子直接从固体热蒸发到气相，例如季铵盐在激光作用下以正离子形式出现，这就类似于在 FD 源中出现的情况；② 中性样品分子直接从固体热蒸发到气相中，继而电离；③激光解吸；④激光所形成的等离子体导致样品离子的产生。就上述几种解释来说，它们与曾研究过的解吸过程，如季铵盐的 FD 离子化、磺酸盐的负 FAB 以及锎（$^{252}$Cf）等离子体解吸等离子化过程，都能找到类似性。不过，可能的差异还在于除了热能，粒子等不仅有非共振能量吸收的模式，还有共振吸收的作用，即不同有机物对激光的频率有一定的选择性，因而也就增加了激光解吸机理的复杂性。

从激光解吸解决生物大分子的分析到目前流行的基质辅助激光解吸电离（MALDI），以及与其相关联的飞行时间质谱法，构成了完整的分析系统。MALDI 具有高效解吸大分子的能力，飞行时间（TOF）质谱法具有高通量、大质量范围的测定能力，因此二者的结合无疑是很理想的。MALDI-TOF 的优势就在于：装置简易、灵敏度高、分析速度快、对杂质和缓冲剂有相当承受力，且在谱图中几乎是单电荷离子，特别适合稳定性和挥发性差的化合物分析，尤其是生物大分子。图 1-15 是 MALDI 源的示意图，图中通过聚焦的激光束激发带有基体的样品分子，离子束经聚焦进入飞行管，经质量分离的离子最终依次进入检测器。

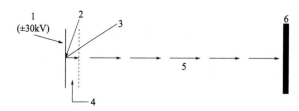

图 1-15　MALDI 源的示意图

1—靶；2—样品和基体；3—脉冲激光；4—加速区；5—样品离子；6—检测器

## 1.5.2　基质辅助激光解吸电离原理

　　早先的 LDI 用于生物大分子的测定仍是沿袭有机小分子的测试方法，结果成效不大，其中的原因之一是生物大分子直接经受激光辐射导致降解。1987 年日本学者田中耕一（Tanaka）使用超细金属粉末与甘油的混合物作为辅助基质，由激光解吸和 TOFMS 检测，得到了 $m/z$ 3529 的羧肽酶 A 蛋白质的分子量信息[22]，由此拉开了 MALDI-TOFMS 研究生物大分子的序幕。MALDI 早期的基质选择是从衬底材料和表面光洁度着手研究样品的涂覆方法，但分析效果并不明显，所以才转移到类似 FAB 的液态基质的研究上。不过，目前生物大分子的样品制作，在基质辅助的前提下，仍采用固态和液态两种方法。固态法，即常规的共结晶（也称为干滴制备法）和微晶薄层技术。早先，液态法因灵敏度低，很长时间不被重视。但近几年开发的离子液态基质（ILM）和液体支撑基质（LSM），在灵敏度上接近固态法，甚至个别的还能超过固态法。这两种方法在应用上都取得了很大进展，在分析几十万分子量的蛋白质时显示出巨大的潜力。尤其丙二酸、琥珀酸、苹果酸、尿素以及甘油等基质更适合 IR(红外)-MALDI。

　　一般的理解，基质的功能除了稀释并隔离分析物分子和提供质子剂/电子剂或者去质子剂/去电子剂以外，其辅助作用在于它在非共振吸收时获得能量，它帮助样品分子从凝聚态转变为气态。与正常的固态进入气态需要气化热的情况不同，激光解吸并未导致被激发分子内能的显著增加。从事激光解吸的研究者认为，这种光子参与下的解吸作用犹如"冷爆炸"，基质分子的冷爆炸形成的定向运动作用在大分子上，使后者在低于气化所需能量下"蒸发"。大分子的激光电离，选择辅助基质似乎比选择其共振吸收的激光波长更为重要，合适的基质可以在非共振吸收的波长下获得很好的谱图，因而 MALDI 适合于热稳定性低的生物大分子分析。

　　实际上，MALDI 的离子化是一个经验性很强且相当复杂的过程，这是由其物理和化学过程相互交叉所决定的。其中解吸和消融（ablation）都起作用。在 MALDI 实验中，分析物的理化性质、浓度、制备方法、基质［可以广义地认为基质还应包括载体（或称衬底）和添加物］的选择、激光的波长（通常采用紫外线，包括对凝胶毛细管电泳斑点的分析；红外线偏重十二烷基硫酸钠凝胶和薄层色谱板上样品的直接解吸）、激光的特性（通量密度、脉冲宽度与间隔等）、基质温度等都对形成的样品离子有影响。现在发现，虽然有数百种底物在尝试，由于上述因素，在相似的实验条件下可能基质效果相差很大。也就是说，只有极少数底物被认为可以通用。目前，一种主流的看法[23]认为 MALDI 的作用时间要比 FAB 或 SIMS 长得多，MALDI 的离子化有两个阶段，第一阶段称为初级离子化，指基质 m 的离子化，如 $m^{+\cdot}$、$[m+H]^+$、$[m+Na]^+$、$[m+K]^+$、$[m-H_2O]^+$、$[m-CO_2]^+$、$[m-H]^-$ 等。曾经有许多解释初级离子化的模式，现在聚焦在热模型和汇集（pooling）/间接光离子化模式的研究上。事实上，第一阶段是处于高密度的状态，多半为成簇的电性离子和中性粒子，只有处于低密度状态时，才能满足质谱分析的条件。第二阶段发生基质离子与分析物的离子-分子反应，也称二级离子化，导致分析物的离子化，并以激光消融和羽流（plume）的方式完成离子解吸。显然，第二阶段必有膨胀的过程。这里的解吸有两种含义：其一是分析物离子在基质中并非游离状态，称为需要释放的"呈现离子"（performed ion）；其二是分析物离子离开基质进入气相。这里的羽流是借用流体力学的用语，指张开的羽毛状流体（见文献[24]拍摄的图片）。不过，除了两个阶段的机理解释外，另有实验证实，采用 UV 激光时不能排除在气相中分析物直接发生光电离的过程，即发生丢失和捕获电子的反应，形成 $M^{+\cdot}$ 和 $M^{-\cdot}$ [25]。同样，还包括在气相中发生低分子量中性粒子的阳离子化反应。也有研究者在实验中注意到，气相中发生电荷交换和电子捕获的光电离，取决于基质与分析物的实际组合，还有可能与添加物或污染物存在有关[26]。

### 1.5.3 MALDI 源中形成的正离子[29]

（1）质子转移二级反应离子

质子转移的 $[M+H]^+$ 经常能见到，尤其在生化样品上。这与 CI 相似，涉及基质的 PA（质子亲和能）和分析物（M）的 PA 之间的差异。形成 $[M+H]^+$ 的条件为：与基质的 PA 相比，分析物的亲质子性越强，则越易形成 $[M+H]^+$。另外，还与分析物的碱性强弱有关，强者易形成 $[M+H]^+$。多肽属于高碱性，而且有多元配位作用，所以适合质子转移二级反应。寡糖是弱碱性，适合负离子反应。有机化合物的 PA 和 GB（气相碱度）值可参考有关文献[27]，该资料约有 1900 个化合物的数据。反应离子的丰度由电荷转移的气相热力学所决定，具体地说就是由 $[m+H]^+$ 和分析物的生成热所决定。如果生成热（即反应热）越大，则产物 $[M+H]^+$ 的稳定性越好，进一步碎裂越少。反应的生成热是参与反应的离子和自由基之和，即由它们的 $\Delta H_f$ 值来计算，有机化合物的 $\Delta H_f$ 值可参考有关文献[28]。需要提醒的是，计算 $\sum \Delta H_f$ 值时，若逆反应的活化能不可忽略不计，则必须考虑在内。

（2）阳离子转移二级反应离子

对许多分析物来说，当它和基质的 PA 值都比较高时，质子化是很有利的反应；当分析物的 PA 值和酸度都低于大部分基质时，有利的反应是形成阳离子加合物，阳离子普遍使用 $Na^+$、$K^+$ 和 $Li^+$。含氧丰富的化合物，如多羟基化合物很易获得 [M＋碱金属]$^+$。若基质和分析物对 $Na^+$ 亲和力之间的差值明显低于质子转移时的差值，此时应选择阳离子亲和力很低的基质，这样分析物才能形成加合离子。例如，与 DHB（2,5-dihydroxybenzoic acid）、THAP（2,4,6-trihydroxyacetophenone）相比，1,8-羟基蒽酮就是更合适的阳离子化剂。除了碱金属的阳离子化，Ag、Cu 及过渡金属也因有这样的特性而出现在质谱图的信息中[30]。和 FD 的情况相似，过量的盐是有害的。因为它会影响共结晶及稀释基体，所以添加盐时需要控制。在基质和分析物对阳离子亲和力很接近时，盐量要高于分析物的当量值。

（3）电子转移二级反应离子

这种电子转移反应易发生在使用疏质子的基质，针对低极性化合物或几乎无极性官能团的化合物。与 CI 的情况相似，发生电子转移产生正离子的过程取决于热力学的量值 IP（离子化电位），而产生负离子的过程则取决于热力学的量值 EA（电子亲和力）。

（4）基质离子

由于基质离子的存在，其避免不了出现在质谱图中。基质还会产生簇离子，如 $[m_n＋H]^+$、$[m_n＋碱金属]^+$、$[m_n＋H－H_2O]^+$ 等。不过，MALDI 有基质抑制效应（MSE），当分析物有足够的浓度，并控制激光的低强度，就有可能获得一张只含分析物离子的、清晰的谱图。据称，这种现象是单向的，即正性是如此，负性可能不利。

（5）碎片离子[30]

如前所述，尽管激光解吸并未导致被激发分子内能的显著增加，因而对MALDI 所形成的分子离子或准分子离子的进一步裂解有所限制，当分析物发生质子化或阳离子化（或者电子捕获形成负离子）时，这一过程将释放更多的内能，使准分子离子发生进一步裂解。因此，作为裂解驱动力之一的基质辅助作用在这里就显得重要。通常把基质分成硬和软来表示，前者能促使强的裂解 [如 $\alpha$-cyano-4-hydroxycinnamic acid（HCCA 或称 $\alpha$-CHCA）为最强]，后者能导致弱的裂解 [如 3-hydroxylpicolinic acid（3-HPA）为最弱][32]。

众所周知，人们总是把 MALDI-TOFMS 与大分子联系在一起。为此，我们将在以后的章节中对各类生物大分子 MALDI 的碎裂特点和谱图分析作进一步讨论。但是，小分子（Cohen 等人[30]建议，通常指分子质量小于 1500Da）的MALDI 的碎裂也应引起重视。小分子 MALDI 的研究有如下固有的困难：一是基质离子的干扰，不仅包括基质分子量及其以下的低质量离子，而且包括由于加合离子出现而高于基质分子量的离子；二是由于基质离子造成检测器低质量范围达到饱和状态，所以会对分子质量低于 500Da 的小分子有影响；三是检测有机小分子需要更高的激光能量，但离子化效率并不高；四是难以实现与色谱的在线联用。事实上，相比大分子来说，小分子裂解的研究报道明显要少。

尽管如此，MALDI 的优势仍然是小分子 MALDI 研发的推动力，目前的进展也说明了这一点。如 MALDI 与各种质量分析器（像四极杆、离子阱）的结合；如大气压下的 MALDI，除了单电荷离子外还可以获得多电荷离子[31]；如 MALDI 与纳升 LC 的自动连接，通过样品和液态基质的自动加样与 MALDI 的自动测定，获得可重现的谱图；还如在基质上的改进，除使用固态基质（常用的有 HCCA、DHB）和液态基质外，采用非传统固体基质、无基质的固体支撑材料的激光解吸（如 DIOS），甚至无机基质（如 SALDI）等。这些研发的目的是寻找有控裂解的基质来实现小分子分析[30]。

图 1-16 是 Wingerath 等人展示的一张典型 MALDI-TOFMS 图[33]，化合物为 3-羟基视黄醛（3-hydroxyretinal，分子量 300，结构式如下），属于维生素 A 的系列物。

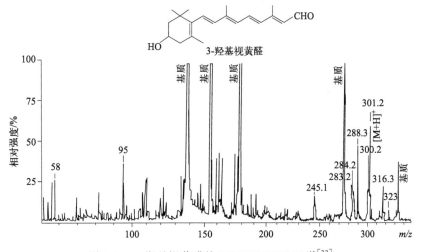

图 1-16　3-羟基视黄醛的 MALDI-TOFMS 谱[33]

维生素 A 并不是单一的化合物，主要为视黄醇及相同活性的一类物质，如视黄醛、视黄酸及合成的类似物。据称，此类化合物稳定性很差，尤其是 3-羟基视黄醛采用 HPLC-ESI/MS 也不理想。使用 DHB 基质，紫外线激发，结合 DE-RE-TOFMS（具有延迟引出技术的反射式飞行时间质谱）可以获得 MALDI 正离子谱图。图 1-16 中 $m/z$ 301 为 $[M+H]^+$，$m/z$ 323 为 $[M+Na]^+$，$m/z$ 300 为 $M^{+\cdot}$，$m/z$ 283 为 $[M+H-H_2O]^+$，$m/z$ 245 为 $[M+H-C_3H_4O]^+$。$m/z$

284 是否是 ［M＋H－OH］$^{+\cdot}$ 尚不能确定，因为此过程在能量上是不利的。$m/z$ 316 和 288 可能来自尚不能解释的加合离子。小分子有机物的 TOFMS 谱图或是呈现强的分子离子或是呈现强的质子化分子离子，这种时有发生的分子离子与质子化分子离子共存的现象，也许是由在此实验条件下的不同离子化机理造成的。

（6）亚稳离子

MALDI 源内存在亚稳离子，只有在反射式 TOF 分析器中通过源后分解（PSD）技术才能获得亚稳离子信息。它的原理相当于扇形场分析器的去焦法，详细情况可参考文献 ［3］。Biemann 展示的一张典型的 PSD 谱[34]（图 1-17），是由 2pmol 的血红蛋白经胰蛋白酶解得到的 beta T 肽（VHLTPEEK），经 PSD 法测得的亚稳离子谱图。图中标出的峰（如 b、y 类型）依照肽序列的标准命名法标注，谱图呈现完整的序列峰。

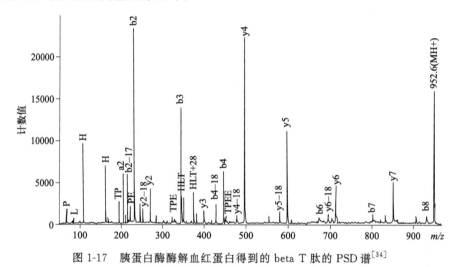

图 1-17　胰蛋白酶酶解血红蛋白得到的 beta T 肽的 PSD 谱[34]

# 1.6　大气压电离

我们在讨论大气压电离（API）前简要地回顾前述的几种离子化方法，除了 FD/FI 和 MALDI 外，EI 和 CI 都能与气相色谱联用；而 FAB 则能与液相色谱联用，但远不如 API 与液相色谱联用那么易行、通用和有效。所以，大气压电离的电喷雾技术在当前 LC-MS 联用领域内已成为热门话题。它的问世可以追溯到 1976 年 Iribame 等人提出的离子蒸发概念，当时在 SCIEX 公司的 TAGA API/MS 仪器上试验，并于 1983 年制成样机。1986 年 Bruins 等人在 Cornell 大学作了改进并在灵敏度上获得了突破，这才具有实用性，并把这种既当接口又作离子化的方法称之为离子喷雾技术。1985 年 Fenn 首次报道了大气压电喷雾/质谱系统并于 1988[35]、1989[36]陆续发表了利用电喷雾方法分析多肽、蛋白质及寡核苷酸等生物大分子，其中获得了分子量 76000 的伴清蛋白（conalbumin）数据，由此开辟了 LC-MS 接口技术的新纪元，并为生物化学领域中质谱的应用奠定了基础，Fenn 也因此获得 2002 年的诺贝尔化学奖。历史的回顾证明这一新方法的出现在质谱领域和 LC-MS 技术的发展进程中具有里程碑的意义。在讨论电喷雾接口前还必须对美国的 Cornell、Yale 和 Battle 三所大学提出的两种技术称呼作些说明。前者称为离子喷雾，而后二者称为电喷雾。当初，电喷雾的喷嘴是内径在 0.1mm 以上的金属毛细管，在它上面施加高电压（如 8kV），在流速 $5\sim10\mu L/min$ 下，液滴以 $0.1\mu m$ 直径的微滴形式被电场拉出。微滴的电性与附加高压的电性相同，在真空系统中运动会随着溶剂的不断蒸发最终形成单电荷或多电荷离子。这种方法称作电喷雾电离（electrospray ionization，ESI），它要求高电场、低流速以及合适的电导溶液。另一种改进的电喷雾方法，是两层套管的中心层为 LC 流出物，而外层则通氮气（通常也称为雾化气）。这种改进方法除了与电喷雾相同之处外，还加上了雾化气（流量为 $20\sim50L/h$，可调），其显然能提高液体的流速并达到稳定的离子流。这种气动雾化的电喷雾方法实际上就是当初称之为离子喷雾的方法。所以离子喷雾也称作气动辅助 ESI。由于目前的电喷雾都是加上气动雾化的装置，因而统称为电喷雾。电喷雾接口装置中的浴气（bath gas）是指一股十倍于雾化气的大流量干燥氮气，它的作用是加速雾化液滴的溶剂蒸发，并将溶剂带走。

## 1.6.1 API 源

在大气压条件下目前发展了四种电离方式：即电喷雾电离（ESI）、大气压化学电离（atmospheric pressure chemical ionization，APCI）、光电离（atmospheric pressure photoionization，APPI）以及解吸电喷雾电离（desorption electrospray ionization，DESI）。不过从应用的范围来看主要是前两种，我们也将分别讨论这两种方法。

（1）ESI 源

图 1-18 为 Fison 公司 Quattro LC-MS/MS 仪器的电喷雾接口示意图。HPLC 的流出液以液滴的方式从带有同轴雾化气的毛细管中喷出，后者加上高电压，这样，带电液滴的溶剂在运动途径中在浴气和抽空的双重作用下不断蒸发，随着液滴体积收缩，最终以多电荷或者单电

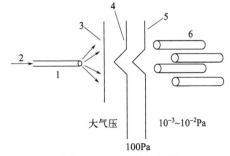

图 1-18 ESI 源示意图

1—毛细管；2—样品溶液；3—对电极；4—锥形采样孔；
5—锥形分离器；6—质量分析器

荷形式进入质量分析器。

（2）APCI 源

图 1-19 为 SCIEX 公司 LC-MS 仪器的 APCI 源示意图，与 ESI 源的结构基本相同，差别主要有两处：一是毛细管上不加高电压；二是离子源内有一根电晕放电针，HPLC 的流出液同样以液滴的方式从带有同轴雾化气的毛细管中喷出，然后在电晕放电的作用下发生化学电离，最终形成的分析物离子导入质量分析器。浴气和抽气加速了雾化液滴的溶剂蒸发，并将溶剂带走，而毛细管头部的加热器可促使溶剂和溶质分子汽化，并促进与反应离子间的反应。

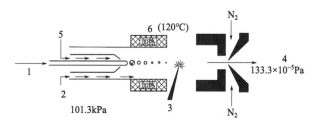

图 1-19　APCI 源示意图

1—LC 流出液；2—浴气；3—放电针；4—质量分析器；5—雾化气；6—加热器

## 1.6.2　API 电离原理

（1）ESI

通过喷雾毛细管的流出液一般是含极性溶剂和电解质的溶液。在电场作用于毛细管时，电场将穿透毛细管尖端的溶液，溶液中的正负离子将移动。在正离子扫描模式下，正离子移向毛细管尖端处的弯月面，负离子往相反方向移动。正离子在移动的时候受到溶液表面张力的制衡，此时在毛细管的尖端形成一种名为泰勒锥（Taylor 锥）的形状（图 1-20）。当电压足够大的时候，液体从 Taylor 锥中释放出来，并进一步裂解成许多细微的带电雾滴。

目前有两种解释离子化的机理。一种是离子蒸发理论，见图 1-21（B）[37]，即来自 LC 毛细管的流出液由于同轴高速空气或氮气的喷出而形成很细的雾。当高电压加在毛细管上，因 LC 的流动相中含有电解质，使喷出的液滴带上与高电压相同的电性。液滴由样品分子与相应的电解质溶液组成，而它的电性则处于正、负电荷量的不平衡状态。理论模型

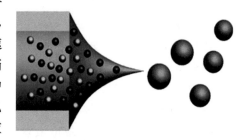

图 1-20　泰勒锥示意图

和实验均证明，当液滴在蒸发室（或称去溶剂室）中运动时，溶剂不断蒸发，在

液滴体积收缩到低于 $10^{-6}\mu L$ 时，很高的表面场强足以产生离子的场发射。在室温和大气压的条件之下，离子发射速率取决于溶剂的自由能，总有一种离子优先被蒸发，多半是溶剂化的样品分子离子。当液滴上所有溶剂被蒸发后，留下了干燥的非挥发性组分质点。如果在达到临界场之前发生这一过程，或液滴上初始电荷量太少，或溶液没有太多的非挥发性物质，从而达不到足够小的半径，则都不产生离子发射。

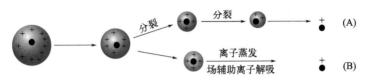

图 1-21　两种解释离子化的机理

另一种是溶剂化离子的裂变理论，见图 1-21（A）[38]，电喷雾产生的带电雾滴随着溶剂蒸发而缩小，溶剂蒸发能量由环境气体提供。随着雾滴半径 $R$ 的变小而雾滴电荷 $q$ 不变，电荷密度就不断提高，导致表面电荷斥力的增加。当达到 Rayleigh 稳定限时，静电斥力等于表面张力，雾滴不再稳定，发生裂解成为微滴，微滴会因表面隆起而在电场的作用下裂变成更小的微珠。小微珠继续蒸发直至再次达到 Rayleigh 稳定限。最终，被分析物质完全脱去溶剂，并以单电荷或多电荷离子形式进入气相。在裂变过程中质量和电荷发生不对称的重新分配，这样的裂变过程被称为库仑分裂。

离子蒸发理论认为离子的蒸发优先于 Rayleigh 分裂。离子未达到 Rayleigh 稳定限前就从小雾滴上"发射"出去，形成带电的气相离子。上述两种机理从某种程度上说是互补的，对于一定条件下的特定分析而言，很难判断哪种机理在形成气态离子的过程中起主要作用。但是，不管哪种机理起主要作用，两者都说明了中性分析物在溶液中形成离子的重要性。

（2）APCI

APCI 过程可以看作热气动雾化和电晕放电电离二者的结合，前者提供辅助雾化的功能，但此时产生的电离量少还不足以进行 MS 分析，故需要后者电离的支持。在 APCI 源的针状电晕放电极上施加了高电压，通过放电使空气或载液中的某些中性分子电离，形成的反应离子接着与溶质分子之间发生众所周知的化学电离过程。当然，喷射的液滴靠近放电电极处也会导致溶剂电离并形成反应离子。与化学电离相同，无论是正离子还是负离子，均能分为质子转移和电子转移两大类型。不过，正离子 APCI 系统中电子转移的灵敏度比质子转移低得多，甚至低三个量级，所以大部分含氧、氮的有机物易发生质子转移，此时 $H_3O^+$ 和 $H_3O^+(H_2O)_n$ 反应离子参与此过程。一般认为不满足质子转移条件的化合物才发生电子转移，此时起主要作用的是 $O_2^{+\cdot}$ 反应离子[41]。

当 LC-MS 联用时乙腈或甲醇的 PA 值都比水高，这就对分析物构成了挑战。所以，在 APCI 源中对具有较低 PA 值的分析物来说，$H_3O^+(H_2O)_n$ 比 $H_3O^+$ 作为质子转移的反应离子更为有利；同样对缓冲剂也应考虑 PA 值的问题。

APCI 的实验条件中很重要的是探头温度。通常 APCI 使用直径为 0.5～0.6mm 的导管，使用较高的离子源温度，如 ESI 源为 80℃，APCI 源则用 120℃。几百摄氏度的探头温度，由于加热不只是为了气化，更可能有助于溶质分子与反应离子间的反应，其结果反映在灵敏度和信息量两个方面。特别要强调，在 APCI 实验中各个化合物所要求的最佳探头温度是不同的，尽管推荐的温度在 400～500℃，但关键是需要通过实验来确定被分析物适宜的探头温度。

### 1.6.3　API 源中形成的正离子

（1）正离子 ESI 谱

① 分子离子或准分子离子　有机小分子在 ESI 源中以分子离子或准分子离子形式出现，绝大多数情况是：ESI＋时形成质子化分子离子。Siuzdak 展示的脑脊髓液中麻醉剂氯胺酮（ketamine，$M_w$ 237）的分析是一个很好的例子[39]（图 1-22），显示了使用 LC-ESI-MS 的鉴定结果。质谱图中强度约为质子化分子离子 1/3 的含氯同位素离子为 $m/z$ 240。

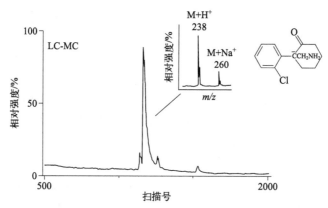

图 1-22　脑脊髓液中麻醉剂氯胺酮的正 ESI 谱[39]

图 1-23 也是一个典型的实例。化合物 $Ph_2C(NH_2)COOH$（二苯基甘氨酸，$M_w$ 227），ESI 谱呈现 ［M＋H］＋峰。从上到下的四张 ESI 谱的差别仅在于锥电压不同，从 10V 至 40V。图（a）中明显出现 ［M＋H］＋峰，丰度在 20％～30％ 之间，而图（d）由于发生源内碰撞诱导，质谱图中有很强的碎片峰，经放大后才能看到丰度约为 1％ 的 ［M＋H］＋峰 ［图（d）40V 时，见到的 $m/z$ 228 峰，其强度已经放大］。由此可见，降低锥电压可以提高准分子离子的强度。

这种源内碰撞诱导称为 Cone CID 或者 up front CID。在 ESI 源内锥形采样孔（见图 1-18 中的 4），起着限制流量和帮助去溶剂的作用。在其之后有一个锥形分离器（见图 1-18 中的 5，又称 skimmer），该分离器上加的电压称为锥电压。当然，采样孔和锥形分离器之间的区域，若要发生源内碰撞，其要素是真空度和运动离子的动能。在 ESI 的实验条件下，真空度已符合碰撞的第一要素，而提高锥电压则可符合碰撞的第二要素。因此，锥电压的大小会直接影响被电喷的分子离子的碎裂程度。

　　② 碎片离子　图 1-23 中可以看到众多的碎片离子，$m/z$ 211、$m/z$ 183、$m/z$ 167、$m/z$ 165，它们分别来自 $[M+H-NH_3]^+$、$[M+H-NH_3-CO]^+$、$[M+H-NH_3-CO_2]^+$、$[M+H-NH_3-HCOOH]^+$。$m/z$ 133 则可能是 $m/z$ 211 丢失 $C_6H_6$ 的结果。而 $m/z$ 83 来自流动相的溶剂。通常认为 ESI 是迄今为止最为温和的电离方式，也是样品分子从液相状态转移到气相最容易的方式。因此，它的谱图中应当有强的分子离子或准分子离子。所以，影响 ESI 谱的碎裂的

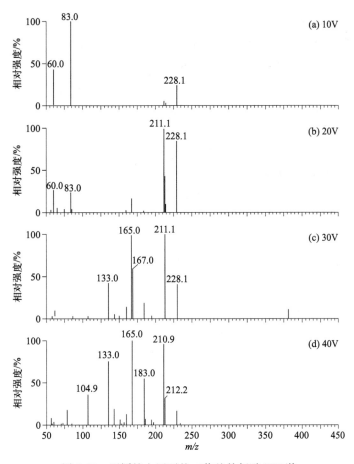

图 1-23　不同锥电压下的二苯基甘氨酸 ESI 谱

因素不只是分析物的结构，还与实验时锥电压的设置相关。如何设置锥电压的值取决于分析的要求，定性分析希望信息量多，则要适当地增加锥电压；而定量分析希望减少碎片峰的数目，则要控制锥电压。另外，若变更溶剂或者 pH 值，有时候还会导致电荷分布的变化，这意味着互为竞争的碎裂反应会有变化，甚至形成不一样的碎片离子。

③ 加合离子　Siuzdak 展示的氯胺酮（$M_w$ 237）的 LC-MS 图（图 1-22）[39]，其插图中 [M＋Na]$^+$ 离子就属于加合离子。ESI 源的加合离子一般不如质子化分子离子那么丰富。

④ 多电荷离子　多电荷离子是 ESI 源中最重要的一种离子，它特别适合于水溶性好、极性大、热稳定性差的样品分析，这是原因之一；其二是 ESI 法形成了多电荷离子，之所以会产生多电荷是因为分子中有多个接受质子的位点。质谱法的质量测定是以质荷比为基础，在通常的离子化过程中形成的是单电荷离子。除 TOF 外，一般的质量分析器所能允许的质量范围至多达到 10000Da。但电喷雾却能形成带有数十个电荷的离子，这就意味着数万甚至数十万分子量的大分子一旦形成多电荷离子，将导致它们的质荷比落入 2000～4000Da 的质量范围内，从而被普通的四极杆质谱仪所检测。具有高灵敏度和低电压操作特点的四极杆质谱仪以低廉的价格满足了 LC-MS 的分析。目前 ESI 源能适应 0.5～1mL/min 的 LC 流速。构成生物学的三大支柱——蛋白质、糖和脱氧核糖核酸均具有很大的分子量，而它们中的一些具有活性结构的分子的分子量通常在几万到十几万，并且又与一定的 pH 溶液相关联。由此可知，ESI 法在生物分析化学中的地位。

图 1-24 是使用 ESI 源获得的 20pmol 马心肌红蛋白的正离子 ESI 谱。肌红蛋白的分子量为 16951.48。在 ESI 谱中获得 [M＋11H]$^{11+}$ 到 [M＋22H]$^{22+}$ 的多电荷离子。可以从已知公式计算出实测的分子量值。图 1-24 的右图是典型的多电荷离子谱图，即在从低到高的质量坐标上形成一个离子系列，电荷数由大变小，两个离子之间相隔一个电荷。右图中标出了该离子的电荷数，左图是经变换后求得的平均分子量实测值 16951.35。

公式的计算是假设两个相邻的离子的实测质量为 $m_2$ 和 $m_1$，假定 $m_2 > m_1$，而电荷数则为 $n_1 > n_2$ 且 $n_1 = n_2 + 1$。根据形成的多电荷离子的电荷数与分子获得的质子数相同，有 $m_1 = (M + n_1)/n_1$ 和 $m_2 = (M + n_2)/n_2$，$M$ 为该物质的分子量，消去 $M$ 和 $n_1$，由此可得：

$$n_2 = (m_1 - 1)/(m_2 - m_1)$$
$$M = n_2(m_2 - 1)$$

推广到与 $m_1$ 相隔 $x$ 个电荷的一对离子，则有：

$$n_x = (m_1 - x)/(m_x - m_1)$$
$$M = n_x(m_x - 1)$$

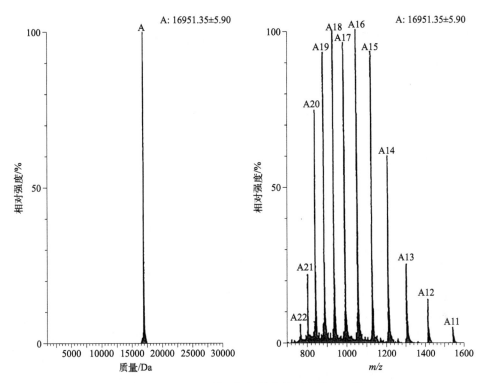

图 1-24　20pmol 马心肌红蛋白的正离子 ESI 谱

这样，用任何一对离子均可确认其电荷状态，并独立地计算分子量。这种计算方法已经变成一种运算程序，在仪器的数据系统中实现。表 1-4 是一个实例。

表 1-4　由马心肌红蛋白的多电荷离子计算分子量

| 相对强度/% | $m_x$ | $n_x$（电荷数） | 分子量 $M$[①] |
|---|---|---|---|
| 0.59 | 679.16 | 25 | 16953.86 |
| 0.96 | 706.77 | 24 | 16938.29 |
| 1.54 | 737.92 | 23 | 16949.07 |
| 6.64 | 771.74 | 22 | 16956.19 |
| 22.66 | 808.63 | 21 | 16960.00 |
| 73.60 | 848.44 | 20 | 16948.58 |
| 93.16 | 893.75 | 19 | 16962.19 |
| 99.63 | 942.88 | 18 | 16953.70 |
| 96.28 | 998.26 | 17 | 16953.29 |
| 100.00 | 1060.66 | 16 | 16954.50 |

续表

| 相对强度/% | $m_x$ | $n_x$（电荷数） | 分子量 $M$[①] |
|---|---|---|---|
| 92.26 | 1131.19 | 15 | 16952.76 |
| 60.36 | 1211.26 | 14 | 16943.55 |
| 25.97 | 1304.75 | 13 | 16948.67 |
| 14.44 | 1413.42 | 12 | 16948.93 |
| 5.42 | 1541.62 | 11 | 16946.70 |
| | | | 16951.35±5.90（平均 $M$ 值） |

① $M$ 值与 $m_x$ 值的修约有关，故在最终 $M$ 值上会有微小的差异。

这里需要说明的是，多电荷离子的分布特征与生物大分子的分子量有关，可以把它分成三种类型。

a.作为仪器定标用的肌红蛋白是分子量大于 10000 以上的蛋白质，图 1-24 是其 ESI 谱线分布的标准类型。只有在很纯的情况下才能获得这样的谱型。即它们的峰剖面形成对称的、类似高斯型的分布。

b.由于生物大分子存在结构相似的类似物，彼此的分离非常困难，也就是说不纯的问题总是存在，随着分子量的增大这种情况越来越严重。因此，尽管经过多次纯化，但很少能得到肌红蛋白那样的谱图。具有一定纯度的条件下许多生物大分子的 ESI 谱中能够明显看到上述那种剖面，包括同位素离子和丢失小分子在内的、围绕主峰周围形成的一群簇离子。

图 1-25 为黑色眼镜蛇毒液中的透明质酸酶，经 HPLC 分离后其中主要组分的正离子 ESI 谱，分子质量在 49388Da 左右[40]。如果纯度降低，就看不到这种簇离子的界线，会连成一片。严重时簇离子的主峰也会出现数个强度相当的峰，从而导致判断上的困难，其结果将影响分子质量测定的准确性。在实际低分辨测定中这种情况是经常遇到的，只有超高分辨的仪器才能把它们一一分开。从复杂的低分辨谱线中寻找出两个或两个以上的生物大分子的多电荷离子的系列是很费时的。下面有几个要素可以用来对不那么纯的样品或者在有相当强度的干扰峰存在下，识别出它们的系列谱线。首先，选出的多电荷系列离子应当形成类似于高斯型的剖面；其次，系列离子应覆盖尽可能大的质量范围；它们具有高的质量测定精度；系列离子的主峰均由该 ESI 谱中的强峰所组成。

c.分子量低于 10000 的化合物，其 ESI 谱是以谱线为其特征，不一定会形成类似高斯型的剖面。图 1-26 为人胰岛素的正离子 ESI 谱，其主成分实测为 $M_w$ 5806.4±0.60。人胰岛素的理论分子量应当为 5803.6（$C_{257}H_{383}N_{65}O_{77}S_6$），由 21 个氨基酸的链和 30 个氨基酸的链组成。

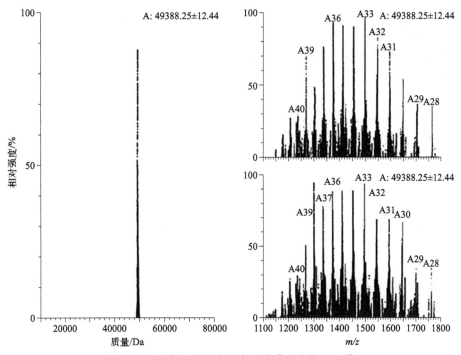

图 1-25　黑色眼镜蛇毒液中透明质酸酶的 ESI 谱

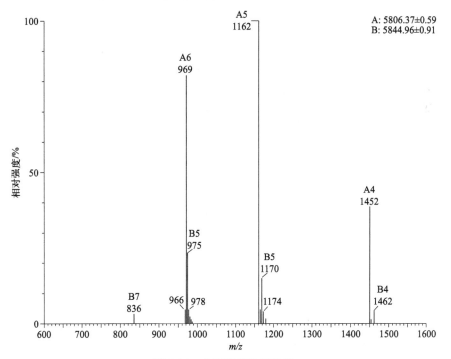

图 1-26　人胰岛素的 ESI 谱

（2）正离子 APCI 谱

① 分子离子或准分子离子　APCI 谱仅有单电荷离子，这是与 ESI 谱的最大不同。Mottram 等人展示了甘油三酯的正 APCI 谱[42]（图 1-27）。图 1-27（a）为甘油三油酸酯 APCI 图，图中的 [OO]+，即 $m/z$ 603，是质子化分子离子丢失一个油酸的碎片离子。图 1-27（b）为甘油三酯的脂肪酸分别为软脂酸（P）、硬脂酸（S）和亚油酸（L），图中质子化分子离子是 $m/z$ 859，三个主要碎片峰分别是 [M+H]+ 丢失软脂酸 [LS]+、硬脂酸 [PL]+ 和亚油酸 [PS]+ 的碎片离子。

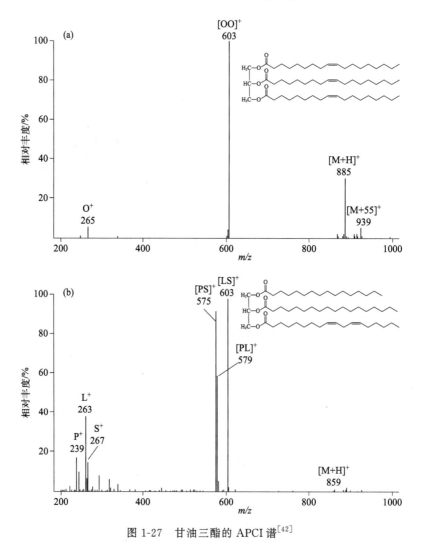

图 1-27　甘油三酯的 APCI 谱[42]

② 碎片离子　APCI 源中的碎片离子要比 ESI 源丰富。图 1-28 中，以 $C_4H_9OCONHCH(Ph)CONH_2$（$M_w$ 250）为例说明这一点，图（a）～图（c）为三种探

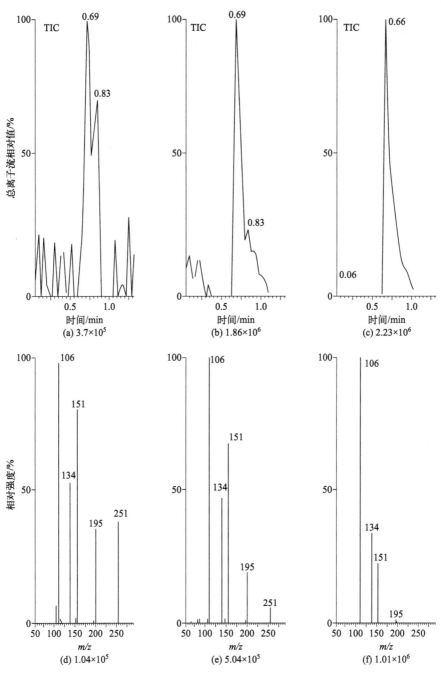

图 1-28 $C_4H_9OCONHCH(Ph)CONH_2$ 的 APCI 图
（不同探头温度下）

头温度下获得的总离子流图，温度分别是200℃、250℃及400℃，强度比为0.37∶1.86∶2.23；图（d）～（f）为相应的 APCI 图，强度比为1.04∶5.04∶10.10。从总离子流图来看400℃时最强，200℃时最弱。从信息量来看，M+H 峰（$m/z$ 251）在200℃时相对强度为40%，250℃时接近10%，400℃时小于0.1%。综合上述结果，探头温度以250℃为适宜。除了准分子离子 [M+H]$^+$ 外，还有四个主要碎片。这说明样品的信号、[M+H]$^+$ 峰及其碎片峰，它们的强度与 APCI 探头的温度有密切关系。

③ 加合离子　仍以图1-27（a）甘油三油酸酯的 APCI 图为例，图中除 $m/z$ 885 [M+H]$^+$ 外，$m/z$ 939 [M+55]$^+$ 为分子离子加上溶剂丙腈的加合离子[42]。

# 参考文献

[1] Johnstone R A W, Rose M A. Mass spectrometry for organic chemists and biochemists [M]. 2nd ed. London: Cambridge University Press, 1996: 64.

[2] McLafferty F W, Turecek F. Interpretation of mass spectrometry [M]. 4th ed. Sausalito: University Science Books, 1993: 44.

[3] 汪聪慧. 有机质谱技术与方法 [M]. 北京: 中国轻工业出版社, 2011: 30-33, 58-59, 204-209.

[4] Munson M S B, Field F H. Chemical ionization mass spectrometry. Ⅰ. General introduction [J]. J Am Chem Soc, 1966, 88 (12): 2621-2630.

[5] Harrison A G. Chemical ionization mass spectrometry [M]. Boca Raton: CRC Press, 1992.

[6] 汪聪慧, 黄载福, 康致泉, 等. 内酯型冠醚的正负化学电离质谱 [J]. 质谱学报, 1986, 7 (2): 12-18.

[7] Milne G W A, Axenrod T, Fales H M. Chemical ionization mass spectrometry of complex molecules. Ⅳ. Amino acids [J]. J Am Chem Society, 1970, 92: 5170-5175.

[8] Tabet J C, Fraisse D. Reaction of cyclohexanone with [NH$_4$]$^+$ under chemical ionization conditions. 1—Formation of protonated unsubstituted imines [J]. Org Mass Spectrometry, 1981, 16: 45-47.

[9] 姜龙飞. 化学电离质谱学 (四) [J]. 质谱学杂志, 1983, 4 (4): 47-61.

[10] Beckey H D. Field desorption mass spectrometry: A technique for the study of thermally unstable substances of low volatility [J]. Int J Mass Spectrometry Ion Physics, 1969, 2: 500.

[11] 汪聪慧, 曹开星, 徐建中. 烷基取代的1,3-二氧噁烷类的场电离和电子电离质谱 [J]. 分析测试学报, 1986, 5 (2): 7-12.

[12] Brunee C, Kappus G, Maurer K H. Field ionization studies of unstable organic compounds with a double focusing mass spectrometer [J]. Fresenius' Zeitschrift für analytische Chemie, 1967, 232: 17-30.

[13] Beckey H D. Field ionization mass spectrometry [M]. Oxford: Pergamon Press, 1971: 298.

[14] Beckey H D, Hoffmann G, Maurer K H, et al. Applications of field desorption mass spectrometry [J]. Adv in Mass Spectrometry, 1971, 5: 626.

[15] Barber M, Bordoli R S, Sedgwick R D, et al. Fast atom bombardment of solids as an ion source in mass spectrometry [J]. Nature, 1981, 293: 270-275.

[16] Wang T H, Chen T F, Barofsky D F. Mass spectrometry of L-beta-aspartamido carbohydrates isolated from ovalbumin [J]. Environmental Mass Spectrometry, 1988, 16: 335-338.

[17] 姚家彪, 尹昭华, 王颜红. 第七次全国有机质谱学术会议论文集 [C]. 长春, 1993: 104-105.

[18] Wang T H, Chen T F, Barofsky D F. FAB MS of permethylated L-$\beta$-aspartamido-carbohydrates [J].

Chem Research in Chinese University, 1998, 14 (2): 160-166.

[19] Hohig R H, Woolston J R. Laser-induced emission of electrons, ions and neutral atoms from solid surfaces [J]. Applied Physics Letters, 1963, 2 (7): 138-139.

[20] Vastola F J, Pirone A J. Ionization of organic solids by laser irradiation [J]. Adv Mass Spectrometry, 1968, 4: 107-111.

[21] Hillenkamp P. Laser induced ion formation from organic solids [M] //Benninghoven A. Ion formation from organic solids. Berlin: Springer Verlag, 1983: 190.

[22] Koichi T, Yutaka I, Satoshi A, et al. Detection of high mass molecules by laser desorption time-of-flight mass spectrometry [M] //Second Japan-China Joint Symposium on Mass Spectrometry Abstracts. Beijing: Peking Univ Press, 1987: 185-188.

[23] Knochenmuss R. MALDI ionization mechanisms: An overview [M] //Cole R B. Electrospray & MALDI mass spectrometry. 2nd ed. Hoboken: Wiley, 2011: 149.

[24] Gross J H. Mass spectrometry: A text book.[M]. 2nd ed. Berlin: Springer-Verlag, 2011: 513.

[25] Juhasz P, Costello C E. Generation of large radical ions from oligometallocenes by MALDI [J]. Rapid Commun Mass Spectrometry, 1993, 7: 343-351.

[26] Gross J H. Mass spectrometry: A text book [M]. 2nd ed. Berlin: Springer-Verlag, 2011: 550.

[27] Hunter E P L, Lias S G. Evaluated gas phase basicities and proton affinities of molecules: An update [J]. J Phys Chem Ref Data, 1998, 27: 413-656.

[28] Lias S G, Bartmess J E, Liesman J F, et al. Gas-phase ion and neutral thermochemistry [J]. J Phys Chem Ref Data, 1988, 17 (Suppl 1): 1-861.

[29] Knochenmuss R. MALDI ionization mechanisms: An overview [M] // Cole R B. Electrospray & MALDI mass spectrometry. 2nd ed. Hoboken: Wiley, 2010: 168-171.

[30] Cohen L H, Li F, Go L E, et al. Small molecule desorption/ ionization mass spectra [M] // Hillenkamp F. MALDI MS: A practical guide to instrumentation, methods and applications. 2nd ed. Weinheim: Wiley Blackwell Press, 2014: 367-410.

[31] Ryumiin P, Cramer R. Efficient production of multiply charged MALDI ions [M] //Cramer R. Advances in MALDI and laser induced soft ionization mass spectrometry. 2nd ed. Cham: Springer, 2016: 37.

[32] Hillenkamp F, Thorsten W J, Karas M. The MALDI process and method [M] //Hillenkamp F. MALDI MS: A practical guide to instrumentation, methods and applications. 2nd ed. Weinheim: Wiley Blackwell Press, 2014: 17.

[33] Wingerath T, Kirsch D, Spengler B, et al. Analysis of cyclic and acyclic analogs of retinol, retinoic acid, and retinal by laser desorption ionization-, matrix-assisted laser desorption ionization-mass spectrometry, and UV/Vis spectroscopy [J]. Anal Biochem, 1999, 272 (2): 232-242.

[34] Biemann K. Nomenclature for peptide fragment ions (positive ions) [J]. Method Enzymol, 1990, 193: 886-887.

[35] Meng C K, Mann M, Fenn J B. Of protons or proteins—— "A beam's a beam for a' that." [J]. Zeitschrift für Physik D: Atoms, Molecules and Clusters, 1988, 10: 361-368.

[36] Fenn J B, Mann M, Meng C K, et al. Electrospray ionization for mass spectrometry of large biomolecules [J]. Science, 1989, 246: 64-71.

[37] Iribarne J V, Thomson B A. On the evaporation of small ions from charged droplets [J]. J Chem Phys, 1976, 64: 2287-2294.

［38］Kebarle P，Tang L. From ions in solution to ions in the gas phase—the mechanism of electrospray mass spectrometry ［J］. Analytical Chemistry，1993，65：972A-988A.

［39］Siuzdak G，Mass spectrometry for biotechnology ［M］. San Diego：Academic Press，1996：112.

［40］Wang T H，Pattannargson S，Ma L，et al. Electrospray mass spectrometry of hyaluronidase in snake venoms ［M］//Proceedings of International 8th Beijing Conference and Exhibition on Instrumental Analysis，Vol B. Mass spectrometry. Beijing：Peking University Press，1999：63.

［41］Boyd R K，Basic C，Bethem R A. Trace quantitative analysis by mass spectrometry ［M］. Hoboken：John Wiley & Sons Press，2008：204.

［42］Mottram H R，Woodbury S E，Evershed R P. Identification of triacylglycerol positional isomers present in vegetable oils by high performance liquid chromatography/atmospheric pressure ionization mass spectrometry ［J］. Rapid Communications in Mass Spectrometry，1997，11：1240-1252.

# 2 气相中单分子离子裂解反应的术语、理论和若干规则

本章所涉及的内容都从 EI 开始，由于 EI 过程的性质属于单分子离子的裂解，所以凡是真空条件下在气相中发生单分子离子裂解的离子化方法，此处的讨论原则上都是适用的。要重复强调的是分子离子的各种可能裂解反应的概率取决于它的内能和分子离子的结构。任何一个离子进一步发生各种裂解反应的概率只取决于该离子本身的内能和 $K(E)$ 的函数。而与它的前体离子结构无关。

EI 源的压力假如为 $10^{-5}$ mmHg，离子化室的真空度至少优于 $1 \times 10^{-3}$ mmHg（如果是 GC-MS，EI 源的压力一般为 $10^{-4}$ mmHg），此时分子的平均自由程约为 $10^3$ mm。这样，在离子化室内基本上不会发生分子-分子或离子-分子之间的碰撞。源中形成的分子离子会进一步发生裂解，这种裂解由离子具有的内能所驱动，这种过程的性质属于单分子离子的裂解。以下将叙述与这一特征相适应的理论和规则。

## 2.1 奇电子离子和偶电子离子

奇电子离子是指该离子的最外层轨道上有一个未配对的电子；偶电子离子是指最外层轨道上有配对的电子。除自由基分子外，有机分子无一例外为偶电子的分子，即分子最外层轨道上有自旋方向相反的一对电子。离子化过程为丢失一个电子，所以分子离子就是带正电荷的奇电子离子。倘使带奇电的分子离子进一步发生分解反应，失去自由基碎片就能形成偶电子离子。例如，我们在表达分子离子时，用 $[M]^{+\cdot}$ 表示分子失掉一个电子的奇电子离子，而 $[M+H]^+$ 则表示分子结合质子后形成的偶电子离子。

从能量的角度来看，奇电子离子是不稳定的，它比相应的偶电子离子在能级上要高。分子离子之所以发生进一步裂解，除内能外，离子中不成键的奇电子也是其中一个重要因素，即一种丢失自由基的趋势。实际上在 EI 源中，低质量的

碎片峰大多数为偶电子离子，这是不争的事实，除了一些特定的碎裂反应，如麦氏重排、反 Diels-Alder 反应等。当然，并不是说奇电子离子必须要不断地裂解，直至形成偶电子离子才算终止。在本书附录的低质量端碎片离子表中，我们可以看到常见的偶电子离子已占有 70%，其中不少是作为离子系列的代表性离子，因此实际比例还要高。而那些低质量的奇电子离子主要来自特定的重排反应。质谱图中偶电子离子由分子离子的简单断裂形成，或继而进一步失去中性小分子形成较小的偶电子离子。如果是质子化分子离子，则进一步失去中性小分子是主要趋势。偶电子离子在图谱解析中的地位不言而喻，因而引起质谱学家的重视。

为了对偶电子离子进行深入了解，这里引用 Afonso 等人对偶电子离子的稳定性所作的叙述[1a]：所有离子化方法（除 EI 外）都会形成质子化分子离子（或去质子的正电荷离子），或者加合离子。这类偶电子的分子离子具有各不相同的稳定性，取决于它们的初始内能 $E_{int}$ 和离子的化学性质，还与形成带电分子时的气压相关。

在 $10^{-7} \sim 10^{-1}$ mmHg 真空条件下，仅在离子化阶段影响分子离子的初始内能（$E_{int}$）的因素具体有：

a. 气相离子化的情况。例如 CI，获得最大 $E_{int}$ 的 $[M+H]^+$ 与离子-分子反应的放热能力相关，即由分析物位点的碱性与反应气的碱性之间的差异所决定，它以高的质子亲和力（PA）来表征（负电荷 $[M-H]^-$ 的反应除了酸性，还要受化学性质的制约）。另外，不同位点会发生竞争性质子化，由此形成 $[M+H]^+$ 异构离子的混合物，这不仅会加宽 $E_{int}$ 的分布，而且会形成各种产物离子。

b. 真空解吸的情况。例如，常规 MALDI，带电分子是在振动激发的低能级上产生的，情况也与上述的 CI 稳定分析物离子有差别，基质是一个重要因素。因基质的不同，对其解离速率常数（指带电聚集体转为无屏蔽的带电分子）间接地起主要作用，基质的热化学性质也进一步影响带电聚集体的大小。

在大气压条件下，带电分子主要为溶剂化的形式（以化学计量法为基础，与溶剂和分析物的性质及温度相关）。它来自液滴（如 ESI、纳喷、超声喷雾）或离子簇（如 DESI、AP-MALDI）或者多离子-分子反应（如 APCI、APPI）。溶剂化的带电分子，其 $E_{int}$ 值大小除与源温度有关外，也依赖于在锥形分离器（也称漏勺）上所加的锥电压，后者会导致源内碰撞而提升带电分子的内能）。不过，无屏蔽的偶电子分子离子其 $E_{int}$ 还要受制于脱溶剂的条件。偶电子分子离子上的电荷不能定位，因为在去溶剂化的过程中，分析物上潜在的位点能否质子化（或去质子化的负模式），同样也取决于它与溶剂之间的碱性（或酸性）的差异，况且还有锥电压的影响。从这个意义来看，与真空条件下相比，在大气压条件下产生的偶电子分子离子，其 $E_{int}$ 值（平均值或者分布值）由外部控制而难以精密调节。

## 2.2　均匀裂解和不均匀裂解

裂解机理常用电子转移来描述，用鱼钩符号表示转移一个电子，用箭头表示两个电子的转移。均匀裂解是指键断裂时转移一个电子，如1-丁烯的裂解反应：

$$\left[CH_3-CH_2-CH=CH_2\right]^{+\cdot} \Longrightarrow CH_3-CH_2-CH-\overset{+}{CH_2} \longrightarrow CH_2=CH-\overset{+}{CH_2} + CH_3\cdot \qquad (2\text{-}1)$$

不均匀裂解是指键断裂时转移两个电子，例如溴乙烷的裂解反应：

$$\left[CH_3-CH_2Br\right]^{+\cdot} \Longrightarrow CH_3-CH_2-\overset{+}{Br} \longrightarrow CH_3-\overset{+}{CH_2} + Br\cdot \qquad (2\text{-}2)$$

一般，对于简单断裂可以按照均匀裂解或不均匀裂解来判断形成的离子是偶电子离子还是奇电子离子。不过，对于一个多键参与的复杂裂解过程则是困难的，有时甚至不可能。实际上我们不是按照均匀裂解或不均匀裂解来判断产物离子的奇偶性质，而是根据前体离子的特征和形成的碎片性质来确定。倘若消除的碎片为自由基则形成的碎片离子（或称子离子）与前体离子（或称母离子）属不同的性质；倘若消除的碎片为中性分子则形成的子离子和母离子属同一性质。反之，也不能根据最终形成的碎片离子性质得出裂解是均匀的还是不均匀的结论。所以，过程的性质并不等于产物的性质，这对于复杂的裂解过程是适用的。均匀裂解和不均匀裂解主要用于裂解机理的研究，以此了解裂解过程中有多少键参与、断裂多少键以及电子转移的具体方式，同样也可以了解裂解过程是否在能量上有利。

氘标记是研究裂解机理的有力工具。笔者在分析下述冠醚化合物时发现，R 为 $CH_3$ 时有显著的 $M-H_2O$ 峰（$M^{+\cdot}$，$m/z$ 532，相对强度 6.0%；$[M-H_2O]^{+\cdot}$，$m/z$ 514，相对强度 7.1%，结构见图2-1）。为了研究脱水的氢来源，使用氘化的 $CD_3$ 代替 $CH_3$。结果获得了 $M-D_2O$ 峰（$M^{+\cdot}$，$m/z$ 538，相对强度 17.0%；$[M-D_2O]^{+\cdot}$，$m/z$ 518，相对强度 7.8%）。由此证明，脱水峰的两个氢分别来自两个甲氧基上的氢。当冠醚分子中只有一个甲氧基时则无 $M-H_2O$ 峰[1b]。脱水过程参见图2-1。

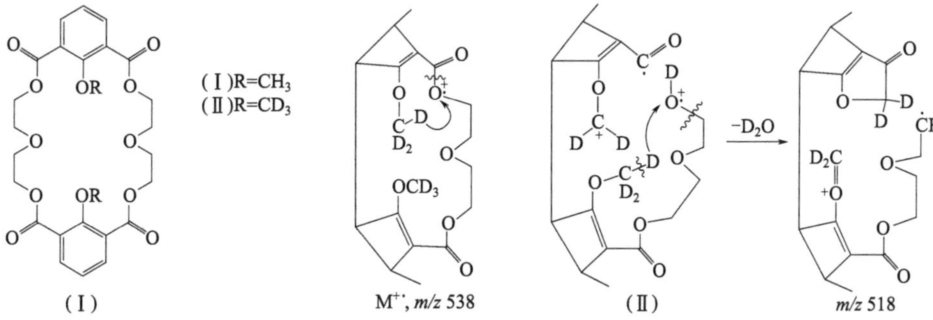

图2-1　一种内酯冠醚的脱水过程

# 2.3　Franck-Condon 原理

图 2-2 为分子发生离子化的势能图。横坐标为核间距离，纵坐标为能量。M 为基态分子，$M^{+\cdot}$ 表示分子离子。基态分子可以用 Morse 的双原子分子的势能曲线作模型，从基态跃迁到分子离子则有两种方式，即绝热跃迁 B 和垂直跃迁 A。50eV 的电子速度为 $4.2 \times 10^8 \, cm/s$，穿过直径几个埃的分子，电子与分子的作用时间仅为 $10^{-16} s$ 量级，而最快的 CH 键振动是 $10^{-14} s^{[2]}$。因此可以认为在离子化过程中各原子核间距离未发生变化，即有机分子的离子化是以垂直跃迁占绝对优势。

这样，我们可以用 Franck-Condon 原理来处理多原子分子的离子化。从图 2-2 可见，垂直跃迁的结果使分子离子具有比分子基态稍高的振动激发态，不过这种低内能的分子离子还不足以进一步发生裂解。分子中的电子处于分子的不同能量的轨道上，占据分子的最高轨道的一个电子被除去则形成基态分子离子，如果内层轨道上的电子（如图 2-3 中 $\Phi_3$ 轨道上的电子）被除去，此时的分子离子称为电子激发态离子（标星号*，以与基态分子离子相区分）。$\Phi_1$ 轨道上除去电子所需的能量即为离子化电位值（ionization potential，IP），而其他轨道上除去电子时我们可以把它看作内层电子跃迁到 $\Phi_1$ 轨道的离子状态，因而所需的能量除了 IP 外还要提供电子跃迁的能量，显然轨道越低则分子离子具有的内能 $E$ 也就越大。

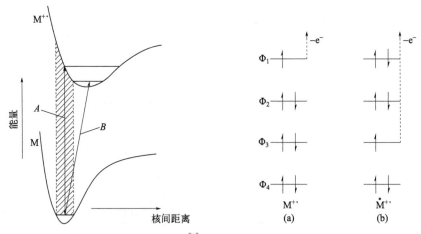

图 2-2　多原子分子的 Franck-Condon 原理[3]　　图 2-3　基态分子离子（a）与电子激发态离子（b）

内能 $E$ 由如下三部分组成：

$$E = E_{el} + E_{vib} + E_{rot}$$

式中，$E_{el}$ 指分子离子中电子的能量；$E_{vib}$ 为分子的振动能；$E_{rot}$ 为转动能。在 EI 源中 $E_{vib}$ 与 $E_{rot}$ 之间不会发生能量交换，分子间也不发生能量交换，这样每个离子的总内能将固定在初始激发所产生的能量值上。分子离子发生裂解的基本条件是分子离子中某键的振动能大于该键的键能。因此高内能分子离子（主要为高电子激发态）的内部必然发生 $E_{el}$ 和 $E_{vib}$ 间能量交换。复杂的分子可以用代表不同振动模式的各种势能面来表示，倘若势能面发生交叉（如图 2-4 所示），分子离子的两种激发态 $M_1$ 与 $M_2$ 的势能面交叉于 $X$ 处，则会发生能量的无辐射跃迁，即从高的电子激发态、低的振动量级的 $M_1$ 分子离子横越势能面到达低的电子激发态、高的振动量级的 $M_2$ 分子离子状态[4]。在解离能 $D_2$ 与 $D_1$ 相当的情况下，$M_2$ 的分解概率大于 $M_1$，这是因为 $M_2$ 有高的振动能态，它达到解离状态所需要的能量小于 $M_1$，或者说 $M_2$ 比 $M_1$ 有更多的振动量子。一旦有足够的振动量子积聚在反应轴上并超过反应所需的活化能，裂解反应也就发生了[3]。有机分子有许多可供能量迁移的势能面，通过这种交叉过程可在不同的键上发生积聚，所以裂解的途径也是多方面的，由此形成各种碎片离子。如果没有势能面的交叉，或者交叉后不发生裂解，则可以通过光子辐射的形式经内部电子的重新配置而回到基态分子离子。当然，低的电子激发态发生能量辐射转移的概率比高的电子激发态要小（图 2-5）。

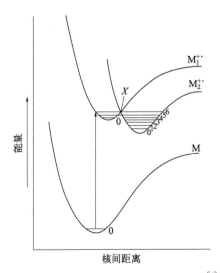

图 2-4　分子离子不同激发态的势能面交叉[4]

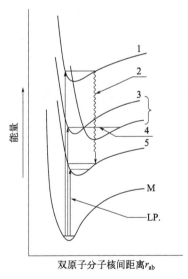

图 2-5　分子离子化后的各种激发态离子及其跃迁[3]
1—分子离子高电子激发态；2—辐射跃迁；
3—分子离子低电子激发态；4—内部转移；
5—基态分子离子

综上所述，具有足够内能的分子离子能够发生进一步的裂解反应而构成碎片离子。在 EI 源中这种裂解属于单分子裂解的性质，它与常压气相中的单分子裂解是有区别的。前者处于高真空的条件下，形成的离子或是被拉出离子化室或者是与壁相撞，它不会与任何其他分子或离子相互作用，由于没有外部的扰动去改变它的能量或帮助它在内部自由度上作能量的重新分配，因此它的裂解是在孤立的系统中进行的。当有足够的气压，如常压，就会发生与裂解密切相关的分子间碰撞活化或去活化的能量传递等，这种外部扰动使分子离子的内能发生变化，导致单分子裂解的改变。

## 2.4　准平衡理论

准平衡理论（quasi-equilibrium theory，QET）是对质谱离子化过程的物理化学描述，是由 Rosenstock 等人[5]提出并为大家所公认。QET 叙述了分子在离子化过程中发生垂直跃迁形成激发态的分子离子；由于分子电离的时间很短，而且分子离子在所有可能的能态之间的跃迁非常迅速，以致在它分解之前就已经建立了各能态间的准平衡。QET 说明了分子离子可能发生的各种裂解反应的概率，它取决于该离子本身的结构和它的内能，而与离子化的方式无关。推广到任何一个离子，它们进一步发生各种裂解反应的概率只取决于该离子的内能和 $K(E)$ 的函数，后者是指反应速率常数与内能 $E$ 的关系，而与它的前体离子结构无关，与离子的生成历程无关。在气相离子的单分子反应条件下，QET 无疑能加深对 Wahrhaftig 图的理解和 EI 源中发生的多通道竞争反应的认识。

## 2.5　Wahrhaftig 图

图 2-6 是 Wahrhaftig 图[6]，它描述了单分子离子裂解时的 $P(E)$ 和 $K(E)$ 函数的关系，横坐标为离子的内能，纵坐标分别是概率（上方）和速率常数（下方）。$P(E)$ 称为概率函数，用来表达含有各种内能的分子离子分布。上方分子离子的那部分面积表示内能比较低的那部分分子离子 $ABCD^{+\cdot}$ 的丰度。由于它们没有过多的内能，故在离子源内几乎不发生任何裂解反应，直到它们到达检测器时仍有足够的稳定性，因而作为分子离子被检测。换言之，上述这一内能所对应的裂解反应速率常数太低，因而这种分子离子在质谱仪中的运动过程中没有明显的裂解反应，它们的相对丰度由那部分面积表示。$AD^{+\cdot}$ 和 $AB^+$ 所涵盖的那两部分面积,均表示那部分含有足够内能的分子离子以很高的速率常数在离子源内发生裂解反应，从而形成两种碎片离子的相对丰度，直到它们到达检测器也同样有足够的稳定性，因而作为碎片离子被检测。$m^*$ 表示亚稳离子，它是这样一种分

子离子，它带有的内能所对应的速率常数不足以在离子源内发生裂解反应，而在离开离子源之后到达检测器之前的这一段时间内发生反应。这样，它们以分子离子的质量予以加速并离开离子源，而又以裂解后的碎片质量予以检测。例如磁质谱、飞行时间质谱等仪器中的亚稳峰就是这样产生的。

下方的 $K(E)$ 函数是速率常数与内能的关系曲线。例如两种裂解反应，$ABCD^{+\cdot}\longrightarrow AD^{+\cdot}$ 和 $ABCD^{+\cdot}\longrightarrow AB^{+}$，由于前者的反应临界能 $E(AD^{+\cdot})$ 低于后者的 $E(AB^{+})$，因此在两个裂解反应的 $K(E)$ 曲线相交之处的左面，即低内能阶段的优势裂解反应为前者，$AD^{+\cdot}$ 离子的丰度由 $P(E)$ 函数中的那部分面积表示；相交处的右面，即高内能阶段的优势裂解反应为后者，故相应的那部分面积表示 $AB^{+}$ 离子的丰度。就亚稳离子而言，速率常数的 $\lg K$ 为 5～6 时为分子离子发生亚稳跃迁的条件，此时在 $P(E)$ 图上可以看到由 $M^{+\cdot}\longrightarrow AD^{+\cdot}$ 裂解反应所形成的亚稳峰丰度，以图上的狭长条表示。对于 $M^{+\cdot}\longrightarrow AB^{+}$ 的亚稳跃迁来说，它所对应的内能值下存在着竞争反应：一个是本身亚稳跃迁的反应；另一个是正常的 $M^{+\cdot}\longrightarrow AD^{+\cdot}$ 的裂解反应。由于在该内能下更有利于后者的反应，所以 $m^{*}$ $(M^{+\cdot}\longrightarrow AB^{+})$ 丰度值很小时，在 $P(E)$ 图上没有表示出来。需要说明的是碎片离子 $AD^{+\cdot}$、$AB^{+}$ 还会进一步发生裂解，此时应由它们各自的 $P(E)$、$K(E)$ 函数来表达。Wahrhaftig 图能形象地表达质谱离子源内所发生的裂解反应，解释源内各种类型离子的形成，这无疑为图谱解析提供了理论基础。

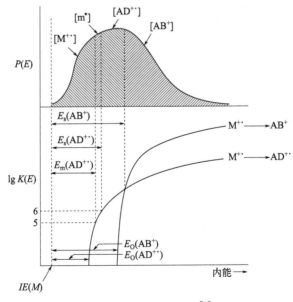

图 2-6  Wahrhaftig 图[6]

## 2.6　电荷中心或自由基中心引发的反应

为了预测占优势的分解途径，McLafferty 提出这样的理论[7]，即在待分解的离子中未成对电子和正电荷具有最有利的中心，而反应是由这些中心所引发的。这样的中心被认为是特定反应类型的驱动力，这些反应反映了该中心化学性质的特征。McLafferty 认为上述这样一个简单的假设，能够方便地把大量不同结构离子的反应予以相互联系并帮助记忆。人们习惯把这一理论简单地称之为定域（localization），而离域也就是指正电荷和/或未成对电子通过各种分散方式远离中心。进一步延伸这种看法，定域能引发反应，离域则稳定反应产物并削弱产物进一步的裂解。在介绍以下 McLafferty 所归纳的电荷和自由基中心的反应类型之前，先介绍电荷保留和电荷转移这两个术语。前者是指电荷中心在裂解反应的前后没有发生改变，后者则是指发生了改变。表 2-1 为 McLafferty 总结的反应类型，其中表 2-1 为一根键的断裂，而表 2-2 为两根或两根以上键的断裂[8]。

表 2-1　离子碎裂的类型：一根键的断裂[8]

| 离子类型 | 反应物 | 产物 | |
| --- | --- | --- | --- |
| | | 电荷保留 | 电荷迁移 |
| OE$^{+\cdot}$ | AB$\overset{+}{\cdot}$CD | $\xrightarrow{\sigma}$ AB$\cdot$ + CD$^+$ | (AB$^+$ + $\cdot$CD) |
| OE$^{+\cdot}$ | A$\overset{+}{\cdot}$BCD | $\xrightarrow{\sigma}$ A$\cdot$ + B=C$^+$D | |
| OE$^{+\cdot}$ | AB—$\overset{+\cdot}{C}$D | $\xrightarrow{\sigma}$ AB$\cdot$ + CD$^+$ | |
| OE$^{+\cdot}$ | AB—$\overset{+\cdot}{C}$D ; AB—C=$\overset{+\cdot}{D}$ | $\xrightarrow{i}$ | AB$^+$ + $\cdot$CD |
| OE$^{+\cdot}$ | AB—C=$\overset{+\cdot}{D}$ | $\xrightarrow{\alpha}$ AB$\cdot$ + C=$\overset{+}{D}$ | |
| EE$^+$ | AB—C—$\overset{+}{D}$ ; AB—$\overset{+}{C}$=D | $\xrightarrow{i}$ | AB$^+$ + C=D |
| OE$^{+\cdot}$ | A,B—$\overset{+\cdot}{C}$—D | $\xrightarrow{rd}$ $\overset{A}{\underset{B}{>}}$C$^+$ + $\cdot$D | |

| 离子类型 | 反应物 | 产物 | |
|---|---|---|---|
| | | 电荷保留 | 电荷迁移 |
| OE⁺· | (结构式) | rd → (结构式) | |
| EE⁺ | (结构式) | rd → | (结构式) |

注：OE 指奇电子离子，EE 指偶电子离子；σ 指 σ 键断裂的反应；i 指诱导引发的反应，即电荷中心吸引而发生反应；α 指 α 键断裂的反应；rd 指置换的重排反应。

**表 2-2　离子碎裂的类型：两根或两根以上键的断裂[8]**

| 离子类型 | 反应物 | 产物 | |
|---|---|---|---|
| | | 电荷保留 | 电荷迁移 |
| OE⁺· | (结构式) | αα → (结构式) | iα → (结构式) |
| EE⁺ | (结构式) | ii → (结构式) | |
| OE⁺· | (结构式) | αα (re) → (结构式) | αi → (结构式) |
| EE⁺ | (结构式) | ii (re) → (结构式) | |
| OE⁺· | ααα | 常见三键断裂 | |
| OE⁺· | αii | 常见三键断裂 | |
| OE⁺· | ααi(iii) | 不常见 | |
| EE⁺ | iii | 不常见 | |

注：α 指 α 键断裂的反应，i 指诱导引发的反应。连续排列三个符号表示断裂三根键的该类反应。

## 2.7　产物稳定性

产物的稳定性是指裂解反应形成的离子和中性碎片的稳定性，其中的中性碎片包含了中性自由基和中性小分子。产物离子的稳定性最早由 Hammond 提出[9]，他认为产物离子的稳定性决定了裂解的方向。凡是能使正电荷从电荷中心上分散的碎片离子是稳定的。例如，$CH_3\!-\!C^+\!\!=\!\!O$ 离子由于氧原子的非键电子对参与电荷的共享而得到稳定；$CH_2\!\!=\!\!CH\!-\!CH_2^+$ 和 $PhCH_2^+$ 离子的正电荷由于与 π 键或苯环大 π 键的共轭而达到电荷的分散；烷基取代的叔碳正离子，其稳定性来自超共轭效应（这是指碳氢键的 σ 电子与 π 电子云或 p 电子共轭，属于第三种共轭效应）。在能量学说的基础上，从裂解反应发生的整个体系来考虑，自由基中性碎片的稳定性也是一个要素，由于不成对电子的电荷得到分散而同样起到了稳定作用。例如 $CH_2\!\!=\!\!CH\!-\!CH_2\cdot$ 属于稳定的自由基；烷基取代的叔碳自由基比仲碳自由基稳定。这里与正电荷分散不同，电负性基团的存在有利于自由基的稳定。中性碎片还可以是中性小分子，后者属于重排反应所丢失的。表 2-3 列出了一些小分子的形成热和离子化电位的数据[10-11]。归纳实验结果得出，表中左列分子比右列分子容易丢失；当它们存在于同一分子中时，则左列的骨架重排反应优于右列。表中负的形成热意味着这是放热反应，显示产物分子有高的稳定性，即具有较高的 IP 值而不易电离。产物的稳定性是产物离子和中性碎片稳定性的综合结果。产物稳定性的结果能导致最大量的内能充作该裂解反应的振动能，加上该反应体系总热焓降低，因而构成了谱图中优势的裂解反应，可以说，产物的高稳定性是裂解反应的方向。

表 2-3　一些小分子的形成热和 IP 值[10-11]

| 分子 | $\Delta H_f^\ominus /(\text{kcal/mol})$ | IP/eV | 分子 | $\Delta H_f^\ominus /(\text{kcal/mol})$ | IP/eV |
|---|---|---|---|---|---|
| $CO_2$ | −94.05 | 13.8 | $C_2H_4$ | 12.62 | 10.5 |
| $SO_2$ | −70.96 | 12.3 | SO | 19.02 | — |
| COS | −32.80 | — | $CS_2$ | 27.55 | 10.1 |
| $CH_2O$ | −27.70 | 10.9 | HCN | 31.2 | 13.6 |
| CO | −26.42 | 14.0 | $C_2H_2$ | 54.19 | 11.4 |

## 2.8　多阶段裂解和偶电子规则

这里是指分子离子经过了多步骤的裂解而形成一系列碎片峰，式（2-3）中 S 表示简单断裂，R 表示释放出中性分子的重排反应。式（2-3）中的三种情况是常见的多阶段裂解。从排列组合的角度看应当有这样的过程，即 $M^{+\cdot}\longrightarrow F^+(S)$ $\longrightarrow F_1^{+\cdot}(S)$，不过在实际过程中很少见到。这是因为偶电子离子进一步裂解形成奇电子离子和自由基的过程在能量上是不利的，即把最外层轨道上的配对电子拆成两个未配对电子将要求额外的能量。

$$
\left.
\begin{aligned}
M^{+\cdot}\longrightarrow F^+(S)\longrightarrow F_1^+(R)\longrightarrow F_2^+(R)\\
M^{+\cdot}\longrightarrow F^{+\cdot}(R)\longrightarrow F_1^+(S)\longrightarrow F_2^+(R)\\
M^{+\cdot}\longrightarrow F^{+\cdot}(R)\longrightarrow F_1^{+\cdot}(R)\longrightarrow F_2^+(S)
\end{aligned}
\right\}
\qquad (2\text{-}3)
$$

偶电子规则就是指偶电子离子若要发生进一步裂解，其优势过程为重排反应[12]，尤其是氢重排反应。偶电子离子发生裂解形成奇电子离子的情况只在下述少数情况中出现，如：邻二溴苯连续丢失溴；4-乙酰基取代的 2-硝基氯苯首先丢失 $CH_3$，然后丢失 $NO_2$ 的过程。凡发生这种连续简单断裂的分子中一般均含有 Br、Cl、NO、$NO_2$ 等基团。多阶段裂解之所以能发生是因为分子离子具有剩余的内能所驱动，而偶电子规则之所以有效是因为重排反应在能量上有利，能形成稳定的碎片离子和中性分子。

# 2.9 氮规则

氮规则是一个很有效的方法。按照价键规则，凡是含有奇数氮原子的有机化合物，它们的分子量一定是奇数；凡是含有偶数氮原子的有机化合物（包括不含氮的化合物），它们的分子量一定是偶数。使用氮规则时一定要注意下述几种情况：一是氮规则适用于纯有机化合物，金属络合物或含配位键之类的化合物不一定适用；二是不适用于自由基类物质；三是不适用于氘化合物。

氮规则还可以引申到谱图中的所有离子。凡是奇电子离子：含有偶数氮原子的则其质量数为偶数，含有奇数氮原子的则其质量数为奇数。凡是偶电子离子：含有偶数氮原子的则其质量数为奇数，含有奇数氮原子的则其质量数为偶数。

原则上讲，高分辨测定能精确地获得离子的一个元素组成式。但实际上由于被测物的未知性，尤其是在足够大的分子量情况下，即使较高的精度也不会将元素组成式的范围缩小到一个。这是因为有各种可能的组合，使最终的精确质量值（理论值）与实际测量值接近。这意味着，在常规测定的误差范围内，仍有可能得到不止一个的元素组成式。各种样品的背景信息可以帮助排除不符条件的元素组成式，而氮规则也是其中的一种方法，从而使候选的范围最终缩小到一个。结合碎片离子的高分辨数据还可以帮助判断碎片离子与分子离子是否同源，这是因为碎片离子在所含元素的数目和种类上必须低于分子离子。从这一点出发，根据各个碎片离子的组成式分布，反过来也可以帮助判断最高质量处的离子是否为分子离子。

# 2.10  Stevenson 规则

一个奇电子离子的单键断裂为两部分，其中一部分为正离子，另一部分为自由基。那么正电荷留在哪一部分？正电荷留在电离电位（IP）值最低的碎片上，这就是 Stevenson 规则[13]。这也意味着自由基留在较高电离电位（或称电离能）的碎片上。对于这两部分互补碎片，它们的 IP 值相差很大时这个规则是正确的，但当差值不是很大时这对互补碎片都能形成正电荷，只不过强度值不同而已。例如下述裂解反应：

$$[CH_3COR]^{+\cdot} \longrightarrow CH_3CO^+ + R\cdot \text{ 或者} [CH_3COR]^{+\cdot} \longrightarrow CH_3CO\cdot + R^+$$

$CH_3CO$ 的 IP 为 7.90eV，R 为 $C_2H_5$（IP 8.30eV）时，$CH_3CO^+$ 强度为 100% 时，$C_2H_5^+$ 的强度为 25%；R 为 $n\text{-}C_4H_9$（IP 8.64eV），$n\text{-}C_4H_9^+$ 的强度为 10%；R 为 $s\text{-}C_4H_9$（IP 7.93eV）时，$s\text{-}C_4H_9^+$ 的强度为 40%；R 为 $t\text{-}C_4H_9$（IP 7.42eV）时，则 $t\text{-}C_4H_9^+$ 的强度是 100%，而 $CH_3CO^+$ 的强度掉到 35%。

把适于简单断裂的 Stevenson 规则推广到环烯的 RDA 反应也是有效的，如二者的 IP 值均为 9.1eV，故有两个几乎等强度的峰。Stevenson 规则还说明了形成稳定的正离子是裂解的主要方向。

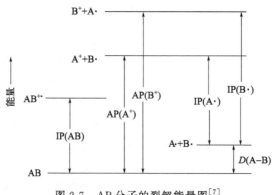

以分子 AB 的裂解能量图来描述这一规则。图 2-7 中 IP 为电离电位，AP 为出峰电位，$AP(A^+) = IP(A\cdot) + D(A-B)$，$D$ 是键能，或 $AP(B^+) = IP(B\cdot) + D(A-B)$。由于 $IP(A\cdot) < IP(B\cdot)$，故 $AP(A^+) < AP(B^+)$，说明裂解反应有利于形成 $A^+$ 而不是 $B^+$。$IP(A\cdot)$ 是自由基 $A\cdot$ 失去电子形成 $A^+$ 所需要的能量，$IP(A\cdot)$ 值越小则 $A^+$ 越稳定，这就是该规则的含义。

图 2-7　AB 分子的裂解能量图[7]

# 2.11　Field 规则

当偶电子离子发生裂解反应丢失中性小分子时，中性小分子的质子亲和力（PA）越低，则越有利于该反应，这就是 Field 规则[14]。质子亲和力（PA）值[15-16]与它的 IP 值成反比关系，PA 值越小则 IP 值越高，这种相关性至少在特定的化合物类别（如醇、醚、醛、酮等）丢失中性小分子的裂解反应中是有效的[17]。

# 2.12　最大烷基丢失规则

早先人们就注意到在反应中丢失最大烷基自由基是一个普遍的倾向，离子的丰度随着其稳定性增加而降低。例如化合物 $CH_3CH(C_2H_5)C_4H_9(n)$ 在丢失烷基自由基时，竞争反应产生的离子丰度有这样的次序，即

$CH_3C^+(C_2H_5)H > CH_3C^+(C_4H_9)H > C_2H_5C^+(C_4H_9)H > CH_3C^+(C_2H_5)C_4H_9$

实际上不仅是烷基取代的烃类，具有上述结构的化合物，如不同烷基取代的酯类、季醇、叔醚、叔胺等都存在烷基自由基竞争丢失时的那种现象。Záhorszky[18] 在各种类型化合物发生 α 断裂丢失烷基自由基时，对其质量与丰度之间的关系进行定量研究，发现丢失乙基或更大烷基的产物离子丰度反比于相应产物离子的质量。考虑到是否因二级裂解影响上述结论，他采用了降低电子能量的方法进行测定，结论仍是一样。最大烷基丢失好像是一种例外的现象，但是若从自由基碎片的稳定性角度考虑，也许能得到理解。

# 2.13　离子结构

它是指质谱图中各种离子的真正结构，它有三个方面的含义，即原子排列次序、立体结构、电子结构。知道离子结构，对于裂解机理阐述、结构解析等有着重要的作用。可惜，离子是在运动中产生的，加上它处于受激状态，还不能直接加以测定，因此确定离子结构是件麻烦而困难的事。

目前离子结构可以通过亚稳跃迁、同位素标记、热力学等间接的方法来确定离子的原子排列次序，当然这很费时间且仅局限于组成比较简单的低质量离子，对于结构复杂的高质量离子则是一筹莫展。不过，许多文献资料中经常画出离子结构。应该这样说，尽管在画这些离子结构时也许有一定的随意性，但是他们都是力图将离子结构与原来的分子结构或部分结构联系起来，一方面用来形象地描述裂解途径，另一方面是为了总结裂解规律以指导图谱的解析。实际上以往许多裂解规律的总结都是很有成效的，这就说明尽管离子结构本身不很清楚，并不妨

碍我们用一种结构式来描述离子的裂解途径。例如 PhCOOCH$_2$Ph 化合物的脱水可以画成式（2-4）这样的过程[19]，同位素氘标记的研究表明，三个邻位氢和两个苄氢都参与了脱水反应。

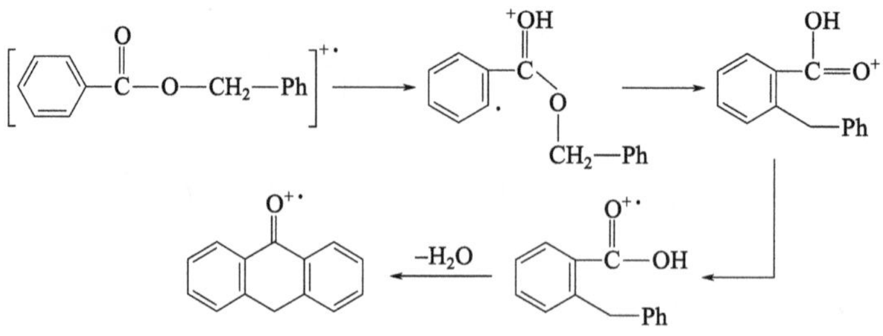

$$
(2\text{-}4)
$$

如 2-羟基萘醌失 CO 后的离子结构可以画为两种，究竟哪一个更为合理？用碳-13 标记证明是在 2 位上失 CO，很可能为式（2-5）所示的右图[20]。

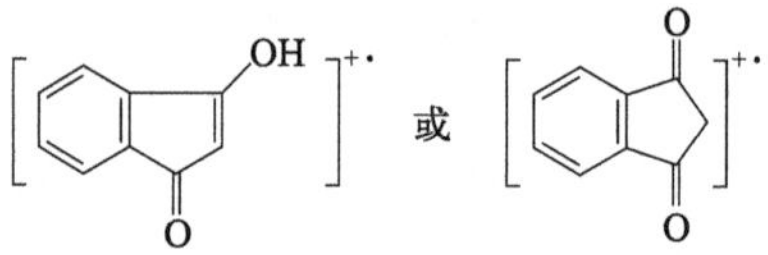

$$
(2\text{-}5)
$$

如邻硝基苯甲醚失 CH$_2$O 一般认为是丢失甲醚上的 CH$_2$O，但是用氧-18 同位素标记，其过程可能为式（2-6）所示的过程。

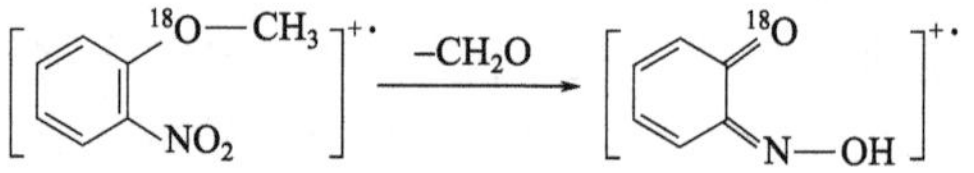

$$
(2\text{-}6)
$$

如苯乙酰有强的 C$_7$H$_5$O 离子，其离子结构认为是 PhCO$^+$，二苯甲酮的 C$_7$H$_5$O 离子也可认为是上述结构，那么苯甲醛质谱图中 C$_7$H$_5$O 离子是否也为这种结构呢？研究表明，后者的离子为 C$_6$H$_5$＝C＝O 结构。由此可见离子结构对于裂解机理的研究是颇为重要的。

分子离子在各种文献资料中有各种表达形式。如苯酚可以画为 [PhOH]$^{+\cdot}$，这是比较常用的方式，它表示失去的电子为分子轨道最外层的电子，但是也容易被人误解为比中性分子多一个电子。当然不能画为 [PhOH]$^+$，因为不配对电子的存在是裂解的动力，画成 "＋•" 符号表示分子离子化后的特征。也可以将苯酚分子离子画为 PhŌ$^{+\cdot}$H，这是完整地表达氧原子原先的外层六个电子，除两个成键电子和一对非键电子外，剩下两个电子中因离子化而失去一个电子。现在分子失掉一个电子，反映在氧原子上少了一个电子。将正电荷确定在氧原子上来表明发生裂解反应的出处。氧原子失去电子，这是根据杂原子的 p 轨道上有低的 IP 值，但缺点是人为地确定了正电荷的位置，它与实际分子中正电荷的分布不一定完全一致。在文献资料中还可能看到苯酚分子离子的其他画法。它们是为了解释的需要而表示的裂解中心，优点是直观地表现裂解的机理，但也避免不了主观的随意性。

# 参考文献

[1a] Afonso C, Cole R B, Tabet J C. Dissociation of even-electron ion [M] //Cole R B. Electrospray & MALDI mass spectrometry. Hoboken：Wiley Blackwell Press, 2010：631-681.

[1b] 黄载福，陈继军，汪聪慧，等. 冠醚化合物的合成 Ⅸ. 氘标记冠醚的合成及其质谱中的重排反应 [J]. 武汉大学学报（自然科学版），1988（4）：79-86.

[2] Beynon J H, Saunders R A, Williams A E. The mass spectra of organic molecules [M]. Amsterdam：Elsevier Press, 1968：12.

[3] 汪聪慧. 有机质谱技术与方法 [M]. 北京：中国轻工业出版社，2011：270-271.

[4] Johnston R A W, Rose M E. Mass spectrometry for organic chemists and biochemistry [M]. 2nd ed. London：Cambridge University Press，1996：293.

[5] Rosenstock H M, Wallenstein M B, Wahrhaftig A L, et al. Absolute rate theory for isolated systems and the mass spectra of polyatomic molecules [J]. Proceedings of the National Academy of Sciences of the United States of America，1952，38（8）：667-678.

[6] Wahrhaftig A L. Unimolecular dissociation of gaseous ion [M] //Futrell J H. Gaseous ion chemistry and mass spectrometry. New York：Wiley, 1986：7-24.

[7] McLafferty F W. 质谱解析（第三版中译本）[M]. 王光辉，姜龙飞，汪聪慧，译. 北京：化学工业出版社，1987：53，64，120，143-148.

[8] McLafferty F W, Turecek F. Interpretation of mass spectra [M]. 4th ed. Sausalito：University Science Books，1993：166-168，138-140.

[9] Hammond G S. A correlation of reaction rates [J]. J Am Chem Soc, 1955, 77（2）：334-338.

[10] Franklin J L. IP, AP and ΔH of Gaseous Positive Ion, NSRDS-NBS 26-05 [M]. Washington DC：Government Printing Office, 1969.

[11] Rosenstock H M, Draxl K, Steiner B W, et al. Energetics of gaseous ions [J]. J Phys Chem Ref Data, 1977, 6（Suppl 1）：1-783；Rosenstock H M, Draxl K, Steiner B W, et al. Energetics of gaseous ions [J]. J Phys Chem Ref Data, 1977：I-70-I-I55.

[12] Karni M, Mandelbaum A. The 'even-electron rule' [J]. Organic Mass Spectrometry, 1980, 15：53.

[13] Stevenson D P. Ionization and dissociation by electronic impact. The ionization potentials and energies of formation ofsec-propyl and tert-butyl radicals：Some limitations on the method [J]. Discussions of the Faraday Society, 1951, 10：35.

[14] Field F H. Mass spectrometry. [M]. London：Buttenworths, Maccoll A, 1970：133.

[15] Lias S G, Bartmess J E, Liebman J F, et al. Gas-phase ion and neutral thermochemistry [J]. J Phys Chem Ref Data, 1988, 1（7）：1-861.

[16] Meot-Ner M M, Sieck L W. Proton affinity ladders from variable-temperature equilibrium measurements. 1. A reevaluation of the upper proton affinity range [J]. J Am Chem Soc, 1991, 113：4448-4460.

[17] McLafferty F W, Turecek F. Interpretation of Mass Spectra [M]. 4th ed. Sausalito：University Science Books, 1993：Appendix A3.

[18] Záhorszky U I. Quantitative relationships between fragment ions and their relative intensities in electron impact mass spectrometry：Ⅵ—Hydroxy-substituted tert-alkylamines [ J ]. Organic Mass Spectrometry, 1982, 17（4）：192-196；Záhorszky U I. Über quantitative beziehungen zwischen fragmenten und ihren relativen Intensitäten im massenspektrometer. Ⅴ—Untersuchungen an N-t-

Alkylaminen und-acetamiden [J]. Organic Mass Spectrometry, 1979, 14: 66-74.

[19] Beynon J H, Caprioli R M, Shapiro R H, et al. Rearrangement of the benzyl benzoate molecular ion to lose $H_2O$ [J]. Organic Mass Spectrometry, 1972, 6 (8): 863-872.

[20] Moore R E, Brennan M R, Todd J S. The mass spectra of carbon-13 labeled 2-hydroxynaphthoquinones [J]. Organic Mass Spectrometry, 1972, 6 (6): 603-611.

# 3 正、负离子的裂解反应

一张未知质谱图中显示的各种碎片离子是通过各种碎裂反应形成的，因此图谱解析首先要研究是什么裂解反应形成了这些碎片？这些裂解反应与分子结构有什么关系？显然，裂解反应的研究是图谱解析的基础。可以有几种出发点研究裂解反应，例如 McLafferty 提出的游离基或正电荷中心引发裂解反应的理论[1]，回答了裂解从何处开始，以及解释了与未成对电子或正电荷中心位置相关联的许多裂解反应。众所周知，分子离子本身具有多余的内能，再加上缺乏一个电子，因而在能量上造成了不利的条件，它总是设法通过裂解的途径降低它的能量。在没有杂原子存在的碳氢化合物中主要发生均匀裂解，其碎片离子在总离子流中占有很大的比例。例如烃类有随机 σ 键均匀裂解和碎片离子进一步丢失烯烃的随机重排反应。如图 3-1 中系列离子 $C_nH_{2n+1}^+$，即 $C_3H_7^+$、$C_4H_9^+$、$C_5H_{11}^+$ 等，在烃类化合物中很少有不均匀的裂解。

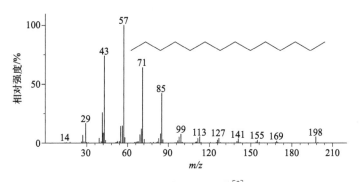

图 3-1　正十四烷 EI 谱[2]

但是当分子中有杂原子时情况就发生了变化，有较多的不均匀裂解发生。实验表明非键电子对很易丢失电子而离子化，如分子中羰基氧原子的 p 电子 IP 值为 9.8eV，π 电子为 10.6eV，而 σ 电子则需 11.5eV。由于一些杂原子往往具有 p 电子对，所以分子离子化后电荷留在杂原子上，靠近正电荷的一些键通过一个或两个电子的移动决定了裂解方向，图谱中也出现了与杂原子相关的特征（如含氮

的胺类特征离子 $m/z$ 72、44、30 等）。这样，只需按游离基或正电荷中心引发的各种裂解类型作分类，而不必从具体结构上对各类有机化合物的裂解特点进行类别总结。

1955 年 Hammond 提出的产物离子稳定性要素[3]，成为用能量学说解释碎裂反应的出发点。按早期理论，裂解产物离子的稳定性决定了裂解的方向。凡是最终能使形成的产物离子上的正电荷分散的裂解反应，是一个相对容易进行的优势过程。这样，也无需对裂解反应进行归纳和总结。上述这两种理论对裂解反应都有很合理的指导性。但是，均有互补之处。就前者而言，杂原子和芳香环上带些正电荷是符合实际的，但不应是全部正电荷在上面。有人认为影响电荷分布的因素除 IP 外，还有立体效应、环张力、离子结构、分子中 π 键特性等，所以，实际的分布要复杂得多。另外，它对某些裂解方向不易预测，因而在决定分子离子的某些裂解途径上往往要依赖产物离子稳定性的条件。这是因为分子丢失电子后对分子的整体都会产生影响而不只局限于杂原子附近的键，因此离子不同部位的键强和键的振动频率受到分散于此处的正电荷影响而发生变化。只要积聚足够的振动能，一旦超过反应的活化能就会发生裂解，表现在谱图上即有各种裂解方式的碎片。如乙二醇缩酮是由酮制成的衍生物，用来确定甾酮类的羰基位置[4]。正如式（3-1）所示，衍生物的 EI 谱图中有特征峰 $m/z$ 99，依赖该特征峰的信息可以确定酮的羰基位置，有利于未知甾酮类的结构阐述。现在的问题是 7-8 之间的键和 1-2（或者 1-6）之间的键离开氧原子的距离相同，似乎应该有相同的裂解概率，但实际上 7-8 键断裂形成的离子极微。这样，继 1-2 键断裂后，由 4-5 之间的键断裂形成的 $m/z$ 99 是强峰，而 3-4 键断裂生成 $m/z$ 114 几乎不可能。对这样的裂解方向，单用游离基或正电荷中心理论不好解释，而只能解释 $m/z$ 99 是稳定离子。

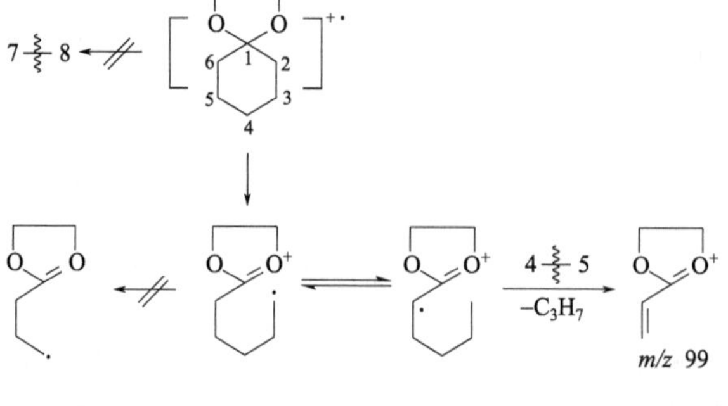

$$(3\text{-}1)$$

同样在下面的反应中，我们也必须用五元环是稳定状态的先决条件来说明 δ 处发生断裂的裂解方向。

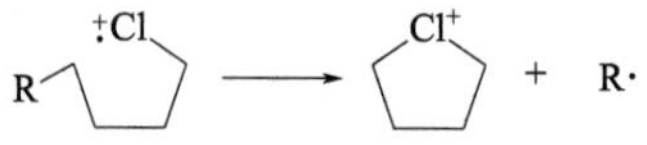

式（3-2）所示的两种裂解反应中，为什么重排的氢是来自远离正电荷的 $\beta$ 位的碳原子上，这显然是难以预测的。

$$\text{R}-\overset{R'}{\underset{}{\text{CH}}}-\overset{+\cdot}{\text{O}}-\text{CH}_2-\text{CH}_2-\text{R}'' \xrightarrow{-R'} \text{R}-\text{CH}=\overset{+}{\text{O}}-\text{CH}_2-\overset{H}{\underset{}{\text{CHR}}} \xrightarrow{-C_2H_3R''} \text{R}-\text{CH}=\overset{+}{\text{OH}}$$

(3-2)

至于裂解产物离子稳定性的理论也有人加以补充，因为原先只是简化了 $E_r$（逆反应活化能），这对简单裂解是正确的，但对于重排反应就不合适了。往往在 $E_r$ 不等于 0 时，释放中性分子所获得的能量足以补偿给电子和基团多次转移所需的能量，这样的结果使实际反应所需要的能量低于反应的活化能。例如环丙烷能形成明显的 $CH_2^{+\cdot}$ 离子，后者稳定性很差，但因反应能释放乙烯，而使亚甲基离子具有 11% 的相对强度。因此不考虑中性碎片的稳定性也是不全面的，应该说产物离子和中性碎片的稳定性是裂解反应的方向。

另外，单从产物的稳定性理论也难于着手考虑裂解是从何处开始的。缺乏足够的基础性物化常数，使能量学说难以确定竞争反应中优势的裂解过程。目前来看，这两种理论的结合是比较合适的。实际上在 McLafferty 第四版的专著中[1]，也详细地提到了产物的稳定性问题，并依据 IP、$\Delta H_f$、PA 等物化常数在理论上予以解释，也就说明了这一点。这两种理论均是将已知的结构作为模型，阐述优势的裂解反应。前者以有机结构理论为基础，适合于对可能发生的裂解位置和相应的途径进行机理性的阐述；后者是以物理有机化学为基础，适宜于预测裂解反应和合理解释碎片离子的结构。除了上述讨论正离子裂解的两种理论外，还有第三种方法，那就是像 Biemann 的经验性总结，用以了解裂解反应。它是通过大量的已知化合物的图谱解析，归纳和总结了裂解反应的结构类型，便于具有有机化学背景的初学者能够系统和形象地掌握裂解规律并为逐步深入到图谱解析提供基础。本节中将有相当篇幅介绍他归纳的裂解反应类型，而不是对各类化合物的裂解反应进行讨论。当然，需要说明在讨论他归纳的裂解反应类型时，也需使用上述两种理论进行解释。

# 3.1　正离子裂解反应的基本类型

从大量实验数据去研究电子碰撞诱导裂解反应的规律并由此总结出裂解反应的类型，这与裂解原理的理论研究是相辅相成的。它是从另一个途径去了解结构与碎片之间的内在联系，以达到图谱解析的目的。迄今为止，从已有的资料报道来看，以 Biemann[5] 总结的类型较为系统，早先它包括了 A1、A2、A3、A4、A5、B、C、D、E1、E2、F、G、H 等十三种类型。随着研究工作的深入，这些类型不断得到充实，与此同时一些新的类型又陆续地总结出来。本节将通过具体的例子系统地介绍以 Biemann 分类为基础的类型和它们的应用，而不是对各类化合物的裂解反应进行讨论。骨架重排又是几十年广泛引起质谱工作者兴趣的课题，把它作为单独的一部分作专门的讨论是适宜的。

### 3.1.1 单键裂解反应

单键裂解又称为简单裂解，它是指断裂一根单键并形成正离子和中性碎片两部分的反应。质谱图中有许多单键裂解形成的碎片离子，由于它们能够直观地反映原来分子的部分结构，因此这种简单裂解的规律也容易为人们所理解和掌握。下面将讨论常见的七种简单裂解的类型。

（1）A1 反应

$$-\overset{|}{\underset{|}{C}}-\overset{|}{\underset{|}{C}}- \xrightarrow{e^-} -\overset{|}{\underset{|}{C}}\overset{+}{\cdot}\overset{|}{\underset{|}{C}}- \longrightarrow -\overset{|}{\underset{|}{C}}{}^+ + \cdot\overset{|}{\underset{|}{C}}-$$

脂肪族化合物，尤其是长碳链的饱和烃类，以这种裂解类型为主。如前述图 3-1 为正十四烷的谱图，结构式见下。正十四烷的大强度碎片离子几乎集中在低质量端，A1 裂解方式而形成的系列峰（相差 $CH_2$），如 $m/z$ 29、43、57、71、85、99……仍是谱图呈现大峰的主要来源之一。长碳链的饱和烷烃都具有这种特点，这包括各种脂肪族化合物，只要有足够长的烷基 R。

$$CH_3-(CH_2)_6-CH_2 \overset{}{\underset{C_6}{|}} CH_2 \overset{}{\underset{C_5}{|}} CH_2 \overset{}{\underset{C_4}{|}} CH_2 \overset{}{\underset{C_3}{|}} CH_2 \overset{}{\underset{C_2}{|}} CH_2-CH_3$$

当有支链取代时，质谱图会发生一些变化，除了原有的特点外，还呈现反映支链取代位置的特征峰。图 3-2 为异构化十四烷的 EI 谱，$m/z$ 43、85、141 为支链点。在 A1 的裂解类型中碳原子上支链化程度越高，则形成正电荷的碳正离子就越稳定；若在支链处容易断裂，则它们的碎片峰强度大，形成过程见下：

碎片离子的稳定性次序排列如下：

$$(R^1R^2R^3)C^+ > (R^1R^2)CH^+ > (R^1)CH_2^+ > CH_3^+$$

（2）A2 反应

$$-\overset{|}{\underset{|}{C}}-\overset{|}{\underset{|}{C}}-\overset{|}{\underset{|}{C}}{}^+ \longrightarrow -\overset{|}{\underset{|}{C}}{}^+ + \overset{}{\underset{}{C}}=\overset{}{\underset{}{C}}$$

上述长碳链烃类形成的特征峰除了通过 A1 途径外，一部分碎片峰是通过 A2 裂解方式形成的，这已由亚稳跃迁所证实。不过，经同位素标记实验说明这

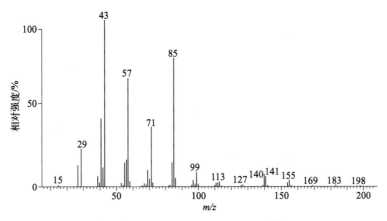

图 3-2　2,4-二甲基十四烷 EI 谱[6]

种裂解反应并不是导致低质量端大强度碎片峰的主要因素[5]。

（3）A3 反应

$$\searrow C{=}C{-}C{-}C{-} \xrightarrow{e^-} \searrow \underset{+}{C}{-}C{-}C{-}C{-} \longrightarrow \searrow \overset{+}{C}{-}C{=}C + \cdot C{-}$$

丙烯正离子是超稳定的，凡是具有上述结构的化合物都能形成这种离子，例如图 3-3 的牻牛儿醇化合物，由于具有丙烯结构而有强的 $m/z$ 69 峰，它的形成参见式（3-3）。

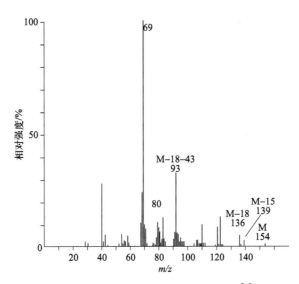

图 3-3　牻牛儿醇（geraniol）的 EI 谱[7]

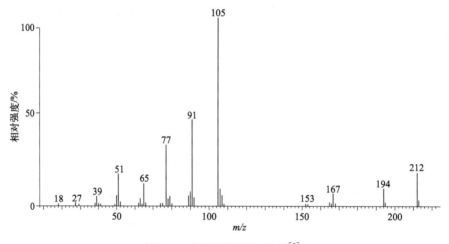

$$(3\text{-}3)$$

丙烯正离子可以画为下述方式，表示双键是易动的，实际情况也是如此。脂肪族化合物中的双键位置如不通过特殊方法去固定的话，双键位置是难以确定的，这也意味着一些异构化的烯烃其 EI 谱图没有很大的差别。

$$(R^1R^2)C=\!\!=\!\!C(R^3)C^+(R^4R^5)\Longrightarrow(R^1R^2)C^+C(R^3)=\!\!=\!\!C(R^4R^5)$$

（4）A4 反应

$$\text{（苯环）}-CH_2-R \xrightarrow{e^-} \text{（苯环）}^+CH_2-R \longrightarrow C_7H_7^+ + R\cdot$$

$C_7H_7^+$ 离子有较大的稳定性，凡具有苄基结构的化合物（包括一部分苯环上有取代基的苄基化合物）都能获得上述结构的正离子。常见的正离子其稳定性可按如下次序排列：

$$CH_2=\!\!NH_2^+ > (CH_3)_2C=\!\!OH^+ > (CH_3)_3C^+ \geqslant CH_3CH=\!\!OH^+ > CH_3C\equiv O^+$$

$$\geqslant C_7H_7^+ > CH_2=\!\!CHCH_2^+ > (CH_3)_2CH^+ \geqslant CH_2=\!\!OH^+ \geqslant CH_3CH_2^+$$

所以在图 3-4 中 $m/z$ 105 $[C_6H_5CO]^+$ 的相对强度大于 $m/z$ 91（$[C_7H_7]^+$）。

图 3-4　苯甲酸苄酯的 EI 谱[8]

（5）A5 反应

$$-\underset{|}{\overset{|}{C}}-X \xrightarrow{e^-} -\underset{|}{\overset{|}{C}}\!\!\cdot\!\!X \longrightarrow -\underset{|}{\overset{|}{C}}^+ + X\cdot$$

上述的 X 代表卤素、OR、SR、$NR_2$（R＝H、烷基）。C—X 键断裂比 C—C 键困难，断裂时正电荷留在碳原子上，如果能增加正电荷的稳定性则此反应就比较容易进行。例如伯醇不易脱 OH，叔丁醇则较易脱 OH。图 3-5 为 1-氯-3-溴丙烷（$M_w$ 156）的 EI 谱，图中可以看到 A5 裂解的碎片峰，但溴的电负性比氯低，故 $m/z$ 77 的强度大大高于 $m/z$ 121。

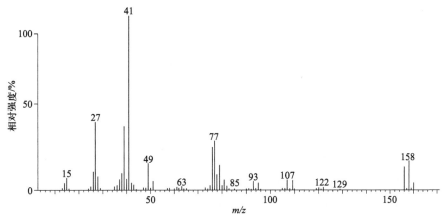

图 3-5　1-氯-3-溴丙烷的 EI 谱图[9]

（6）B 反应

上式中的 X 为含 N、S、O 的取代基或是卤素原子，在它们的外层轨道上均具有非键电子对。尤其是含 N、O 的化合物，这种称为 α 键断裂的裂解反应是很重要的。式（3-4）中 $m/z$ 30 强度比 $m/z$ 31 强，这符合离子稳定性规律。如果它们在同一分子中，如 $HOCH_2CH_2NH_2$ 分子，则看得更为明显。

$$
\begin{aligned}
\left[CH_3-(CH_2)_8 \overset{\xi}{} CH_2OH\right]^{+\cdot} &\xrightarrow{-C_9H_{19}} CH_2=\overset{+}{O}H \quad m/z\ 31\\
\left[CH_3-(CH_2)_8 \overset{\xi}{} CH_2NH_2\right]^{+\cdot} &\xrightarrow{-C_9H_{19}} CH_2=\overset{+}{N}H_2 \quad m/z\ 30
\end{aligned}
\tag{3-4}
$$

式（3-5）为 $M_w$ 154 的三个异构体，前两者分别形成碎片离子 $m/z$ 85、99，这是 B 型裂解的结果[5]。所以形成这样强的峰，除了由于 B 型裂解形成稳定正离子外，还由于丙烯自由基也比较稳定。但是第三个异构体并没有形成强的 $m/z$ 99 的 B 裂解反应，这是由于靠近双键的 C—C 键断裂比较困难，除非在裂解前双键迁移到另一个位置。所以，第三个异构体尽管具有 B 型裂解的条件，但实际上难以进行。若将双键进行氢化还原，则产物的质谱图就会呈现强的 $m/z$ 99 峰；同样，支链氧化成酸也能获得强的 $m/z$ 99 峰。

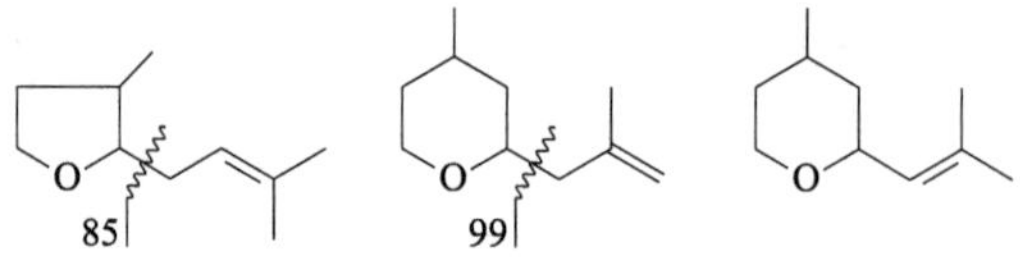

$$(3-5)$$

（7）C 反应

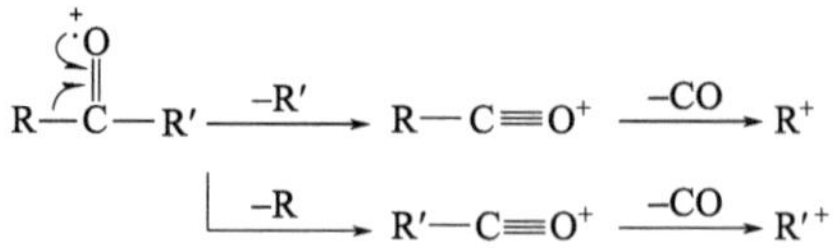

类型 C 的裂解反应是很常见的。除了酮类有此反应外，醛、酯、酰胺等均有此反应，所以我们可以把 C 反应改写为：[RCOX]$^{+\cdot}$，其中 X 为 OR′、R′、NHR′等，它们在谱图中以 RCO$^+$ 为强峰。C 反应中，当 R 和 R′均为烷基时，按照最大烷基丢失的规则，R′＞R 时则易失去 R′，即 RCO$^+$ 离子占优势。这种情况在其他类型的反应中也出现过，当然在 ArC（＝O）R 化合物中，由于 ArC≡O$^+$ 为三键结构的氧鎓离子而具有高的稳定性，故有高的强度。最大烷基丢失的规则在其他类型的反应中也有效，如式（3-6）中 X 为 OR′、SR′、NHR′，Y 为 O、S、NH 等的化合物就有这样的质谱行为。在研究式（3-6）中的反应的产物离子时，常用形成鎓离子（如氧鎓、硫鎓）的稳定性来解释，此时与 C 反应模式的讨论会有交集。

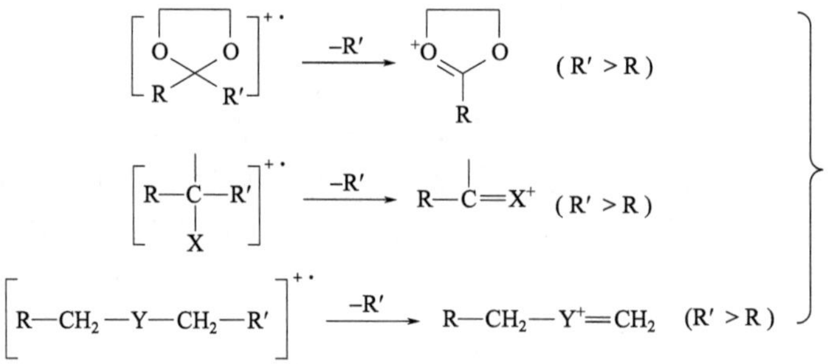

$$(3-6)$$

## 3.1.2 多键裂解反应

多键裂解是指裂解时至少断裂两根键的反应，它经常发生在环化合物上。

（1）环开裂反应

环化合物形成碎片的裂解反应必须断裂多于一根键，所以是一个需要较高能量的过程。只要在结构上还有其他有利的途径，就会抑制多键裂解过程。现以式（3-7）环己醇为例说明环的开裂过程。这种裂解机理是自由基和正电荷相分离，自由基驱动裂解反应。除了环醇外，环醚、环胺、环硫醇、环硫醚等均具有上述开裂特征而分别形成下列特征离子。式（3-8）中 R 为氢或烷基，$n＝0、1、2……$。环开裂反应主要发生在环取代基的 $\alpha$ 位碳位置上，环开裂后进一步发生键的断裂，从而形成各种碎片[10]。

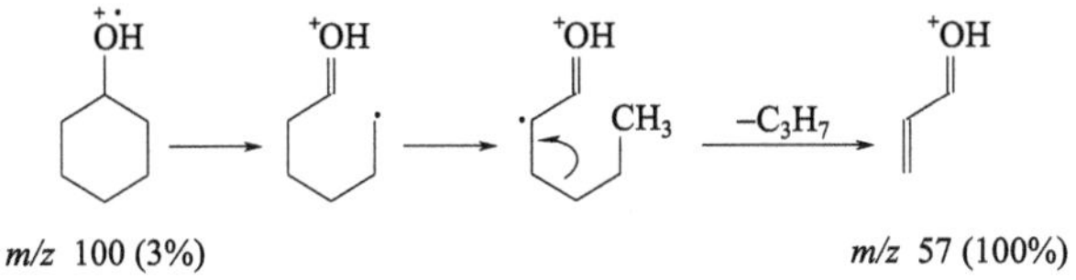

$$(3\text{-}7)$$

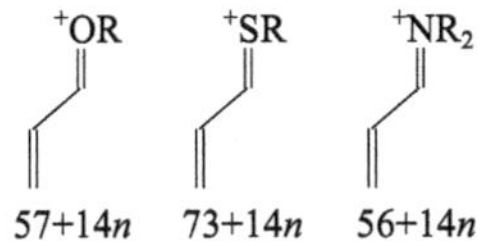

m/z 100 (3%)　　　　　　　　　　　　m/z 57 (100%)

$$(3\text{-}8)$$

57+14n　　　73+14n　　　56+14n

以环己酮（$M_w$ 98）为例，先发生 C 反应开环，然后 $\alpha$ 裂解，形成基峰 $m/z$ 55（$C_3H_3O$，100%）；$m/z$ 42（$C_3H_6$，40%）、$m/z$ 70（$C_4H_6O$，20%）、$m/z$ 83（$C_5H_7O$，5%）等离子均以 $\alpha$ 键断裂为出发点，它们的裂解过程均由同位素标记所证实。形成 $m/z$ 80 的脱水裂解反应，其过程虽比较复杂，但初始阶段也起始于 $\alpha$ 裂解。$\alpha$-萘烷酮（$\alpha$-decalone，$M_w$152）的裂解和环己酮很相似。除了典型的 $m/z$ 55（60%）外，还有 $m/z$ 109（100%）。它的形成原理与环己酮相似，即含酮环上的 $C_3H_7$ 丢失（形成 $m/z$ 109），继而进一步失去 CO 形成 $m/z$ 81（90%）。另外，$M-C_4H_7$（包括 $M-CH_3$、$M-C_2H_5$）均是在非含氧环上发生的裂解反应。

（2）D 反应（RDA 反应）

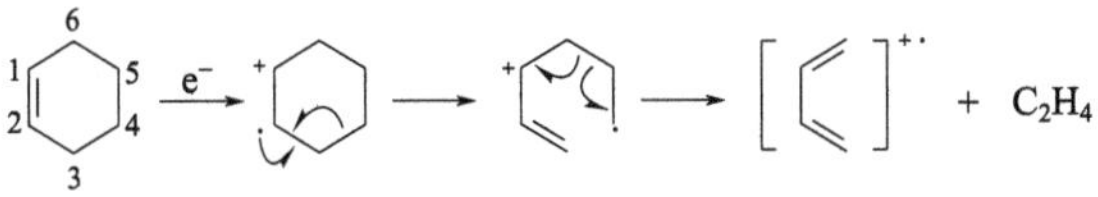

反 Diels-Alder 反应（简称 RDA）的名称袭用了有机化学的 Diels-Alder 反应，后者为共轭双烯与双键的 1,4-加成形成含一个双键的六元环化物的反应，因为前者的方向正好与后者相反，故称为反 Diels-Alder 反应。

类型 D 的裂解反应其正电荷一般留于共轭双烯上，但倘若环上有取代基时则随着取代基位置不同，电荷分配情况会有所改变（Stevenson 规则）。如上述环己烯的 3、6 位有烷基取代时，由于它有助于共轭双烯正离子的稳定，故双烯峰的强度增大。当取代基在 4、5 位时，由于有利于单烯的稳定，故会出现单烯的碎片峰。

只含双键的环烃化合物只要符合结构要求就容易进行 RDA 反应。如 A 环和 C 环的合适位置上有双键的甾体化合物也容易进行 RDA 反应。表 3-1 为 Audier 等人[11]归纳的一些 $\Delta^2$ 不饱和甾体化合物（A 环上烯键）的 RDA 反应产物离子。不过需注意的是正电荷留在单烯上。当然，如能使共轭双烯上的正电荷稳定，则单烯正离子的强度就会降低。事实上质谱图中也呈现了共轭双烯的离子。这样，凡能形成 $\Delta^2$ 双键的衍生物，如式（3-9）所示，也会继而进行 RDA 反应（注意，有构象上的差异）。

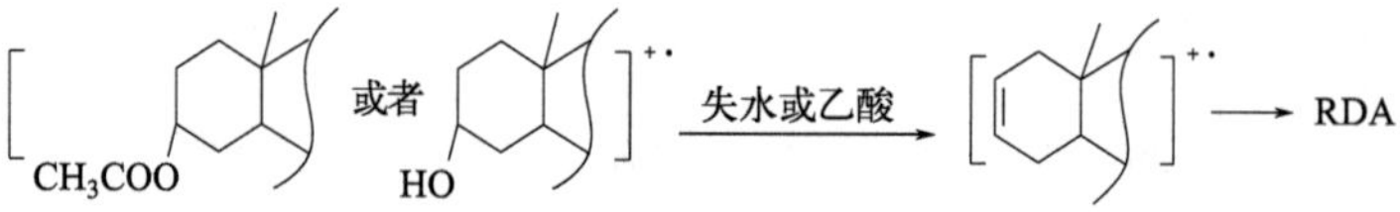

$$[\text{CH}_3\text{COO} \cdots]\ 或者\ [\text{HO} \cdots]^{+\cdot}\ \xrightarrow{失水或乙酸}\ [\cdots]^{+\cdot} \longrightarrow \text{RDA} \qquad (3\text{-}9)$$

### 表 3-1 一些 $\Delta^2$ 不饱和甾体的 RDA 产物离子[11]

| 化合物 | 二烯 | RDA 峰 | %$\Sigma$[①] | 基峰/% |
|---|---|---|---|---|
| 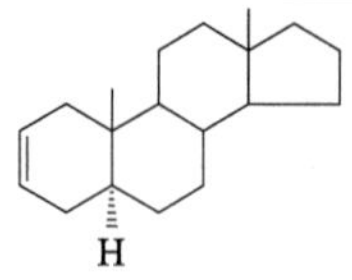 (甾体结构，标 H) |  CH₂=CH-CH=CH₂ | M−54 | 8.1 | 91 |
| 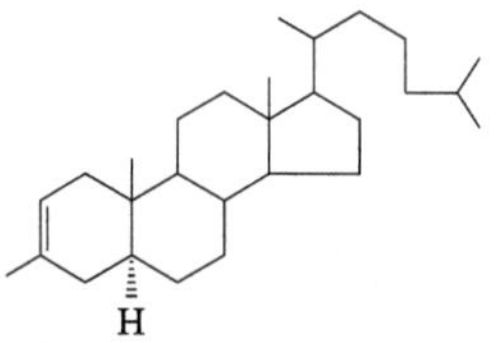 (甾体结构，标 H) | 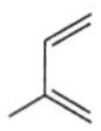 (异戊二烯类) | M−68 | 2.8 | 81 |
| 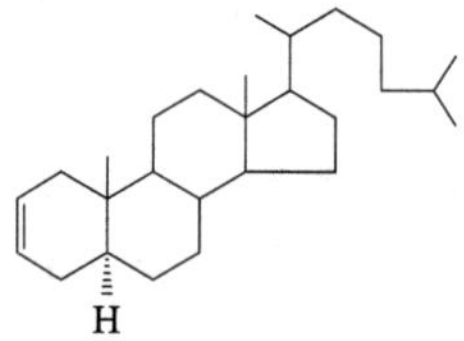 (甾体结构，标 H) | 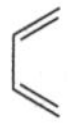 CH₂=CH-CH=CH₂ | M−54 | 3.3 | 64 |
| 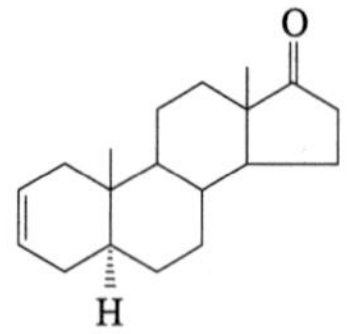 (甾体结构，含 O，标 H) | 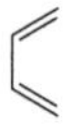 CH₂=CH-CH=CH₂ | M−54 | 6.9 | 100 |
| 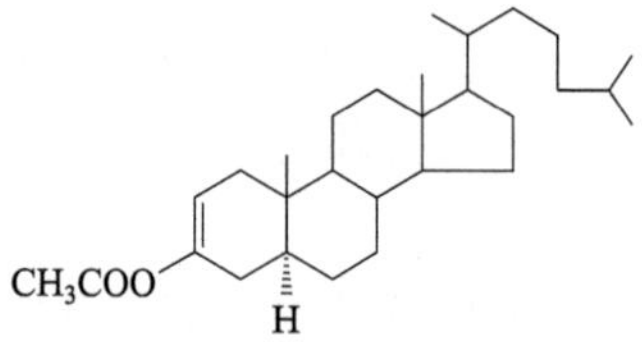 (甾体结构，CH₃COO，标 H) | 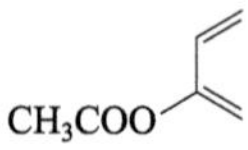 CH₃COO-C(=CH₂)-CH=CH₂ | M−112 | 4.4 | 68 |
| 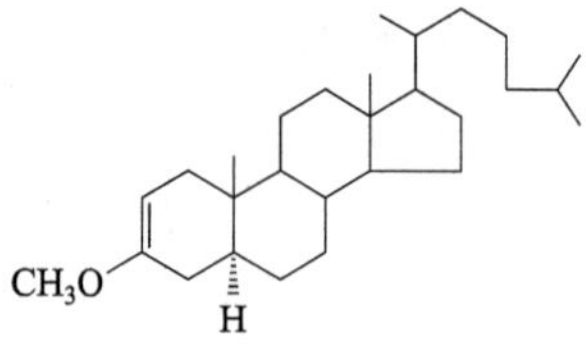 (甾体结构，CH₃O，标 H) | 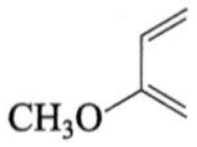 CH₃O-C(=CH₂)-CH=CH₂ | M−84 | 2 | 38 |
| 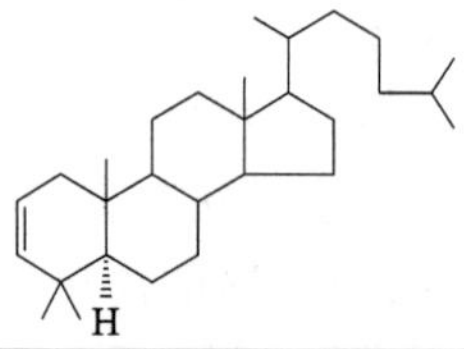 (甾体结构，标 H) | 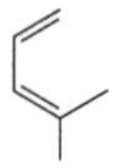 (二烯) | M−82 | 0.2 | 3 |

① 指一张谱图中某一离子的强度在所有离子强度总和中所占的份额。$\Sigma$ 的右下方给出数字时，则从该数字所代表的离子起计算所有离子强度总和。

另外，D 环上的双键通过异构化而转移到 C 环上，接着进行 RDA 反应。图 3-6 为异二氢甘遂（$M_w$ 412）的 EI 质谱图，图中 $m/z$ 220 和 $m/z$ 192 均是在 D 环上发生 RDA 反应的产物离子。两个产物获得几乎相同概率的正电荷，说明两个产物离子的稳定性是相近的。Seibl[12] 在式（3-10）中解释了该化合物 EI 谱图中所呈现的特征碎片离子。

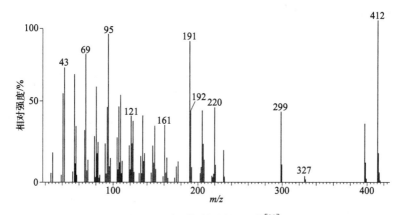

图 3-6   异二氢甘遂的 EI 谱[13]

也有人将式（3-11）所列举的四种裂解反应归于类似 RDA 反应。

067

### 3.1.3 氢重排反应

氢重排反应是正离子的裂解过程中内部发生氢的转移，在断裂一根键的同时在离子的另一处形成一根新键。氢重排反应的结果是在反应离子或中性碎片的结构中增加或减少原先结构中没有的一个氢。由于新键的形成补偿了反应的能量，故反应很容易发生。氢重排反应有两大类型，即随机氢重排和特定氢重排。饱和的 $C_nH_{2n+1}^+$ 能进行氢重排形成偶电子离子和中性烯分子，尤其直链的 $C_nH_{2n+1}^+$ 能给出几乎相同能量的各种产物离子，如式（3-12）所示。这说明氢的转移并不是在特定的反应中心上进行，产物离子难以反映前体离子的本来结构，我们称之为随机氢重排。如芳香族化合物形成 $m/z$ 39、51～53、63～65、77～79 等离子也是属于随机重排的结果。但是，更多的氢重排是在特定的反应中心上进行的，以下讨论的为特定氢重排的一些反应类型。

$$\left.\begin{array}{l} C_8H_{17}^+ \longrightarrow C_6H_{13}^+ + C_2H_4 \\ C_8H_{17}^+ \longrightarrow C_5H_{11}^+ + C_3H_6 \\ C_8H_{17}^+ \longrightarrow C_4H_9^+ + C_4H_8 \end{array}\right\} \tag{3-12}$$

（1）E2 反应（邻位效应）

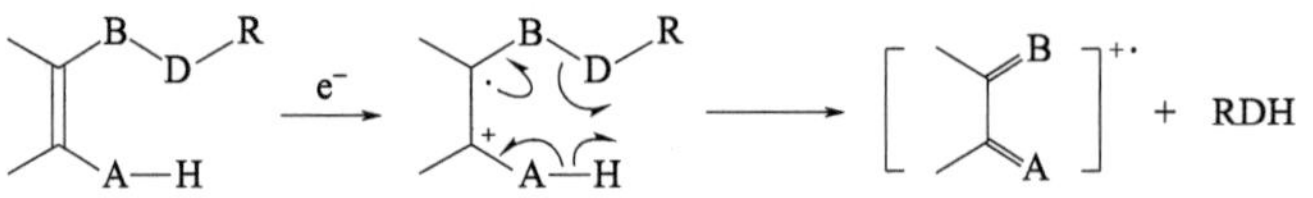

上述反应式中 A、B、D 可以是 C、O、N、S 原子或基团。邻位效应属于六元过渡态的氢重排反应，但是由于它是烯类或芳香族化合物邻位二取代基的特征裂解反应，所以专门列为一类。因为空间的排列位置，从两个取代基中每一部分中消除一个基团，最终以中性分子形式丢失。这是一个有利的低活化能反应，所以原来单个取代基本身的裂解反应会受到一定影响。例如图 3-7（a）中，$m/z$ 118 即为邻位效应的特征离子。丢失 $CH_3OH$ 的离子在对位取代的图 3-7（b）中并未发现。邻位效应一般抛出一个中性分子，如 $H_2O$、$ROH$、$RCOOH$、$H_2S$、$RSH$、$NH_3$、$R_2NH$ 等，但有时也可以失去自由基，例如，邻硝基甲苯由于邻位效应失去 OH 后形成 $m/z$ 120 峰，这与对硝基甲苯的图谱有明显差异。所以，邻位效应可以用来区分芳香族的异构体。顺式的烯类化合物也同样可以进行上述类型的反应，如式（3-13）所示：

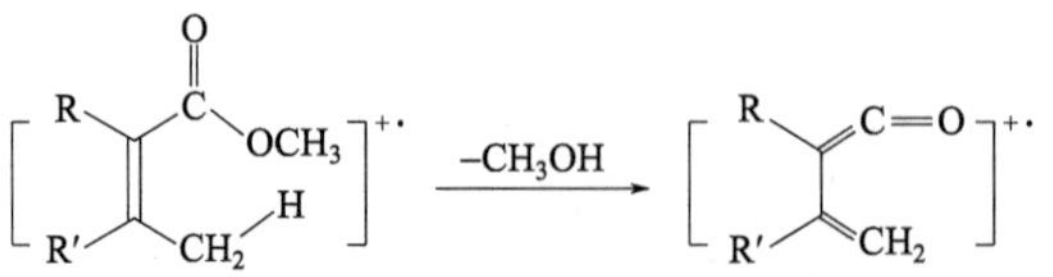

$$\tag{3-13}$$

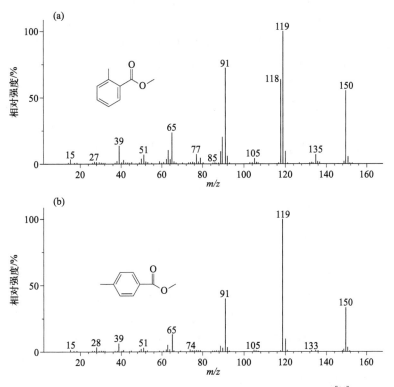

图 3-7 邻位(a)和对位(b)甲基取代的苯甲酸甲酯的 EI 谱[14]

邻位效应可以推广到如式（3-14）所示的裂解反应中，此时分别失去苯、氨和过氧化氢。这种情况下，可以把它看作一种广义的邻位效应，而其过程并不限定氢的转移数目和消除中性碎片的性质以及从何处消除的问题。

$$(3\text{-}14)$$

（2）E1 反应（消除反应）

上述的 $n$ 取决于取代基 X 的性质，消除 HX 难易程度的次序为：

$$SH、OH、SZ、OZ > NH_2 > CH_3、C_2H_5、H$$

Z 为给电子基团则反应能力降低；Z 为吸电子基团则反应能力增加。所以消除 $H_2O$、$H_2S$、$NH_3$、HX(X 为卤素) 的碎片峰强度要比消除 $H_2$、$C_2H_6$、$CH_4$ 大得多。消除反应的正电荷留在碳原子那部分，因为它的 IP 要比 HX 低。发生消除反应的 X 一般为电负性较强的原子，它们若形成 $HX^+$ 在能量上不很有利。

消除反应产物离子的强度一般在谱图中不构成强峰，这是因为在竞争反应过程中有许多反应优于消除反应。例如 X 为低的电子亲和力基团如 Br、I，易发生 A5 反应，对于 SH、$NH_2$、OH 等基团易发生 B 反应，而脂肪族化合物的消除反应还与麦氏重排反应相竞争。只有消除 $H_2S$、乙酸的这类反应，如 1-壬硫醇脱 $H_2S$ 和乙酸环己酯的脱乙酸，才显示较大的强度。

消除反应实际上是一种氢重排反应，但它可以是四元的氢重排，也可以是六元的氢重排以及其他多元的氢重排，在这里把它作为一种反应类型而列出（文献中也称"中心型重排"）。例如 $PhC(CH_3)_2CH=C(CH_3)Ph(M_w\ 236)$ 的 EI 谱中，$m/z$ 143 离子经历了如下过程而形成：即分子离子首先失去分子式中左边的季碳原子上的 $CH_3(m/z\ 221)$，继而经过四元过渡态的氢重排消除反应，失去 $C_6H_6$（来自分子式中右边的 Ph），最终形成稳定的 $CH_2=C(Ph)CH=CH-CH_2^+$ $(m/z\ 143)$ 基峰离子。消除反应一般去掉中性分子，这在能量上是有利的反应，但也可以消除中性自由基碎片，如 $RNHC(=S)\ R'$ 失去 SH 形成的离子具有 C-N 之间稳定的三键氰基结构。当然在这种情况下与 E1 反应是有些不同的，此时往往把它看成类似于邻硝基甲苯丢失 OH 的邻位反应。

（3）裂解反应 H（McLafferty 重排）

McLafferty[15]根据脂肪酮和脂肪酸酯（烷基部分至少大于 3 个碳原子）失去烯分子的裂解反应首先提出了著名的六元过渡态的氢重排（即裂解反应 H）机理。如图 3-8 和式（3-15）所示[16]，$m/z$ 88 即为这种重排的产物离子。除了上述两类化合物外，在其他一些类别的化合物中也相继观察到此种重排，故总称为麦氏重排。式（3-16）是归纳的形式，它代表酮、醛、酸酯、酰胺、腈、烯等脂肪族化合物，烷基苯、苯酯、芳香醚等芳香族化合物，以及磷酸酯、亚硫酸酯、环氧化合物，还有肟、腙、亚胺等羰基的含氮衍生物。

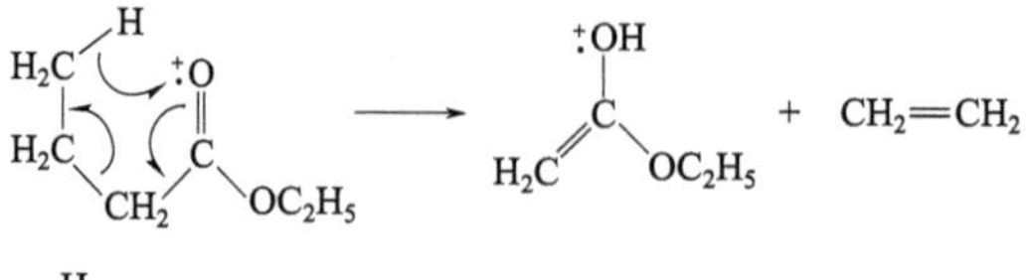

$$(3\text{-}15)$$

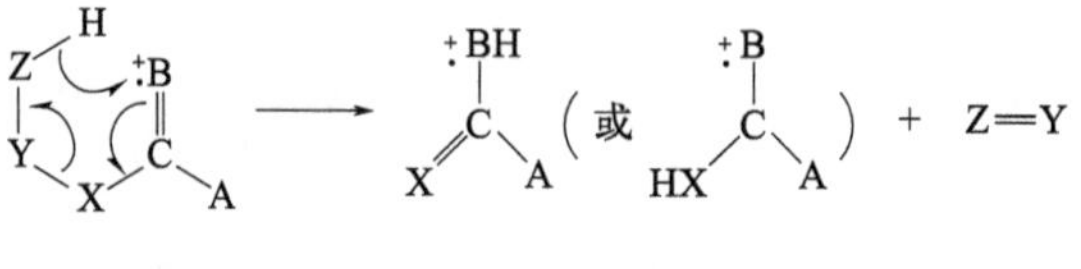

$$(3\text{-}16)$$

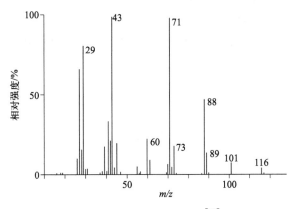

图 3-8　丁酸乙酯的 EI 谱[16]

除了上述分子离子发生麦氏重排外，碎片离子（主要是偶电子离子）也能发生这种六元过渡态的重排。如式（3-17）所示，酮、酯化合物两端的脂肪链烷基 R 有足够长度时还会发生连续两次的麦氏氢重排，例如亚硫酸酯经过两次麦氏氢重排，最终形成 $S(=O)(OH)_2$ 的特征离子。

$$
\left[\begin{array}{c}NH_2 \\ C_3H_7-CH-R\end{array}\right]^{+\cdot} \xrightarrow{-R} C_3H_7-\overset{+NH_2}{CH} \longrightarrow \overset{+NH_3}{CH}=CH_2 + CH_2=CH_2
$$

$$
\left[\begin{array}{c}H\ NH_2 \\ COOC_2H_5\end{array}\right]^{+\cdot} \xrightarrow{-COOC_2H_5} \overset{H\ \ \overset{+}{N}H_2}{} \longrightarrow \overset{+NH_3}{CH}=CH_2 + C_3H_6
$$

(3-17)

经麦氏重排反应，产物的正电荷一般留在含杂原子的碎片上。但是，当烯烃上的取代基有利于降低它的 IP 时，则正电荷留在烯烃上的概率就会增大，这符合前面所述的 Stevenson 规则。许多脂肪醛类有 M－44 峰，参见式（3-18），说明正电荷有留在烯烃上的可能性。

$$
R-CH_2-\overset{+\cdot O}{C}-H \longrightarrow [M-44]^{+\cdot} + CH_3COH
$$

(3-18)

需要指出的，具有麦氏重排的六元过渡态结构并不一定会发生重排，重排发生还需有合适的立体位置这一重要条件。倘若有立体阻碍的情况，如 $CF_3(CH_2)_3C(=O)C(CH_2)_3CF_3$ 化合物，由于 $CF_3$ 的立体阻碍而不发生麦氏重排。

## 3.1.4　双氢重排和三氢重排反应

在氢重排反应过程中发生多于一个氢的转移，如乙酸丁酯的谱图 3-9[17]中，$m/z$ 61 的形成经过了双氢重排（也称超麦氏重排）[18]，第一个氢重排来自 γ 氢，第二个氢重排来自 $C_2H_5$ 中的氢，其形成过程可参见式（3-19）。能发生双氢重排的有下述化合物：羧酸酯、碳酸酯、磷酸酯、N 取代酰胺、酰肼等，它们的分子中都有两个杂原子作为质子接受体。磷酸酯的 EI 谱颇有趣，式（3-20）中所示的 $m/z$ 155、127、99，就是先经过双氢重排，再经过连续两次的麦式重排。Bentley 展示了另外一种双氢重排[19]，其发生在相邻两个碳原子上分别有合适的官能团取代的结构中，如式（3-21）中的 B 为 $CH_2$，B 若为 O、S，也能发生这样的反应。笔者在研究内酯型冠醚时发现两个氢被转移到两个氧原子上的双氢重排的脱水过程，该过程经氘标记法所证实（见第 2 章参考文献 [1b] 和图 2-1）。

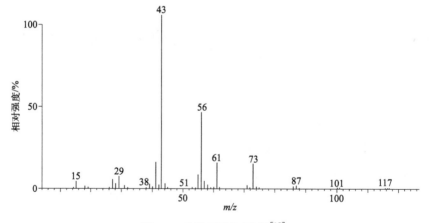

$$\left[\begin{array}{c} \overset{O}{\underset{CH_3-C-O-CH_2}{\parallel}} \overset{H-C-C_2H_5}{|} \end{array}\right]^{+\cdot} \xrightarrow{-C_4H_7} CH_3-\overset{+OH}{\underset{}{C}}-OH \ (m/z \ 61) \tag{3-19}$$

$$C_2H_5O-\overset{O\cdot}{\underset{OC_2H_5}{\overset{|}{P}}}-O-CH_2 \overset{H-C-H}{|} \xrightarrow{-C_2H_3} C_2H_5O-\overset{+OH}{\underset{OC_2H_5}{\overset{|}{P}}}-OH \ (m/z \ 155) \xrightarrow{-C_2H_4} m/z \ 127 \xrightarrow{-C_2H_4} \begin{array}{c} m/z \ 99 \\ (H_4PO_4) \end{array} \tag{3-20}$$

$$R'-\overset{O\cdot}{\underset{}{|}}\overset{H}{\underset{|}{C}}-R \longrightarrow R'-\overset{+OH}{\underset{}{CH}} + \overset{B=C\cdot}{\underset{R}{|}} \tag{3-21}$$

$$\overset{O\cdot}{\underset{}{\triangle}}\overset{H}{\underset{|}{C}-H} \longrightarrow \overset{+OH}{\underset{}{\triangle}} + \cdot CH=CH_2$$

图 3-9　乙酸丁酯的 EI 谱[17]

三个氢的重排是很罕见的，但在某些特定的化合物中也存在，这为 Abbott 所发现[20]，见式（3-22）。同样，Katoh 发现 $ROCH=CH_2$ 化合物，在失去 $C_2H_5OH$ 的过程中也经历了三个氢重排，这由氘标记所证实[21]，参见式（3-23）。

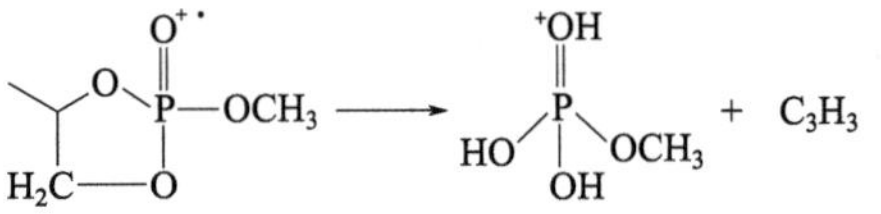

$$\text{(图 3-22)} \quad (3\text{-}22)$$

$$\text{(图 3-23)} \quad (3\text{-}23)$$

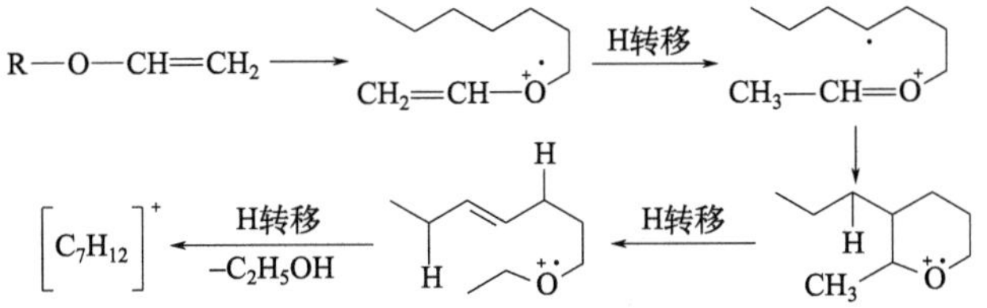

## 3.1.5 四元和多元氢重排反应

（1）F 反应

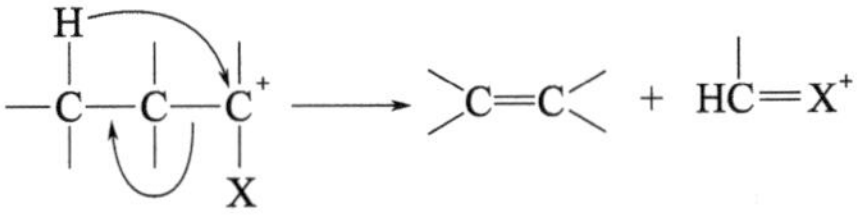

式中，X=OR、SR、NR$_2$、R 等，R 为 H 或烷基。例如 C$_2$H$_5$CH(NH$_2$)C$_5$H$_{11}$ 的 $m/z$ 30 的形成过程首先经历了 B 裂解反应，分别产生离子 $m/z$ 58（100%）和 $m/z$ 100（45%），然后再经历 F 裂解反应，才形成式（3-24）中的 $m/z$ 30，后者是伯胺的特征离子。

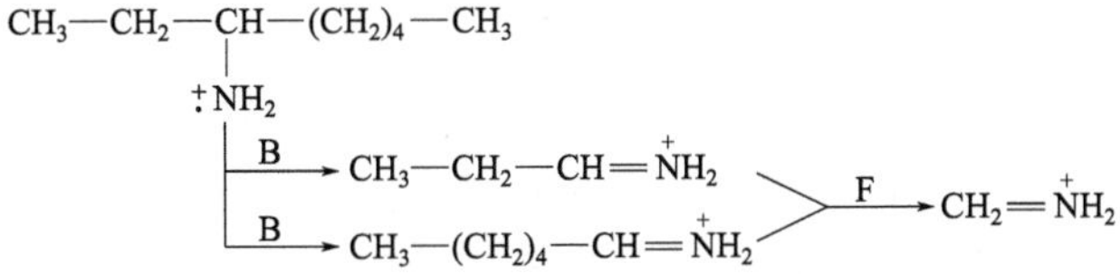

$$\text{(图 3-24)} \quad (3\text{-}24)$$

（2）G 反应

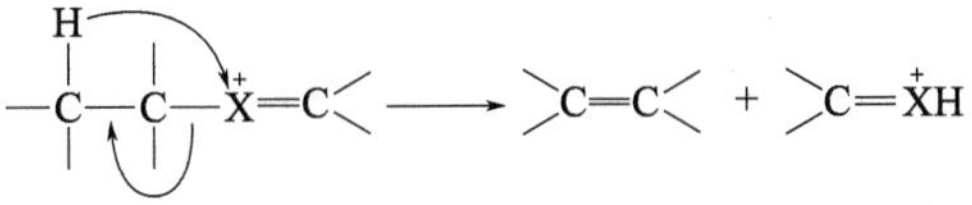

式中，X=O、S、NR（R 为 H 或烷基）。类型 G 的氢重排以二乙基缩庚醛的裂解反应为例，见图 3-10 和式（3-25）。由裂解类型 B 开始继而发生四元过渡态的氢重排（如 F、G 类型的反应），这种情况在含 N、O、S 的化合物中经常遇到。除脂肪族化合物外，式（3-26）展示了在芳香族化合物的几种常见四元过渡态氢重排。

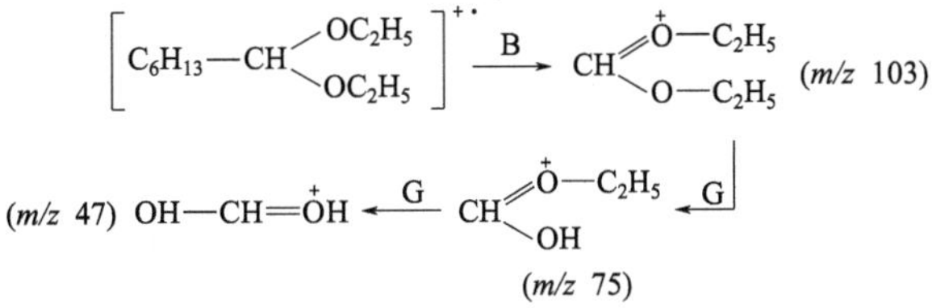

$$\text{(图 3-25)} \quad (3\text{-}25)$$

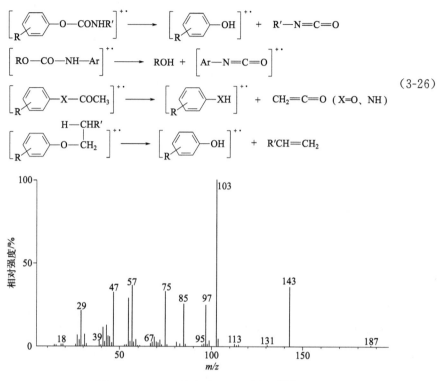

图 3-10　二乙基缩庚醛的 EI 质谱图[22]

$$\begin{bmatrix} \text{R} & \\ & \text{—O—CONHR}' \end{bmatrix}^{+\cdot} \longrightarrow \begin{bmatrix} \text{R} & \\ & \text{—OH} \end{bmatrix}^{+\cdot} + \text{R}'-\text{N}=\text{C}=\text{O}$$

$$[\text{RO—CO—NH—Ar}]^{+\cdot} \longrightarrow \text{ROH} + [\text{Ar—N}=\text{C}=\text{O}]^{+\cdot}$$

$$\begin{bmatrix} \text{R} & \\ & \text{—X—COCH}_3 \end{bmatrix}^{+\cdot} \longrightarrow \begin{bmatrix} \text{R} & \\ & \text{—XH} \end{bmatrix}^{+\cdot} + \text{CH}_2=\text{C}=\text{O} \ (\text{X}=\text{O}、\text{NH})$$

$$\begin{bmatrix} \text{R} & \\ & \text{—O—CH}_2 \end{bmatrix}^{+\cdot} \longrightarrow \begin{bmatrix} \text{R} & \\ & \text{—OH} \end{bmatrix}^{+\cdot} + \text{R}'\text{CH}=\text{CH}_2$$

(3-26)

除了已经讨论过的六元过渡态和上述的四元过渡态外，还有其他过渡态氢重排，如式（3-27）展示的五元过渡态和八元过渡态，这是由 Winnik[23] 和 Ryhage[24] 分别提出的。当然八元过渡态是比较少见的，是否还有比八元更高的过渡态，是值得探讨的问题。长碳链脂肪酸甲酯有这样一些特征峰，$m/z$ 87（$\text{CH}_2)_2\text{COOCH}_3$、$m/z$ 143（$\text{CH}_2)_6\text{COOCH}_3$、$m/z$ 199（$\text{CH}_2)_{10}\text{COOCH}_3$、$m/z$ 255（$\text{CH}_2)_{14}\text{COOCH}_3$、$m/z$ 311（$\text{CH}_2)_{18}\text{COOCH}_3$ 等（图 3-11）。显然它们并不是由简单断裂而得到的，这是因为随机的简单断裂不会得到有规律的质量相差（$\text{CH}_2)_4$ 的系列峰。$m/z$ 87 的形成历程研究（氘标记）表明：它主要是以六元过渡态的氢重排而得到的，由此可以联想其他一些离子的形成有可能经历了更高的多元过渡态历程。

$$[\text{RO—CO—CH}=\text{CH—CO—OR}]^{+\cdot} \longrightarrow \begin{bmatrix} \text{RO—CO—C} & \overset{\displaystyle\text{O}}{\diagdown}\!\!\diagup \text{C}=\text{CH} \end{bmatrix}^{+\cdot} + \text{ROH} \ (\text{R}>\text{CH}_3)$$

(3-27)

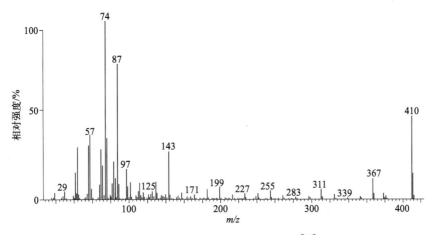

图 3-11 正二十六烷酸甲酯的 EI 谱[25]

## 3.2 正离子骨架重排反应

按照常规的裂解规律，可以认为，图 3-12 中 $m/z$ 226 为 M 峰（元素组成 $C_{16}H_{18}O$），$m/z$ 184 的元素组成为 $C_{14}H_{16}$，故为 $M-CH_2CO$，因此该化合物应有 $CH_3CO$ 取代基；由 $m/z$ 184 产生 $m/z$ 169($C_{13}H_{13}$)，说明该化合物应有结构 $CH_3$ 基团存在；质谱图中的基峰为 $m/z$ 131($C_9H_7O$)，它的离子结构为式（3-28）的左式所示，也就是说，苯基取代位置似乎在八氢萘酮的 4 位。Gray 指出[26]，实际上该化合物为式（3-28）的右式，苯基在八氢萘酮的 10 位，而 $m/z$ 131 的形成是苯基迁移的结果。同样，该结构中也无 $CH_3$、$C_2H_5$ 基团。$m/z$ 169 峰由 $m/z$ 184 经过复杂的重排过程而形成，因而上述结构与预测的完全不一致。

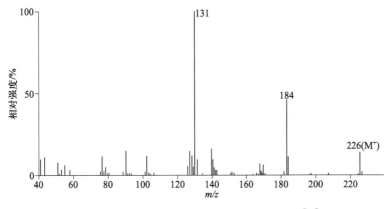

图 3-12 顺式 10-苯基-$\Delta^3$-2-八氢萘酮的 EI 谱[26]

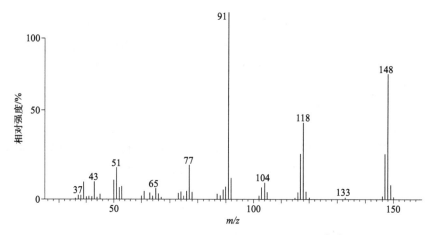

$$(3-28)$$

EI 谱图中若有强的 $m/z$ 91（$C_7H_7$）离子一般认为分子中具有 PhCH$_2$ 结构，但是 Kaminski 发现[27]下述化合物却产生 $m/z$ 91峰，且为质谱图的基峰（图 3-13）。实际上该化合物中的 CH$_2$ 并未与苯基直接相连，形成 $m/z$ 91峰的过程可参见式（3-29）。上述这类重排反应产生的离子或中性碎片，其结构往往并不存在于原来的分子中，因此会导致一些假象，从而给谱图解析带来困难，因而研究这一类重排就显得更有意义。

$$(3-29)$$

图 3-13　2-苯基-1,3-二氧-戊环-硼烷的 EI 谱图[27]

如果基团（如甲基、苯基等）或者原子（如氧、硫、卤素原子等）在裂解过程中从一个位置迁移到另一个位置，并伴随着原始键的断裂和新键的形成，我们称之为骨架重排。被迁移的基团或原子可以作为中性碎片的一部分而释放或者被迁移的基团留在重排反应后形成的离子中。还有一种裂解反应也包括在骨架重排的范围之内，即在离子的非末端的部位上发生两根或两根以上的键断裂，抛出小的中性分子或自由基，以后又重新构成新键，这种骨架重排往往伴随着环的扩张、并合和压缩。

通常看到的骨架重排反应常伴随着消除中性碎片，尤以小的中性分子居多，一般认为这种碎裂途径在所有的中间阶段都是围绕着如何稳定正电荷，以致最后导致失去中性碎片。按照 Stevenson 规则，必然得出这样的结论：抛出的中性碎片应该具有高的 IP，从而使留下来的离子具有最低的 IP。下列中性碎片的 IP 次序为：

$$CO(14.1eV) > C_2H_2(11.6eV) > CH_3(9.0eV) \geqslant C_3H_3(3\sim4eV)$$

所以，最常见的是失去 CO 的骨架重排。不过，单从 IP 值来判断骨架重排的有利与否还是不够的，如失去的 HCN，其 IP 值也有 13.73，与 CO 相差不多，但其重排反应就不如 CO。实际上能否形成稳定的中性小分子还与它们的形成热有关。形成热（以 $\Delta H_f$ 来表示）的值为负时则有利于该骨架重排反应。$\Delta H_f$(CO) 为 $-26.42$kcal/mol，而 $\Delta H_f$(HCN) 为 $+31.2$kcal/mol。因此，可以认为，影响骨架重排反应的因素至少包括了 IP 和 $\Delta H_f$ 这两个参数值。同样，骨架重排反应除了丢失中性分子外（如 $CO_2$、SO、COS、$CH_2O$、CO、$C_2H_4$、SO、$CS_2$、HCN、$C_2H_2$、$H_2O$、$H_2S$、$N_2$ 等），还可以丢失中性自由基（如 H、$CH_3$、S、NO 等）。另外，在合适的离子结构条件下还会发生连续消除的过程。

骨架重排反应引起质谱工作者的极大兴趣，其核心问题之一是骨架重排与有机化合物的结构相关，以期望根据分子结构来预测可能的骨架重排反应[28]。Brown 等人[29]总结了各种类型化合物在烷基、芳基迁移时释放中性分子如 $CO_2$、CO、$SO_2$、$CH_2O$、HCN、S 等的骨架重排；而 Bentley[19,30]等人着重研究四中心过渡态的骨架重排反应，并且对基团（或原子）的迁移作了一些归纳。这些对于骨架重排反应的研究都有较大的价值。当然，骨架重排反应也很类似于热、光化学、酸催化的重排反应，因此参考这些化学反应对于下述骨架重排反应会有进一步的了解。

## 3.2.1 基团或原子迁移的骨架重排

（1）甲基迁移

现将 Brown[31]对 $C_6H_5OC(=X)XCH_3$ 失 $CX_2$（X＝O、S）的结果列于表 3-2中，表示的强度为 $\%\Sigma_{40}$ 的值，甲基迁移导致分子离子丢失 $CO_2$ 或 COS。其他例子可见式（3-30）。

表 3-2　碳酸酯及其硫取代物的甲基迁移[31]

| 化合物 | $M-CX_2$ 相对强度/$\%\Sigma_{40}$ | 化合物 | $M-CX_2$ 相对强度/$\%\Sigma_{40}$ |
|---|---|---|---|
| $C_6H_5-O-CO-OCH_3$ | 11.8 | $\alpha\text{-}C_{10}H_7-O-CS-OCH_3$ | 4.2 |
| $C_6H_5-O-CO-SCH_3$ | 2.4 | $\beta\text{-}C_{10}H_7-O-CS-OCH_3$ | 4.6 |
| $C_6H_5-O-CS-OCH_3$ | 3.9 | $C_6H_5-O-CS-SCH_3$ | 0.2 |

$$\left[\,CH_3-SO-CH=CH_2\,\right]^{+\cdot}\ \xrightarrow{\ -SO\ }\ \left[\,CH_3-CH=CH_2\,\right]^{+\cdot}$$

$$\left[\,CH_3-SO_2-CH=CH_2\,\right]^{+\cdot}\ \xrightarrow{\ -SO_2\ }\ \left[\,CH_3-CH=CH_2\,\right]^{+\cdot}$$

$$\left[\,CH_3-O-CS-NH-NH-C_6H_5\,\right]^{+\cdot}\ \xrightarrow{\ -CH_3SH\ }\ \left[\,O=C=N-NH-C_6H_5\,\right]^{+\cdot} \tag{3-30}$$

$$\left[\,(CH_3)_2CH-N=C=S\,\right]^{+\cdot}\ \longrightarrow\ \underset{H-CH_2}{CH_3-\overset{\cdot}{C}H-\overset{+}{N}=C=S}\ \xrightarrow{\ -C_2H_5\ }\ H_2C=\overset{+}{N}=C=S$$

甲基迁移为最常见的骨架重排，笔者在研究内酯型冠醚时也发现丢失 $CH_3$ $(OCH_2CH_2)_2OH$ 中性分子的裂解反应来自甲基迁移的结果[32]，参见图 3-14，这一过程为高分辨和亚稳跃迁的数据所证实。

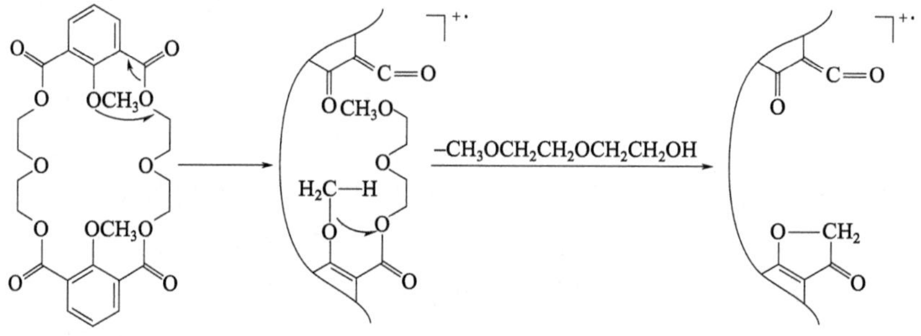

图 3-14　一种内酯冠醚的甲基迁移过程

（2）乙基、其他烷基迁移

乙基与甲基类似也能发生迁移，但骨架重排峰的强度一般不如甲基的大，其他烷基的重排也是如此，这可能是由于随着 R 的增大，R 本身的裂解反应概率增大，从而导致 R 迁移的降低。Bowie 对不饱和羧酸酯失 $CO_2$ 的重排峰强度做了比较（表 3-3）[33-34]，说明乙基、其他烷基的迁移不如甲基有效。乙基、其他烷基的迁移还有式（3-31）所示的例子。

表 3-3　烷基迁移的骨架重排[33-34]

| 化合物 | R | 重排峰 | 相对强度① |
|---|---|---|---|
| CH≡C—COOR | $CH_3$ | $M-CO_2$ | 20% |
| CH≡C—COOR | $C_2H_5$ | $M-CO_2$ | <1% |
| CH≡C—COOR | $n-C_3H_7$ | $M-CO_2$ | 2% |
| CH≡C—COOR | $i-C_4H_9$ | $M-CO_2$ | <1% |

| 化合物 | R | 重排峰 | 相对强度[①] |
|---|---|---|---|
| ROOC—C≡C—COOR | $CH_3$ | $M-O_2$ | 40% |
| ROOC—C≡C—COOR | $C_2H_5$ | $M-CO_2$ | 7% |
| N≡C—CH_2—COOR | $CH_3$ | $M-CO_2$ | 14% |
| N≡C—CH_2—COOR | $n\text{-}C_3H_7$ | $M-CO_2$ | 3% |

① 凡是不作说明的数值均为相对于基峰的相对强度，下同。

$$\left[C_6H_5-NH-COOC_2H_5\right]^{+\cdot} \xrightarrow{-CO_2} \left[C_6H_5NHC_2H_5\right]^{+\cdot}$$

$$\left[O=C\begin{matrix}OR\\OR\end{matrix}\right]^{+\cdot} \xrightarrow{-CO_2} \left[ROR\right]^{+\cdot}$$

$$\left[\begin{matrix}O-CH_2R\\O-CH_2R\end{matrix}\right]^{+\cdot} \xrightarrow{-CH_2O} \left[RCH_2-O-CH_2R\right]^{+\cdot}$$

$$\left[R-CS-OR'\right]^{+\cdot} \rightleftharpoons \left[R-CO-SR'\right]^{+\cdot} \xrightarrow{-CO} \left[RSR'\right]^{+\cdot}$$

(3-31)

（3）苯基迁移

和甲基、乙基迁移相同，苯基迁移也是经常发生的，如碳酸二苯酯和硫代碳酸二苯酯化合物容易发生苯基迁移并同时抛出 $CO_2$ 或 COS，如式（3-32）所示。Brown[35] 研究它的迁移过程，其结果列于表 3-4 中。若表中另一苯环上有取代基时，则会发生苯基和芳基的竞争迁移，迁移能力的大小与苯基上的取代基性质有关[31]。同样，含硫化合物失 SO、$SO_2$、$S_2$、CO 的苯基迁移可参见式（3-33）。含磷化合物的苯基迁移可见式（3-34）。

$$\left[O=C\begin{matrix}O-C_6H_5\\O-C_6H_5\end{matrix}\right]^{+\cdot} \longrightarrow$$

(3-32)

$$\left[(Ph)_2O\right]^{+\cdot} \rightleftharpoons$$

$$\left[C_6H_5SOC_6H_5\right]^{+\cdot} \xrightarrow{-SO} \left[C_6H_5-C_6H_5\right]^{+\cdot}$$

$$\left[C_6H_5SO_2C_6H_5\right]^{+\cdot} \xrightarrow{-SO_2} \left[C_6H_5-C_6H_5\right]^{+\cdot}$$

$$\left[C_6H_5-S_2-C_6H_5\right]^{+\cdot} \xrightarrow{-S_2} \left[C_6H_5-C_6H_5\right]^{+\cdot}$$

$$\left[C_6H_5-CH=CH-CO-C_6H_5\right]^{+\cdot} \xrightarrow{-CO} \left[C_6H_5-CH=CH-C_6H_5\right]^{+\cdot}$$

(3-33)

**表 3-4　苯基迁移的骨架重排[35]**

| 化合物 | M−COX(X=O、S) 相对强度/%$\Sigma_{40}$ | 化合物 | M−COX(X=O、S) 相对强度/%$\Sigma_{40}$ |
|---|---|---|---|
| $C_6H_5$—O—CO—$OC_6H_5$ | 8.3 | $C_6H_5O$—CS—$OC_6H_5$ | 0.2 |
| $C_6H_5$—O—CO—$SC_6H_5$ | <0.3 | $C_6H_5O$—CS—$SC_6H_5$ | 0.4 |
| $C_6H_5S$—CO—$SC_6H_5$ | 0.8 | | |

注：表中数字为%$\Sigma_{40}$。

$$\left[ (Ph)_2P—CH=CH—P(Ph)_2 \right]^{+\cdot} \longrightarrow Ph_3P^{+\cdot} + Ph—\overset{H}{\underset{}{P}}—C\equiv CH \tag{3-34}$$

$$(PhO)_3PO^{+\cdot} \longrightarrow \left[ PhOPh \right]^{+\cdot} + PhO—P\!\!\!\begin{array}{c}=O\\=O\end{array}$$

**（4）芳基迁移**

方便起见，将芳酰基、苄基、芳氨基等带苯环的基团迁移与芳基迁移一起讨论。抛出 $SO_2$ 的芳香基迁移，典型的如 Spiteller 所研究的 $p\text{-}NH_2C_6H_4SO_2NHR$ 类别的化合物[36]，其迁移历程参见式（3-35），此处 R 取代基用 X、Y 和 Z 来表达，其结果列于表 3-5 中。

$$\left[ NH_2—\bigcirc—SO_2NH \atop Z=X—Y \right]^{+\cdot} \longrightarrow NH_2—\bigcirc—\overset{SO_2}{\underset{:NH}{|}} \longrightarrow NH_2—\bigcirc\!\!\!\cdot \atop Z\!\!\diagup \overset{SO_2}{\underset{X}{N}}\diagdown Y \tag{3-35}$$

$$\xrightarrow{-SO_2} \left[ NH_2—\bigcirc—Z—X=NH \atop Y \right]^{+\cdot}$$

**表 3-5　丢失 $SO_2$ 的骨架重排[36]**

| R | M−$SO_2$ 相对强度 | R | M−$SO_2$ 相对强度 |
|---|---|---|---|
| —CONH—$C_4H_9(n)$ | 4% | 3-(1-苯基)吡唑 | 10% |
| —C(=NH)—$NH_2$ | 6% | 2-噻唑 | 75% |
| 2-(4,5-二甲基)噁唑 | 7% | 2-(4-甲基)嘧啶 | 100% |

除了上述 $NH_2C_6H_4$ 迁移外，还有甲苯基 $CH_3C_6H_4$ 的迁移，如 $CH_3C_6H_4SO_2C_6H_4CH_3$。同样，苄基也会发生迁移丢失 SO、$S_2$、S，如式（3-36）所示。N-苯基取代的邻苯二甲酰亚胺有典型的苯基迁移，形成特征离子 $m/z$ 130，请参见式（3-37）。若为 N-苯氨基，也有同样的迁移而形成 $m/z$ 130 离子。

$$(C_6H_5CH_2)_2SO^{+\cdot} \xrightarrow{-SO} \left[ C_6H_5CH_2—CH_2C_6H_5 \right]^{+\cdot}$$

$$(C_6H_5CH_2)_2S_2^{+\cdot} \xrightarrow{-S_2} \left[ C_6H_5CH_2—CH_2C_6H_5 \right]^{+\cdot} \tag{3-36}$$

$$(C_6H_5CH_2)_2S^{+\cdot} \xrightarrow{-S} \left[ C_6H_5CH_2—CH_2C_6H_5 \right]^{+\cdot}$$

$$\left[\begin{array}{c} \text{CO} \\ \text{N--Ph} \\ \text{CO} \end{array}\right]^{+\cdot} \xrightarrow{-\text{PhO}} \begin{array}{c} \text{O} \\ \text{N}^+ \\ \text{C} \end{array} \qquad (3\text{-}37)$$

$$m/z\ 130$$

属于芳香酰胺的苯甲酰基迁移也是经常发生的，如在合适的条件下指向氧原子的苯甲酰基迁移，很类似于式（3-37）中苯基指向氧原子的迁移，能形成较强的 M－PhOOH 峰，参见式（3-38）。这种反应非常类似于邻位效应，只是基团的迁移代替了氢重排。指向硫原子的苯甲酰基迁移，见式（3-39）。

$$\left[\begin{array}{c} \text{CHCOCH}_3 \\ \text{NHCOPh} \end{array}\right]^{+\cdot} \rightleftharpoons \left[\begin{array}{c} \text{CH=C--CH}_3 \\ \text{NHCOPh} \end{array}\right]^{+\cdot} \xrightarrow{-\text{PhCOOH}} \left[\begin{array}{c} \text{CH}_3 \\ \text{N} \\ \text{H} \end{array}\right]^{+\cdot} \quad (3\text{-}38)$$

$$\left[\text{CH}_3\text{S--CS--N--CO--Ph}\right]^{+\cdot} \longrightarrow \text{CH}_3\text{--S--C}\overset{+}{\equiv}\text{N--CH}_3 + \text{PhCO--S}\cdot \quad (3\text{-}39)$$

（5）其他基团迁移

羟基、烷氧基、氨基、烷氨基、氰基、硫氰基、甲硫基、二甲基硅氧烯基、亚甲基等的迁移已有报道。尽管这些骨架重排反应不常见，但对于谱图的解析也是有益的。需要说明的是，有时很难说明是哪个基团迁移。在这种情况下一般取小基团作为骨架重排反应的名称。这里要特别提及亚甲基的迁移。在下述化合物中形成了取代的苄基离子，如果不了解还有亚甲基迁移的重排现象，对谱图的解析会带来困难，如式（3-40）所示。

$$\left[\begin{array}{c} \text{OCH}_3 \\ \text{H}_3\text{CO} \end{array}\right]^{+\cdot} \longrightarrow \begin{array}{c} \text{OCH}_3 \\ \overset{+}{\text{CH}}_2 \end{array} + \text{C}_6\text{H}_5\text{O}\cdot \qquad (3\text{-}40)$$

这里还要提及 $CF_3$ 基团的迁移，这是笔者在研究 $\beta$-双酮稀土络合物时发现的。噻吩（或萘）甲酰三氟丙酮（L）和稀土元素（M）的络合物（以 $L_3M$ 表示），其质谱碎裂过程中产生的碎片离子如 MF（L－CO）、LM（L－CO）等均为 $CF_3$ 基团迁移的结果[37-38]。与此同时 F 原子的迁移也观察到了，例如 M（L－$CF_2$）、MF（L－$CF_2$）等碎片离子的形成即为 F 迁移的结果。有关原子的迁移，将在式（3-41）～式（3-43）作进一步说明。

（6）氧原子迁移

$$\left[\text{CH}_2\text{CH}_2\text{COOR}\right]^{+\cdot} \xrightarrow{-\text{R}\cdot} \text{CH}_2\text{CH}_2\text{--C}\overset{\text{O}}{\underset{\text{O}^+}{}} \xrightarrow{-\text{CH}_2\text{CO}} \begin{array}{c} \overset{+}{\text{CH}}_2 \\ \text{OH} \end{array} \quad (3\text{-}41)$$

$$m/z\ 107$$

上式的 R 基团不同，则形成 $m/z$ 107 的相对强度也不同，见表 3-6 Zolotarev 列出的数据[39]。

表 3-6　氧原子迁移的骨架重排[39]

| R | 相对强度 | R | 相对强度 | R | 相对强度 | R | 相对强度 |
|---|---|---|---|---|---|---|---|
| H | 0.5 | $CH_2CH=CH_2$ | 2.5 | $C_6H_5$ | 0.8 | $C(C_3H_7)_2CN$ | 4 |
| $CH_3$ | 1.5 | $CH_2C_6H_5$ | 17.2 | $CH_2CN$ | 9.7 | $C_6H_{10}CN$(环) | 14.5 |
| $C_2H_5$ | 10.5 | $C_6H_{11}$(环) | 0.4 | $CH(C_2H_5)CN$ | 19.8 | | |
| $(CH_3)_2CH$ | 5.8 | $C_6H_4CH_3(m)$ | 13.4 | $C(CH_3)_2CN$ | 19 | | |

（7）硫原子迁移

硫原子的迁移请参见式（3-42）。

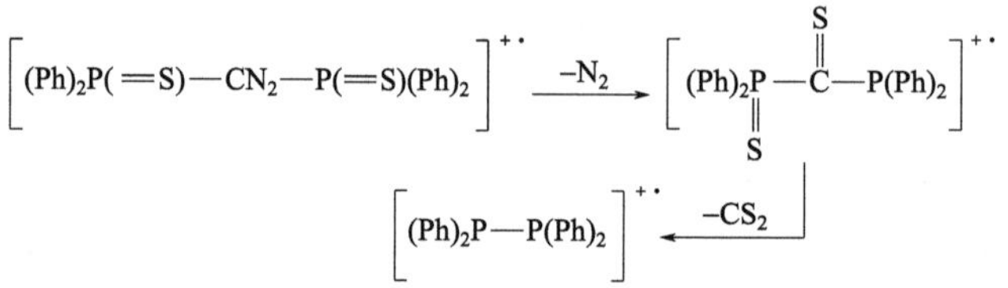

$$[(Ph)_2P(=S)-CN_2-P(=S)(Ph)_2]^{+\cdot} \xrightarrow{-N_2} [(Ph)_2P=\overset{\overset{S}{\|}}{C}-P(Ph)_2]^{+\cdot}$$

$$[(Ph)_2P-P(Ph)_2]^{+\cdot} \xleftarrow{-CS_2}$$

$$(3-42)$$

（8）氟、氯原子迁移

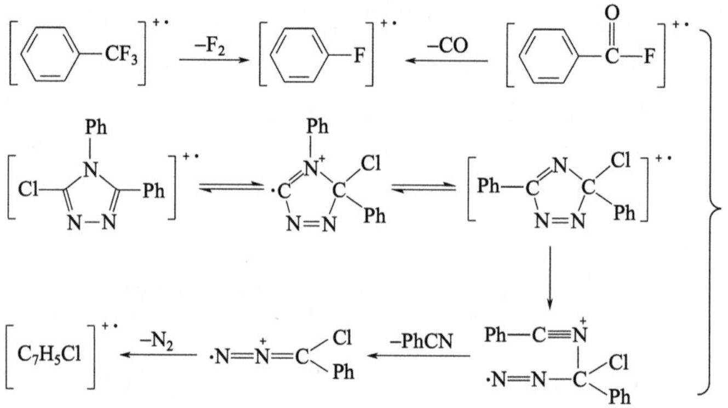

$$(3-43)$$

式（3-43）展示了氟、氯原子的迁移，尤其在所列举的化合物上氯原子经历了复杂的迁移过程。

（9）铁原子迁移

笔者对八个二茂络铁-硫代冠醚的质谱碎裂过程的研究，发现了由铁原子迁移而形成的典型的碎片离子，如 $[-X^+H(C_2H_4O)_nC_2H_4O-]Fe$ 离子，其中 X = O 或 S，$n=1$、2、3、4。Fe 的迁移是这类络合物所特有的[40]。

## 3.2.2　环的压缩、并合、扩张的骨架重排

环的压缩、并合、扩张是指在骨架重排的过程中，失去中性碎片的同时发生了环的大小变化，这包括环变小、环变大以及环与环之间的相互并合，现分别进行叙述。

（1）环的压缩

环的压缩在饱和七元环中很明显，在饱和六元环中也能看到，如含氮、氧、硫的饱和六元环均有环的收缩并失去甲基，以含氮的饱和六元环为例，其收缩过程为，首先是 B 类反应的 α 键断裂，使环开裂，然后氢转移并丢失甲基，最后环闭合形成低一级的环化合物。当饱和环胺的 N 上有乙酰基取代时，丢失的甲基并非来自乙酰基而是环被压缩后抛出的 $CH_3$，这已被氘标记所证实。不过环的压缩在五元环中很少发生。式（3-44）所展示的邻苯二甲酰亚胺失 $CO_2$ 的过程是五元环压缩的一个特例，式中 R＝$CH_3$、Ph。由于产物离子还会进一步失 RCN，故上述离子的强度一般都比较低。下述一些化合物，虽然在裂解过程中发生环的缩小，但是并没有发生基团的迁移，因此有人认为不属于骨架重排，但是熟悉这些过程有助于图谱的解析。以下列举了这些化合物丢失中性分子的反应。蒽醌类化合物均有此反应，连续失去两个 CO 形成稠环是蒽醌类化合物裂解的特点。当然，反过来也不能单单根据谱图中有连续丢失两个 CO 就判断是蒽醌化合物，因为也有一些化合物具有这种特性，如式（3-45）中的化合物。除了蒽醌类的环压缩反应外，还有式（3-46）中所列的化合物也有类似于蒽醌类的环压缩过程。

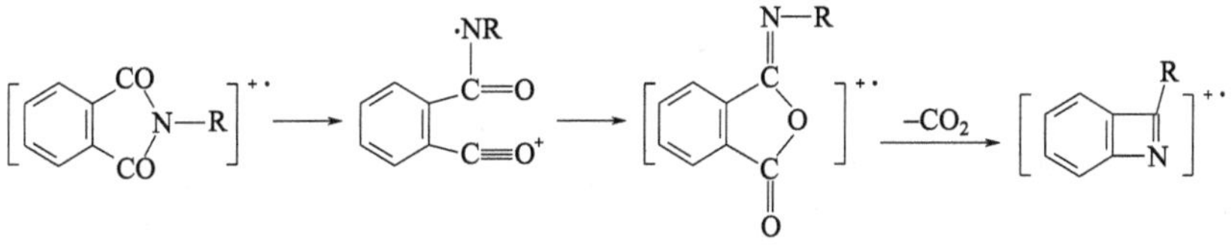

（3-44）

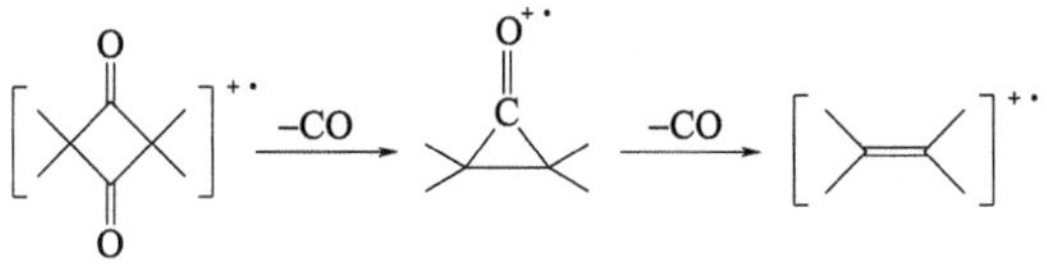

（3-45）

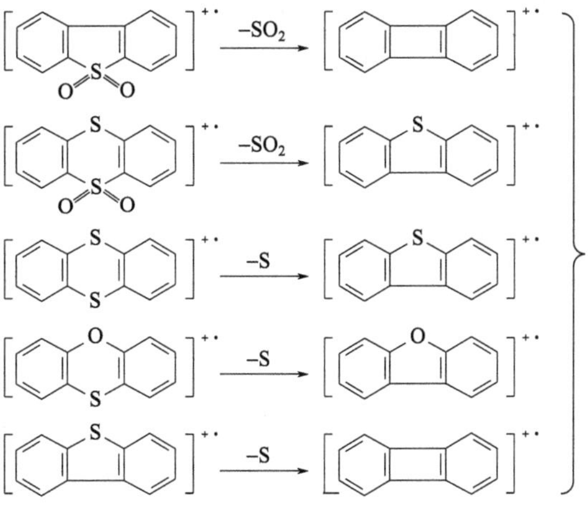

（3-46）

不过，下述式（3-47）所示化合物的反应，姑且也称为骨架重排反应，如有 M−SO、M−CO、M−COH、M−CS、M−CSH 以及进一步失去 CO、CS、COH 等反应。这些骨架重排反应的最终产物离子往往是高度并合的碳氢离子，因而应当归为环的压缩反应。

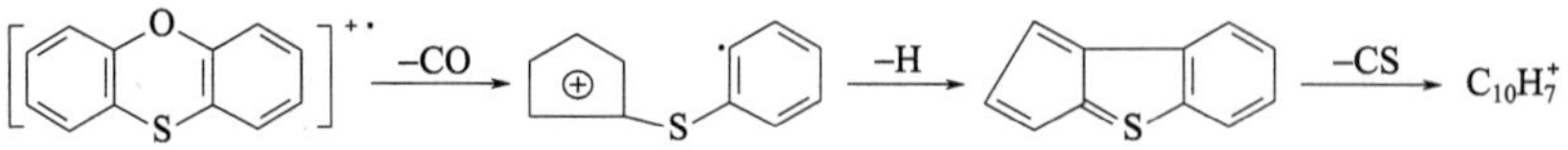

$$(3-47)$$

（2）环的并合

环的并合反应经常发生在 $C_6H_5XC_6H_5$ 类化合物的骨架重排反应中，X＝O、S、NH、$CH_2$、CH＝CH、$CH_2$−$CH_2$，释放相应的 CO、CS、HCN、$CH_3$ 等中性碎片并形成并合环。以 Ph−CH＝CH−Ph 为例，Johnstone 在式（3-48）中描述了该重排过程[41]。

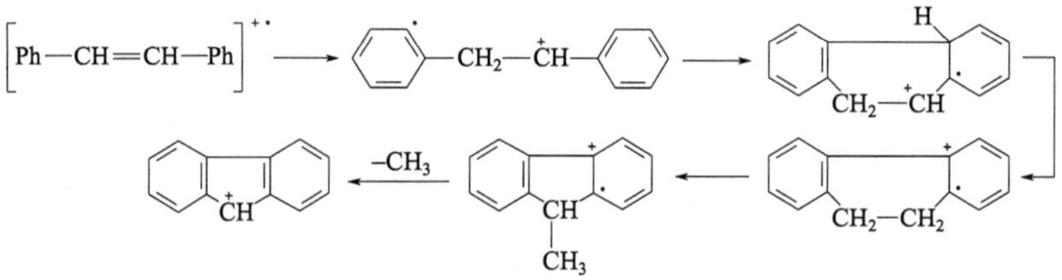

$$(3-48)$$

（3）环的扩张

环的扩张是指产物离子的环要比母离子的环大，一般是形成七元环，如式（3-49）所示。咔唑、硫芴、苯并噻吩等丢失 HCN、HCS、CS 等中性碎片的同时也分别形成具有七元环特征的 $m/z$ 89、$m/z$ 139 离子。和环的并合相同，由于产物离子具有足够的稳定性，因此利用质谱图中出现的这些特征峰来推测分子离子的母体结构或分子的部分结构是可能的。

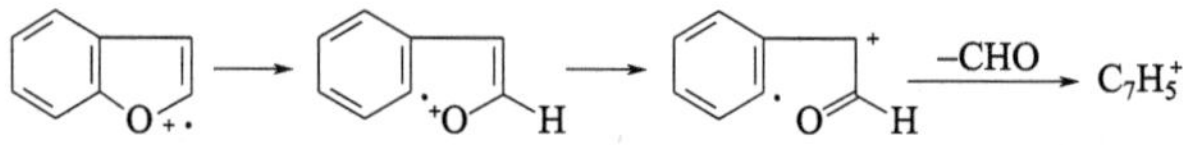

$$(3-49)$$

Nibbering 等人[42]曾发现一种有趣的现象，从 $Ph-OCH_2COOH$ 分子离子产生的 $Ph-OCH_2$ 碎片离子，会进一步丢失 CO，其中 CO 的碳 90% 来自苯环 1 位上的碳，10% 来自苯环其他位上的碳，这个过程犹如环的压缩和扩张的并举。

## 3.3 影响优势裂解反应的诸因素 [30-31, 43-47]

这一部分试图用有机化学工作者所熟悉的理论，从键能、诱导效应、共轭效应、立体化学等方面来介绍影响优势裂解反应的具体因素。虽然从目前来看这些因素均属于经验性的，但是用来解释质谱裂解反应还是有一定的效果。

### 3.3.1 键能[43-44]

键能的大小影响裂解是比较直观的，从表 3-7 中可以得出如下的结论：

① 单键容易断裂，双键、三键不易断裂，所以芳香族化合物、共轭双键等均有强的分子离子峰。环化合物虽然是单键相连，但是它的裂解需要断裂两根或两根以上的键，因此也具有大的分子离子峰。

表 3-7 有机化合物中某些键的能量[43,48]

| 单键 | | 双键 | | 三键 | |
|---|---|---|---|---|---|
| 键 | 键能/(kcal/mol) | 键 | 键能/(kcal/mol) | 键 | 键能/(kcal/mol) |
| C—H | 97.8 | | | | |
| C—C | 82.6 | C=C | 145.1 | C≡C | 199.6 |
| C—N | 72.6 | C=N | 147 | C≡N | 212.6 |
| C—O | 85.5 | C=O | 179 | | |
| C—S | 65 | C=S | 128 | | |
| C—F | 116 | | | | |
| C—Cl | 81 | | | | |
| C—Br | 68 | | | | |
| C—I | 51 | | | | |
| O—H | 110.6 | | | | |

② 从键能的大小可以粗略地比较分子离子中哪根键易断裂。例如裂解类型 A5，X 为 Br、Cl、I、O、S 等，由于 C—X 键有低的键能，而在有关化合物的质谱图中都能看到相应的 $R^+$ 碎片峰。尤其是溴化物、碘化物，这种裂解形成了质谱图的强峰，这与实际结果是一致的。当然，根据表 3-7 的值并不能排列出形成 $R^+$ 强度的次序，这是因为：键能的大小仅是影响断裂的一个因素；表 3-7 中的数值是通过个别典型的化合物求得的，由于化合物不同，键周围的化学环境不同，它们的值也会有不同；最重要的是分子的键能值不能直接用于分子离子的状态。表 3-8 列出了 $C_2H_5^+$ 离子的各个键的解离能，按照表中所给的数值可以近似地估计离子的丰度。$C_2H_5F$ 离子很难失去 F 而形成 $C_2H_5^+$，但它有 M−H 峰，整个分子离子峰的强度弱；$C_2H_5Br$ 离子优势地失去 Br 而形成 $C_2H_5^+$，它的 M 峰要比 $C_2H_5F$ 强得多；$C_2H_5SH$ 离子有强的 M 峰，C—C 键断裂和 C—S 键断裂所形成的 M−$CH_3$ 和 M−SH 峰的强度相近。$C_2H_5OH$ 和 $C_2H_5NH_2$ 的分子离子易失 $CH_3$ 和 H。Johnstone 列出了他们的实验结果[48]，见表 3-9，说明这些预测的结果与实验数据是一致的。当然，这种方法只局限于简单的化合物，因为没有考虑到二级裂解的情况。事实上要推广到复杂化合物，显然这些数据是远远不够

的。如上所述，两个原子之间本身结合的强弱仅是因素之一，实际测试是综合效应的结果。

表 3-8　$C_2H_5X$ 离子各个键的解离能[44]

| $C_2H_5X$ 离子 | 解离能/(kcal/mol) | | |
|:---:|:---:|:---:|:---:|
| | C—C | C—X | C—H |
| $C_2H_5H$ | 44 | 26 | 26 |
| $C_2H_5F$ | 17 | 29 | 11 |
| $C_2H_5Br$ | 39 | 30 | 45 |
| $C_2H_5OH$ | 24 | 49 | 24 |
| $C_2H_5SH$ | 52 | 56 | 60 |
| $C_2H_5NH_2$ | 31 | 66 | 29 |
| $C_2H_5CN$ | 48 | 36 | 56 |
| $C_2H_5OCH_3$ | 30 | 53 | 35 |
| $C_2H_5SCH_3$ | 59 | 74 | 68 |

表 3-9　$C_2H_5X$ 的部分质谱数据[48]

| | M | M—H | M—$CH_3$ | M—X |
|:---:|:---:|:---:|:---:|:---:|
| $C_2H_5F^{+\cdot}$ | 11 | 100 | 32 | 4 |
| $C_2H_5OH^{+\cdot}$ | 19 | 44 | 100 | 19 |
| $C_2H_5NH_2^{+\cdot}$ | 51 | 100 | 13 | 10 |
| $C_2H_5Br^{+\cdot}$ | 64 | — | 4 | 100 |
| $C_2H_5SH^{+\cdot}$ | 100 | 15 | 80 | 90 |

注：表中数值为相对强度值，%。

## 3.3.2　竞争反应形成潜在的各对离子和中性碎片间的相对稳定性

前面已经讨论过，凡是形成稳定的离子和/或中性碎片的裂解反应是优势反应。这里，进一步讨论获得稳定正离子的一些条件。

（1）诱导效应

如表 3-10 所列[45]，单从分子的键能难以解释表中的数据，因为三种结构比较，分子的键能并没有很大的变化，但是却明显看出在支链位置裂解而形成的峰占优势。这主要是由于诱导效应有利于正离子的稳定。与氢相比，$CH_3$ 取代 H 后有利于正电荷的分散，因而使离子稳定。稳定性的次序如下：

$$(CH_3)_3C^+ > (CH_3)_2CH^+ > CH_3CH_2^+ > CH_3^+$$

所以含有叔丁基结构的化合物在谱图中有强的 $m/z$ 57 峰，原因就在于此。

按裂解反应类型 A1，正电荷优势地留在支链处，这也是诱导效应的结果。

表 3-10 诱导效应的影响[45]

| X | X($_a$—CH$_2$)$_b$—CH$_2$($_c$)—CH$_3$ | | | X($_a$—CH$_2$)$_b$—CH(CH$_3$)($_c$)—CH$_3$ | | | X($_a$—CH$_2$)$_b$—CH$_2$($_c$)—CH(CH$_3$)$_2$ | | |
|---|---|---|---|---|---|---|---|---|---|
| | a | b | c | a | b | c | a | b | c |
| Cl | 55 | 34 | 1 | 6 | 78 | 3 | 17 | 17 | 48 |
| Br | 65 | 16 | 1 | 41 | 38 | 0 | 29 | 14 | 41 |
| I | 53 | 11 | 1 | 43 | 22 | 0 | 25 | 7 | 41 |

注：表中数值为 %$\Sigma_{40}$。

（2）共轭效应

和诱导效应一样，共轭效应也能稳定正离子。如裂解反应 A3，共轭效应有利于丙烯基上正电荷的分散。裂解反应 A4，共轭效应形成了非常稳定的强峰 $m/z$ 91，按同位素标记的研究结果，实际上是形成 $C_7H_7$ 的离子，由于离子为大 π 键结构而有高度的稳定性。裂解反应 C 的两种碎片峰的强度取决于稳定正离子的效果（不考虑它们的二级裂解）。如果 R′为 X—C$_6$H$_4$，R 为 CH$_3$，由于共轭效应，X—C$_6$H$_4$C≡O$^+$ 离子强度总是比 RC≡O$^+$ 大。倘若 X 为给电子基团，则共轭和诱导效应的综合结果有利于氧原子上正电荷的分散，故 RC≡O$^+$ 强度降低。反之，若 X 为吸电子基团，则 RC≡O$^+$ 强度增加。这可以从 X—C$_6$H$_4$C(═O)R 的实验数据中看到（见表 3-11）[46-47]。

表 3-11 取代基对 X—C$_6$H$_4$C(═O)R 反应产物离子强度的影响[46-47]

| X | ($p$)X—C$_6$H$_4$C≡O$^+$ 相对强度/% | RC≡O$^+$ 相对强度/% |
|---|---|---|
| NO$_2$ | 100 | 23 |
| Br | 100 | 18 |
| H | 100 | 15 |
| OCH$_3$ | 100 | 9 |

苯环上分别有 NO$_2$、CH$_3$、OCH$_3$ 时，它们在下述裂解反应中的 AP 值分别如式（3-50）所示。当其中 NO$_2$ 与 CH$_3$ 或者 CH$_3$ 和 OCH$_3$ 两种取代基同时存在于苯环上时，如单从 AP 值考虑，前者组合应当优势失去 H，而后者组合易失 OCH$_2$。而实际上，前者的优势反应为失 NO$_2$ 和 NO，后者的优势反应为失 H。如果从共轭效应来看就比较好理解，请参见式（3-51）。

$$\left.\begin{array}{l} [NO_2\text{-}C_6H_5]^{+\cdot} \longrightarrow C_6H_5^+ \ AP\ 12.16eV \\ [CH_3\text{-}C_6H_5]^{+\cdot} \longrightarrow C_7H_7^+ \ AP\ 11.80eV \\ [CH_3O\text{-}C_6H_5]^{+\cdot} \longrightarrow C_6H_6^{+\cdot} \ AP\ 11.30eV \end{array}\right\} \quad (3\text{-}50)$$

$$\left[ CH_3-\!\!\!\!\bigcirc\!\!\!\!-NO_2 \right]^{+\cdot} \xrightarrow[-NO_2]{-NO} CH_3-\!\!\!\!\bigcirc\!\!\!\!-O^{+\cdot} \Longleftrightarrow CH_2=\!\!\!\!\bigcirc\!\!\!\!=\overset{+}{O}H$$
$$\xrightarrow{-NO_2} C_7H_7^+ \tag{3-51}$$

$$\left[ CH_3-\!\!\!\!\bigcirc\!\!\!\!-OCH_3 \right]^{+\cdot} \xrightarrow{-H} CH_2=\!\!\!\!\bigcirc\!\!\!\!=\overset{+}{O}-CH_3$$

### 3.3.3 形成新键

含有杂原子（如 N、O、S 等）的化合物往往会发生 $\alpha$ 键断裂，如裂解反应 B，由于杂原子具有非键电子对，$\alpha$ 键断裂的结果造成邻近电子对参与形成新键。显然，形成新键放出能量对均匀断裂 $\alpha$ 键的反应是有利的，所以所形成的产物离子是稳定的。这种情况类似于溶液化学中 N 原子的质子化过程。杂原子的 p 轨道电子与碳原子上自由基形成 $\pi$ 键的能力次序如下：

$$N>O、S、\pi 键>X(卤素)$$

上述不同杂原子在式（3-52）的结构中，对按裂解反应 B 所形成的离子强度进行比较后，这种次序排列得到了证实。而在式（3-52）的裂解反应中，烷基卤化物常形成 $C_4H_8X^+$ 的基峰（X 为 Br、Cl），也可以按上述次序进行解释。也有人把裂解反应 C 看作新键形成的结果，从而使得氧原子上正电荷稳定。新键形成的机理在解释许多化合物 EI 谱中的强峰时是很有用的，例如 $\alpha$、$\beta$ 不饱和脂肪酸甲酯形成 $m/z\ 113$ 的特征峰是经历了式（3-53）的裂解反应。

$$R\!\!-\!\!\overset{\ddot{X}}{\diagup} \xrightarrow{-R} \cdot\!\!:\!X\!\!-\!\!\diagup \longrightarrow X^+ \tag{3-52}$$

$$\overset{R}{\diagup}\!\!-\!\!\overset{O^{+\cdot}}{\diagdown}_{OCH_3} \longrightarrow \overset{O^+}{\diagdown}_{OCH_3} + R\cdot \tag{3-53}$$
$$m/z\ 113$$

总之，从物理化学的角度看，单键断裂反应有利与否取决于反应的活化能。这样，环的多键断裂反应在能量上似乎是不利的。但是，由于新键的形成而补偿了能量，所以许多环化合物的质谱图有相当数量的碎片峰就不足为奇了。同样，如氢重排的过程，在许多键断裂的同时，又不断形成新键，尤其是骨架重排反应释放中性分子时，更离不开新键的形成。此时，逆活化能就不能忽略不计。这样从整个反应体系来说，反应所需的能量降低了，因而利于该反应的进行。

### 3.3.4 原子和基团在空间的相对位置

重排反应之所以能够发生可以归结为三个条件：一是释放中性分子，造成能量上极为有利的过程；二是在形成重排时势必要断裂几根键，但同时又形成新键，从而补偿了多键断裂的不利状态；三是反应发生与立体化学有关，这意味着与重排有关的原子或基团彼此靠近而形成在能量上有利的环状过渡络合物，最终导致重排。裂解反应 E1 式中，X 为 Cl、Br、I、OH、OR、OCOR、$NH_2$、$NR_2$、SH 等，每种 X 都可能有一个最佳的 $n$ 值。如式（3-54）所示，醇的脱水常发生在 1、4 位形成六元过渡态，卤代烷脱卤化氢则经历五元过渡态。裂解反应 E2 属六元过渡态，而裂解反应 F、G 则属四元过渡态。裂解反应 H 是著名的六元过渡态麦氏重排，假如在立体位置上有阻碍，如式（3-55）所示，同样也不能进行反应。

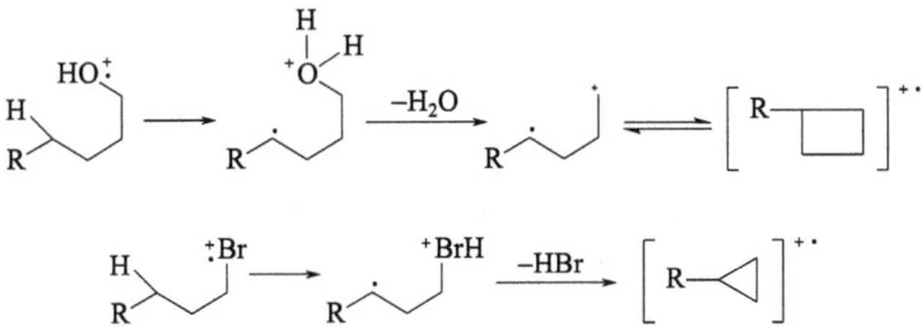

$$(3-54)$$

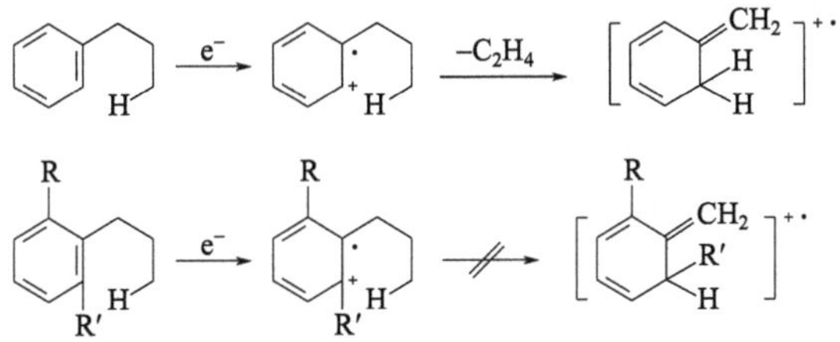

$$(3-55)$$

氢原子的迁移是如此，其他原子或基团的迁移也同样要求空间的有利位置，这在本节的骨架重排反应中可以看到。最后需要提及的是，骨架重排反应常见的是三元、四元、五元过渡态，尤其以四元过渡态居多。除了上面所讨论的四个因素外，显然还有其他因素在影响骨架重排的反应。Bentley 等[28-30] 总结了含 N、O、S 的四元过渡态的三种类型的骨架重排，并讨论了为什么是这种基团迁移而不是另一种、应当具备什么样的条件才导致骨架重排、它与常见的裂解反应又有什么关系。读者可以从中进一步了解骨架重排的条件限制。

# 3.4 高丰度离子的形成

质谱图提供了两个方面的信息，离子的质荷比和它的强度。例如分子离子丢失 $H_2O$ 的信息，在大部分情况下表明分子结构中存在 OH 基团，这是来自质荷比的信息。失 $H_2O$ 的碎片峰的强度能暗示这是什么类型的裂解反应：是醇脱水？是烯醇脱水？是邻位效应脱水？还是骨架重排脱水？等等。离子强度的大小可以反映分子离子内的竞争反应、基团在分子离子内所处的化学环境、基团的空间位置等信息，所以这是不容忽视的信息。从谱图解析角度看，凸显的高丰度离子自然首先引起人们的注意。由于高丰度离子与分子的特定结构相关，因此对它们的研究尤为重要。所谓高丰度离子是指质谱图中有足够强度的碎片峰，它们往往是通过专一的裂解反应（除随机反应外）形成的。究竟多少强度才算高丰度离子并没有规定。笔者曾对550余张药物 EI 谱图进行统计，谱图中含有4个或4个以下的离子，其相对强度超过50％的化合物占总数的94％。当然也不能按50％作为高丰度离子的唯一条件，因为有些化合物只有作为基峰的分子离子峰，而其他碎片峰的相对强度大大低于25％。所以，笔者推荐选择2～3个大强度碎片峰作为谱图解析时的研究对象，只有当存在许多大强度碎片峰时，50％的相对强度才可以作为高丰度参考。下面讨论高丰度离子的形成。首先，在一级反应的层面上，众多竞争反应中高丰度离子的形成与优势的裂解反应是分不开的。影响优势裂解反应的诸因素也是高丰度离子形成的关键。不过，质谱的裂解反应并不是停留在一级反应的水平上，谱图是反映一级、二级、三级乃至三级以上的连续裂解的综合结果。离子强度取决于形成该离子的速率和该离子进一步裂解的速率。很明显，形成速率很大而又不易发生进一步裂解，则离子具有高的丰度。其次，构成的高丰度离子有时并不仅仅来自一个优势裂解反应，而是两个或两个以上连续的优势裂解的结果。例如异丙基甲胺，在谱图上可以看到强的 $m/z$ 58 和 $m/z$ 30峰，其中 $m/z$ 30 是连续两个优势裂解反应的产物。首先是 $\alpha$ 键断裂丢失 $CH_3$ 形成 $CH_3{-}CH{=}N(CH_3)H^+$，互变异构形成 $CH_3{-}CH_2{-}NH^+{=}CH_2$，然后再经氢重排丢失 $C_2H_4$，形成 $m/z$ 30，此时质谱图凸现这一组峰，这种情况经常能够碰到。

高丰度离子的形成与一些已经讨论过的规则有关。例如，最大烷基丢失是一个经验总结；Stevenson 规则可以通过自由基的 IP 值进行预测；Field 规则可以由 PA 值和 $\Delta H_f$ 值进行判断。特别要提到专一的重排反应所形成的高丰度离子。从熵的角度考虑，这种重排反应是在很有限的时间里，离子要处于反应所要求的构象位置。因此，仿佛看上去是一种不利的反应，实际上经历了紧密活化复合物的过程，而在能量上处于极为有利的条件，Field 规则就说明了这一点。总之，这些法则、规则归结起来是从能量的角度去预言候选离子的丰度，这是研究高丰度离子的重要方法，建议读者参考文献 [49]。

## 3.5 有机反应与质谱裂解反应

至今为止，3.1～3.2节中讨论的众多裂解反应似乎集中在 EI 的离子化，它们是否可应用于其他的离子化？应当说，只要属于气相中的单分子裂解反应都是适用的。不过，问题是，在诱导碰撞条件下，获得能量的分子离子或母离子是否会产生新的裂解反应或者说某些理论或规则是否仍适用？这是一个值得探讨和发现的课题。目前专门的报道很少，而更多的是用已有的理论或规则及其单分子裂解反应去解释产物离子形成的结果。

同样，在研究正离子裂解反应时也会提出这样一个问题：质谱裂解反应与常见的有机反应在反应结果上有什么共同之处？这对于有机化学家来说，可以从有机反应的角度更好地熟悉质谱裂解规律和对机理的探讨，甚至用有机反应的一些基本原理作某些解释。从现有的资料来看，有些裂解反应与有机反应很相似，例如酮的麦氏重排与光化学的 Norrish Type II 光化分解很相似；酮的 $\alpha$ 键断裂与它的热分解反应也很相似；酯的脱羧、醇的脱水反应与质谱中酯与醇的消除酸和水的裂解反应相似，不过醇的脱水在 1,2-位而质谱中醇类消除水在 1,4-位；脂肪酸的 Kolbe 电解反应也与质谱裂解反应相似。综上所述，有机化合物的光解、热解、电解、高能辐射等反应都可以为质谱的裂解反应所参照，甚至有机分子的反应性和稳定性也与有机离子的性状相关。芳香族化合物的高稳定性和芳香族分子离子峰的高强度相关，氯苯的 $C_6H_5^+$ 离子强度很小而苄氯的 $C_7H_7^+$ 离子很强，这也与它们的分子反应性相关。当然我们应该看到，分子移去电子后其反应性和稳定性受奇电子的影响比较大，它具有形成偶电子离子的强烈倾向，这与有机分子有很大的不同之处。目前已开始将碳正离子的稳定性、阻化效应（如立体阻碍、张力等）等研究成果应用于质谱的裂解反应上。

## 3.6　负离子的裂解反应

与正离子的裂解反应相比，有关负离子的文献报道很少，究其原因为下述三个方面：除了少数情况外，灵敏度一般比正离子低；适用的分析范围小；谱图的结构信息少。适合负离子分析的往往与它们的分子结构密切相关，因此在应用上受到了一定限制。在常规条件下 EI 源中形成的负离子的丰度仅为正离子的 0.1%～1.0%，因此很少有针对 EI 源负离子的研究，有兴趣的读者可参考有关文献[50]。专门从事 FI/FD 研究和应用的学者 Beckey 认为，负离子 FI 的形成条件要比正离子 FI 复杂得多，几乎很少有应用报道，有兴趣的读者可参考文献 [51]。同样，负离子 FD 的应用报道也有限，适合的化合物集中在磺酸及其盐。图 3-15 和图 3-16 分别为萘磺酸和萘磺酸钠的负离子 FD 谱[52]。图 3-15 中除 $m/z$ 207 是 [M−1]⁻ 峰外，还有簇离子；图 3-16 中除标出的萘磺酸钠簇离子外，$m/z$ 333 估计是 $[M+SO_3Na]^-$，$m/z$ 563 为 $[2M+SO_3Na]^-$。考虑到上述 EI 和 FI/FD 的评估，以及负离子图谱的特点，我们将在本节着重讨论负离子的 CI、FAB、MALDI 以及 ESI 和 APCI。

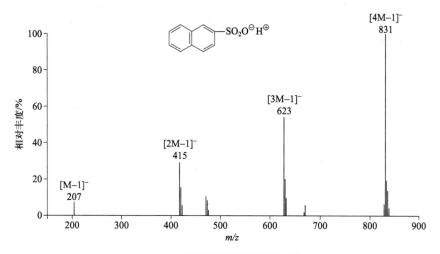

图 3-15　萘磺酸的负离子 FD 谱

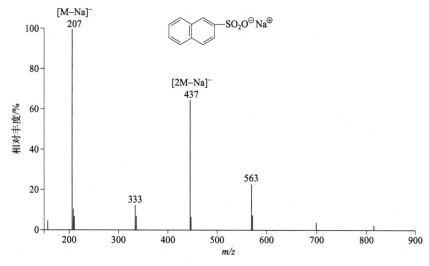

图 3-16　萘磺酸钠的负离子 FD 谱

## 3.6.1　CI

Harrison[53]归纳了离子-分子反应类型常用的反应离子。对于电子捕获类型的负离子化学电离（NICI），常用的反应气是能产生大量热电子的 $CH_4$、$i$-$C_4H_{10}$ 以及 $N_2$ 等。其他反应气见下。

（1）$OH^-$

主要用于质子转移和亲核取代反应。可以有两种方式 $N_2O/He/H_2$ 和 $N_2O/$

He/CH$_4$（1∶1∶1）产生 OH$^-$，系统中发生如下反应：

$$N_2O + e^- \longrightarrow O^{-\cdot} + N_2$$

$$O^{-\cdot} + H_2（或 CH_4）\longrightarrow OH^- + H\cdot（或 CH_3\cdot）$$

使用 H$_2$，OH$^-$ 离子的份额可达 93%；使用 CH$_4$，OH$^-$ 离子的份额为 72%，其他离子以 CN$^-$ 居多。OH$^-$ 的负离子化学电离方法应用范围较广，可有效用于羧酸、醇、酮、酯、氨基酸、胺、芳烃、甾体以及硫化物的分析。

（2）CH$_3$O$^-$

它类似于 OH$^-$，可以用 1%CH$_3$ONO 加到 CH$_4$ 反应气中产生。

（3）Cl$^-$

在亲核加成反应中，它对羧酸、酰胺、氨基酸、芳胺、酚等能产生强的 [M+Cl]$^-$ 离子，但对脂肪烃、芳烃、叔胺、腈则几乎无反应。典型的应用例子为五氯酚的检测。

（4）O$^{-\cdot}$

它适用于质子转移和亲核取代反应，其过程可参见式（3-56）。

$$O^{-\cdot} + M \longrightarrow OH\cdot + [M-H]^-（后者进一步形成[M-3H]^-）$$
$$O^{-\cdot} + M \longrightarrow [MO-H]^- + H\cdot$$
$$O^{-\cdot} + M \longrightarrow H_2O + [M-2H]^{-\cdot} \qquad (3\text{-}56)$$
$$O^{-\cdot} + M \longrightarrow [MO-R]^- + R\cdot$$

（5）O$_2^{-\cdot}$

可以在纯氧中由 Townsend 放电产生，也可以在 CH$_4$/O$_2$ 混合反应气中形成，它适用于亲核取代反应。

$$O_2^{-\cdot} + M \longrightarrow [MO-H]^- + OH\cdot$$
$$O_2^{-\cdot} + M \longrightarrow [MO-Cl]^- + OCl\cdot（若样品 M 含有氯）$$

后来，一种称为电子转移解离（electron transfer dissociation，ETD）的新方法出现了，实际上就是电荷转移的化学电离方法，但它与常规的 CI 电荷交换反应略有不同。ETD 的过程属于电荷交换，产生的分子离子很易发生进一步的裂解反应。ETD 的主要优势在于缩短解离反应所需时间，使它与 CID（collision induced dissociation，碰撞诱导解离）分析时间相近，因而能与 GC-MS/MS 仪器相匹配。它提供肽键断裂模式与常规的肽键断裂模式不同，这种互补的信息有利于蛋白质或多肽的序列分析。

通常，具有比正离子更高灵敏度和/或特有信息的负离子化学电离可分为两大类型，第一类为电子捕获，第二类为离子-分子反应，现分别叙述如下。

（1）电子捕获

电子捕获是指样品分子对热电子的捕获。热电子来源于轰击电子与反应气的非离子化碰撞，而 CI 源中伴随反应气正离子形成的同时也能产生热电子。被分析的样品分子与热电子相互作用可以有三种机理，即缔合共振捕获、离解共振捕获以及离子对产生[50]。

① 缔合共振捕获（associative resonance capture） $AB+e^- \longrightarrow AB^-$，附着电子的过程在一个比较窄的能量范围内发生（0～22eV），这可能与超出的能量通过碰撞稳定化而自动脱附有关。各类化合物有非常不同的灵敏度。据 Lias 和 Christophosoh 报道，在有利的情况下化合物对热电子附着的速率常数可达 $4\times10^{-7}/s$，离子-分子反应形成正离子的速率常数为 $1\times10^{-9}/s$，因此负离子流强度是正离子流的 400 倍[54]。具有强亲电性的有机物与热电子的每次作用几乎均形成稳定的分子负离子，因而具有高的灵敏度，一般可达 $10^{-12}\sim10^{-13}$g，甚至达到 fg 的检测极限。表 3-12 的数据为 Hunt 等人用甲烷作反应气的电子捕获负离子化学电离检测结果[54]。含硝基或卤素的化合物具有强的亲电子性能，它们在 GC 分析时常用电子捕获检测器，它们的电子捕获的负离子化学离子化的灵敏度，优于 GC 的电子捕获检测。当然许多化合物并没有如此高的捕获效率，不过在含有可衍生化基团的条件下可以制成亲电性高的衍生物，使它们在电子捕获的负离子化学电离过程中获得如表 3-12 所示的灵敏度。

表 3-12　多巴胺、四氢大麻酚和安非他明的高氟衍生物 NICI 数据[54,67]

| 化合物 | $M_w$ | 占总负离子流比例 /% | 占总正离子流比例 /% | NI/PI[1] | 检测极限[3] /fg | S/N |
|---|---|---|---|---|---|---|
| | | $[M]^{-\cdot}$ | $[M+1]^+$ | | | |
| 3,4-二-o-TMS 多巴胺五氟代苯甲醛缩合物 | 475 | 95.0 | 56.7 | 102 | 25 | 4 |
| 四氢大麻酚的五氟代苯甲酸酯 | 508 | 90.1 | 48.6 | 328 | 10 | 1 |
| 安非他明的五氟代苯甲酰衍生物 | 329 | 83.3[2] | 45.4 | 100 | 10 | 4 |
| 安非他明的四氟代邻苯二甲酸酐缩合物 | 337 | 100 | 34.7 | 678 | 10 | 12 |

① 正、负 CI 模式中丰度最大的离子强度比值。

② 基峰不是 $m/z$ 329，而是 $m/z$ 309（$M^-$—HF）。

③ 选择离子监测（SIM）模式测定。

以四氢大麻酚的五氟代苯甲酸酯（$M_w$ 508，$m/z$ 508 占总离子流的 90.1%）为例，其碎片离子 $m/z$ 167（$C_6F_5$）为 9.9%。同样，制成的 9-羧基-去甲-四氢大麻酚含氟衍生物（$M_w$ 690），羧基的氢被 $CH(CF_3)_2$ 取代，酚基的氢被 $COC_3F_7$ 取代，衍生物的 $m/z$ 690 约占总离子流的 6%，基峰是 $m/z$ 670[M—HF]$^{-\cdot}$，约占总离子流的 76%，碎片峰 $m/z$ 492$[M-C_3F_7COH]^{-\cdot}$ 占总离子流的18%。谱图的碎裂特点是丢失中性分子，谱型与安非他明的五氟代苯甲酰衍生物相似。与它的 EI 谱相比，灵敏度至少可提高一个数量级。

② 解离共振捕获（dissociative resonance capture）　$AB+e^-\longrightarrow A^{-\cdot}+B$，此过程在热电子能量 0~15eV 范围内发生。分子离子一旦具有一些过剩能量很易发生上述解离，此时谱图中看到的是低强度的分子离子峰和高强度的低质量碎片峰。

③ 离子对产生（ion-pair production）　$AB+e^-\longrightarrow A^++B^-+e^-$，它的产生不是一种共振过程，它的电离在高于 10eV 以上的宽能量范围内进行，且它的解离发生在分子的基态到振动解离态之间的直接跃迁，从而形成离子对。

（2）离子-分子反应产生负离子

有四种类别的反应，即质子转移、电荷交换、亲核加成以及亲核取代。

① 质子转移（proton transfer）　$M+X^-\longrightarrow(M-H)^-+XH$，这种反应有强的准分子离子以及非常少的碎片离子。用甲烷和氧化亚氮混合气体（体积比 1∶1）在电子轰击下形成 $OH^-$，可对许多化合物进行上述反应。

② 电荷交换（charge exchange）　$M+X^{-\cdot}\longrightarrow M^{-\cdot}+X$。

③ 亲核加成（nucleophilic addition）　$M+X^-\longrightarrow MX^-$，使用下述反应气，如二氯甲烷、二氯甲烷-甲烷混合气、二氯二氟甲烷等，在电子轰击下可以获得 $Cl^-$ 反应离子；$O_2^{-\cdot}$ 也能作为反应离子，二者均可进行上述反应。

④ 亲核取代（nucleophilic displacement）　$AB+X^-\longrightarrow BX+A^-$，这种强的亲核取代反应发生在 $OH^-$ 和 $O^{-\cdot}$ 反应离子与合适的有机分子，例如 RCOOR′脂肪酸酯相互作用，形成 $RCO_2^-$；$O^{-\cdot}$ 反应离子还能使芳香化合物丢失 H·形成 $ArO^-$ 离子。

（3）有机化合物的负离子 CIMS 谱

我们注意到，Harrison 在汇集和讨论各种有机化合物的负离子 CIMS 谱时，几乎都体现了上述提到的两种形成机制，即电子捕获和离子-分子反应产生的负离子。我们选择的以下化合物[55]均为实际应用中常见的物质。

① 多环芳烃（PAH）　用 $CH_4/N_2O$ 反应气，反应离子以 $OH^-$ 为主，有 $[M-H]^-$、$[M]^{-\cdot}$、$[M+OH]^-$、$[M-H+NO]^-$、$[M-H+NO_2]^{-\cdot}$ 峰；$N_2/N_2O$ 作反应气，反应离子为 $O^{-\cdot}$，有 $[M-H]^-$、$[M-2H]^{-\cdot}$、$[M]^{-\cdot}$ 和$[M-H+O]^{-\cdot}$ 峰。此处 $[M]^{-\cdot}$ 是电荷交换反应的产物离子，$[M+OH]^-$属于亲核加成反应的产物离子。

② 萜烯醇　在 ICRCIMS 中反应离子为 $OH^-$，除 $[M-H]^-$ 外，某些情况下还能形成 $[M-H-H_2]^-$。反应离子为 $O^{-\cdot}$ 时，不饱和萜烯醇有 $[M-H-H_2O]^-$。

③ 环醚　在反应离子为 $NO^{-\cdot}$ 的 CIMS,只有质子转移反应的 $[M-H]^-$；直链的醚会产生解离共振捕获反应形成 $RO^-$，并进一步形成失 $H_2O$ 的碎片离子。

④ 对称的 $C_4 \sim C_7$ 酮　以 $O^{-\cdot}$ 为反应离子,除质子转移的 $[M-H]^-$ 外,还有 $[M-H-H_2]^-$,也同样有解离共振捕获反应生成的 $RCOO^-$。

⑤ 长碳链脂肪酸甘油酯　以反应离子为 $OH^-$ 时,显示 $[M-H]^-$,同样失去醇的部分,形成 $RCOO^-$；以 $Cl^-$ 为反应离子时,有亲核加成反应,形成 $[M+Cl]^-$ 离子。

⑥ 胆固醇酯类　使用 $NH_3$ 作反应气,此时 $NH_2^-$ 为反应离子,其结果是看不到 $[M-H]^-$,而主要离子是酸的部分 $RCOO^-$,和 $RCOO^-$ 进一步丢失 $H_2O$ 的碎片离子。即使 $OH^-$ 为反应离子,$m/z$ 367 峰也很弱,它是 $[M-H]^-$ 消除 RCOOH(即酸部分)的产物离子。

⑦ 生物胺类　不适合负离子 CIMS 分析,建议衍生化后进行负离子 CIMS 分析。

⑧ PCDD(多氯代二苯并对二噁英)与 TCDD(四氯二苯并对二噁英)　1,2,3,4-TCDD 的电子捕获负离子 CI 谱中显示 $[M]^{-\cdot}$、$[M-Cl]^-$ 和 $Cl^-$ 离子；PCDD 其电子捕获负离子 CI 灵敏度优于 EI 一个数量级。使用 β 射线电离的大气压 CI (并非目前的 APCI 装置),在 $CH_4$ 中加入少量 $O_2$,测定 2,3,7,8-TCDD 可获得 $[M-H]^-$ 和 $m/z$ 176($C_6H_2Cl_2O_2$),后者可看作解离共振捕获反应的产物离子。

⑨ 氨基酸　反应离子为 $OH^-$ 时,有 $[M-H]^-$,以及低强度的 $[M-H-H_2]^-$；反应离子为 $Cl^-$ 时,是亲核加成反应形成的 $[M+Cl]^-$ 离子。

⑩ 寡糖　反应离子为 $Cl^-$,也有亲核加成反应形成的 $[M+Cl]^-$ 离子,主要碎片离子是断裂糖苷键,失去糖残基。

## 3.6.2　FAB

由于 FAB 方法是使用高黏度液体作底物,所以避免不了在 FAB 谱图上出现底物离子。虽然它们都是有机小分子,但簇离子化或其他反应导致至少质量数 300 以下产生较强的干扰峰。FAB 方法得到的是分子离子还是准分子离子、加合离子,取决于分析物的性质(极性、结构、离化能)和杂质(如碱金属离子)的存在与否。事实上,负离子 FAB 也不例外。就分析物的极性而言,Lehmann 在他的专著中按化合物的极性大概归纳为下列几种负离子的情况[56]。下述 M 是样品分子,A 是阴离子,C 是阳离子,Ma 是加合物,alkali 为碱金属离子。

非极性:$M^{-\cdot}$;

中等极性:$[M-H]^-$ 和/或 $M^{-\cdot}$、簇离子 $[2M]^{-\cdot}$ 和/或 $[2M-H]^-$、加合离子 $[M+Ma]^{-\cdot}$、$[M+Ma-H]^-$;

极性:$[M-H]^-$、簇离子 $[nM-H]^-$、加合离子 $[M+Ma-H]^-$、交换离子 $[M-H_n+alkali_{n-1}]^-$;

离子型:$A^-$、$[C_{n-1}+A_n]^-$、$[CA]^{-\cdot}$(很少)。

含有糖和 COOH 端基小肽的糖肽在负离子 FAB 源中呈现 $[M-H]^-$ 峰。

图 3-17 为分子量 1510 糖肽的负离子 FAB 图，这是卵蛋白经酶解得到的众多糖肽之一[57-58]。该谱图中碎片峰有 *m/z* 1347、1185、1023 等离子，如图中所标注的那样，是 ［M－H］⁻ 丢失中性糖残基的结果。这一过程与正离子 FAB 的碎裂情况是一样的（见图 1-13 分子量 1510 的糖肽正离子 FAB 图）。

在负离子 FAB 谱图中，有时也会呈现强的 M 峰。例如甘油三酸酯、稀土配位化合物、全甲基或部分甲基化的糖类、含羧基取代基的甾族类等，这种现象可能与它们的极性或结构有关。

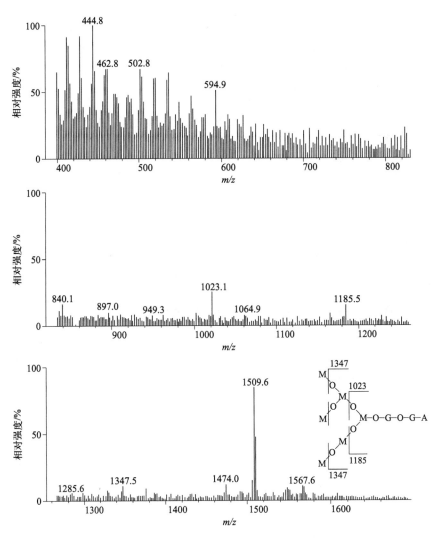

图 3-17  分子量 1510 的糖肽负离子 FAB 图
M—甘露糖；G—N-乙酰基葡糖胺；A—天冬酰胺残基

### 3.6.3 MALDI

除了糖肽（glycopeptides）、多糖（glycans）、糖缀合物（glycoconjugates）外，就一般物质而言，更多的是使用 MALDI 的正离子。相对于正离子来说，通常负离子的灵敏度低一些，谱图可能比较简单一些，但信息优势不明显。例如 Tholey[59] 以合成小肽（S、PS、Y 和 PY，其中加上 P 的小肽为磷肽）的模型作正、负 MALDI 测定，对蛋白质翻译后的磷酸化修饰所采用的基质进行了比较研究，结果表明：正离子模式下，加入吡啶（Py）或正丁胺（BuA）的 ILM（离子液体基质）体系（后加酸时 pH 的模拟条件）并不比单纯用 DHB 基质有任何优势；但用酸作添加物时，如三氟乙酸（TFA）、磷酸，则 ILM 体系明显提高了正、负离子信号。表 3-13 为文献中摘出的部分数据，表中的"正"指的是 $[M+H]^+$，"负"指的是 $[M-H]^-$，$I$ 是信号强度，添加物为磷酸。

**表 3-13　S、PS、Y 和 PY 四个小肽的正负离子信号强度[59]**

| 信号强度 | S(GAISN AGSEK) | PS(GAIpSN AGSEK) | Y(GAIYN AGSEK) | PY(GAIpYN AGSEK) |
|---|---|---|---|---|
| $I_{正}$(DHB) | 9922 | 2473① | 14050 | 6259① |
| $I_{负}$(DHB) | 6894 | 10510 | 11738 | 23892 |
| $I_{正}$(DHB+Py) | 50836 | 17204 | 33081 | 23786 |
| $I_{负}$(DHB+Py) | 12574 | 14753 | 6863 | 14638 |
| $I_{正}$(DHB+BuA) | 44523 | 13808 | 36502 | 21612 |
| $I_{负}$(DHB+BuA) | 9108 | 14295 | 7875 | 15771 |

① MALDI 谱图中形成的阳离子化的分子离子，但正离子强度低于负离子。

有学者提出[60]，第一阶段，初始电子来自捕获的低能电子，例如金属载体在 MALDI 源中具有 $0.5\sim1eV$ 的自由电子，该自由电子可穿透基质层使基质捕获；第二阶段则发生离子-分子反应，经质子转移形成分析物 $[M-H]^-$。研究结果也证实，如 2,5-DHB，其 $[m_{matrix}-H]^-$ 的形成能量为 0.5eV，符合 IR 的光子能量（IR 和 UV 分别为 0.5eV 和 3.5eV）。基质的情况比较复杂，对各种基质的 LDI 测定发现，有的基质，如琥珀酸、尼古丁酸等只有 $[m_{matrix}-H]^-$ 峰；咖啡酸、芥子酸、6-氮杂-2-硫代胸腺嘧啶等有 $[m_{matrix}-H]^-$ 和 $m^{-\cdot}$ 共存，甚至有的 $m^{-\cdot}$ 构成了基峰，而常用的 2,5-DHB 的谱图中，$m^{-\cdot}$ 只占 0.4%。目前主流的研究认为，第二阶段是由离子-分子反应，经质子转移形成 $[M-H]^-$，这是比较有说服力的。这意味着，在负离子的 MALDI 谱中，一般以 $[M-H]^-$ 为主。

$$m_{matrix}+M_{analyte}+e^- \longrightarrow [m_{matrix}-H]^- + M_{analyte}+H\cdot \longrightarrow m_{matrix}+[M-H]^-+H\cdot$$

Tholey 以富含磷蛋白的物质 β 酪素为模型，比较正、负 MALDI 的行为[59]。

经胰蛋白酶解可获得 β 酪素的 Tβ1 和 Tβ2 二个磷肽。其中 Tβ1 只有一个丝氨酸发生磷酸化的磷肽，质谱图比较直观；Tβ2 属于四个大的磷肽组分中的一个（见图 3-18 右图的插图中最大的峰）。图 3-18 显示了它们正、负离子 MALDI 谱。DHB、DHB-Py 和 DHB-BuA，这些都是加入添加物 1% 磷酸的情况，但测试条件略有不同。在 Tβ1 的正离子 MALDI 谱中可见到 $m/z$ 2062；在 Tβ2 的正离子 MALDI 谱中可见到 $m/z$ 3122[61]。从图可见，负离子 MALDI 谱图比较简单一些。

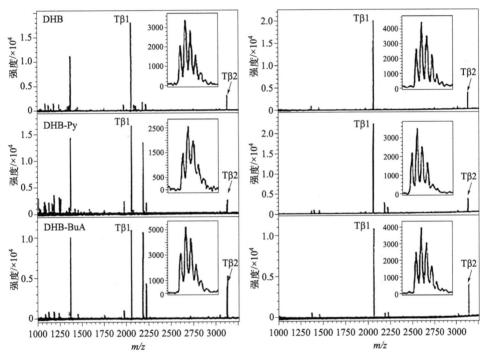

图 3-18　β 酪素酶解物的 MALDI 谱图（左为正离子，右为负离子）[59]

MALDI 技术的优势在于良好的灵敏度、快速、高通量、低样品消耗及抗污染等，适合于大分子分析，甚至可对植物组织直接分析。有机小分子分析（文献上简称为 SOC 或 LMM）的报道，尤其是负离子比较少，主要受到下列因素的限制：基质干扰、脉冲激发的重复性以及负离子的灵敏度。目前解决的办法：一是抑制或消除基质干扰，如大气压的 AP-MALDI，或开发新的基质，如多孔硅膜、石墨烯等；二是采用如前述的离子液体基质（ILM）、液体支撑基质（LSM）。

Lu 等人报道了五个肽混合物的正、负 LDI 谱的结果，很有说服力（图 3-19）[62]。五个肽分别是 $m/z$ 221.23（Gly-D-Phe，$M_w$ 222）、244.33（Gly-Gly-Leu，$M_w$ 245）、327.42（Tyr-Phe，$M_w$ 328）、392.54（Glu-Val-Phe，$M_w$ 393）、

815.89（Arg-Arg-Pro-Tyr-Ile-Leu，$M_w$ 816），图（a）是 HCCA 为基质的正 MALDI 谱；图（b）是石墨烯基质的负 LDI 谱。图（a）中能找到各自的 [M＋H]$^+$ 峰以及各自的碎片峰，但谱图比较复杂。不过，图（b）负离子 LDI 谱中有突出的 [M－H]$^-$ 峰，无碎片离子。当然，如果用石墨烯作基质，上述五个肽在正 LDI 谱图中所呈现的 [M＋H]$^+$ 峰很不完全，且其碎片峰的解释需费周折。

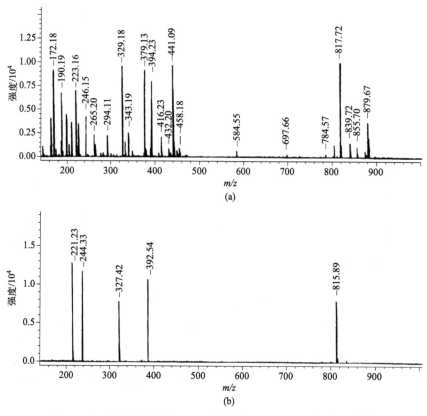

图 3-19　五个肽混合物的正 MALDI 谱（a）和负 LDI 谱（b）[62]

　　总之，在 MALDI 谱中可获得更多的碎片离子，尤其是与结构密切相关的那些离子，是人们所期望的。这固然由分析物本身的性质决定，但也与使用的基质相关。当然，如果能赋予分子离子或母离子更多内能，就可能发生一些能反映结构信息的碎裂反应，所以使用 MS/MS 方法就成为有效的方法之一。MALDI 谱的 MS/MS 方法通常是用源后分解（PSD）技术（见 1.5.3 节）。糖类常规分析一般难以有理想的序列信息。Spina 等人使用改进的方法，称为 CID-PSD 法[63]，获得了很好的结果。不过只报道了正离子模式，看来相比正离子，负离子并没有什么特别的优势。图 3-20 为一张 CID-PSD 谱，它是在 MALDI 源中对样品 lacto-N-fucopentaose Ⅰ（简称 LNFP Ⅰ）的 [M＋Na]$^+$ 离子（$M_w$ 852）作 MS/MS

谱图。图中 C、B 和 Y 是按 Domon and Costello 规则命名的碎片离子［固有碎片以（i）标识］；而 $^{1,5}$X 则是指糖环的 1 和 5 位置上发生断裂而形成的碎片（称为跨环裂解）。后者的碎片（如图 3-20 中 m/z 231、393、596 和 758）对于确认复杂的、未知糖的 MS-MS 谱中固有碎片（C、B 和 Y）的相应位置，起到指引作用，为未知糖的序列分析提供有力的支持。

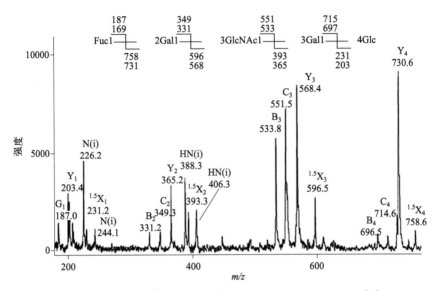

图 3-20　LNFP Ⅰ 的 ［M+Na］$^+$ 离子的 MALDI-MS/MS 谱[63]

N—N-乙酰葡糖胺；H—己糖

## 3.6.4　ESI

在 ESI 质谱的研究中，注意到负离子有足够的响应，因而它的应用范围也比较广。一般来说多羟基化合物适宜于用负离子模式，糖类就是典型的例子。正负离子的选择根据结构中官能团的性质所决定，如对于含羧基或磺酸基的化合物自然使用负离子的模式更有利。正负离子模式的选择取决于被分析物的结构。不过，做了正离子 ESI 谱后，还想试一下负离子谱，看看能不能提供互补信息，有时可能会得到意想不到的结果。下面通过一些例子，作进一步说明。

（1）藻类毒素的分析

一种引起腹泻和肠胃系统炎症的毒素，最后使用 ESI 技术在北美和南美的牡蛎中得到了确认。这种毒素称为冈田酸（okadaic acid，简称 OA），其分子量是 804，元素组成 $C_{44}H_{68}O_{13}$，该化合物的结构已经确定，有三个羟基和一个羧基；它的类似物称为 DTX1（$M_w$ 818，$C_{45}H_{70}O_{13}$）和 DTX4（$M_w$ 1472，$C_{66}H_{104}O_{30}S_3$），后者含有三个磺酸基和七个羟基。进一步研究发现，是鳍藻属和原甲藻属的双鞭毛藻毒素污染了牡蛎的结果。这种毒素是一种强烈的磷酸酶抑制剂。OA、DTXI 和 DTX4 均在利玛原甲藻属中找到，从而证实了上述的解释。

Quilliam 等人展示了它们的 ESI 谱[64]（图 3-21），图（a）为 OA 的正离子谱，图（b）为 OA 的负离子谱，图（c）为 OA 二酯的正离子谱，图中（d）为 DTX4 的负离子谱。

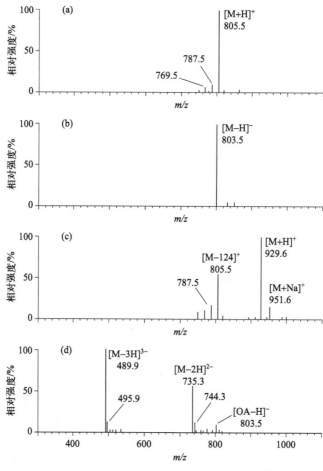

图 3-21　冈田酸及其类似物的 ESI 分析[64]

在 LC-ESI-MS 中 OA 的正负离子模式的检测极限是差不多的，DTX4 的负离子模式虽然没有得到 [M－H]⁻，但获得了它的双电荷和三电荷的离子。可是为何 DTX4 的 LC-ESI-MS 正离子模式得不到 [M＋H]⁺ 的信息，还有待于进一步地研究。2006 年 3 月在都柏林举行的贝类生物毒素的国际会议上把 PTXs 和 YTXs 从共存的 OA、DTXs 中专门分出一类。现按化学结构分类，形成八类贝类生物毒素，无疑将加速对贝类生物毒素的鉴定。

（2）药物代谢缀合物的测定

在肝脏的线粒体作用下具有活性基因的药物（或其代谢物）与葡糖醛酸（glucuronic acid）相互作用形成缀合物，其中有些含羟基的药物会形成硫酸酯的缀合物，这在药物代谢研究中是经常遇到的。去氢甲睾酮（俗称大力补）是属于促蛋白合成甾体化合物（anabolic steroid），它在体内能形成两种代谢产物，即硫酸酯的缀合物和17-表去氢甲睾酮。传统观点认为，由于酶的差向异构作用而由去氢甲睾酮形成了表（epi）的产物。但使用 LC-ESI-MS 分析发现，硫酸酯的缀合物会发生水解，它随时间的增加逐步形成 17-表去氢甲睾酮。监视 17-表去氢甲睾酮硫酸酯的缀合物 [M－H]⁻ 峰，即 $m/z$ 379，获得半衰期 4.5min。因此，新的看法认为表异构体来自硫酸酯的缀合物的水解。图 3-22 是加上一个连续进样系统而获得的单离子检测的时间曲线[65]。

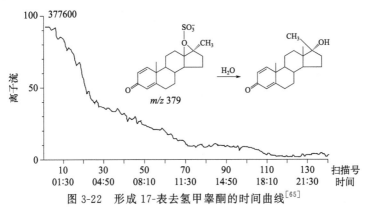

图 3-22　形成 17-表去氢甲睾酮的时间曲线[65]

另一种促蛋白合成甾体化合物 17β-雌二醇，它在体内发生代谢形成两种产物，即葡糖苷酸的缀合物和三硫酸酯的缀合物。这两个化合物的名义质量是相同的，但结构不同，可以用负离子 ESI 谱将它们区分。图 3-23 分别是它们的负离子 ESI 谱。

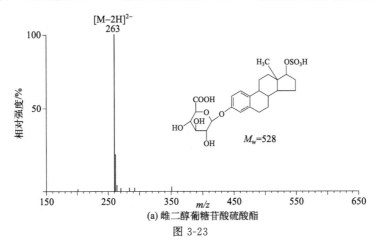

(a) 雌二醇葡糖苷酸硫酸酯

图 3-23

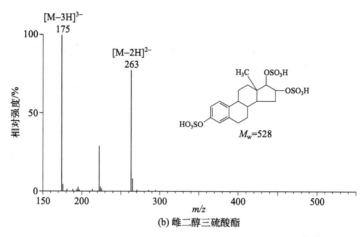

图 3-23 17β-雌二醇两种代谢产物的负离子 ESI 谱[65]

（3）中药成分的检测

中药金丝桃素（hypericin）具有六个羟基取代的萘并二蒽酮骨架，具有抗氧化、抗炎、抗肿瘤等多种功效，分子量为 504。正离子 ESI 谱图，$m/z$ 505 丰度为 5%，图 3-24 是负离子 ESI 谱图，$m/z$ 503[M－H]⁻ 的丰度为 100%。负离子的灵敏度为正离子的十倍左右。

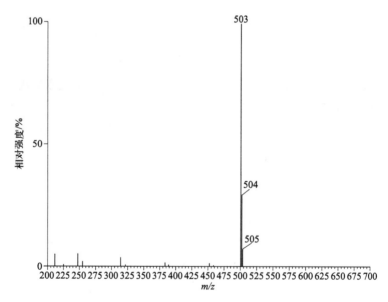

图 3-24 金丝桃素的负离子 ESI 谱

（4）寡肽的测定

目前在正离子 ESI 谱中，寡肽的系列离子实际上是以 Y 和 B 系列为主。图

3-25(a) 是一个具有抗肿瘤活性的三肽 L-Ser-L-$p$-FPhe-L-$m$-SL 的正离子 ESI 谱[66]，其分子量为 584，SL 是苯丙氨酸氮芥（sarcolysine，简称 SL）。获得的主要序列离子是 $A_1$（$m/z$ 60）、$B_2$（$m/z$ 88）、$A_2$（$m/z$ 225）、$B_2$（$m/z$ 253）、$Y_1''$（$m/z$ 333）、$Z_1$（$m/z$ 316）等。这些信息可以帮助确定该肽的氨基酸序列。在目前的实验条件下它还有 A 系列离子，与肽的氨基酸组成有关。当然，按照 Roepstorff 规则，序列离子还不够完整。若使用 MS/MS 方法可以获得更多的序列峰信息，图 3-25(b) 为正离子 ESI-MS/MS 谱。上述肽的 MS/MS 谱，可以增加 $C_1'$（$m/z$ 104）、$C_2'$（$m/z$ 270）、$Y_2''$（$m/z$ 498）等峰。$Y_2''$峰在 MS/MS 谱中有增强，但强度仍弱（Y、B 和 C 系列如图 3-26 所示）。

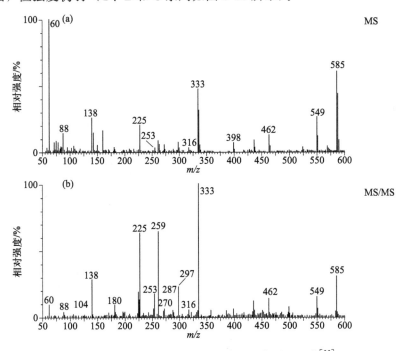

图 3-25　具有抗肿瘤活性的三肽的正离子 ESI 谱[66]

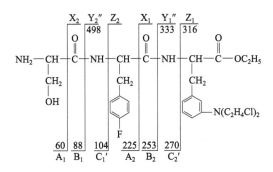

图 3-26　L-Ser-L-$p$-FPhe-L-$m$-SL 三肽的结构和正离子 ESI 碎裂模型[66]

使用负离子 ESI 测定上述含 SL 的三肽和四肽，发现谱图未呈现 ［M－H］⁻峰，也几乎没有碎片峰，仅有 ［M＋Cl］⁻ 的基峰，这是亲核加成反应形成了 ［M＋Cl］⁻ 离子。这有利于对混合物体系进行定量分析。图 3-27 为六个以乙酯形式含 SL 结构的肽混合物（A、B、C、D、F 和 G）的负离子 ESI 谱。图 3-27 中各峰（以主同位素标出）为：$m/z$ 619（B，584＋Cl⁻）、$m/z$ 629（D，594＋Cl⁻）、$m/z$ 646（C，611＋Cl⁻）、$m/z$ 667（A，632＋Cl⁻）、$m/z$ 688（F，653＋Cl⁻） 和 $m/z$ 663（G，628＋Cl⁻）。

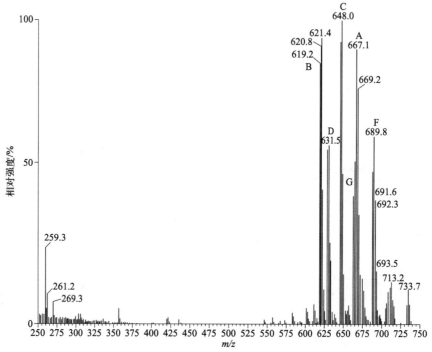

图 3-27　六个含 SL 结构的肽混合物的负离子 ESI 谱[67]

A：$m/z$ 667 L-$m$-SL-Arg(NO₂)-L-Nval；B：$m/z$ 619 L-Ser-L-$p$-FPhe-L-$m$-SL；

C：$m/z$ 646 L-$p$-FPhe-L-$m$-SL-Asn；D：$m/z$ 629 L-Pro-L-$m$-SL-L-$p$-FPhe；

F：$m/z$ 688 L-p-FPhe-Gly-L-$m$-SL-L-Nval；G：$m/z$ 663 L-$p$-FPhe-L-$m$-SL-L-Met

（5）寡核苷酸的测定

图 3-28 是一个修饰的 DNA 经三级四极质谱负离子 ESI 的 MS/MS 方法获得的序列数据。图中 $m/z$ 816 为双电荷分子离子，MS/MS 分析可获得多电荷离子和单电荷离子。核苷酸的结构为 5′-GCTXCT-3′，X 代表一个呋喃，可以把它看作原来接碱基的位置现在由氢取代。按照 McLuckey 规则，Iden 等人[68]作了如下合理的解释：序列离子 $m/z$ 691、547 分别归属于 $W_5^{2-}$ 和 $W_4^{2-}$；$m/z$ 1094、790、610、321 归属于 $W_4^-$、$W_3^-$、$W_2^-$ 和 $W_1^-$；$m/z$ 1076、772、592 及 303

则来自 $W_n^-$ 失 $H_2O$；$m/z$ 1304、1015、711、530 则归属于另一序列离子 $Y_5^-$、$Y_4^-$、$Y_3^-$、$Y_2^-$。剩下的 $m/z$ 79 和 97 来自磷酸离子；$m/z$ 177、195 来自脱氧核糖的磷酸离子；$m/z$ 110、125、150 则来自碱基离子。

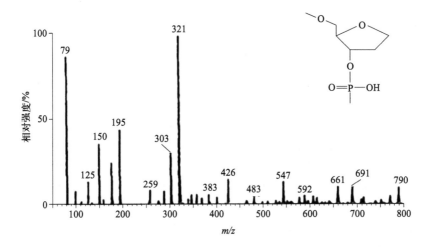

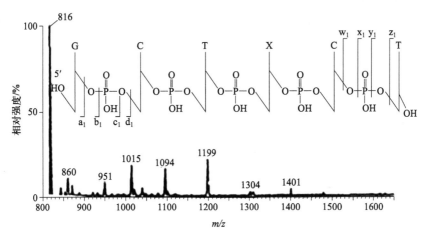

图 3-28　5'-GCTXCT-3'核苷酸负离子 ESI 的 MS/MS 谱[68]

## 3.6.5　APCI

APCI 源内产生的反应离子有 $O_2^{+\cdot}$、$H_3O^+$、$N_2^{+\cdot}$、$N_2O^{+\cdot}$、$NO^+$，以及最终形成的水合离子 $H_3O^+(H_2O)_n$ 等正离子和 $O_2^-$、$O^{-\cdot}$、$O_2^{-\cdot}(H_2O)_n$ 等负离子。表 3-14 列出 APCI 的正、负两种反应离子。

表 3-14 APCI 的两种类型的反应离子

| 离子类型 | 反应类型 | 反应离子 |
|---|---|---|
| 正离子 | 质子转移 | $H_3O^+(H_2O)_n$ |
|  | 电荷转移 | $O_2^{+\cdot}$、$O_2^{+\cdot}(H_2O)_n$、$N_2^{+\cdot}$、$N_2O^{+\cdot}$ 及少量 $NO^+$ |
| 负离子 | 质子转移 | $O_2^{-\cdot}$、$O_2^{-\cdot}(H_2O)_n$ |
|  | 电荷转移 | $O_2^{-\cdot}$ |

APCI 的特点是大流速，可达到 $1\sim2mL/min$，可以与常规的 HPLC 相连，而且对梯度淋洗也能适用。从实验角度来看，对流动相的组成并无特殊要求。但它是化学离子化过程，因此流动相的性质对于负离子 APCI 是有一定的影响。这种影响将反映在被分析物的灵敏度、信息量、重现性以及仪器的本底化学噪声。改变流动相组成，或者在流动相中加入某些物质来改善上述结果，也有许多发展空间。对于中等极性的化合物 APCI 可能有更好的灵敏度；APCI 产生单电荷离子，因而适合于中等极性至低极性的小分子分析。

Cambier 等人研究了玉蜀黍植物提取物中的葡糖缀合物[69]，HPLC-APCI(-)-MS 分析得到的结果见图 3-29。图(a) 是 HPLC 图，图(b) 是 (a) 图中峰 1 的负离子 APCI 谱，葡糖缀合物-1 的 $M_w$ 343；图(c) 是葡糖缀合物-4 的负离子 APCI 谱图，图中缺少 [M−H]⁻ 峰，但通过谱图解析认为 $m/z$ 422 为 [M+Cl]⁻，推断缀合物-4 的分子量为 $M_w$ 387。

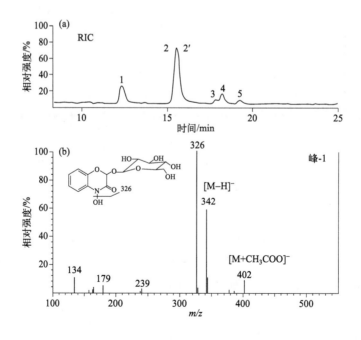

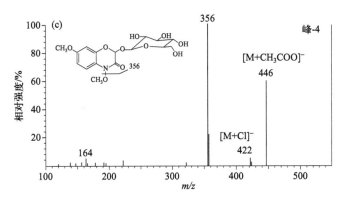

图 3-29　玉蜀黍植物提取物中葡糖缀合物的 HPLC/APCI(-)-MS 分析[69]

Kuuranne 等人[70]研究了八种促蛋白合成的甾体葡糖苷酸 APCI，发现负离子的谱图仅出现 $[M-H]^-$ 峰，极少数甾体葡糖苷酸有强度低于 10% 的 $[M-H-H_2O]^-$ 和 $[M-H-2H_2O]^-$ 弱峰。进一步进行结构鉴定的方法则依靠 MS/MS，归纳起来以 $[M-H]^-$ 为母离子的子离子谱可获得如下信息：$[M-H-H_2O]^-$、$[M-H-CH_3COOH]^-$、$[M-H-Glu]^-$、$[M-H-Glu-2H]^-$、$[Glu-H]^-$、$[M-H-Glu-H_2O]^-$、$[Glu-H-H_2O]^-$、$[Glu-H-H_2O-CO]^-$ 等，失去中性分子的子离子是甾体葡糖苷酸的共同特征。总之，负离子 APCI 的主要峰仍然为 $[M-H]^-$ 峰，谱图中碎片离子少；即使有碎片也是丢失的中性小分子。只有依靠 MS/MS 才能获得结构信息。从化学电离的角度，负离子 APCI 的裂解也可参照负 CI 的碎裂机理和模型来解释。

## 参考文献

[1] McLafferty F W, Turecek F. Interpretation of mass spectra [M]. 4th ed. Sausalito: University Science Books, 1993: 166-168.

[2] NIST 14, version 2.2, 2014: 229858.

[3] Hammond G S. A correlation of reaction rates [J]. J Am Chem Soc, 1955, 77 (2): 334-338.

[4] Budzikiewicz H, Djerassi D C, Williams D H. Structure elucidation of natural products mass spectrometry [M]. London: Holden-Day, 1964: 25, 54.

[5] Biemann K. Mass spectrometry: Organic chemical applications [M]. New York: McGraw-Hill Book Company Inc, 1962: 76, 82, 99, 316-318.

[6] NIST 14, version 2.2, 2014: 280203.

[7] NIST 14, version 2.2, 2014: 352645; von Sydow E. Mass spectrometry of terpenes. Ⅱ. Monoterpene alcohols [J]. Acta Chem Scand, 1963, 17: 2504-2512.

[8] NIST 14, version 2.2, 2014: 118657.

[9] NIST 14, version 2.2, 2014: 228699; Heller S R, Milne G W A. Indexes to EPA/NIH mass spectral data base [M]. Washinton DC : US Govt Printing Office, 1978: 109-70-6.

[10] Budzikiewicz H，Djerassi D C，Williams D H. Interpretation of mass spectra of organic compounds [M]. San Francisco：Holden-Day Inc, 1964：17，27，39，70-71.

[11] Audier H，et al. Orientation de la fragmentation en spectrometric de masse par 1'introduction de groupes fonctionnels 1：$\Delta^2$ steroides, terpenes et substances apparentees [J]. Bull Soc Chim Fr, 1963：1971.

[12] Seibl J. Massenspektrometrie [M]. Frankfurt：Akademische Verlagsgesellschaft , 1970：63.

[13] NIST 02，version 1. 1, 2002：239459.

[14] NIST 14，version 2. 2, 2014：233976，229477.

[15] McLafferty F W，Turecek F. Interpretation of mass spectra [M]. 4th ed. Sausalito：University Science Books, 1993：72.

[16] NIST 14，version 2. 2, 2014：118787.

[17] NIST 14，version 2. 2, 2014：352284.

[18] McLafferty F W. 质谱解析（第三版中译本）[M]. 王光辉，姜龙飞，汪聪慧，译. 北京：化学工业出版社，1987，83：174-176.

[19] Bentley T W，Johnstone R A W. Mechanism and structure in mass spectrometry：A comparison with other chemical processes [J]. Adv Phys Org Chem, 1970，8：151-269.

[20] Abbott S J，Jones S R，Weinman S A，et al. Chiral [16$O$，17$O$，18$O$] phosphate monoesters. Asymmetric synthesis and stereochemical analysis of [1($R$)-16$O$，17$O$，18$O$] phospho-($S$)-propane-1, 2-diol [J]. J Am Chem Soc, 1979，101(15)：4323-4332.

[21] Katoh M，Jaeger D A，Djerassi C. Mass spectrometry in structural and stereochemical problems. CCⅧ. Electron impact induced triple hydrogen rearrangements and other fragmentations of alkyl vinyl ethers and thioethers [J]. J Am Chem Soc, 1972，94（9）：3107-3115；Katoh M，Jaeger D A，Djerassi C. Mass spectrometry in structural and stereochemical problems. CCⅧ. Electron impact induced triple hydrogen rearrangements and other fragmentations of alkyl vinyl ethers and thioethers [J]. J Am Chem Soc, 1972，94（9）：3107-3115.

[22] NIST 14，version 2. 2, 2014：8078.

[23] Winnik M A. Intramolecular catalysis in the mass spectrometer：Mechanisms for loss of methanol from methyl esters upon electron-impact [J]. Mass Spectrometry, 1974，9（9）：920-951.

[24] McLafferty F W. Mass spectrometry of organic ions [M]. New York：Academic Press, 1963：403.

[25] NIST 14，version 2. 2, 2014：333148.

[26] Gray R T，Djerassi C. Mass spectrometry in structural and stereochemical problems. CLⅩⅩⅧ. 10-phenyl-2-decalone system. Synthesis and electron-impact promoted phenyl migration of trans-10-phenyl-. DELTA. 3-2-octalone [J]. J Org Chem, 1970，35（3）：753-758.

[27] Kaminski J J，Lyle R E. Mass spectra of a series of 2-p-substituted phenyl-1,3,2-dioxaborolanes [J]. J Mass Spectrometry, 1978，13（7）：425-428.

[28] McLafferty F W，Turecek F. Interpretation of mass spectra [M]. 4th ed. Sausalito：University Science Books，1993：213-221.

[29] Brown P，Djerassi C. Electron-impact induced rearrangement reactions of organic molecules [J]. Angew Chem Int Ed, 1967，6（6）：477-579.

[30] Bentley T W，Johnstone R A W. Aspects of mass spectra of organic compounds. Part Ⅹ. Rationalization of a variety of electron-impact induced rearrangements of ions [J].J Chem Soc（B）, 1971：1804-1811.

[31] Brown P, Djerassi C. Mass spectrometry in structural and stereochemical problems. CXXX. A study of electron impact induced migratory aptitudes [J]. J Am Chem Soc, 1967, 89 (11): 2711-2719.

[32] 黄载福, 陈继军, 汪聪慧, 等. 冠醚化合物的合成 IX. 氚标记冠醚的合成及其质谱中的重排反应 [J]. 武汉大学学报 (自然科学版), 1988 (4): 79-86.

[33] Bowie J H, Williams D H, Madsen P, et al. Studies in mass spectrometry—— XVII. Rearrangement processes in some esters containing unsaturated linkages——the elimination of $CO_2$ from esters [J]. Tetrahedron, 1967, 23 (1): 305-320.

[34] Bowie J H, Grigg R, Lawesson S O, et al. Studies in mass spectrometry. $X^1$. High-resolution mass spectra of cyanoacetates, alkyl migrations upon electron impact [J]. J Am Chem Soc, 1966, 88 (8): 1699-1703.

[35] Brown P, Djerassi C. Mass spectrometry in structural and stereochemical problems. CVI. Occurrence of alkyl and aryl rearrangements in the fragmentation of some organic carbonates [J]. J Am Chem Soc, 1966, 88 (11): 2469-2477.

[36] Spiteller G, Kaschnitz R. Anwendung der massenspektrometrie zur untersuchung von arzneimitteln, 1. Mitt: Sulfonamide [J]. Monatshefte für Chemie und Verwandte Teile Anderer Wissenschaften, 1963, 94: 964-980.

[37] 徐广智, 汪聪慧, 孙家滨, 唐有祺. β-双酮稀土元素配合物的质谱研究 [J]. 化学学报, 1984, 42 (3): 241-245.

[38] 徐广智, 汪聪慧, 孙家滨, 唐有祺. 噻吩甲酰三氟丙酮稀土元素络合物的质谱研究 [J]. 科学通报, 1981 (20): 1278.

[39] Zolotarev B M, Kadentsev V I, Kucherov V F, et al. The oxygen rearrangement of esters of aromatic and unsaturated acid [J]. Izvestiya Akademii Nauk SSSR-Seriya Khimicheskaya, 1971, 7: 1552-1559.

[40] Su J Z, Ju Y, Wang T H, et al. Electron ionization mass spectrometry of some ferrocenyl thiacrown ethers [J]. Chem Research in Chinese University, 1997, 13 (1): 70-76.

[41] Johnstone R A W, Millard B J. Some novel eliminations of neutral fragments from ions in mass spectrometry. Part II. Loss of non terminal carbon atoms as methyl radicals [J]. Z Naturf, 1966, 21a: 604.

[42] Molenaar-Langeveld T A, Ingemann S, Nibeering N M M. Skeletal rearrangements preceding CO loss from metastable phenoxymethylene ions derived from phenoxyacetic acid and anisole [J]. Org Mass Spectrometry, 1993, 28 (10): 1167-1178.

[43] Frigerio A. 质谱法概要 [M]. 卞慕唐, 译. 北京: 化学工业出版社, 1981: 42.

[44] Johnstone R A W, Rose M A. Mass spectrometry for organic chemists and biochemists [M]. 2nd ed. London: Cambridge University Press, 1996: 356.

[45] Braude E A. Determination of organic structures by physical methods [M]. New York: Academic Press, 1962, V2: 151.

[46] McLafferty F W. Prediction of mass spectra from substituent constants [J]. Anal Chem, 1959, 31 (3): 477.

[47] Bursey M M, McLafferty F W. Substituent effects in unimolecular ion decompositions. II. A linear free energy relationship between acyl ion intensities in the mass spectra of substituted acylbenzenes [J]. J Am Chem Soc, 1966, 88: 529.

[48] Johnstone R A W. Mass spectrometry for organic chemists [M]. London: Cambridge Univ Press, 1972: 63, 78.

［49］王光辉，熊少祥. 有机质谱解析［M］. 北京：化学工业出版社，2005：14-26.

［50］von Ardenne M. Elektronenumlagerungs-massenspektrographie von organischer substanzen［M］. Wien：Springer Verlag，1971：403.

［51］Beckey H D. Principles of field ionization and field desorption mass spectrometry［M］. Kronberg：Perganan Press Ltd，1977：236.

［52］Prokai L. Field desorption mass spectrometry. New York：Marcel Dekker Inc，1990：129.

［53］Harrison A G. Chemical ionization mass spectrometry［M］. 2nd ed. Boca Raton：CRC Press，1992：24.

［54］Hunt D F，Crow F W. Electron capture negative ion chemical ionization mass spectrometry［J］. Anal Chem，1978，50（13）：1781-1784.

［55］Harrison A G. Chemical ionization mass spectrometry［M］. 2nd ed. Boca Raton：CRC Press，1992：113-166.

［56］Lehmann W D. Massenspektrometrie in der biochemie［M］. Heideburg：Spektrum Akademischer Verlag，1996；Gross J H. Mass spectrometry：A textbook［M］. 2nd ed. Berlin：Springer Verlag，2011：497.

［57］Wang T H，Chen T F，Barofsky D F. Mass spectrometry of L-$\beta$-aspartamido carbohydrates isolated from ovalbumin［J］. Biomed Environm Mass Spectrom，1988，16（12）：335-338.

［58］Wang C H，Barofsky D F. Temperature effect of the separation of glycopeptides by reverse phase HPLC//Hatano H，Hanai T. Int symp on chromatog. The 35th Anniversary of Research Group on Liquid Chromatography［M］. Tokyo：World Scientific Publication，1995：377-383.

［59］Tholey A. Ionic liquid matrices with phosphoric acid as matrix additive for the facilitated analysis of phosphopeptides by matrix-assisted laser desorption/ionization mass spectrometry［J］. Rapid Communications in Mass Spectrometry，2006，20（11）：1761-1768.

［60］Asfandiarov N L，Pshenichnyuk S A，Fokin A I，et al. Electron capture negative ion mass spectra of some typical matrix-assisted laser desorption/ionization matrices［J］. Rapid Communication in Mass Spectrometry，2002，16（18）：1760-1765.

［61］Kjellström S，Jensen O N. Phosphoric acid as a matrix additive for MALDI MS analysis of phosphopeptides and phosphoproteins［J］. Anal Chem，2004，76（17）：5109-5117.

［62］Lu M H，Lai Y Q，Chen G N，et al. Matrix interference-free method for the analysis of small molecules by using negative ion laser desorption/ionization on graphene flakes［J］. Anal Chem，2011，83（8）：3161-3169.

［63］Spina E，Cozzolino R，Ryan E. Sequencing of oligosaccharides by collision induced dissociation matrix-assisted laser desorption/ionization mass spectrometry［J］. J Mass Spectrom，2000，35：1042.

［64］Snyder A P. Biochemical and biotechnologicala applications of electrospray ionization mass spectrometry［M］. Washington DC：ACS，1995：351.

［65］AB SCIEX. The API book，1990：53，61，80.

［66］Roboz J，Wang T H，Ma L H. 44th Annual Conf on M S and Allied Topics，1996：728.

［67］汪聪慧. 有机质谱技术与方法［M］. 北京：中国轻工业出版社，2011：27，185.

［68］Snyder A P. Biochemical and biotechnological applications of electrospray ionization mass spectrometry［M］. Washington DC：ACS，1995：281.

［69］Cambier V，Hance T，de Hoffmann E. Non-injured maize contains several 1,4-benzoxazin-3-one related compounds but only as glucoconjugates［J］. Phytochem Anal，1999，10：119-126.

[70] Kuuranne T, Vahermo M, Leinonen A, et al. Electrospray and atmospheric pressure chemical ionization tandem mass spectrometric behavior of eight anabolic steroid glucuronides [J]. J Am Soc Mass Spectrometry, 2000, 11(8): 722-730.

# 4 图谱解析用的基础技术

## 4.1 谱库检索

### 4.1.1 有机小分子的谱库检索

谱库检索是鉴定未知有机小分子的常用工具，也是对 EI 离子化所获得的谱图进行定性分析的首选方法。几乎目前所有的商用质谱仪器都配有 EI 谱库。通用的有机小分子 EI 谱库有两种：一为美国国家标准和技术学会的 NIST 库（全名是 National Institute of Standards and Technology），它来自 NIST/EPA/NIH Mass Spectral Library。2020 年 6 月发布的 NIST 20 版有 30.6 万种有机化合物，它比 NIST 17 版增加了 4 万种化合物，其中主要有 31000 种人类和植物代谢物。NIST 库几乎每三年更新一次。目前，除纯有机化合物谱图外，还包括有机小分子的 MS/MS 数据。NIST 20 版还收录了 3 万多种化合物的 185000 个母离子所衍生的 130 万张 MS/MS 图。二为 Wiley 库，它也经常作为质谱仪器的选配谱库。Wiley 12 是 2020 年发布的，有 817290 张 EI 谱，包含了 668452 种有机化合物。Wiley 12 与 NIST 20 的共同覆盖数为 12.4 万个化合物，两个库的区别在于 NIST 库是经复核的[1]。EI 还有专业性的小库，如农药、药物、毒物等，通常质谱仪器公司可以提供。有关香料的谱图集可参考相关的专业书[2]和质谱学会有机专业委员会汇编的材料[3]。

谱库检索结果是一张表，从匹配率值的大小由高到低排列。匹配率以百分数来表示其相似性（或为置信度）的概率。为获得理想的效果，在检索前有一些前提，即影响检索结果可靠性的因素需要考虑。如仪器的调试、谱图的本底（尤其是化学噪声）、质谱仪器的扫描速度、样品峰的强度、气质联用时的色谱峰强度和色谱柱型以及程序升温速率等。在一个复杂的体系中如何提取出一个"纯"成分的质谱图最为关键。通常用手工的办法费时且需要具备经验，例如本底扣除和谱图相减[4]。在干扰严重的情况下，则需要用"解卷积"（deconvolution）技术。AMDIS（automated mass spectral deconvolution and identification system）软件已安装在许多质谱仪器上，用以解决提取出"纯"成分质谱图的途径。感兴趣的读者可参考有关介绍[5-6]。

对于具有异构体的一类化合物，尤其是脂肪族化合物，会得到数个相近匹配率的候选物，可能其中的最高匹配率者不一定是答案。从这个意义上讲，谱库检索是有限制的。当然，有标准品的情况下有利于确定被分析物是什么。对于立体异构体，如构型异构体，还需要依靠其他信息和/或质谱技术例如 CI，而构象异构体单靠质谱是无能为力的。

在进行未知物的质谱图与库内参考质谱图比对时，不是把二者所有的峰进行比较，而是把构成候选物的那些峰是否存在于未知物的谱图中作比较，这称为逆检索。它是基于未知物的谱图中有可能含有其他物质或杂质的干扰峰，也是优先考虑的检索法。国际上普遍认为，若从质谱角度出发，要对最终命中的候选物作认定的话，匹配率至少要达到 80%[7]。

当数据库检索找不到合适的候选物，或者说在谱库中没有该未知物的质谱图时，我们可以从检索的结果中获得一些未知物的部分结构信息，这是基于谱库检索的算法。有多种算法，如简单的算法有欧氏算法距离 E 法、绝对值距离 A 法、标量积 D 法等；复杂的算法有 HHB 法、PBM 法等。各种算法的基本考虑是一致的，即多维向量的比对，差别在于质荷比和强度在选用的指数取值上不同。这种指数选用是建立在权重值（如高质荷比峰、低丰度峰、特征峰，低概率出现的独特峰与强度，降低仪器间的差异，等等）的基础上考虑的。据介绍，NIST 的算法是在 D 法基础上增加一项比例参数 $R$，通过同样 2000 张谱图进行各种算法的评估，它能使排列的第一位或前两位或前三位得到改善。有一些辅助人工解析谱图的谱图自动解析软件，STIRS（self training interpretive and retrieval system）软件是其中的一种，可以对照 600 个常见子结构，从中提供未知物中是否有置信度最高的子结构[8]。

## 4.1.2　生物大分子的谱库检索

生物大分子的质谱分析是在分子水平上揭示生命科学奥秘的重要工具，其中有机质谱法的 MALDI-TOFMS 和 HPLC-ESIMS（或 MS/MS）方法已构成研究生物大分子的两大支撑技术，因而引起质谱学家、化学家、生物化学家的高度重视和投入，由此，也形成了生物质谱学（biological mass spectrometry）的新领域。目前该领域处于蓬勃发展的过程中，并展示了诱人的前景。

与有机小分子相比，生物大分子结构要复杂得多，更不要说新的生物大分子。生物大分子，尤其是体内存在的和体内变异产生的生物大分子，其制备过程冗长，且净化也很麻烦。随着分子质量的增大，要获得像有机小分子那样纯化的结果，其难度更大。这是因为除了同族物（congener）的影响外，还受代谢产生的类似物（analogue）的干扰。当然，中性分子的丢失和分子加合碱金属离子或者加合底物离子也使蛋白质的分子离子区域的峰有所增加。一些文献中我们常会看到，用分子质量（molecular mass）来代替分子量（molecular weight）作生物大分子的表述，其原因之一可能与此有关；或许在一定的测定精确度下，分子质量越大则测量值偏差越大也是一个因素。在 ESIMS 谱图上经常会看到大峰周围的那些小峰，在有的文献中称为簇离子（cluster ion）。可以举例予以说明。第一章的图 1-24 是马心肌红蛋白的正离子 ESI 谱（测定数 $n=1$），这是一个标准品，肌红蛋白的分子量为 16951.5，测定的平均计算值为 $16951.4\pm5.9$，且簇离子少而弱；而图 1-25 是黑色眼镜蛇毒液中透明质酸酶的正离子 ESI 谱（$n=1$）[9]。试样来自 Sigma 的商品，经我们用 HPLC 分离纯化，测定的平均计算值为 $49388.2\pm12.4$，当 $n=5$ 时为 $49377\pm16.6$。能够明显看到，图 1-25 中每个多电荷离子主峰的周围总有一些其他峰存在，从而形成一群簇离子。在生物样品分析时，尽管经过了多种纯化，但在低分辨条件下很少能得到肌红蛋白那样的谱图；实际上，得到像上述透明质酸酶那样的图也能满足进一步分析的要求。如果纯度再降低，将看不到这种簇离子的界线，会连成一片。

生物大分子也同样有谱图检索的需求，而且比有机小分子更为强烈。由于生物大分子结构的复杂性，驱动并涌现了丰富的检索工具和数据库。现以蛋白质为例予以简单说明。常规的蛋白质组学研究途径是：2D 凝胶电泳分离、质谱法鉴定技术以及生物信息学的检索。当然，作为蛋白质的鉴定技术之一，2D 凝胶电泳也涉及数据库的构建和检索，是首选的方法。不过 2D 凝胶电泳也有不足之处，即除了不适用所有性质的蛋白质外，其操作本身难以实现与质谱法的全程自动化。只能在 2D 凝胶电泳分离以后的后处理阶段实施与质谱法的在线联用，对此目前尝试用 HPLC 或多维 LC/LC 来取代。

质谱法的鉴定技术主要是两个方面，即 MALDI-TOFMS 和 HPLC-ESIMS（或 MS/MS）。前者从 2D 凝胶电泳得到的蛋白质点经原位酶切后通过 MALDI-TOFMS 分析，直接得到肽质量指纹谱（peptide mass fingerprinting，简称 PMF 谱）。同样从原理上讲，似乎 2D 凝胶电泳得到的蛋白质点也可以用 ESIMS 直接得到 PMF 谱。不过蛋白质的分子质量都很大，ESIMS 的多电荷离子通常限于测出 10 万以内的分子量，且碎片离子少，构不成特征的指纹。所以，一般要对事先分离-纯化了的蛋白质进行酶解，才能获得特征的 PMF 谱。单用 HPLC 代替 2D 凝胶电泳分离时其分离效果不如后者。其实 HPLC-ESI 主要是与 MS/MS 结合，可以获得肽序列标签谱（peptide sequence tag，简称 PST 谱）。由于 MS/MS 产生了与特定蛋白质相关联的一套肽片段，又可以获得片段本身的序列信息，因而在蛋白质的质谱鉴定上具有重要的地位。对于分子质量适合于 ESI 法的那些蛋白质，虽然可以不经酶解而直接用 HPLC-ESI MS/MS 获得 PST 谱，但高阶的多电荷离子其 MS/MS 谱图过于复杂，给解析带来困难，还不如酶解后获得低阶的多电荷离子，再用 HPLC-ESI MS/MS 获得 PST 谱。TOF 的源后分解法（post source decay，简称 PSD 谱）也能得到类似 MS/MS 的信息，但灵敏度和信息量都不如 MS/MS，若采用 TOF/TOF 装置，则能达到 MS/MS 的效果。

获得的质谱数据可以通过搜索软件（例如 MASCOT，一个包含搜索引擎的用于蛋白质鉴定的质谱软件）经网站进行数据库的查阅，来获知被分析物是已有报道的蛋白质，还是一个新的蛋白质；如果未找到合适的结果，从某些特定的序列信息来确定它是否属于某一已知的蛋白质家族；通过得到的序列信息溯源基因密码，以便进一步寻找与可能的生物活性相关的信息。

众所周知，新兴的生物信息学涵盖的内容广泛而丰富，在蛋白质组学方面则是它应用的分支，它包括 2D 凝胶电泳谱图分析、质谱鉴定、建库（除蛋白质的一级结构分析外，还应有二级、三级结构分析的工具软件）、蛋白质之间的相互作用、功能分析，等等，所以通过 Internet 可以快速、方便地实施上述设想。ExPasy（Expert Protein Analysis System）是众多网站中蛋白质组经常使用的一个信息中心，可以通过它去链接各种数据库。当然在常用的数据库中找不到 PMF 数据的合适检索结果时，还可通过某些网站获取感兴趣的其他数据库。

有关以下数据库的简述，在罗静初的文章中有详细的介绍[10]。最常用的质谱检索数据库是 dbEST 和 NRDB。前者由美国国家生物技术信息中心与欧洲生物信息学研究所共同管理（National Center for Biotechnology Information / European Bioinformatics Institute，NCBI/EBI），后者是由瑞士生物信息学研究所（Swiss Institute of Bioinformatics，SIB）和欧洲分子生物学实验室（European Molecular Biology Laboratory，EMBL）共同组建的一种"非冗长数据库"。NRDB 包括了 SWISS-PROT 和 TrEMBL 两大数据库。SWISS-PROT 库是经过人工审阅和注释、比较可靠的数据库，而 TrEMBL 库是通过计算机程序按规则自动注释的，因而被认为是 SWISS-PROT 的增补版，意为从 EMBL 库中经翻译的蛋白质序列。目前，SIB、EBI 及 PIR（美国国家生物医学基金会 NBRF 成立的蛋白质信息资源部）三个国际上主要蛋白质序列数据库合并，建立了通用蛋白质资源库（Universal Protein Resource，UniProt），它包含 SWISS-PROT、TrEMBL 及 PIR 三个库并且组合为 UniProtKB、Uniparc 和 Uniref 三大部分。UniProtKB 知识库包括了 SWISS-PROT 和 TrEMBL 两个子库，目前分别有 56 万多和 1.4 亿条蛋白质序列。数据库的具体检索方法请参考相关资料[11-12]。

实际上，最终对某一蛋白质的认定或者排除还应对照蛋白质的初级属性，如种属、等电点、N 端和 C 端的序列、氨基酸组成、蛋白质的分子质量等，并参考天然蛋白质的基本属性，才能得出可靠的结论。数据库检索不理想可能由下述原因所导致：数据库内为未经修饰的氨基酸残基所组成的多肽，而实际蛋白质样品其 PMF 谱中可能带有后转移修饰的肽片段（当然也不能排除在操作过程中发生修饰）；所取的蛋白质点不纯，造成干扰；如果经酶解处理，也许会产生非特异性解离的肽片段等，在检索结果的判定时这些因素是需要考虑的。

我们介绍了蛋白质的谱库检索，这是因为蛋白质组学（proteomics）已成为当前生命科学的研究热点。自从 2001 年 2 月人类基因组计划和 Celera 共同公布了人类基因组草图[13]，由于蛋白质组（proteome）属于基因组（genome）表达的功能产物，这一成果在世界范围内得到了巨大的推崇和期望。蛋白质组学作为后基因组时代重要的研究学科，它已深入到生命科学、生物技术、医药等领域，并对疾病诊断、治疗、预防、未来药物的开发以及环境因素研究等方面将产生巨大的影响。当然生命科学的研究也不会止步于此，目前发展中的代谢物组学（metabolomics）和脂质组学（lipidomics）也必然给质谱技术带来新的挑战。

## 4.2　有机物分子式的确定

这里的有机物泛指有机小分子和生物大分子，了解它们结构的第一步是确定其分子式（或者是部分结构的元素组成式）。最早是做样品的全元素分析，获得所包含各元素的比例，则分子量就是按比例的诸元素质量值之和的倍数，究竟取多少倍数则可由其他方法来确定。该法的缺点是：对有机物有一定限制，且样品用量大以及测定的比例值有较大误差，尤其是氢元素（当然，知道该有机物分子量的话，可以修正）。不过，自从质谱法引入有机分析后，其成为确定样品分子量和分子式信息的有力工具，测定精度高，样品用量至少降低 4～5 个量级。

### 4.2.1　高分辨质谱法测定有机物分子式

#### 4.2.1.1　质谱仪的分辨率和质量测定精确度

众所周知，若以整数质量来表示原子的质量，则称为原子的名义质量；若以小数点后 4 位精度的质量来表示原子的质量，则称为原子的精确质量。它们的质量单位以 u 或 Da（道尔顿）来表示。原子质量单位 u 定义为一个在基态的碳 12 原子质量的 1/12。这个单位同国际标准（SI）单位"摩尔"相关。原子质量单位 Da 定义为碳 12 原子质量的 1/12。虽然两者都可以用来表示原子质量单位，但二者还是有细微差异，Da 多用在生物化学、分子生物学等领域。

一氧化碳（CO）、氮气（$N_2$）和乙烯（$C_2H_4$）的名义质量均为 28，若按原子的精确质量计算（构成这三种物质的元素，其原子精确质量可以查表得知[14]，详见本书附录 1），它们分别为 27.9949、28.0062、28.0313。如果在分辨率 1000 的质谱仪上对上述三种物质的混合气体进行分析就能得到图 4-1（a）的结果，当分辨率达到 2500 时就能实现这三种物质的彼此分离，因而呈现图 4-1（b）的结果。高分辨率的意义在于把一些名义质量相同而元素组成不同的离子予以一一分离，进而分别测出这些离子的精确质量，以获得它们的元素组成式。按照分辨率的定义（$M/\Delta M$），CO 与 $N_2$ 的分离，分辨率应达到 2480（优于 10％谷）；$N_2$ 与 $C_2H_4$ 的分离，分辨率应达到 1115（优于 10％谷）。在实际工作中被测定的离子，其质量要远远大于上述质荷比 28 的离子。显然，离子的质量数越大，需要的分辨率也越高；离子的质量差越小，需要的分辨率也越高。例如 $^{12}CH$（13.0078）和 $^{13}C$（13.0034）两种元素组成的质量差为 0.0044u。若它们存在于质荷比为 150 的离子中，区分这两种组成的离子需要 34000 的分辨率；同样为质荷比 150 的两个离子，如果元素组成差异仅在于 $C_2H_4$（28.0313）和 $N_2$（28.0062），按两个离子的质量差 0.0251u 计算，则区分它们仅需要 6000 的分辨率。

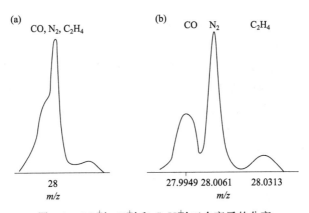

图 4-1　$CO^{+\cdot}$、$N_2^{+\cdot}$ 和 $C_2H_4^{+\cdot}$ 三个离子的分离

　　图 4-2 是高分辨与离子质量的关系图。图中从左到右 1#、2#、3#、4# 和 5# 五条直线分别表示相区分的质量差（单位为 u）为 0.0015（$H_2$-D）、0.0044（CH-$^{13}C$）、0.0125（$CH_2$-N）、0.0251（$C_2H_4$-$N_2$）以及 0.0363（$CH_4$-O）的两个离子时（上述括号中表示所区分的元素组合），它们所具有的质荷比与分辨率的关系。常规分析所碰到

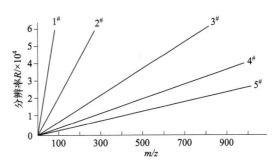

图 4-2　高分辨与离子质量的关系图

的情况是：$m/z$ 400 以下只要求对 $C_2H_4$-$N_2$、$C_2H_4$-CO、$CH_4$-O 组合的区分，许多情况下干扰离子只来自碳氢离子。因此，选择分辨率在 10000 左右就能满足

要求。个别情况，例如石油产品中 S-O$_2$ 组合的区分（$\Delta M = 0.0177$）或结构分析中碎片离子，如 CH$_2$-N 组合、CO-N$_2$ 组合的区分，则分辨率需高于 15000 到 20000。从图可见，化合物的分子量越大则要求分辨率更高一些，以满足上述列出的元素组合的分辨。

具有某个质荷比的离子，它的整数质量可以用质量定标器加以确定，整数质量的测定准确度为小于 0.4 质量单位，用计算机进行定标的话，通常小于 0.1～0.2 质量单位。整数质量也称为名义质量，它由组成该离子的各元素整数质量之和表示，例如一氧化碳 CO，其分子量为 28。不过，实际上 CO 的精确质量应当为 27.9949（取小数点后四位，原子量按 IUPAC 1962 年的规定），按四舍五入为 28。很明显，若获得一个离子的精确质量值意味着可以得到该离子的元素组成式。对分子离子来说，就是该有机物的分子式。

测量的准确度颇为重要。精确质量测定有一个误差问题，也就是测定准确度的指标（也有称测定精度），准确度越高则给出可能的元素组成式的数目越少，结果越可靠。有两种方式表示准确度：一种是绝对误差，它以毫质量单位 mu 来表示；一种是相对误差，即实验测出的精确质量值和该离子的元素组成式的理论精确质量值之差与该离子的名义质量值的比值。图 4-3 为 $m/z$ 249 离子的精确质量与元素组成的对照图，纵坐标是精确质量从 249.1200 到 249.1500 之间，横坐标是限于 C、H、N、O 四种元素组成的排列。如果测定某一离子的实验值为 249.1368，仪器的准确度 $< 2 \times 10^{-6}$，这就表明该离子的精确质量应落在下述范围内，即 249.1363 ～ 249.1373。按此结果从图中可以找到元素组成为 C$_{14}$H$_{19}$NO$_3$，其理论值为 249.1365，所以实际的测定误差为 $+0.3 \times 10^{-6}$。如果测定准确度为 $10 \times 10^{-6}$，则可能的元素组成就有三个，即 C$_{12}$H$_{17}$N$_4$O$_2$、C$_{14}$H$_{19}$NO$_3$ 和 C$_{17}$H$_{17}$N$_2$。显然准确度越差，可能的元素组成式也就越多。实际上，图中所挑选的元素组成仅限制在 C、H、N、O 组合，不考虑其他元素，而且 N 和 O 的个数还不超过六个，否则给出的组成式就更多了。得到了离子的精确质量值后可以查阅标准手册来获得元素组成式，也可以通过计算机软件列出可能的元素组成式。最常用的手册是 Beynon 的表[15]。此表只限于离子质量小于 500 的含 C、H、N、O 的化合物，其中 N 和 O 的个数不超过六个。如果还有其他杂元素，则要从实验值中扣除，使扣除后的值落在上述限制范围内，然后再查阅此表。该表以 C 数的大小排列，相同碳数则以 H 数大小排列，以此类推。

对一种元素组成式所组成的离子，需要多高的分辨率进行精确质量的测定呢？分辨率与精确质量测定的准确度有关，这是因为分辨率越高则所测定离子的峰宽就越窄，峰的质心测定越准确。所以，在低分辨率条件下，例如 $R = 2000$（10%谷），测出的准确度可能要超出 $10 \times 10^{-6}$；在高分辨率条件下，例如 $R = 10000$（10%谷），测出的准确度至少可以达到 $\leqslant 2 \times 10^{-6}$。不过，影响精确质量

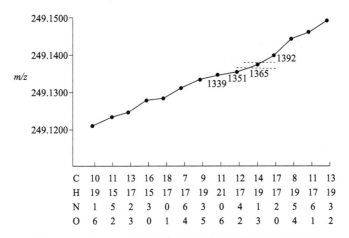

图 4-3 $m/z$ 249 离子的精确质量与元素组成的对照图

测定准确度的因素很多。分辨率只是其中的主要因素之一。通常，由小数点后四位的精确质量值就能正确地推算离子的元素组成，从这一角度出发，不推荐很高的分辨率进行精确质量测定，这是因为在很高的分辨率条件下进行测试，相应要损失其他性能。例如有的质谱仪器测试时，分辨率提高后其灵敏度就相应地下降，过高的分辨率导致样品信号强度变弱，间接地降低了测定准确度；另外，达到一定的分辨率后，仪器已经具有良好的测定准确度，精度可以达小数点后第四位，再进一步提高分辨率对改善测定准确度是有限的。基于上述两个原因，对于单一元素组成的离子进行精确质量的测定，常规使用的分辨率建议在 8000～10000（10％谷），如果测定的离子质量比较小，分辨率可以适当降低。如果测定的离子质量比较大，分辨率可以提高到 10000～15000（10％谷）。计算机测定是动态法，大于 10000（10％谷）是需要的。动态质谱仪的分辨率通常使用 50％峰宽定义，静态质谱仪的分辨率通常使用 10％谷定义，它们的换算值约为 $R_{10\%谷} = 2R_{50\%峰宽}$，这是要注意的。

#### 4.2.1.2 各种类型质谱仪器的精确质量测定

精确质量测定是有机质谱仪器的一项重要功能。随着各种类型的质谱仪器及其相应的离子化方法的涌现，实施精确质量测定也各有不同。从使用角度出发，按质量分析器进行仪器分类讨论比较方便。许多仪器有其主要应用领域，但不影响常规离子化的装备，如 EI 和 CI，因此在磁质谱仪讨论的 EI 和 CI 的高分辨方法同样适用于其他质量分析器。

（1）磁质谱仪

精确质量的测定涉及外标法和内标物，它与电离的方式相关，以下将讨论 EI、CI、FD/FI 以及 FAB 等方法。

① 电子电离　EI 源中获得精确质量的方法，目前主要有峰匹配法和计算机测定法，前者是手工方法，后者是自动进行。

a. 峰匹配法　它的原理是根据偏转半径和磁场强度恒定的条件下，离子的质量与加速电压成反比的关系，使两束不同质荷比的离子在不同的加速电压值下先后通过相同的离子偏转半径。这样，在显示屏幕上会交替出现两个峰，精细地调节加速电压值，使这两个峰完全达到重叠，这就称为峰匹配法。先建立关系式，即 $M_1V_1=M_2V_2$，$M_1$ 为正常加速电压值 $V_1$ 下已知参考峰的精确质量，$V_2$ 为二峰重叠时未知峰的加速电压值，根据 $M_2=M_1V_1/V_2$，就可以求得未知峰 $M_2$ 的精确质量。常用的参考化合物为全氟煤油（perfluorokerosene，PFK），它的质量范围不到 1000；还有其他一些参考化合物可供使用，如全氟三庚基三嗪 [tris-(perfluoroheptyl)-s-triazine，PFHT]，它的质量范围可达 1185；全氟三壬基三嗪 [tris-(perfluorononyl)-s-triazine，PFNT]，它的质量范围可达 1466；称为 Ultramark（学名 perfluorinated polyether）的三种物质 1600F、1960F 以及 2500F，结构式 $CF_3OCF(CF_3)CF_2[OCF(CF_3)CF_2]_nOCF_3$，均为全氟化的聚醚化合物，它们的质量范围均可达到上述牌号数。以上的标样均可从美国 PCR Research Chemicals，Inc. 购得。英国 Kratos 公司提供的标样称之为 Fomblin，$CF_3\{[OCF(CF_3)CF_2OCF(CF_3)CF_2]_xO(CF_2)_y\}OCF_3$，其结构也为全氟化的聚醚，质量范围可达 3000。所有这些参考化合物的质谱碎片峰的精确质量都列于本书附录 5 中。峰匹配法在实际操作时，首先显示参考离子的峰于屏幕中心；然后调节被测样品的蒸发温度使被测离子具有一定的信号强度，使被测离子呈现于屏幕上；精细地调节 $V_1/V_2$ 使交替出现两个峰，并在屏幕上重合。不过，最好的办法是观察峰两侧的重合以确定两峰匹配的正确位置，获得的数据有更高的准确度。

b. 计算机测定法　它的原理是扫描参考化合物的所有峰（参考峰的质量范围必须覆盖未知样品的峰），因那些参考峰有已知的精确质量（即理论质量），通过内插或外推法求得介于参考峰之间的那些未知样品峰的精确质量。计算过程如下：首先扫描一张参考化合物的时间谱，确定该谱图中可以识别的几个峰的质量；再计算机根据质量与时间的关系式以一定的误差范围确定参考化合物所含其他峰的质量；然后在参考化合物同时存在下扫描被测样品，并获得时间全谱，找出该全谱中的所有参考峰并将其时间谱转换为质量坐标；最后，用拟合或回归的方法计算出被测样品未知峰的精确质量。无论是峰匹配法还是计算机测定法都是在参考化合物同时存在的情况下进行样品的精确质量测定，故属于内标法测定。计算机的方法属于动态测定，服从概率分布，它的测定准确度一般要低于峰匹配法，不过，小于 1s 甚至小于 0.1s 就能获得被测化合物所有峰的精确质量，其速度远高于峰匹配法，且样品用量也少。如果仪器的扫描重现性非常好，也可以在获得参考化合物的时间与质量的精确关系下，单独扫描样品。得到的样品时间谱转为质量谱，这属于外标测定法。

在实际工作中有时会遇到微量样品的分析，尤其是很微弱的分子离子峰，这给高分辨测量带来困难。常规的峰匹配法消耗的样品量大，而用计算机法测量的准确度稍差，在这种情况下如果使用具有存储性能的示波器装置，可以节省样品量[16]。其工作原理类似峰匹配法，首先在高分辨条件下将样品峰置于屏幕中央，并存储，然后停止直接进样杆的样品加热；在无样品离子流的情况下调节加速电压十进电位器使参考峰置于屏幕中央；打开存储器使样品峰和参考峰二者同时呈现于屏幕上进行匹配。作者曾用此法测定了六种化合物十一个峰，质量范围 $m/z$ 150～850，峰的相对强度 0.3%～100%，质量测定的绝对误差为 $\leqslant\pm1.5\mathrm{mu}$。

② 化学电离　CI 源中获得精确质量的测定也是使用内标法，不过参考化合物 PFK 在正离子模式中灵敏度较低，因而推荐使用三嗪类参考物，可以测定到 $m/z$ 800。也可以取正三十烷作内标，可以测定到 $m/z$ 400 左右，且灵敏度比三嗪类还高一些。PFK 用于负离子 CI 模式有较好的灵敏度，不过缺少低于 $m/z$ 169 的一些参考峰。

无论是电子电离还是化学电离，用作精确质量测定的参考化合物都是通过参考入口系统导入。上述两种电离技术也是 GC-MS 联用时的常用方法。在 GC-MS 的内标法高分辨测定时大部分采用计算机测定法，只有对目标化合物监测时才使用峰匹配法。与直接进样杆导入样品的方式不同，高斯型的气相色谱峰在离子源中停留时间是有限的。高分辨条件下，磁质谱仪的低扫描速度也限制了在一个色谱峰上的扫描次数，且采集时有可能不在色谱峰的顶峰。由于样品中各组分含量是不同的，过高的分辨导致灵敏度下降而影响低浓度组分的测定。所以 GC-MS 测定时分辨率通常设置在 $R=3000$ 处，少数情况要提高分辨率，一般也不超过 5000。设定在 3000 也有其考虑，一是能够通过气相色谱的样品，其分子质量一般不超过 400～500u，在上述设定的分辨率下有可接受的测定准确度；其次，气相色谱具有优良的分辨能力，干扰样品的那些杂质可以通过 GC 分离，因而剩下的对样品质谱峰有可能干扰的主要来自相同名义质量的参考化合物峰。如果选择有较大质量亏损的物质作为参考物，在 $R=3000$ 条件下具有质量负偏差的那些参考峰很容易与样品峰区分开。使用直接进样杆导入样品时，参考入口系统用来导入参考物质；若使用 GC-MS 系统导入样品时，直接进样杆就可以用来导入参考物质。所以，有的实验室用 PFK 参考物校准质谱仪器的精测数据系统，然后用第二种内标物作样品精确质量测定的参考物质，例如，四碘噻吩所属峰的精确质量见表 4-1，更高质量的参考化合物可推荐使用六碘苯。

表 4-1　四碘噻吩所属峰的精确质量[1]

| 质荷比 | 精确质量 | 元素组成 | 相对强度/% | 质荷比 | 精确质量 | 元素组成 | 相对强度/% |
|---|---|---|---|---|---|---|---|
| 80 | 79.9721 | $C_4S$ | 83 | 294 | 293.7950 | $M^{++}$ | 5 |
| 127 | 126.9045 | I | 98 | 334 | 333.7810 | $C_4I_2S$ | 40 |
| 163 | 162.9045 | $C_3I$ | 12 | 461 | 460.6855 | $C_4I_3S$ | 8 |
| 207 | 206.8765 | $C_4IS$ | 54 | 588 | 587.5901 | $C_4I_4S$ | 100 |
| 254 | 253.8090 | $I_2$ | 30 | | | | |

③ 快原子轰击　快原子轰击的操作特点是样品与液态底物共存，所以在底物中可以使用参考化合物进行精确质量测定。除了 PFK 以外也有使用 PFHT 或 PFNT 等氟代三嗪类；或者使用多氟代烷氧基磷杂三嗪（polyfluoroalkoxy phosphazine），如 Ultramark 1621 的结构式见下。在 FAB 中使用的质量范围可达 1500，若需要更高质量范围的测定可以使用 Fomblin 的参考物质。

$R = CH_2(CF_2CF_2)_nH$
$n = 1, 2, 3$

④ 场电离和场解吸　有关场电离（FI）的精确质量测定的报道很少，有如下一些原因：FI 的灵敏度比 FD 低一个数量级；FI 实验要求样品气化，而可以气化的样品也能用其他更为方便的软电离技术如 CI 进行测试；常用的 PFK 参考物在 FI 模式中会导致发射体的微针去活性而降低灵敏度，因此精确质量测定集中在场解吸（FD）模式上。FD 的精确质量测定目前有三种方法[17]，第一种为经典的峰匹配法，第二种为干板法，第三种为多道分析法。

　　FD 的精确质量测定受到很大的限制，其原因之一是参考峰要由 FI 方式提供，但参考化合物的种类太少，且覆盖的质量范围也小，表 4-2 为 FI 方式提供的内标法参考样品。如果参考样品也加在发射丝上与被测样品一起解吸，则参考样品与被测样品必须有相近的 BAT 值。另一个原因是 FD 的峰匹配法进行精确质量测定要比 EI 源的峰匹配测定更为困难，这是由于 FD 的信号弱，离子流不稳定。由此可见，适合 FD 峰匹配法进行精确质量测定的化合物是有限的。所以，也有人采取其他离子化方法如 EI 法获得大范围的众多参考峰，不过只有使用马赫型的双聚焦质谱仪用离子干板作检测，才能方便地实现外标法的测定，当然测定的准确度比内标法差一些。显然，并不是所有仪器都能用干板法测定，而且干板法的操作过程费时、费力，在目前的有机质谱仪中几乎都被电测法所代替。电测法具有线性响应好、瞬时灵敏度高的优点，有 50～100 个离子构成的峰就能获得可接受的质量测定准确度；干板法具有可累加信号的优点，又不受离子流起伏的影响，但瞬时灵敏度低，若形成 1mm 高、0.1mm 宽的谱线至少需要

$10^3$ 个离子；多道分析法结合了二者的优点，具有快速扫描、低本底信号、高灵敏度以及可累加性四大优点，因而形成了实用的 FD 精确质量测定方法。选择改变加速电压的多道分析法比改变磁场更容易得到好的重复性。多道分析法发展了两种技术，一种为模拟信号的 CAT（computer averaging transient）技术，一种为离子脉冲信号的 MCS（multichannel scaling）技术。CAT 技术类似于前述的储存示波器的峰匹配技术，不同之处在于信号的累加是经触发 CAT 实现的。它是通过峰匹配切换开关同步触发 CAT，而电子倍增器的信号输出又与 CAT 相连。这样，将 FD 峰聚焦在显示器的屏中心，触发 CAT 累加信号；在外标法的操作模式下把 EI、FI 或 FD 产生的参考峰聚焦在接近 FD 峰的位置附近，并触发 CAT 使参考峰累加，参考峰随时可以从 CAT 上被抹去以积累新的参考峰；继续调整加速电压十进电位器使二峰完全重合，计算机算出该峰的精确质量。CAT 方法的测量准确度不如 MCS 法。MCS 的工作原理[18-19]如下：离子在倍增器上转换成电子后输出，由一个快速前置放大器-放大器-甄别器装置将输出的电子转变为逻辑脉冲，一个粒子一个脉冲，本底计数率为每 5min 一个脉冲以确保低的本底和稳定的离子脉冲；脉冲又以固定的时间间隔被计数、存储，因此它的时间定标和计数是重复地进行，由此获得一个时间为函数的粒子记录，并转换成质谱。接口系统则具有准确的延时触发，确保质谱仪和多道分析器的同步[20]，图 4-4 显示了高分辨 MCS 法测定聚苯醚五聚体的精度[18]。

表 4-2　用于 FD 的内标法参考样品[17]

| 参考样品 | 分子量 | 参考样品 | 分子量 |
| --- | --- | --- | --- |
| 丙酮 | 58 | 2,4-二溴苯胺 | 249 |
| 甲乙酮 | 72 | 2,6-二溴苯胺 | 249 |
| 环戊酮 | 84 | 三全氟甲基均三嗪 | 285 |
| 2-戊酮 | 86 | 1,2-二溴四氟苯 | 306 |
| 甲异丁酮 | 100 | 2,4,6-三溴酚 | 328 |
| 3-甲基环己酮 | 112 | 六氯环三磷腈 | 345 |
| 苯乙酮 | 120 | 1,2,3,4-四溴丁烷 | 370 |
| 硝基苯 | 123 | 2,6-二碘-4-硝基苯酚 | 391 |
| 2-辛酮 | 128 | 4,4-二碘联苯 | 406 |
| 2-壬酮 | 142 | 2,4,6-三碘酚 | 472 |
| 5-壬酮 | 142 | 六溴苯 | 546 |
| 2-癸酮 | 156 | 三(五氟代乙基)均三嗪 | 435 |
| 6-十一酮 | 170 | 三(九氟代丁基)胺 | 671 |
| 二苄胺 | 197 | 三(十五氟代庚基)均三嗪 | 1185 |
| 1-氯-4-碘苯 | 238 | 三(七氟代丙基)均三嗪 | 585 |

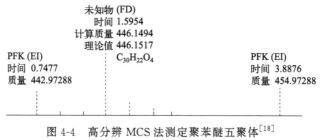

未知物 (FD)
时间 1.5954
计算质量 446.1494
理论值 446.1517
$C_{30}H_{22}O_4$

PFK (EI)
时间 0.7477
质量 442.97288

PFK (EI)
时间 3.8876
质量 454.97288

图 4-4　高分辨 MCS 法测定聚苯醚五聚体[18]

（2）飞行时间质谱仪

飞行时间（TOF）分析系统常配用 ESI 源，也用于 MALDI 源。TOF 分析系统的优点很明显，质量范围大（可超过 100kDa）、灵敏度高（pmol～amol，即 $10^{-12}$～$10^{-18}$mol），且价格低廉，在 MALDI 源中每次脉冲离子化都可获得一张全谱。其缺点为分辨率低，尤其是 MALDI-TOF 的情况，因而提高分辨率成为 MALDI-TOF 发展的主要目标。反射式 TOF(R) 代替线性 TOF(L) 乃至 TOF/TOF 的组合，大大提高了仪器的分辨率。目前，TOF(R) 分辨率至少达到 40000(FWHM) 以上。在线性 TOF 中其能量聚焦似乎也与质量有关，即随质量范围的增加（如 $m/z$ 超过 2000～3000）单位分辨率仍在 3500 以下，难以达到更高的分辨率，这对同位素峰的分辨会带来困难。目前普遍采用的应对办法是 MALDI-TOF(L) 进行大分子量的蛋白质测定；MALDI-TOF(R) 或 MALDI-TOF/TOF 进行小蛋白或大蛋白酶解后 3kDa～4kDa 的小片段肽的高分辨测定，由此获得精确质量。图 4-5(a) 是马心肌红蛋白（myoglobin）实验获得的部分谱图，图 4-5 中的插图是放大的分子离子区域。分子质量实测值为 16951.48Da，使用 MALDI-TOF(L) 在谱图的分子离子区域获得一个宽峰，这是质量分辨达不到同位素峰分离的结果。不过扩展该峰图，其峰宽与理论计算的峰宽完全一致[21]，见图 4-5(b)，即理论计算的同位素峰簇分布所对应的峰宽。显然，峰的对称、加宽和高斯型的峰形有助于精确质量测定的准确度和重复性。

由 Edmondson 介绍的高分辨 MALDI-TOF 的一个应用实例如下[21]。马心肌色素细胞 C（平均分子量是 12360.1），经胰蛋白酶的酶解后得到一个片段，使用 MALDI-TOF(R) 技术可获得图 4-6，图(a) 为 TOF 谱图，获得 $m/z$ 1633.620 精确质量的离子；图(b) 的左图显示图(a) 的一个扩展的 $m/z$ 1633 峰，可以看到它的同位素簇图，此时仪器的分辨率＞5000(FWHM)。可供选择的有两种结构的离子，见图 4-6(c)。显然，合理的解释应当为与血红素共价结合的 Cys[14]-Lys[22] 序列的结构，测定准确度是 $3 \times 10^{-6}$，而按 Ile[9]-Lys[22] 序列的结构（应为 Ile[9]-Lys[22]＋H）则测定准确度是 $122 \times 10^{-6}$，故前者结构是合理的。图 4-6(b) 的右图为理论计算同位素簇图，是 Fe 同位素存在的结果。很明显，实验得到的图（b）中的左图与右图基本上是吻合的。

　　相比之下，以 TOF 作质谱的 LC-ESI-MS/MS 仪器在分辨率上要优于 MALDI-TOF。使用它在解决多肽和蛋白质的结构方面报道很多，这里仅举例予以说明。例如，Zhao 等人展示了对十一个氨基酸残基（LYKLVKVVLNM）组成的新抗菌多肽，用高分辨 TOF-MS/MS 和 MS³ 的测定结果。分子量 1602，确定 C 端为胆碱，N 端为细交链孢菌酮酸，通过精确质量值得到各离子的元素组成式，由此可以看到该肽的序列信息[23]（图 4-7）。

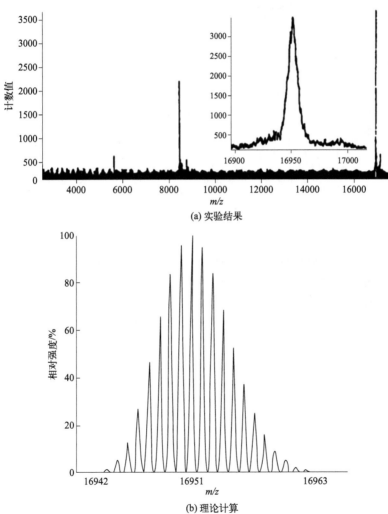

(a) 实验结果

(b) 理论计算

图 4-5　马心肌红蛋白的实验结果(a) 与理论计算(b)[21]

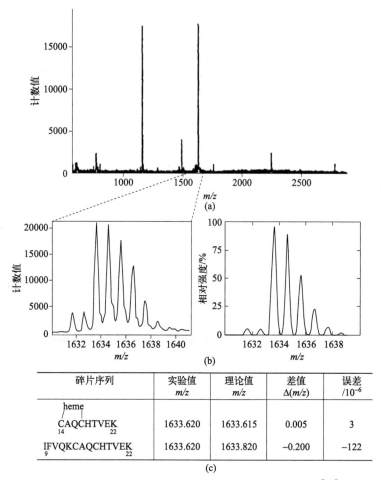

| 碎片序列 | 实验值 m/z | 理论值 m/z | 差值 Δ(m/z) | 误差 /10⁻⁶ |
|---|---|---|---|---|
| heme<br>CAQCHTVEK<br>14       22 | 1633.620 | 1633.615 | 0.005 | 3 |
| IFVQKCAQCHTVEK<br>9             22 | 1633.620 | 1633.820 | −0.200 | −122 |

(c)

图 4-6　马心肌色素细胞 C 的酶解片段的序列结构测定[21]

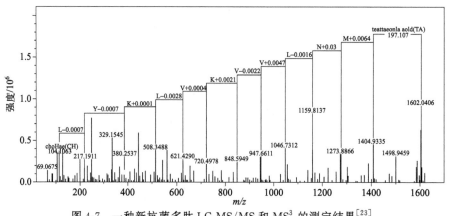

图 4-7　一种新抗菌多肽 LC-MS/MS 和 MS³ 的测定结果[23]

（数据由 AB SCIEX Triple TOF 5600 LC-MS/MS 和 Bruker maXis 4G ESI-Q-TOF 获得）

（3）轨道阱质谱仪

Makarov 设计的轨道阱，其形状为中心电极是纺锤形，外电极为似粗腰桶的电极，二者是共轴的。可以把它看作四极离子阱的改进形式。当然二者有显著差别，Orbitrap 是静态电场而四极离子阱是动态电场。轨道阱的轴向对称电极构成了四极-对称静电电位，在轨道阱中稳定离子的轨迹包含绕中心电极的轨道运动（称 $r$、$\varphi$ 运动，$\varphi$ 为角坐标），同时作 $z$ 向谐振。这种特殊形状的电极所产生的电场电位不存在柱坐标 $r$ 与 $z$ 的交叉项。离子沿 $z$ 轴运动只与离子在 $z$ 轴的振荡频率相关。轨道阱有三个特征频率，即旋转角频率 $W_\varphi$、径向振荡角频率 $W_r$ 以及轴向振荡角频率 $W_z$[24]。$W_z$ 与离子能量和空间分布无关，它的关系式为

$$W_z = \sqrt{k(z/m)}$$

式中，$z$ 为离子所带电荷数；$m$ 为离子质量，$z/m$ 为荷质比。轨道阱之所以能获得很高的分辨率，缘于上述的关系式。同样，随着 $W_z$ 降低可以得到高的质荷比离子。与此同时，允许它有高的空间电荷容积（若与四极离子阱相比，几乎高两个数量级），这意味着较好的空间电荷稳定性，因而有利于质量测定精度。

轨道阱有两种收集离子的模式。一种如同傅里叶变换离子回旋共振质谱（FT-ICRMS）那样，在外电极上检测谐振离子的镜像电流，接着将时间域的瞬态电流经快速 FT 转换为频域谱，再换算成质谱图。如图 4-8（a）所示；另一种方式是在中心电极施加可变频率的 RF 电压，获得选择质量的不稳定模式。后者的工作过程为：较低的 RF 振幅时（即在 Matheiu 图的低 $q_z$ 值）径向振荡保持稳定，而轴向振荡经受参数共振，其幅值不断地增加。这样，轴向振荡增高至离子被抛射到阱外的检测器，如图 4-8（b）所示。

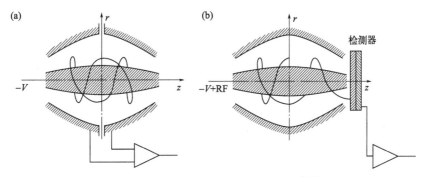

图 4-8 Orbitrap 质量分析的两种模式[24]
（a）镜像电流的 FFT 检测；（b）经参数共振选择离子的不稳定态

通过混合型的质量分析器的组合，轨道阱获得很高的性能。其主要优点为分辨率高（目前标称 1000000，50%峰宽）、高的质量测定精度［小于$(1\sim3)\times10^{-6}$，取决于加标的方法和仪器的配置］、大质量范围（大于 4000u）以及高的灵敏度。

有两种 MS/MS 分析的模式：一种为低分辨的 MS/MS 分析，这是 LTQ 的二维线性离子阱本身可以进行的；另一种为高分辨的 MS/MS，母离子或者在 LTQ内进行碰撞，或者在 HCD 碰撞池内进行碰撞，然后将子离子送入轨道阱以获得子离子的精确质量，由此获得高分辨的 MS/MS 结果。Yates 等人展示了高分辨MS/MS 的一例[25]（表 4-3）。这是下颌舌下唾液样品，先后经内蛋白酶 LysC 和C 端断裂的通用专一酶消解，获得的多肽 TSIVHLFEWR 的 MS/MS 测定结果，测定的分辨率 $R=7500$。轨道阱主要用于液-质联用。

**表 4-3　多肽 TSIVHLFEWR 的 MS/MS[25]**

| 序列 | b 离子 | | | y 离子 | | |
|------|--------|--------|-----------------------|--------|--------|-----------------------|
|      | 实测 | 理论 | $\Delta/\times10^{-6}$ | 实测 | 理论 | $\Delta/\times10^{-6}$ |
| T |  | 102.05496 |  |  | 1287.68441 |  |
| S |  | 189.08699 |  |  | 1186.63673 |  |
| I | 302.16925 | 302.17105 | 6.0 | 1099.60132 | 1099.60470 | 3.1 |
| V | 401.23843 | 401.23946 | 2.6 | 986.5191 | 986.52064 | 1.6 |
| H | 538.29785 | 538.29837 | 1.0 | 887.4505 | 887.45223 | 1.9 |
| L | 651.38409 | 651.38243 | -2.5 | 750.3918 | 750.39332 | 2.0 |
| F | 798.45178 | 798.45084 | -1.2 | 637.30908 | 637.30926 | 0.3 |
| E | 927.49139 | 927.49343 | -2.2 | 490.24146 | 490.24085 | -1.3 |
| W | 1113.57275 | 1113.57274 | 0.0 | 361.1980 | 361.19826 | 0.7 |
| R |  | 1269.67385 |  |  | 175.11895 |  |

注：b 和 y 离子为肽类碰撞室内 MS/MS 裂解的两种方式。

（4）离子回旋共振谱仪

FT-ICRMS 是目前质谱仪中分辨率最高的仪器。傅里叶变换离子回旋共振质谱仪的分析器是由六面体组成的一个阱室，图 4-9 为其示意图。图中，前后为一对信号检测的接收极（设定该方向为 Z 轴）；左右为一对阱电极，离子可以在阱室中产生例如电子电离，也可以将离子从左孔中引入；上下一对是信号发射的传输极（设定该方向为 Y 轴）。超导的磁场将沿着阱电极的方向通过（设定为 X轴），在图中标出了磁场 B。实际上可以不用六面体的阱室而改用圆柱体、双曲面体，不过原理还是相同的，只是在电场的均匀性和对称性上有差异。当质量为$m$、电荷量为 $q$，以 $v$ 做匀速运动的离子，在阱室内受到磁场 B 的作用，导致该离子在垂直于磁场 B 的平面上做圆周运动。这样，得到如下的关系式，即 $qvB=mv^2/R$，离子做圆周运动的旋转频率 $f=v/2\pi R$，进一步变为下式：

$$f=1.5356 \cdot 10^7 B/m$$

$f$ 单位以 Hz 表示，B 是磁场强度，以 Tesla 表示（1Tesla $=10^4$ 高斯）。如果在垂直于阱电极方向，即 Y 轴，给予一个与离子回旋频率相同的射频，则该离子将吸收射频信号的能量。当激发的脉冲频率消失，阱室内离子的运动速度增加，从而导致回旋半径增大。这种回旋运动（呈阿基米德螺旋状）使离子逐渐靠近信号检测的接收极（即 $Z$ 轴方向上的对电极，如图4-9所示），使接收极被感应而产生与射频相同的感应信号，并在负载上形成镜像电流。使用频率合成器施放的频率扫描以满足不同质量的离子各自回旋频率共振吸收的需要。阱室内有许多不同质荷比离子，它们都做同步的回旋运动，所以接收极上的感应信号是多种频率信号的叠加，并且镜像电流的振幅随着时间的延长逐渐衰减。根据数学方法可以把时间函数描述为时域谱，而经傅里叶变换转为频域谱，而频域谱也就能换算为质量谱。这样，各种频率相当于各种质荷比的离子质量，而感应射频信号的强度与相应质荷比离子的数目成正比，由此形成了质谱图。

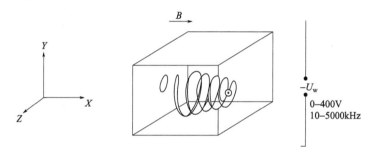

图4-9　傅里叶变换离子回旋共振仪的分析器示意图[26]

随着质谱新技术的发展 FT-ICRMS 也不断经历了技术革新，首先是包括 EI 源在内的各种离子源（如 CI、FAB、MALDI、API 等）的装备。当然重要的措施是外接离子源，将离子源与分析室相分离，利用离子导入技术使 FT-ICRMS 的性能得到很大的提高。不过与其他仪器的离子导入不同，ICR 的问题要复杂得多，因为它不只是离子光学的问题。离子的引入过程中应保持和磁力线平行，由于超导磁铁线圈是轴对称的，因而沿磁场的对称轴引入就可避免离子反射的磁镜效应。离子引入的方式有并列的双离子阱室、四极杆离子导管、静电离子聚焦透镜等，常推荐后两种。除了 FT-ICRMS 与气相、高效液相以及电泳联用外，还可通过软件调控在反应池中进行 $MS^n$ 的检测。它的碰撞诱导解离既可以在离子动能为几千电子伏下的高能碰撞，也可以在 $<1eV$ 下和真空度 $10^{-8} \sim 10^{-5}$ mmHg 时的低能离子-分子反应，后者类似自身化学电离模式。所以，它的信息是很丰富的。归纳起来 FT-ICRMS 具有高的精度，可获得离子精确质量（高质量范围的测定精度优于 $1 \times 10^{-6}$，而外标法的测定精度也在 $10^{-6}$ 量级），这在于高分辨条件下精确质量测定依赖于：准确测出射频频率；高灵敏度（仪器的灵敏度与分辨率无关，与离子本身的质量无关，ESI 源、MALDI 源的灵敏度目前均在 fmol 量级）；大的质量测定范围（高达 10000Da）。尤其是超高的分辨率可遵循下述的

关系式：

$$R = \frac{1}{2}\omega\tau = \pi f_0 \tau \approx B\tau / (2m/z)$$

式中，$\omega$ 为离子回旋运动的角频率；$\tau$ 为离子做回旋运动的信号衰减的时间常数；$f_0$ 为一级谐振频率；$B$ 为磁场强度。所以 $R$ 与被测的离子质量有关。目前，在低质量端测定的分辨率可高于 $10^6$（如 Varian 920-TQ 型 FT-ICRMS 最高可达 150万），也很易在宽质量范围内实现 10 万以上分辨率。当然，磁场强度的增加也有利于分辨率的提高，现代仪器能达到 21Tesla 磁场强度。总之，FT-ICRMS 所具有的组合特点是其他质谱仪器所不及的，因而使它成为目前有机和生物质谱实验室中最为重要的技术手段，可能也是最昂贵的仪器。表 4-4 显示了分析的一例。这是在 Varian 900 Series-FTICRMS 仪上使用 IRMPD-MS/MS 法离解 [M＋4H]$^{4+}$ 离子，由高分辨测定获得蜂毒素（melittin）一级碎片离子的精确质量，平均相对误差 $0.92 \times 10^{-6}$。蜂毒素（GIGAVLKVLTTGLPALISWIKRKRQQ）是 26 肽，表中仅列出主要离子。实验结果表明，IRMPD 与 SORI-CID 的数据完全一致，只不过前者的方法更为温和。

**表 4-4　多肽蜂毒素的 MS/MS[26]**

| y 离子 | 实验值 | 理论值 | 误差/$\times 10^{-6}$ | b 离子 | 实验值 | 理论值 | 误差/$\times 10^{-6}$ |
|---|---|---|---|---|---|---|---|
| $y_2^+$ | 274.1506 | 274.1509 | 1.09 | $b_2^+$ | 171.1124 | 171.1128 | 2.34 |
| $y_3^+$ | 430.2522 | 430.2520 | 0.47 | $b_3^+$ | 228.1340 | 228.1342 | 0.88 |
| $y_4^+$ | 558.3470 | 558.3471 | 0.18 | $b_4^+$ | 299.1711 | 299.1713 | 0.67 |
| $y_5^{2+}$ | 357.7277 | 357.7277 | 0.0 | $b_5^+$ | 398.2398 | 398.2398 | 0.0 |
| $y_8^{2+}$ | 571.3569 | 571.3569 | 0.0 | $b_6^+$ | 511.3238 | 511.3238 | 0.0 |
| $y_9^{2+}$ | 614.8737 | 614.8729 | 1.30 | $b_7^+$ | 639.4190 | 639.4188 | 0.31 |
| $y_{10}^{2+}$ | 671.4151 | 671.4149 | 0.30 | $b_8^+$ | 738.4851 | 738.4872 | 2.84 |
| $y_{11}^{2+}$ | 727.9580 | 727.9570 | 1.37 | $b_9^+$ | 851.5720 | 851.5713 | 0.82 |
| $y_{13}^{2+}$ | 812.0014 | 812.0019 | 0.62 | $b_{10}^+$ | 952.6197 | 952.6190 | 0.74 |
| $y_{15}^{2+}$ | 897.0553 | 897.0547 | 0.67 | $b_{12}^+$ | 1110.6839 | 1110.6881 | 3.78 |

总之，从上述几种高分辨技术的讨论可知，显然它们是进行蛋白质片段分析的适宜方法。在氨基酸中，赖氨酸 Lys 和谷酰胺 Gln 是一对名义质量均为 146 的氨基酸，但分子式不同，前者是 $C_6H_{14}N_2O_2$（146.1055），后者是 $C_5H_{10}N_2O_3$（146.0691），二者残基的精确质量相差 $\Delta M$ 为 0.0364，只需大于 8000（50％峰宽）的分辨率即可区分。目前质谱仪的精确测定的准确度远高于此值，在多肽的范围内质谱法是能够解决的。类似的天冬酰胺 Asn $C_4H_8N_2O_3$ 和鸟氨酸 $C_5H_{12}N_2O_2$ 也是一对名义质量均为 132 的氨基酸，二者残基的精确质量相差 $\Delta M$ 也为 0.0364，因而也能区分。对于亮氨酸 Leu 与异亮氨酸 Ile，属于一对构造异构体，通过针对侧链断裂的 MS/MS 方法同样也能得以区分。当然，它还可以用

来达到多电荷离子与单电荷离子的分离以确定多电荷的序列；也可以通过同位素的簇峰分布图来判断是否与元素组成式一致。因此，高分辨质谱法无疑是解决多肽和蛋白质结构分析的有力武器之一。

再次强调高分辨测定时准确度的重要性。高分辨技术的主要目的是精确的质量测定，所以高的测量准确度是追求的目标。Mann 等人[22]指出以 $30×10^{-6}$ 的准确度检测，从数据库中可以获得一个蛋白质匹配；如果检测肽片段的准确度是 1u，就会有 163 个蛋白质符合要求，且每个蛋白质至少有 10 个可匹配的肽。精确质量测定的准确度除了与仪器的分辨率有关，还取决于内标法还是外标法，目前前者的准确度小于 $1×10^{-6}$ 而后者可能是几个 $10^{-6}$。

## 4.2.2 低分辨质谱法测定有机物分子式

在低分辨条件下进行精确质量的测定引起人们的兴趣，这是因为我们会遇到弱信号和瞬态信号，若进行高分辨测定则在许多仪器上会损失灵敏度，结果是测定精度下降，这是其一；其二，进行内标法测定时一些离子化方法受到限制，就如上述讨论 FD、CI、FAB 等所述的那样，解决这类问题的途径之一是在低分辨条件下进行精确质量的测定。原则上，只要确保低分辨质谱图中被测离子代表一种元素组成式，都可以进行精确质量测定。当然测定的精度明显不如高分辨。原因是：低分辨的峰宽大，峰的重心对位置的变动不敏感，峰形对重心影响大；高分辨的峰宽窄，峰的重心对位置变动很敏感，峰形对称性好，因而精确质量值测定时有高的精度。解决低分辨的精确质量可以按硬件或软件两种途径来解决。

（1）硬件法

针对微量样品的精确质量测定，曾试图在低分辨率条件下由硬件实现，这包括计算机测定法、紫外示波记录法和双通道法等[44]。不过，无论使用哪种方法，在分辨率为 1000～2000 条件下，测量小分子的准确度均要超出 $10×10^{-6}$。若要提高测定的准确度，还是要使用多道分析器。多道分析法进行精确质量测定首先应用的场合是 FD/MS[18-19]，因为不少极性大、难气化的化合物在 EI 条件下缺乏分子离子峰，而 FD 能提供分子量信息。图 4-10 为低分辨条件下用 MCS 法测得分子质量为 458u 化合物（$C_{31}H_{38}O_3$，理论值 458.2821u）的精确质量值。仪器的分辨率为 1000，每次 FD 测量重复扫描 20～30 次，共测量 8 次，平均误差为 2.6mu，使用外标法由 EI 法产生 PFK 的参考峰 $m/z$ 455（454.9729）、$m/z$ 467（466.9729）。该化合物在 EI 源中无分子离子峰，而在 FD 源中获得强的分子离子峰，且在低分辨条件下用 MCS 法精确质量测定该化合物的准确度为 $5×10^{-6}$ 左右[20]。

LC-MS 的低分辨多道分析法报道获 $5×10^{-6}$ 的测定准确度[43]。以 10％谷的定义，仪器的分辨率为 $R=500$（$m/z$ 200）到 $R=1250$（$m/z$ 750），内标物质使用聚丙二醇（PPG）。低分辨精确质量测定的一个重要前提是从色谱峰中提取的离子必须来自单一纯物质，如果 LC 具有理想的分辨能力，就提供了良好的前提条件。

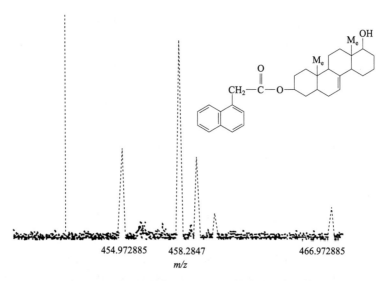

图 4-10　MCS 法测定分子质量为 458u 的精确质量实测值 458.2847

（2）软件法

除了上述通过硬件实现低分辨条件下的精确质量测定外，思路生科公司（Cerno Bioscience）在 2006 年推出了一种通过软件的方式实现低分辨条件下精确质量测定的新方法，可以作为软件法的代表[27a]。MassWorks 软件在 2006 年获 PITTCON（Pittsburgh Conference on Analytical Chemistry and Applied Spectroscopy）最具创意新产品铜奖。已经在四极杆低分辨的 GC-MS 和 HPLC-MS 仪器上实现精确质量测定，而无需对四极杆质谱仪作任何硬件上的添加或改动。到目前为止，据已测定的样品统计，用这种方法在低分辨率（1000 左右）的条件下，测定精度可控制在 20mu 以内。据报道，挑选 20 个药物（分子质量从 135u 到 810u）在 LC-MS 实验中，精确质量测定精度 90%优于 $10\times10^{-6}$；60%优于 $5\times10^{-6}$[27b]。在 GC-MS 实验中，曾测定 13 种环境质控样品（$M_w$ 93～276），质量测定精度达$-1.8\sim+7.3$mu；用该软件对 122 种纯有机化合物做定性分析，其中有 94%的命中率在前三名[27f]。影响测定精度的因素有以下几个方面：质量轴不准，就四极杆而言是仪器的调谐不理想或者控制质量轴的数字-模拟转化器（digital to analogue converter，DAC）位数或精度不够；弱的样品信号强度会降低测定精度（同样，强的甚至饱和的强度也不行）；其他离子对目标物离子的干扰，如果发生在被测离子的质量上，这对测定精度的影响是很明显的；仪器的稳定性也是有影响的。

上述这些因素在高分辨测定时也同样遇到，不过，另有两个因素于高分辨测定时并不存在。第一个因素是除同素异构离子外（isobaric ion），在高分辨的条件下被测离子就代表一个元素组成式，且与一个纯有机化合物相联系。第二个因素是本底对测定的干扰，或者谱图中若存在 M−H 峰，则对分子离子峰测算有较大误差（后者同样适用于碎片离子且发生的概率更大）。

解释它还要从该方法的原理说起。测定精确质量的 MassWorks 软件添加了 CLIPS 技术，这是"calibrated lineshape isotope profile search"的缩写，中文称为"校正的线形谱图同位素轮廓搜索"。它要求质谱仪器提供一个轮廓峰（profile peak），能够显示原始的峰剖面，而不是线谱。有专家认为，各厂商的仪器在提供轮廓峰的峰形对称性上不同，可能会导致测定误差上的差异。MassWorks 方法的关键是用构成已知峰的天然同位素的 P+1、P+2 比值在测定用的仪器上对该已知峰进行校正，经过校正后获得一个校正函数；利用获得的校正函数再去校正实际测定时的未知峰，由此可以准确地计算其同位素的 P+1、P+2，该值不仅仅涉及相应的元素组成式问题，而且通过它修正了未知峰的峰形并计算出比较准确的质心位置。通过校正后的已知峰的质心位置所对应精确质量就可计算出未知峰的精确质量。当然，校正用的已知峰也应当挑选在未知峰的两侧，并且尽可能靠近未知峰，以保证有足够好的测定精度。从工作原理可以看出，该软件考虑峰形（这里是指峰的形状和同位素的比值）和质心位置两个参数，而过去计算精确质量的方法仅考虑了一个参数，即质心位置。事实上，峰形的好坏是影响质心位置的重要因素，这是其一，其二是通过精确质量值去确定元素组成式，以往首选的是误差小的那些元素组成式，再依据未知物的背景材料从中筛选出最可能的元素组成式。实际上，依靠同位素的 P+1、P+2 比值可以辅助元素组成式的确定。它应是一种更为有效的方法。但是，过去因实际测定时其值不那么准确，而不被人们所重视和使用。显然，该软件方法提高了推测元素组成式的准确度和可靠性，总之，低分辨 GC-MS 和 HPLC-MS 仪器上进行精确质量测定成为对高分辨精确质量测定的一个重要补充。

目前，实际操作的通用过程叙述如下：

① 正确调谐四极杆仪器，并打开 MassWorks 软件。

② 用已知精确分子量的标准物质，采集 Profile 轮廓质谱图。在 GC-MS 联用时，通常使用 PFTBA（即 FC43）；而 LC-MS 联用时各仪器的质量定标物是不同的。用内标法，样品与定标液同时进入仪器，若定标液的峰对样品无干扰，则进入第三步。若定标液的峰对样品有干扰，则在第四步由外标法测定。有时若想获得更为精确的质量，可以选用其他标准物质，与待测物的质量越接近越好。

③ 输入标准物质（通常是定标物）的分子式，CLIPS 会自动调用仪器采集的质谱图，经计算得到校正函数，并在第五步对样品进行计算。图 4-11 为

PFTBA 定标液全谱中的 $m/z$ 219 峰，它的理论质量是 218.9856。图中，位置高的曲线是校正前获得的；低的、对称性好的曲线是校正后的。精确质量实际测定值是 218.9854，质量测定精度 $-0.9\times10^{-6}$；RMSE 为测定的均方根误差；图谱准确度为 99.5%。按照 CLIPS 建议，在几个候选者中当选者通常要大于98%[27c]；外标法测定真实样品，采集其 Profile 轮廓质谱图。实际上，一旦标准物质校正成功，以后各种样品的连续测试均可由外标法进行。经 CLIPS 校正后在外标法测定时能维持多久，取决于仪器的稳定性。但必须注意，每次调谐后必须重新进行校正[27d]。

④用校正函数对实际样品质谱图的各个峰进行校正，一旦峰形获得校正，并得到精确的质心位置，就可得到精确质量数。MassWorks 的最新版本是 7.0，其中具有搜索功能的 CLIPS 需要在一张表内输入必要的参数，如：精确质量与电荷数；分析模式（动态还是静态）；质量容差；存在元素的可能数目（最大与最小）；电子状态（奇或偶）；双键当量范围（DBE，最大与最小）；剖面峰质量范围（profile mass range）；离子序列；干扰抑制以及需要显示的结果等[27c]。这些参数中，需要说明的是剖面峰质量范围。它的定义是：目标离子中包含的全部轻、重同位素所能构成起始和结束的质量范围，它由轻同位素组成峰的顶点为质量基准。一般设置范围值为：start$=-0.5$；end$=n+0.5$（0.5 表示半峰宽，在四极杆质谱中一般用 0.5；$n$ 代表可见的重同位素峰的个数，若同位素有 3 个，则 end$=3.5$）。另外，如果轻同位素峰的前处可观察到明显的 M$-$H 离子存在，也需要考虑将这个离子纳入 profile 的范围。只要有 M$-$H，则 start$=-1.5$，依次类推。若想把碎片离子一起运算，则 start 的值要覆盖到碎片离子的质量。

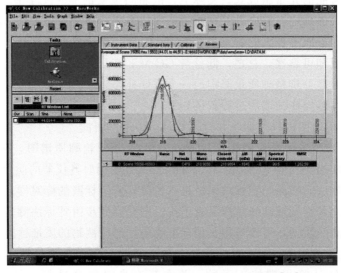

图 4-11　PFTBA 谱图中对 $C_4F_9$ 建立校正函数[27c]

⑤ 该软件根据理论峰形和实际峰形的匹配来计算，然后自动预测候选分子式。在预测方面，因构成化合物的每一种天然元素的精确质量数是确定的，它们的同位素丰度是已知的，按确定的精确质量数和已知的同位素分布的比例，与样品的数据拟合可以得到几个候选者。CLIPS 计算和预测时还考虑到同位素分布的影响因素，故适合低分辨、高分辨质谱。只要能获得较好的同位素峰形，加上精确质量数，均可大大提高预测分子式的准确度。此处，特别要提到一个重要参数，即谱图准确度（spectral accuracy），它指的是在质量测定精度范围内如何从候选的各种分子式中，挑出最有可能的样品分子式。由于按同位素的比例计算出与理论谱峰的拟合程度，拟合越好，谱图准确度越高，最高者为首选的匹配对象。所以并非质量测定精度最高者当选，这一点与目前高分辨测定时选择匹配对象时有所不同（注意：后者是根据质谱诸规则、样品的背景材料，排除其他不合理的候选分子式后，基本上按质量测定精度选择）。实际上，利用同位素分布的方法也极大地利于高分辨测定时确定首选的分子式。表 4-5 为离子 $m/z$ 164 的实测精确质量 164.0867，及其元素组成式的候选者表。如按精确质量的测定误差排列，$C_6H_8N_6$、$C_5H_{12}N_2O_4$ 和 $C_{10}H_{12}O_2$ 应为前三名；若按谱图准确度排列，则应是 $C_{10}H_{12}O_2$、$C_6H_8N_6$ 和 $C_5H_{12}N_2O_4$。鉴定结果证实为 phenethyl acetate（$M^{+\cdot}$，$C_{10}H_{12}O_2$，理论值 164.0837）[27g]。图 4-12 是反映上述谱图准确度的拟合曲线，图中虚线为理论轮廓峰，$C_{10}H_{12}O_2$ 是排列第一（rank 1）的候选者。实践结果证明，使用谱图准确度的参数要比精确质量精度更为有效和正确。

**表 4-5　离子 $m/z$ 164 元素组成式的候选者表[27g]**

| 序号 | 元素组成 | 理论精确质量 | 质量误差/mDa | 质量误差/$10^{-6}$ | 谱图准确度/% |
|------|----------|--------------|--------------|-------------------|--------------|
| 1 | $C_{10}H_{12}O_2$ | 164.0837 | 2.1 | 13.0 | 99.5 |
| 2 | $C_6H_8N_6$ | 164.0810 | −0.6 | −3.4 | 98.1 |
| 3 | $C_5H_{12}O_4N_2$ | 164.0797 | −1.9 | −11.5 | 96.0 |
| 4 | $C_4H_{12}O_3N_4$ | 164.0909 | 9.3 | 56.9 | 95.8 |
| 5 | $CH_8O_2N_8$ | 164.0770 | −4.6 | −27.9 | 94.6 |
| 6 | $H_8ON_{10}$ | 164.0883 | 6.7 | 40.6 | 94.4 |

MassWorks 的一个成功案例是闻名遐迩的苦水玫瑰（Rosa rugose Kushui）中检出了有别于其他所有玫瑰的特定物质。它最早在甘肃永登县苦水镇引种；又在以苦水为代表的地区长期栽植，现成为甘肃永登县的地标产品。苦水玫瑰属世界上稀有的高原富硒玫瑰品种。具有较强的抗氧化能力；其精油萃取率及茶多酚、氨基酸含量均高出普通红玫瑰一倍；花汁繁多、清香纯正、气味香甜芬芳、含油量高；其抗逆性、产花量、含油量均可与国际上久负盛名的保加利亚玫瑰相媲美。但是，苦水玫瑰在气质联用分析时（参见图 4-13）遇到了 NIST 谱库在定

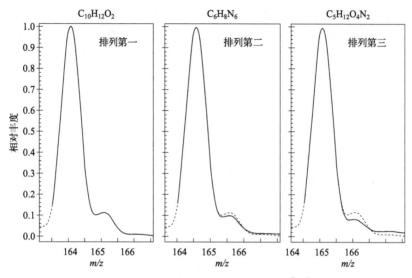

图 4-12　反映谱图准确度的拟合曲线[27g]
……校正；——计算

性检索时常碰到的难题，诸如色谱分离不佳（即使用 2D 色谱）导致共流出物的质谱库匹配率低，标准谱库的谱图数量有限，化学性质类似、分子量相近乃至同系物时它们的质谱匹配很接近等问题。因此，它的国标申请遭遇到了瓶颈，就是苦于找不到它有别于其他玫瑰的有力证据。

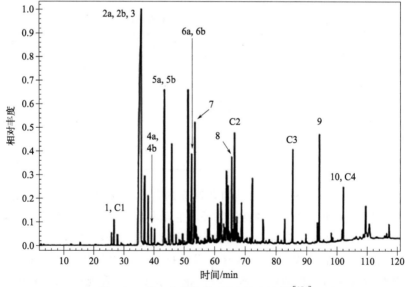

图 4-13　苦水玫瑰油的 GC-MS TIC 图[27g]

使用 MassWorks 技术，逐点进行数据处理，析出香茅醇（玫瑰油中属共有香味物），图 4-14 中 36.1min，大峰左方旁边存在的两个小峰（强度远低于香茅醇的 1%）。推测谱图中质荷比分别是 152 和 154 为其分子离子。通过精确质量测定、元素组成式判断，确定了仅存在于苦水玫瑰中的两种标志物，即橙花醛（$\alpha$-$C_{10}H_{16}O$，谱图准确度 94.5%）和橙花醇（$\alpha$-$C_{10}H_{18}O$，谱图准确度 99.0%，NIST 的匹配率 90.9%）。两种物质与香茅醇属于色谱的共流出物，由于被大峰香茅醇所掩盖，在 NIST 谱库检索时难以发现[27g]。

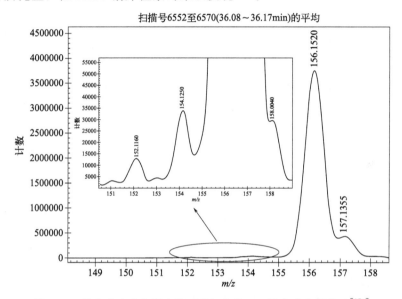

图 4-14　苦水玫瑰油中析出的两种标志物——橙花醛和橙花醇[27g]

总之，以低分辨精确质量的测定值和按谱图准确度挑出候选的分子式作为基础，MassWorks 软件适合药品中杂质分析、非法添加物的鉴定、色谱共流出物的检出、同位素内标定量、NIST 谱图库的辅助检索和匹配结果的选择等，因此它已广泛应用于有机合成、同位素标记、降解产物、农残、药品、药物和滥用药物代谢、环境污染、火工品、天然产物中有效成分等领域。最近，思路生科公司又推出用于低分辨四极杆质谱分析大分子技术——SAMMI（spectrally accurate modeling of multiply charged ions），它用一种全新的方法来分析包括多肽、寡核苷酸、蛋白质等各种大分子，使用谱图准确度的专利技术和基于第一性原理的直接分析模型。它分析带多电荷分子的每个离子，不仅提供中性质量，还提供所有电荷态的丰度分布。使用 SAMMI 可以简单、直观地获得结果。由于它基于透明的直接分析模型，因此无需调整参数，使用起来既简单又可靠。SAMMI 还可以轻松解释修饰和加合物，不仅可以确定未知分子的准确中性质量，还可以准确确认分子的序列、分子式及其加合物，修饰，杂质和同位素标记[27h]。

回到本节的主题，即图谱解析。MassWorks 软件的应用也说明它不限于分子式的确定，而且可延伸到碎片离子。后者的难度来自分子组成式的框架内，自身不同元素组合的离子会对被测碎片离子 P+1 有干扰。若能排除，则可获得碎片离子的元素组成式，在此基础上能了解样品离子的碎裂方式，推测样品分子的可能结构。举例说明采用 MassWorks 软件的解析过程[27e]：一个天然产物的提取物的 GC-EIMS 数据见图 4-15，图(a) 为 TIC 图，图(b) 为 7.4min 的质谱图。经 MassWorks 软件处理，获得 $m/z$ 168 的精确质量 168.1416u。据此，推测是分子离子 （M$^{+\cdot}$）。由测定的精确质量提供了可能分子式的候选者一览表 （见图 4-16 的上图）。该表中的参数：Mono Isotope 指理论精确质量 （u）；Mass Error 有两种表达，绝对误差 （mu） 和相对误差 （×10$^{-6}$）；Spectral Accuracy 是谱图准确度 （%）；RMSE 为均方根差；DBE 是双键当量。

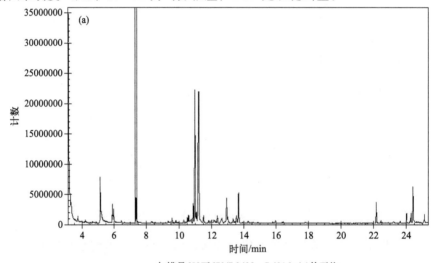

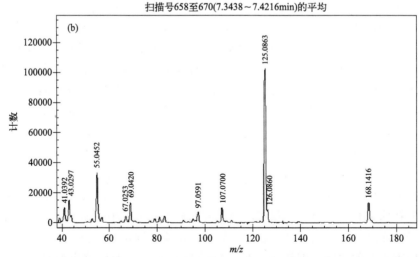

图 4-15　一个天然产物的提取物的 GC-EIMS 图[27e]

　　图 4-16 的中图为获得谱图准确度的最高者（元素组成式 $C_{11}H_{20}O$）与理论轮廓线的拟合；图 4-16 的下图为元素组成式 $C_{10}H_{20}N_2$ 与理论轮廓线的拟合，在下图中，上方的轮廓线是经校正的数据；下方是理论轮廓线。若用排列第三的 $C_9H_{16}N_2O$ 与理论轮廓线拟合，则就更差了（图未展示）。显然，拟合最好的 $C_{11}H_{20}O$ 应当是该化合物的分子式。

| 扫描号658至670的CLIPS平均结果 | | | | | | |
|---|---|---|---|---|---|---|
| 序号 | 分子式 | Mono Isotope/Da | Mass Error /mDa | Mass Error /×10⁻⁶ | Spectral Accuracy/% | RMSE | DBE |
| 1 | $C_{11}H_{20}O$ | 168.1509 | −9.2667 | −55.1124 | 99.1179 | 40 | 2.0 |
| 2 | $C_{10}H_{20}N_2$ | 168.1621 | −20.5001 | −121.9215 | 99.0813 | 42 | 2.0 |
| 3 | $C_9H_{16}N_2O$ | 168.1257 | 15.8854 | 94.4765 | 98.4779 | 69 | 3.0 |
| 4 | $C_8H_{16}N_4$ | 168.1369 | 4.6520 | 27.6674 | 98.2393 | 80 | 3.0 |
| 5 | $C_4H_{16}N_4O_3$ | 168.1217 | 19.9082 | 118.4013 | 94.6733 | 241 | −1.0 |
| 6 | $C_3H_{16}N_6O_2$ | 168.1329 | 8.6748 | 51.5922 | 94.4073 | 253 | −1.0 |

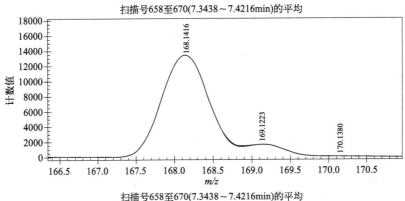

扫描号658至670(7.3438～7.4216min)的平均

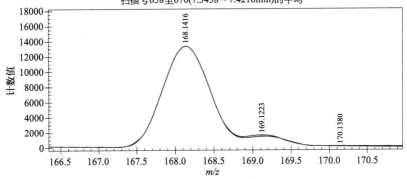

扫描号658至670(7.3438～7.4216min)的平均

图 4-16　实施 CLIPS 的结果比较[27e]

　　图 4-15 质谱图中所选的峰进行谱库检索，得到图 4-17，匹配率为 78.9%。按通则匹配率要在 80% 以上，尤其对 TIC 中的强峰，理应在 90% 以上。看来，此物质属于谱库之外的一种未知物。

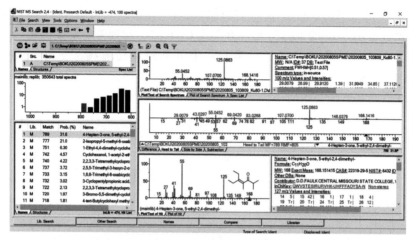

图 4-17　未知物的谱库检索结果匹配情况[27e]

　　未知物的质谱图中有 M－43，常见的中性碎片丢失是 $CH_3CO$ 或 $C_3H_7$。按 MassWorks 软件处理，分别得到图 4-18 和图 4-19。从图 4-18 可见，左、右两图中上方是理论轮廓线；下方是经校正的数据。P＋1 峰的拟合不理想（见左图，谱图准确度 97.0%）。若想改善 P＋1 峰的拟合，则分子离子峰 P 要向右方更高质量处位移，但分子离子峰的拟合就更差了（见右图）；反观图 4-19，拟合是理想的（谱图准确度 98.1%）。因此，$C_8H_{13}O$（$M-C_3H_7$）为碎片峰 $m/z$ 125 的元素组成式。事实上，实测的 125.0863 与 $C_8H_{13}O$（理论值 125.0966）比较接近，而与 $C_9H_{17}$（理论值 125.1330）相差甚远。$m/z$ 107，应为 $m/z$（125－$H_2O$）；它也为 CLIPS 所证实，谱图准确度 97.2%。准确度低的原因与 $m/z$ 119、111 和 132 的干扰有关。

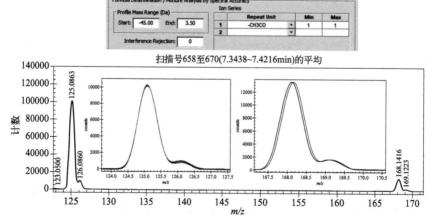

图 4-18　未知物碎片离子 $m/z$ 125（$M-CH_3CO$）谱图准确度 97%[27e]

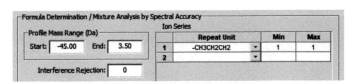

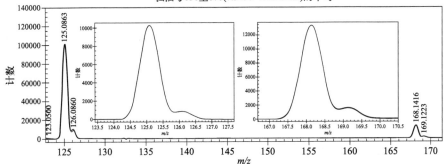

图 4-19　未知物碎片离子 $m/z$ 125（M$-$C$_3$H$_7$）谱图准确度 98.1%[27e]

图 4-20 为 MassWorks 软件计算出的各个低质量端的系列碎片离子的元素组成式，可以看到碳氢离子的系列峰。我们可以按照质谱解析的规律和经验，并根据谱图中系列峰的最高碳数，推测该未知物可能含有产生八碳烷基的结构。

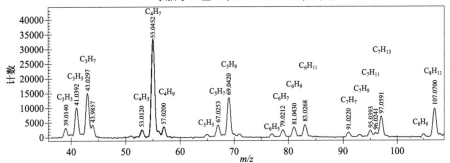

图 4-20　未知物低质量端系列碎片离子的元素组成式[27e]

用 ChemSpider 软件搜索出比较可能的两个结构（见图 4-21），这两个结构与 NIST 库的检索结构有相似性。我们可以按照质谱的裂解规律，看看哪个结构更能解释未知物的碎片峰。最后的解析倾向于第二个结构。

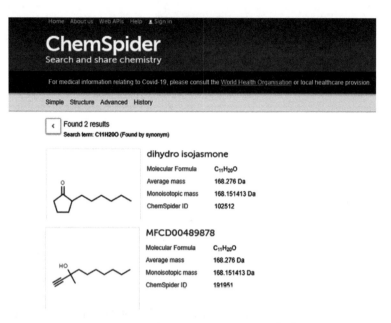

图 4-21　ChemSpider 的两个搜索结果[27e]

ChemSpider 是一个化学数据库，可提供数百万种结构式的免费在线服务。另外一个常用的
含三个子库的免费数据库是 PubChem，它储存了具生物活性的有机小分子信息，包括生化
实验数据、相应的化学结构信息及可上传的原始数据

## 4.3　有机物分子的元素定性分析

　　既然高分辨可以获得有机化合物的分子式，为何还需要用质谱法对有机化合物所含的元素进行定性分析？这是因为，给出的精确质量值即使能够限于一个元素组成式，对于那么多的天然同位素来说，也有许许多多的组合能满足测量精度的要求。这样，利用同位素丰度的原理排除那些不符合或不合理的组成式，由此得到唯一正确的一个分子式或碎片的元素组成式。当然，如果没有高分辨数据，有时也能根据质谱的元素定性分析推算某个有机小分子的分子式，这就是它的用处。

　　表 4-6 中列出了构成有机化合物的常见元素的天然同位素及其丰度。根据表中各同位素的质量数及其丰度，可以把构成有机化合物的常见元素分为三类，一类是 A 类，只有一个天然同位素的元素如 F、P 和 I；一类是 A＋1 类，具有两个天然同位素的元素，其中第二个同位素比丰度最大的主同位素大一个质量单位，如$^{13}$C、$^{2}$H 和$^{15}$N；一类是 A＋2 类，这类元素含有一个比丰度最大的天然同位素大两个质量单位的同位素，如$^{37}$Cl、$^{81}$Br。那么有两个以上天然同位素的元素，如

O、Si 和 S 应该归于哪一类呢？实际上归类的目的是如何有利于对它们的辨认，因此，把具有大丰度同位素的元素归为一类；把单同位素的归为一类；把 C、H、N 和 O 归为一类。这样的分类是有利于有机化合物分子式的推测。具体进行的方法是首先将分子离子峰的强度值归一化为 100，然而按照实验测得的，比分子离子峰大一个质量的离子强度值称为 P+1，把大于分子离子峰两个质量单位的离子强度值称为 P+2。所有的同位素或者它们的组合分别对 P+1 和 P+2 有贡献。我们的工作是通过分子离子峰和它们的同位素的分布，以及 P+1、P+2 的值来推测该有机化合物可能含有什么元素以及它们可能含有的数量。需要说明，下述方法用于分子离子及其同位素的离子，统称为分子离子的同位素峰。如果要把它推广到碎片离子的同位素峰，则必须排除碎片离子的 P+1 值和 P+2 值处没有被其他碎片离子叠加的可能。

**表 4-6　有机物中常见元素的天然同位素及其丰度**

| 元素 | 丰度 | 同位素 | 丰度 | 同位素 | 丰度 | 同位素 | 丰度 |
|---|---|---|---|---|---|---|---|
| $^{1}H$ | 99.985 | $^{2}H$ | 0.015 | | | | |
| $^{12}C$ | 98.893 | $^{13}C$ | 1.107 | | | | |
| $^{14}N$ | 99.634 | $^{15}N$ | 0.366 | | | | |
| $^{16}O$ | 99.759 | $^{17}O$ | 0.037 | $^{18}O$ | 0.204 | | |
| $^{19}F$ | 100 | | | | | | |
| $^{28}Si$ | 92.21 | $^{29}Si$ | 4.7 | $^{30}Si$ | 3.09 | | |
| $^{31}P$ | 100 | | | | | | |
| $^{32}S$ | 95.00 | $^{33}S$ | 0.76 | $^{34}S$ | 4.22 | $^{36}S$ | 0.14 |
| $^{35}Cl$ | 75.77 | $^{37}Cl$ | 24.23 | | | | |
| $^{79}Br$ | 50.537 | $^{81}Br$ | 49.463 | | | | |
| $^{127}I$ | 100 | | | | | | |

## 4.3.1　A+2 元素的识别和数量的确定

（1）氯、溴元素的识别和数量的确定

氯原子 $^{35}Cl$ 和 $^{37}Cl$ 的同位素丰度比约为 3:1，凡是含有一个氯原子的离子，它的 P/P+2 约为 3:1；含两个氯原子的 P:P+2:P+4 约为 9:6:1。例如 $CH_2Cl_2$，它的分子离子峰为 $m/z$ 84，它与同位素峰之间的比例为 $m/z$ 84:$m/z$ 86:$m/z$ 88=9:6:1。溴原子 $^{79}Br$:$^{81}Br$ 为 1:1，因此凡是含有一个溴原子的离子 P:P+2=1:1，含有两个溴原子的 P:P+2:P+4 应为 1:2:1。我们可以用 $(a+b)^n$ 的展开式来进行丰度比例的计算。例如含三个溴原子的离子，它们的同位素比值应该按照如下公式计算 $(^{79}\mathrm{Br}+^{81}\mathrm{Br})^3 = (^{79}\mathrm{Br})^3 + 3(^{79}\mathrm{Br})^2(^{81}\mathrm{Br}) + 3(^{79}\mathrm{Br})(^{81}\mathrm{Br})^2 + (^{81}\mathrm{Br})^3 = {}^{237}\mathrm{Br} + 3^{158}\mathrm{Br}^{81}\mathrm{Br} + 3^{79}\mathrm{Br}^{162}\mathrm{Br} + {}^{243}\mathrm{Br} = {}^{237}\mathrm{Br} + 3^{239}\mathrm{Br} + 3^{241}\mathrm{Br} + {}^{243}\mathrm{Br}$，故 $\mathrm{P}:\mathrm{P}+2:\mathrm{P}+4:\mathrm{P}+6 = 1:3:3:1$。任何一种 $n$ 都可以通过杨辉三角形的二项式 $(a+b)^n$ 展开来获得丰度比例的计算结果。展开式的系数即为峰的相对强度值，而指数值为该峰的质荷比值。要注意的是，相同指数值的质荷比（使用原子的整数质量或称名义质量）要归类，此时它们的系数应相加。依此类推，两个氯原子和两个溴原子的计算为，$(3^{35}\mathrm{Cl}+^{37}\mathrm{Cl})^2(^{79}\mathrm{Br}+^{81}\mathrm{Br})^2 = (9^{70}\mathrm{Cl}+6^{72}\mathrm{Cl}+^{74}\mathrm{Cl})(^{158}\mathrm{Br}+2^{160}\mathrm{Br}+^{162}\mathrm{Br}) = 9^{228}(\mathrm{ClBr})+6^{230}(\mathrm{ClBr})+^{232}(\mathrm{ClBr})+18^{230}(\mathrm{ClBr})+12^{232}(\mathrm{ClBr})+2^{234}(\mathrm{ClBr})+9^{232}(\mathrm{ClBr})+6^{234}(\mathrm{ClBr})+^{236}(\mathrm{ClBr}) = 9^{228}(\mathrm{ClBr})+24^{230}(\mathrm{ClBr})+22^{232}(\mathrm{ClBr})+8^{234}(\mathrm{ClBr})+^{236}(\mathrm{ClBr})$，故 $\mathrm{P}:\mathrm{P}+2:\mathrm{P}+4:\mathrm{P}+6:\mathrm{P}+8 = 9:24:22:8:1$。

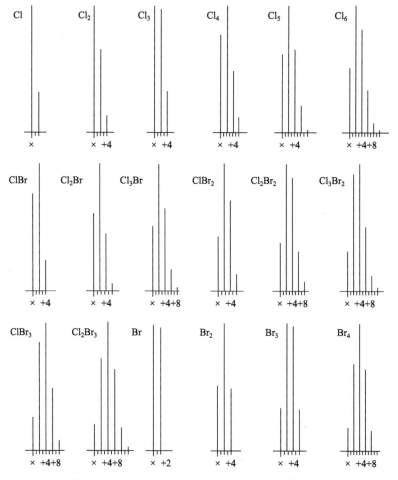

图 4-22　一些氯和/或溴原子组合的同位素丰度比

图 4-22 列出了 $Cl_1 \sim Cl_6$、$Br_1 \sim Br_4$、Cl 和 Br 原子数 $1 \sim 4$ 的各种组合的离子丰度比。我们可以根据同位素分布的丰度比来判断未知化合物中是否含氯或溴，以及它们的数量各有多少。虽然氯和溴共存于一个化合物的情况会变得复杂，加上记录测量时的误差和其他元素的同位素贡献，会使实测的结果与理论计算值之间稍有些差异，但不会影响判断的结果。除了有机金属化合物和络合物，构成有机化合物的元素中就数 Cl、Br 的 $P+2$ 贡献大、特征明显，所以上述方法也适用于碎片离子中含 Cl、Br 的判断。氯、溴元素的特点也可以用来示踪裂解途径，有利于它们的图谱解析。图 4-23 为 1-$(2',5'$-二氯苯)-3-甲基-5-吡唑啉酮在室温下直接进样的 EI 谱，$m/z$ 187、173、159 和 145 均含两个氯的离子；$m/z$ 207、166、124 均含一个氯，由此推导出式（4-1）的裂解过程。

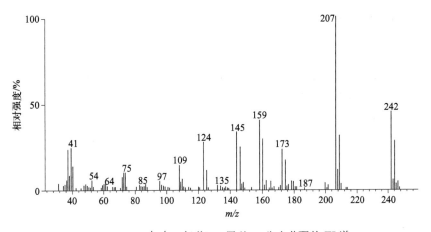

$$\tag{4-1}$$

图 4-23    1-$(2',5'$-二氯苯)-3-甲基-5-吡唑啉酮的 EI 谱

（2）硫原子的识别和数量的确定

硫有四种同位素，除主同位素 $^{32}S$ 外，$^{34}S$ 的丰度最大，达到 $4.22\%$。如果把含一个 $^{32}S$ 的 P 峰丰度定为 $100\%$，则含 $^{34}S$ 的 $P+2$ 峰应为 $4.4\%$，含 $n$ 个 $^{32}S$ 应构成 $^{34}S$ 的丰度为 $n \times 4.4\%$，按照二项展开式计算 $P+2$ 的丰度可推出含硫的数目。图 4-24 为 $55℃$ 蒸发温度的硫黄 EI 谱，从图中可以看到它的各种聚合态与它们的含量之间的关系。$S_2$、$S_4$、$S_6$ 和 $S_8$ 的强度一般大于相应的 $S_1$、$S_3$、$S_5$ 和 $S_7$。这些峰纯粹由硫原子组成，所以 $P+2$ 的丰度与理论计算是一致的。

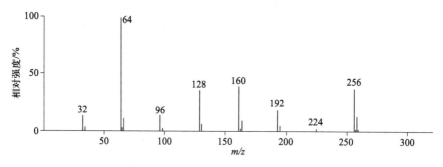

图 4-24　55℃蒸发温度的硫黄 EI 谱

（3）硅原子的识别和数量的确定

硅元素有三个同位素，如果把含一个 $^{28}$Si 的 P 峰丰度定为 100%，则 $^{29}$Si 的 P＋1 峰应为 5.1%，$^{30}$Si 的 P＋2 峰应为 3.5%。由于 P＋1 峰的位置上主要来自 $^{13}$C 同位素的贡献，所以识别硅原子主要依靠 P＋2 峰。硅的 P＋2 丰度与硫的 P＋2 丰度比较接近，按照二项展开式计算 P＋2 的丰度可以推出含硅的数目。区分 S 和 Si 还需考察对 P＋1 的贡献，具体的估算参照下面 A＋1 元素的讨论。

## 4.3.2　A＋1 元素的估算

与 A＋2 元素相比，A＋1 元素的 P＋1 丰度贡献都比较小。有机化合物除碳、氢外一般都带有氧和/或氮，这些元素尤其是碳和氮都对 P＋1 有贡献，它们存在于有机化合物中的数量只能通过估算获知。精确的计算 C、H、N、O 对 P＋1 的贡献可按下式进行：

$$P/P+1(\text{分子离子})=X[c/(100-c)]+Y[h/(100-h)]+Z[o_1/(100-o_1-o_2)]$$
$$+W[n/(100-n)]$$

式中，$X$、$Y$、$Z$、$W$ 分别为 C、H、O、N 的原子数目；$c$、$h$、$o_1$、$o_2$、$n$ 分别为 $^{13}$C、$^{2}$H、$^{17}$O、$^{18}$O 和 $^{15}$N 的丰度。不过很少用上述公式计算，经常采用经验式进行简化运算。

（1）分子式中最大碳数的估算

$^{13}$C 对 P＋1 的贡献约 1.09$X$，$X$ 为 C 的原子数目，分子式中最大碳数 $C_{max}=$ (P＋1)/1.09。之所以称为最大碳数是由于 $^{15}$N 对 P＋1 有贡献。如果化合物中含有氮原子则必须扣除氮对 P＋1 的贡献，剩下的才是 $^{13}$C 的贡献。$^{2}$H 和 $^{17}$O 对 P＋1 的贡献太小，可以说将近 18 个 H 或者 9 个 O 才抵得上 1 个氮，因而这两种元素对 P＋1 贡献可忽略不计。

（2）$^{15}$N 对 P＋1 的贡献

$^{15}$N 对 P＋1 的贡献为 0.36$W$，$W$ 为 N 的原子数目。

（3）关于氧元素和氮元素

氧元素有同位素$^{17}$O，氢元素有同位素$^2$H，虽然把它们归为 A＋1 元素这一类中，但它们主要贡献在 P＋2 上面。$^{18}$O 对 P＋2 的贡献为 0.2$Z$，$Z$ 为分子中$^{16}$O 的数目。$^2$H 的贡献主要通过$^{13}$C$^2$H 的组合，形成对 P＋2 的贡献。它对 P＋2 的贡献为 1.1(mCH)$^2$/200，计算的值以％表示，且 mCH 的值以满足碳与氢的最小数计。例如分子式中 C 为 15，H 为 20，则 mCH 为 15；分子式中 C 为 12，H 为 8，则 mCH 以 8 计。

总之，P＋1 的贡献主要来自$^{13}$C 和$^{15}$N，尤以前者为主；P＋2 的贡献主要来自$^{13}$C$^2$H 和$^{18}$O，尤以前者为主，此结论适合于由 C、H、N、O 组成的化合物。一般认为，分子量小于 250 时从 P＋1 的实验值出发进行所含原子数的计算比较准确，即碳原子的数目相差不超过 1～2 个，当然要去除杂质、本底和 M＋H 的干扰。P＋2 的实测值一般稍高于计算值，但绝不会影响对 S 和 Si 原子的判断。

### 4.3.3 A 元素的识别

A 元素如 F、P、I，它们没有同位素，如何来识别？F、P、I 也是有机化合物中常有的元素，它们是单同位素，因此不能直接从同位素中得到它们的信息，但是可以利用间接的方法加以推测。由于它们是单同位素，对 P＋1 和 P＋2 无贡献，但它们占据了分子量的一部分，实际上降低了 P＋1 的值，即降低了分子中的含碳量。由此造成估算的碳原子数与分子量之间产生一个空额，如果不用单同位素去填补，就推不出分子组成式

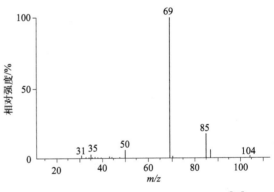

图 4-25　一氯三氟甲烷（CF$_3$Cl）的 EI 谱[28]

或离子组成式。这种情况尤以含碘化合物最为明显。图 4-25 为 CF$_3$Cl 的 EI 谱。从图中可见分子离子峰为 $m/z$ 104，并可知它含有一个氯。碎片峰 $m/z$ 69（100％）、$m/z$ 70（1.2％），按照最大碳数计算 C$_{max}$＝1。显然，在质量数 69 与碳的 12 之间的质量差值很难用 O、N 和 H 去填满，而又不造成在 P＋1 和 P＋2 数值上的矛盾并满足价键规则。唯一的办法是由单同位素去填充，最合适的是含三个氟的碳。

### 4.3.4 分子式的推测和确定

上一节介绍了用同位素丰度法获得化合物所含元素的信息，据此可以推测化

合物的分子组成式。我们在本节以一些未知谱作为实施的例子。

（1）例一

图 4-26 为一未知物 EI 谱（参见表 4-7），从图中可知，这是一个含苯环和溴的芳香化合物，它的分子量应当为 200。分子离子 $m/z$ 200 的 P+1＝8.8，故 $C_{max} \leqslant 8$，以 $m/z$ 202 计算 P+2＝0.48；按碎片离子 $m/z$ 172 计算 P+1＝6.8，$C_{max} \leqslant 6$，以 $m/z$ 174 计算 P+2＝0.5。上述两种离子的理论计算 CH 对 P+2 的贡献分别为 0.35（$m/z$ 202，CH 取 8）和 0.20（$m/z$ 174，CH 取 6）。这样，与实验值相比，前者相差 0.13，后者相差 0.3，这意味着该化合物中可能含有一个氧，这一点为分子离子与碎片离子 $m/z$ 155 的质量差（$\Delta m = 45u$）所印证。分子离子与碎片离子 $m/z$ 172 相差 28u，这应当是丢失 $C_2H_4$ 而不是 CO，这从它们 P+1 值的 $C_{max}$ 计算得知。从这一些信息表述该未知物，可知 C＝8、Br＝1、O＝1，合计有 191u。该未知物的分子量为 200，所以它的元素组成式应为 $C_8H_9OBr$，化合物是对溴苯氧乙醚。

表 4-7　例一未知物 EI 谱的数据

| $m/z$ | 相对强度/% | $m/z$ | 相对强度/% | $m/z$ | 相对强度/% | $m/z$ | 相对强度/% | $m/z$ | 相对强度/% | $m/z$ | 相对强度/% | $m/z$ | 相对强度/% |
|---|---|---|---|---|---|---|---|---|---|---|---|---|---|
| 27 | 3.2 | 51 | 1.3 | 74 | 2.1 | 93 | 17.0 | 131 | 0.3 | 157 | 2.8 | 185 | 0.3 |
| 28 | 1.7 | 53 | 1.3 | 75 | 3.9 | 94 | 1.1 | 143 | 4.0 | 158 | 0.3 | 187 | 0.3 |
| 29 | 5.5 | 55 | 0.3 | 76 | 3.5 | 117 | 2.2 | 144 | 0.7 | 172 | 98.0 | 200 | 42.0 |
| 38 | 3.2 | 63 | 7.8 | 77 | 1.6 | 118 | 0.3 | 145 | 4.0 | 173 | 6.7 | 201 | 3.7 |
| 39 | 6.1 | 64 | 4.5 | 78 | 0.6 | 119 | 2.2 | 146 | 0.7 | 174 | 100.0 | 202 | 42.0 |
| 43 | 0.4 | 65 | 17.0 | 91 | 1.4 | 120 | 0.7 | 155 | 2.7 | 175 | 6.5 | 203 | 3.8 |
| 50 | 4.0 | 66 | 1.2 | 92 | 1.9 | 129 | 0.3 | 156 | 0.3 | 176 | 0.5 | 204 | 0.2 |

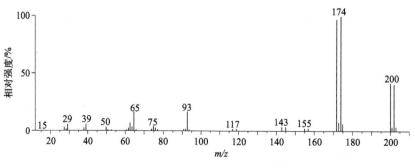

图 4-26　例一未知物的 EI 谱[29]

（2）例二

表 4-8 为一未知物的 EI 数据，分子离子峰是 154，P+1＝9.0，P+2＝4.8，$C_{max} \leqslant 8$，且可能含一个 S。表中呈现了失去 $H_2O$ 的强碎片峰，推测至少含一个 O。扣除了 S 和 O 对 P+2 的贡献，则可计算出 $(CH)_{max} \leqslant 8$。质谱图的低质量端呈现芳香性化合物特征，如以一个苯环计算，则该化合物包含 $C_6$、O、S，经分子量扣除后还剩余 34u。碎片离子 $m/z$ 108，应为 $m/z$ 136 丢失 CO 或 $C_2H_4$，由此推出分子式有两个，即 $C_8H_{10}SO$ 和 $C_7H_6SO_2$。进一步分析，基峰为 $m/z$ 136，如此强的脱水反应只可能发生在苯环，且在邻位的两个取代基上。假如 $m/z$ 136 进一步丢失 $C_2H_4$，则该 $C_2H_4$ 不可能直接与苯环相连，因为烷基苯上的乙基取代不可能获得表中 46% 的强度；若它与其他原子相连，EI 谱应有明显的 M－$C_2H_4$ 峰。由此排除 $C_8H_{10}SO$ 组成，仅留下 $C_7H_6SO_2$ 组成式。该化合物为邻巯基苯甲酸。

表 4-8  例二未知物 EI 的数据

| $m/z$ | 相对强度/% | $m/z$ | 相对强度/% | $m/z$ | 相对强度/% | $m/z$ | 相对强度/% | $m/z$ | 相对强度/% |
|---|---|---|---|---|---|---|---|---|---|
| 39 | 6.3 | 58 | 3.2 | 71 | 1.1 | 92 | 3.9 | 136 | 100 |
| 43 | 2.5 | 62 | 1.8 | 74 | 2.2 | 93 | 1.8 | 137 | 10 |
| 44 | 3.6 | 63 | 4.7 | 75 | 1.8 | 96 | 1.3 | 138 | 5.2 |
| 45 | 6.2 | 64 | 1.8 | 76 | 2.8 | 97 | 3.1 | 151 | 2.6 |
| 50 | 4.7 | 65 | 5.5 | 77 | 3.9 | 105 | 3.3 | 152 | 2.3 |
| 51 | 3.9 | 66 | 1.5 | 80 | 1.8 | 108 | 46 | 153 | 2.8 |
| 52 | 1.1 | 68 | 3.5 | 81 | 2.2 | 109 | 21 | 154 | 21 |
| 53 | 2.9 | 69 | 11 | 82 | 5.4 | 110 | 6.4 | 155 | 1.9 |
| 54 | 5.0 | 70 | 1.1 | 91 | 1.1 | 122 | 1.8 | 156 | 1.0 |

（3）例三

表 4-9 为一个未知物的 EI 谱数据。判断分子离子峰为 $m/z$ 298。P+1 计算为 11.3，$C_{max} \leqslant 11$。计算碎片离子 $m/z$ 269 的 P+1＝10，P+2＝0.6，故可排除 S 的存在。质谱图的低质量端呈现脂肪族的特征峰，它的剖面峰直至 $C_8$ 还依稀可见。氧的存在由 $m/z$ 45、73 离子暗示，但它的数量不能超过两个，因此 P+2 值的贡献主要来自 CH。低质量端的那些大峰大多由奇数质量的离子构成，因而没有迹象表明有 N 的存在。这样，分子量为 298，而碳数最多为 11 个，折合成饱和碳氢化合物最多是 156，氧又不超过两个，很可能就是一个。显然，若该化合物不含有单同位素，上述数据难以解释。另外碎片峰 $m/z$ 171 与分子离子峰相差 127u，这有力地证明该化合物含有一个碘。由此推出分子式应当是 $C_{11}H_{23}OI$，

结构式最终确定为 $C_2H_5CH(OCH_3)(CH_2)_4CH(C_2H_5)I$。

用上述方法推测了分子式后最好用高分辨数据加以确定。高分辨数据不仅应用于分子的组成式，而且可以通过对碎片离子的组成式测定，加快对未知物的结构阐述。不过，比较简单的分子也许不必利用高分辨数据，仅依赖上述推测的分子式就能完成未知物的判断。从理论上讲，利用高分辨数据可以测出精确分子量，然后查阅质量和丰度表[32]或者用质谱的数据系统获得相应的分子式。不过，实际操作时，它需要预知该化合物中所含有的元素和它们的可能数量，因此元素定性分析方法是高分辨精测元素组成式的前提，它的重要性是不言而喻的。

**表 4-9　例三未知物 EI 的数据[30]**

| $m/z$ | 相对强度/% | $m/z$ | 相对强度/% | $m/z$ | 相对强度/% | $m/z$ | 相对强度/% | $m/z$ | 相对强度/% |
|---|---|---|---|---|---|---|---|---|---|
| 41 | 36 | 57 | 15 | 74 | 4.5 | 99 | 0.06 | 171 | 32 |
| 42 | 4.7 | 67 | 9.1 | 75 | 0.29 | 1.9 | 7.7 | 172 | 3.8 |
| 43 | 8.2 | 68 | 1.2 | 81 | 3.5 | 110 | 0.7 | 173 | 0.29 |
| 44 | 1.0 | 69 | 33 | 82 | 1.3 | 111 | 0.03 | 269 | 5.1 |
| 45 | 23 | 70 | 2.7 | 83 | 59 | 139 | 9.2 | 270 | 0.52 |
| 46 | 0.51 | 71 | 15 | 84 | 3.8 | 140 | 1.7 | 271 | 0.03 |
| 55 | 45 | 72 | 3.2 | 97 | 23 | 141 | 3.4 | 298 | 0.88 |
| 56 | 3.9 | 73 | 100 | 98 | 1.9 | 142 | 0.35 | 299 | 0.1 |

在结束讨论时，还需要提出一个判别式和一个计算公式，它们对于合理地确定分子式和进一步了解分子的可能结构会有帮助。按照价键规则，合理的分子式应当符合下述判别式：

$$\tfrac{1}{2}n_C \leqslant n_H \leqslant 2n_C + n_N + 4$$

式中，$n_C$ 为分子中的碳原子数；$n_H$ 为氢原子数；$n_N$ 为氮原子数。

若用广义的表达式，则：

$$\tfrac{1}{2}n_4 \leqslant n_1 \leqslant 2n_4 + n_{3,5} + 4$$

式中，$n_4$ 为分子中具有 4 价的原子数；$n_1$ 为 1 价的原子数；$n_{3,5}$ 为 3 价或 5 价的原子数。这样，我们可以排除一些不合理的元素组成式。

另一个计算公式为环加双键的计算，对分子式 $C_X H_Y O_Z N_W$，环加双键值 $\Omega$ 可按下式计算：

$$\Omega = X - \tfrac{1}{2}Y + \tfrac{1}{2}W + 1$$

式中，$X$ 代表 4 价原子；$Y$ 代表 1 价原子；$W$ 代表 3 价原子。计算结果应当是整数，但偶电子碎片的计算值末位可能是 $\tfrac{1}{2}$，奇电子碎片则为整数。另外，上述公式是基于元素的最低价态，没有考虑具有更高价态的元素形成的双键，如五价磷、四价和六价硫等。总之，通过环加双键值的计算可以对被解析化合物的不饱和状态有一个了解。

## 4.4 谱图中各离子关系的测定

图谱解析时，不仅需获得未知物的分子量、分子式、碎片峰（包括其元素组成式），有时还要详细知道质谱图中各离子的关系，了解它们之间是如何演变的，是丢失什么分子或游离基团后才形成的等信息，以便综合推断未知物的结构，这就需要 MS/MS 技术；对分析结构复杂的生物大分子来说，除了回答上述问题外，还可以将 MS/MS 谱中各离子质荷比的分布剖面图作为生物大分子鉴定的重要依据之一，它又与多电荷的序列离子一起构成了生物大分子结构分析的强有力工具。在本章 4.1 节中已经提到了 MS/MS 谱的应用例子，在这一节中将对 MS/MS 技术作详细介绍。

质谱-质谱联用是在 20 世纪 70 年代后期迅速发展起来的方法。它曾拥有几种称呼，如质谱-质谱法（mass spectrometry-mass spectrometry，缩写 MS-MS 或 MS/MS）、串联质谱法（tandem mass spectrometry）、二维质谱法（two dimensional mass spectrometry）、序贯质谱法（sequential mass spectrometry），不过后二者在文献中用得较少。广义上讲，这种方法的研究内容应当包括亚稳跃迁（metastable transition）和碰撞诱导解离（collision induced dissociation，CID），后者亦称碰撞活化解离（collisionally activated dissociation，CAD）或碰撞活化（collisional activation，CA）。为了弥补 CID 的不足，近来随着技术的不断进步又发展了电子捕获解离（electron capture dissociation，ECD）、电子转移解离（electron transfer dissociation，ETD）、电子活化解离（electron activated dissociation，EAD）以及其他的专用方法等，这将在第 7 章作进一步的讨论。

众所周知，在离子源中所有产生的离子可归纳为两类：一种是稳定离子（如分子离子、碎片离子等），它们或者是稳定存在，或者是很快发生某一个碎裂反应形成稳定的碎片峰而存在于离子源中，并在被收集检测前是稳定不变的；另一种是亚稳离子，这是指它们离开离子源后和到达离子收集器之前的这段时间内会发生解离的那些离子（metastable ion，MI）。亚稳离子的内能处于低内能的分子离子和高内能的、能发生碎裂的分子离子之间，因而它们能在上述迁移过程中发生解离。图 2-6 的 Wahrhaftig 图能形象地表示低内能的分子离子、高内能发生碎裂的碎片离子以及亚稳离子所对应的内能。亚稳离子可以提供碎片离子的前体离子的信息，从而使人们了解碎裂过程和机理。但是，亚稳离子的强度小、分辨率低、反映高活化能裂解反应的信息少，因而代之后来的 CAD 方法脱颖而出。

CAD 法是利用惰性气体与分子离子碰撞，通过平移动能的一部分能量转化为分子离子的内能，使后者内能增加，使碎裂反应发生。这里虽然讨论的是分子离子，其实无论是亚稳技术还是 CAD 技术都可以涉及碎片离子。目前的 MS/MS 法常局限在 CAD 的质谱-质谱联用技术，而亚稳技术则是采用另外的设备来实现。MS/MS 法在分析上除了获得软电离法的分子碎裂信息和未知物的结构外，目前大量用于痕量目标化合物或同类化合物的监测、混合物的定量分析等。很明显，许多软电离法，如 FAB、CI、ESI、APCI 等可以获得强的准分子离子，或者说强的分子量信息，但不足之处是碎片少而弱。MS/MS 法可以提供它们的子离子谱，因而无论是获得完整的结构信息，还是定性确认，都是非常有效的。与常规方法相比，MS/MS 法以它的高灵敏度、快速、高通量以及 MS$^n$ 的专一性等优点集于一身而获得许多研究领域的重视，其中最为受益的应用是农产品、食品领域中多组分痕量目标物的快速定量分析，以及医学、药物领域中如疾病标记物筛查、新药筛选和药物代谢等研究工作中的结构测定、定性确认、定量分析。甚至生物大分子的序列分析、代谢组学的分析也成为 MS/MS 技术的主战场。总之，随着它与色谱分离技术的联用，以及一些新技术的开发，MS-MS 法如虎添翼，成为当今质谱分析的重要工具。本小节将简单介绍：亚稳技术、CAD 的 MS/MS 方法、MS/MS 在有机小分子的解析应用，以及生物大分子分析的 MS/MS 方法。

## 4.4.1 亚稳技术[1]

### （1）亚稳峰

之所以要介绍亚稳技术，不仅是因为许多磁质谱仪和 TOF 质谱仪有亚稳峰测定的装置，还因为它与 CAD 技术有联系。可以说亚稳峰反映了自然状态下分子离子所发生的某些碎裂反应，因而能够深入了解离子化过程。与分子离子的 CAD 谱相比较，亚稳峰的谱图要简单得多，因而能清晰地看到与分子结构直接相关的信息。实际上，亚稳过程不仅发生在分子离子的碎裂反应中，它同样能在碎片离子进一步裂解的二级碎裂反应中观察到，只要符合这样的条件，即前体离子的内能所对应的某一裂解反应的速率常数正好落在离子从离子源运动到收集器这段时间标尺内。亚稳过程也称为亚稳跃迁，就是指能够形成亚稳峰的裂解过程。

早先使用紫外示波记录的低分辨谱图中经常可以看到这样的峰，它们的峰形不是陡峭的尖峰，而是呈扩散的高斯型或平顶型，其强度一般不超过基峰的 1%，这种峰就是亚稳峰。常见的有两种亚稳峰：一种呈高斯型，另一种呈平顶型。伴随亚稳跃迁会发生能量的释放，这是由于运动着的前体离子碎裂成带电荷的子离子和不带电荷的中性碎片两部分。释放小能量时为高斯型峰，而释放大能量时则为平顶型峰。如此推测，若没有能量释放，亚稳峰的峰形应当与正常峰是相同的，实际上的确是亚稳峰比正常峰宽，有时会超过一个质量单位。

亚稳峰的测定与仪器的构型有很大的关系。双聚焦的磁质谱仪有静电场在前、磁场在后的尼尔型或马赫型构型。亦有磁场在前、静电场在后的倒置尼尔型（或称反尼尔型）构型。这两种构型在亚稳离子的测定中有所不同，但由于亚稳离子的动量或者能量与相应的稳定离子不同，因而无论正置还是反置的双聚焦质谱仪中都通不过中间的扇形场，因而在离子源至扇形场间的无场区域内产生的亚稳峰都不能呈现在常规的谱图中。

如果讨论单聚焦的磁质谱仪，亚稳跃迁主要发生在离子源与磁场之间、磁场与收集器之间，这两个区域均为无场区。若在前一个无场区域发生亚稳跃迁，如 $m_1 \rightarrow m_2$，则离开离子源时以速度 $v_1$、质量 $m_1$ 加速的前体离子在进入磁场后以速度 $v_1$、质量 $m_2$ 进行偏转。由于磁场是以改变它的强度来使不同质荷比的离子先后进入固定位置的收集器中。显然，稳定的 $m_2$ 离子具有 $m_2 v_2$ 的动量，亚稳的 $m_2$ 具有 $m_2 v_1$ 的动量。由于 $v_2 > v_1$，故亚稳离子的 $m^*$（此处以星号表示）将出现在低于正常子离子 $m_2$ 的质量坐标上。也只有低分辨单聚焦结构的仪器才能在紫外示波记录仪上呈现。谱图上的亚稳离子 $m^*$ 可以通过亚稳跃迁的前体离子和子离子的质量进行计算。它们的关系式为：

$$m^* = m_2^2 / m_1$$

从该公式中可知，实验中所获得的 $m^*$ 值对应了 $m_1$ 和 $m_2$ 两个未知值，因而实际计算时可能有多于一种的选择，也就是不确定性。另外，实测值与公式计算的理论值并不完全一致。根据经验，前者比后者大 $0.1 \sim 0.4$ 个质量单位。需要说明一点，目前很少使用紫外示波记录仪记录谱图，几乎都使用数据系统。使用计算机处理数据，所得到的结果只能反映双电荷离子，显示不了亚稳离子，因而只能依靠专门的测试方法。在磁场到收集器的无场区域内形成的亚稳离子通常难以检测。磁场的强度对应着离子的质荷比。通过磁场后的前体离子 $m_1$ 再发生裂解形成 $m_2$，此时的 $m_2$ 仍然被看作前体离子 $m_1$ 被记录下来，除非使用专门的装置进行检出。

(2) 亚稳峰的测定

① 去焦技术　双聚焦结构的仪器要依赖于专门的测定装置才能显示亚稳离子谱图，这一技术主要用于正置的双聚焦磁质谱仪和反射式 TOF 质谱仪。前者的静电场是以能量的大小来区分离子，亚稳离子的速度为 $v_1$，质量为 $m_2$，显然其能量低于稳定离子的能量 $eV$，$V$ 为加速电压。亚稳离子的能量应为 $(m_2/m_1)eV$，若要让该亚稳离子通过静电场，则必须提高加速电压的值，使它达到 $(m_1/m_2)eV$。这一过程对于稳定离子来说是去聚焦，而对于亚稳离子来说就是聚焦。向上扫描加速电压可以提高亚稳离子的能量，则亚稳离子按照稳定离子的聚焦条件通过磁场。

　　如同双聚焦磁质谱的无场漂移区产生亚稳离子那样，在反射式 TOF 质谱仪中，当离开离子源的离子在很长的距离中飞行，有些离子在飞行时间内发生碎裂反应。碎裂后的子离子基本上按前体母离子的速度飞行，因此到达检测器的时间与其母离子是相同的。对于 TOF 仪器测出这种亚稳峰的原理如下：当离子进入图 4-27 中的源后分解（post-source decay，PSD[31]）反射器时，受到静电镜的推斥而转向第二个检测器。正常的母离子 $m_1$ 具有速度 $\upsilon_1$ 的全加速能量，而亚稳峰具有速度 $\upsilon_1$，但具有全加速的 $m_2/m_1$ 能量，因此推斥它只需要低于全加速的能量。显然，正常的母离子 $m_1$ 和正常的子离子 $m_2$ 能够深入到静电镜，

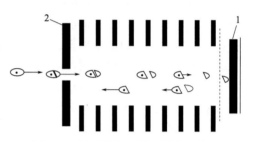

图 4-27　源后分解用的反射静电镜
1—第一检测器；2—第二检测器

而亚稳峰 $m^*$ 则不会深入。这意味着亚稳离子先到达第二检测器，随后才是正常的母离子 $m_1$。静电镜的正常设置是聚焦正常母离子 $m_1$，对亚稳峰 $m^*$ 来说处于去焦状态。让反射器的电压降低至 $m_2/m_1$ 使亚稳离子此时能够到达静电镜的深处，即达到如同正常母离子或者说所有全加速离子的聚焦位置。这样，就能把亚稳峰聚焦到第二个检测器上，而所有正常离子则不再发生反射而留在第一检测器，这就是所谓的去焦。图 4-28 是 AB SCIEX 公司的 API-TOFMS 仪的结构示意图，安装了该种 PSD 反射器。

　　可以设想正常母离子会在飞行区内发生许多碎裂反应，由此形成不同能量的亚稳离子，设置不同的反射镜电压，就可以获得母离子 $m_1$ 的所有亚稳跃迁。这里需要说明的是，单纯依靠 $m_2/m_1$ 值的调整测出的亚稳离子还是有其不确定性。因为一个化合物可能有各种不同的母离子的亚稳跃迁。从理论上讲就可能存在 $m_2/m_1$ 值相同又分属于不同的母-子离子对。所以 PSD 分析还应包括一个定时的离子选择器。它的位置在飞行的路径上，允许让某一个前体离子通过，又对不同时间到达的其他离子不让通过，这就确保了仅有这一前体离子产生的亚稳峰被检测。PSD 已经成功地应用于肽的序列分析，很适合于 $m/z$ 2000 以上多肽的亚稳跃迁研究。图 1-17 列举的一张典型的 PSD 谱，是由 2pmol 的血红蛋白经胰蛋白酶的酶解得到的 beta T 肽（VHLTPEEK），经 PSD 法测得的亚稳离子谱图。图中标出的那些峰为肽序列的标准命名，从图中可以看到完整的序列峰[32]。目前大量的 TOF 仪器使用反射式结构，因而容易安装 PSD 装置。设计好的逐步降低的反射电压（例如由 10～12 片反射片组成的离子反射镜）可以完整地记录亚稳离子谱，也可同时获得正常的前体离子质谱图。由于这些反射离子在空间上的位置差异，故要使用大面积（如 75mm）的双微通道板。

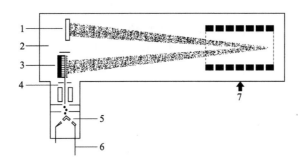

图 4-28　AB SCIEX 公司的 API-TOFMS 仪的结构示意图

1—检测器；2—质量分析器；3—脉冲离子源；4—离子路径；5—电喷雾源；6—LC出口；7—离子反射镜

② 静电场扫描　就扇形场的双聚焦磁质谱仪而言，去焦技术的缺点是加速电压若有大幅度的改变会影响灵敏度，这是因为加速场贯穿离子源，改变加速电压会使离子在源内的聚焦条件发生变更，从而对不同质荷比离子有歧视效应。同时，研究低质量离子的亚稳跃迁有困难，因为加速电压至多升到正常值的 4～5 倍，所以母离子的测定会有限制。另一条途径是改变静电场的电压，即静电场的电位使亚稳离子的运动进入稳定离子的轨道，从而使它通过静电场。不过由于亚稳离子能量没有增加，因而进入磁场后它将落在低于正常子离子 $m_2$ 的质量标尺上。为检出该亚稳离子，必须事先调整磁场，以满足接收亚稳离子的条件。它的实验过程是假定一个亚稳跃迁，$m_1 \rightarrow m_2$，将磁场放在 $m_2(m_2/m_1)$ 位置上，然后降低静电场电位，从正常值 $E$ 至 $E_1$。若该亚稳跃迁存在，则应满足 $E_1/E = m_2/m_1$。亚稳峰此时被检测，它的母离子 $m_1 = m_2(E/E_1)$。从这过程可知，操作是比较麻烦的，且只能作核对用。

③ 联动扫描　加速电压扫描的方法可以在正置的双聚焦质谱仪中获得离子源至静电场的无场区域内形成某一子离子的所有母离子信息。如果要想获得某一母离子产生的所有子离子的信息，则要依靠联动扫描。联动扫描可以有几种方式，可以是磁场 $H$ 与静电场 $E$ 的联动，也可以是加速电压 $V$ 与静电场 $E$ 的联动。不过，常用的是前一种方式。这里不再推导冗长的过程，读者可以参考有关资料[33]。联动扫描是通过电场（$E$）和磁场（$H$）联合扫描的办法来获得离子源至静电场间发生亚稳跃迁的信息。首先将磁场放在接收母离子 $m_1$ 的位置上，确定此时的 $H$ 和 $E$ 值，然后保持 $H/E$ 不变的情况下，同时扫描 $H$ 和 $E$，由此获得 $m_1$ 的所有子离子。利用公式求得对应不同 $E_1$ 的 $m_2$ 值，此时 $E_1$ 或 $H_1$ 均小于 $E$ 或 $H$：

$$m_2 = m_1(E_1/E) \text{ 或 } m_2 = m_1(H_1/H)$$

这样就可获得在离子源和静电场之间的无场区内形成的从 $m_1$ 跃迁到各种不同子离子的亚稳谱。上述这种联动扫描称为 B/E 扫描。如果希望得到上述无场

区中形成 $m_2$ 的各种母离子的亚稳离子谱，则将磁场放在 $m_2$ 的接收位置，确定此时的 $H$、$E$ 值，然后保持 $H^2/E$ 不变的情况下同时扫描 $H^2$ 和 $E$。这样可获得的亚稳离子谱是反映在离子源和静电场间的无场区内能形成子离子 $m_2$ 的所有母离子的亚稳跃迁。同样利用下述公式求得对应不同 $E_1$ 的 $m_1$ 值：

$$m_1 = m_2(E/E_1) \text{ 或 } m_1 = m_2(H^2/H_1^2)$$

这种联动扫描称为 $B^2/E$ 扫描。联动扫描的优点是亚稳峰窄，也不产生歧视效应，不过 $B^2/E$ 扫描的测定误差比 $B/E$ 扫描大。如果亚稳跃迁发生在静电场至磁场区的无场区，那么它的亚稳峰测定与单聚焦磁质谱仪的情况相同，此处不再重复。如果在磁场与收集器间的无场区内发生亚稳跃迁，例如使用带闪烁器的光电倍增器作检测器，并且在收集器前加上一个由迟缓栅极供给的离子推斥电位，调节此电位才有望测定该无场区的亚稳峰。具体的实施方法是：迟缓栅极电压设置值大于正常离子的加速电压值，则所有离子（包括亚稳离子在内）均被迟缓栅极推斥，被推斥的离子打在打拿极上产生二次电子，继而被闪烁光电倍增器所接收。若栅极电压设置在低于正常离子的加速电压，而大于亚稳离子的能量所对应的电压值，则只有亚稳离子被推斥并产生二次电子，由此检出了通常被正常离子所掩盖的亚稳峰。

我们讨论到现在仅局限在正置双聚焦的磁质谱仪，对于倒置的尼尔型双聚焦质谱仪来说，若要测定离子源与磁场之间的亚稳跃迁，也同样依靠联动扫描技术。要想获得母离子形成的所有子离子，则采用 $B/E$ 扫描；要想获得产生该子离子的所有母离子，则采用 $B^2/E$ 扫描。这就是说，其原理和方法与正置的双聚焦质谱仪是相同的。

④ 质量分离的离子动能谱　它又简称为 MIKES 法或 DADI 法。它需要倒置的双聚焦质谱仪。在讨论之前，先介绍离子动能谱的概念。在正置的尼尔型双聚焦质谱仪中，离子束在静电场和磁场之间有一个聚焦点。把检测器放在此位置，连续改变静电场电位则可得到离子源和静电场之间的无场区内产生的亚稳峰，这样的谱图称为离子动能谱，简称为 IKES。如前所述，静电场是能量分离的装置，从离子源出来的各种不同 $m/z$ 值的离子均有相同的 $eV$ 值，$V$ 为加速电压。但是，在此区域若发生亚稳跃迁，则其能量下降为 $V(m_2/m_1)$，此处 $m_1$ 若代表分子离子的质量，则 $m_2$ 代表各种碎片离子的质量；若 $m_1$ 代表前体离子（或母离子）的质量，则 $m_2$ 为其各种子离子的质量。显然，各种碎裂反应导致不同的 $m_2$，所以亚稳跃迁的结果也会有不同的 $V(m_2/m_1)$ 值。这些值能被静电场电压的向下扫描所测出。IKES 能灵敏地反映化合物结构上的微小变异，如异构化，所以它也被用作有机化合物的指纹谱。和亚稳峰的表达值一样，IKES 谱只能给出 $m_2/m_1$ 的比值，$m_2$ 和 $m_1$ 均是未知数，再加上测定精度的限制，所以推测的亚稳跃迁有多重性。使用倒置的尼尔型双聚焦质谱仪，可以克服这一不足。

MIKES 法是 1971 年发展起来的方法，只能在倒置的双聚焦仪器上实现。通过磁场，挑选出感兴趣的母离子，然后通过静电场的描述可以记录下在磁场和静电场间的无场区内该母离子所产生的各种亚稳跃迁。由于进入静电场是一束单质量的离子而不是从离子源出来的各种混合离子，所以获得的亚稳峰数据专一性很强，不会引起多重性的解释。与正置仪器的加速电压扫描的方式（如去焦技术）来获得亚稳峰的方法相比，由于避免了降低灵敏度的加速电压扫描，因此 MIKES 法比去焦技术有更高的响应。曾经有报道用正癸烷作样品对二者之间进行比较，结果为 MIKES 法不仅比去焦技术有更丰富的亚稳峰信息，而且对相同的亚稳离子可以获得 2～3 倍高的响应。讨论到现在，只涉及无场区域内形成的亚稳峰。实际上在有场区域，例如离子源的加速区、静电场、磁场内部都有可能发生亚稳跃迁。对于有场区域内的亚稳跃迁的测定更为复杂，读者可参考有关材料[34-35]。

（3）与图谱解析相关的用途

① 阐明裂解途径　亚稳跃迁反映了母离子和子离子之间的关系，通常是一步反应的结果。从亚稳峰的信息可以了解裂解途径并进一步总结出裂解规律，以这些规律去指导化合物的结构分析。用质谱技术去测定未知化合物的结构，尤其是天然有机化合物，主要依靠高分辨数据和亚稳跃迁数据。例如 Cooks 等人提供了一例[36]：在合成化合物 A 时，结构式见式（4-2）的 A，得到一个副产物 B（$C_{19}H_{15}N_5O$），其分子峰 $m/z$ 329。从它们的亚稳峰可表明 B 有如式（4-3）的碎裂过程。根据该文献中的质谱图、亚稳峰数据及其分析，可做如下分析。$C_{10}H_7N_2$ 离子连续失去两个 HCN，说明 N 直接连在萘环上；分子离子失去 $C_6H_5N_2$，证明未知物结构中有 N＝N 结构；$C_{13}H_{10}N_3O$ 失去 $C_2H_3N$ 是作为一个整体丢失，很可能是失掉 $CH_3CN$。式（4-3）表示的碎裂历程产生的各个离子符合偶电子规则。按照合成反应的特性，推测副产物的结构为式（4-2）的 B。

$$（4-2）$$

$$[C_{19}H_{15}N_5O]^{+\cdot}\,(M_w\ 329)\rightarrow[C_{13}H_{10}N_3O]^+\,(M-C_6H_5N_2,\ m/z\ 224)$$
$$\rightarrow[C_{11}H_7N_2O]^+\,(m/z\ 224-C_2H_3N,\ m/z\ 183)\rightarrow[C_{10}H_7N_2]^+\,(m/z\ 183-CO,\ m/z\ 155)\quad(4\text{-}3)$$
$$\rightarrow[C_9H_6N]^+\,(m/z\ 155-HCN,\ m/z\ 128)\rightarrow[C_8H_5]^+\,(m/z\ 128-HCN,\ m/z\ 101)$$

需要提醒的是少数情况下会发生这样的过程，即 $m_1 \rightarrow m_2 \rightarrow m_3$ 从 $m_1$ 到 $m_2$ 的裂解过程很慢，而 $m_2$ 到 $m_3$ 的过程很快，这样看到的亚稳峰数据仿佛为 $m_1$ 直接到 $m_3$ 的过程。

② 确定分子离子峰　往往有这样的情况，分子离子峰很弱，易淹没在噪声之中；若样品的纯度不够，在高于分子离子峰的质量区域可能会出现小峰，从而妨碍对分子离子峰的判断。例如抗疟药青蒿素（arteannuin）质谱图中最高质量数在 $m/z$ 282，而与它最近的离子质量数是 $m/z$ 250，前者的相对强度不到基峰的 1%，而后者的相对强度为基峰的 20%。如何确定分子离子峰？如果 $m/z$ 250 为分子离子峰，则高分辨测定结果是 $m/z$ 250 为 $C_{15}H_{22}O_3$（实验值 250.1574，理论值 250.1569）；如果 $m/z$ 282 为分子离子峰，则与碎片离子 $m/z$ 250 相差 32，大多数情况是丢失 $CH_3OH$ 或 S。实测 $m/z$ 282 为 $C_{15}H_{22}O_5$（实验值 282.1480，理论值 282.1467），二者相差两个氧原子。使用 MAT731 质谱仪的去焦技术测定 $m/z$ 250 的母离子，从亚稳峰的数据证实了 $m/z$ 282 为 $m/z$ 250 的母离子。分子离子失去氧分子正是青蒿素倍半萜内酯结构中过氧化桥所致[37]。

③ 鉴定异构体　Beynon 提供了二氮杂苯的三个异构体的 IKES 的一例[38a]（图 4-29）。在 EI 源中嘧啶（间位）与吡嗪（对位）基本一致，除了前者的 $m/z$ 77 为基峰的 4%，而后者则稍低一些。哒嗪（邻位）与上述两个异构体的差异在于前者有 M—$N_2$ 峰，而后两者则有 M—HCN 峰，因而在 M—28 峰和 M—27 峰的相对强度上有差异，其他峰的相对强度基本一致。当然，这三个异构体的 IKES 谱上有明显的差异。除上述的几何异体外，顺、反异构体的 IKES 谱中也能找到差异，这是因为亚稳峰易发生在较低内能的离子上。

④ 鉴别重排过程　重排反应往往具有较长的反应时间，研究它们的亚稳峰对结构有诊断价值。例如 $C_{14}H_{12}O_2$ 的母体至少可以排出如下三种结构：

$$C_6H_5COOCH_2C_6H_5 \qquad C_6H_5CH_2COOC_6H_5 \qquad C_6H_5COCH_2OC_6H_5$$

只有苯甲酸苄酯有失去 $CO_2$ 和 $H_2O$ 的两种重排过程，而后二者并不具备。用氘标记法研究脱水过程，发现苯甲酸苄酯中亚甲基的两个氢、苄基的两个邻位氢以及苯基上的一个邻位氢都参与了脱水反应[38b]。这个失水过程在邻苄基苯甲酸中也有发生，因此 Beynon 等人推测苯甲酸苄酯的失水可能经历了如式（4-4）所示的过程：

$$(4\text{-}4)$$

综上所述，亚稳峰在质谱分析上的作用是明显的，但是它的信号强度是弱的，当然这与仪器的设计有关。加长无场区域的长度，采用更大的电、磁场尺寸

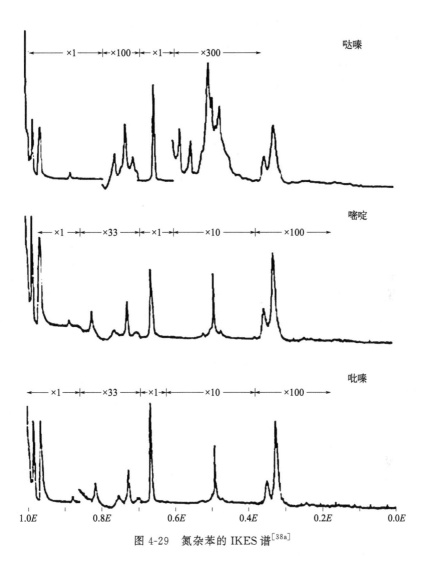

图 4-29　氮杂苯的 IKES 谱[38a]

以便在不降低能量分辨的条件下开大狭缝，改进检测器系统等，都能增强亚稳峰的信号；改变实验参数，如推斥极电压、源温，降低电子能量等也能提高亚稳峰强度，但这些改善还是有限的。另一个问题是除了磁质谱仪外，TOF 仪器也能观察到亚稳峰，常用的四极杆和离子阱就有些难度。目前发展的 CAD 技术在研究母离子的关系上无论是灵敏度还是分辨率都优于测定亚稳峰的那些方法，再加上它在应用上还有独特之处，因此这一技术在各类质谱仪器上得到广泛而充分的发展。要注意的是，除了存在某些难以解释的峰外，CAD 过程中还会发生多级反应，它们会干扰亚稳跃迁的一步反应判断。显然，控制 CAD 过程在某些实验中是必要的。

在结束本节的讨论时需要说明，测出一个亚稳跃迁表明存在一个裂解反应，但是测不到某一过程的亚稳峰，并不能得出不存在这种反应的结论。事实上也存在着有裂解反应而测不到亚稳峰的少数现象。

## 4.4.2 碰撞活化的 MS/MS 分析

稳定离子在较低真空度的条件下通过碰撞使离子内能增加，称为碰撞活化，从而导致该离子的进一步碎裂。碰撞活化时可以赋予不同的碰撞能量，使活化程度不一，相应的裂解程度会有较大的改变。这意味着，一个化合物的 EI 谱与其分子离子峰的 MS/MS 谱有差异；如果是准分子离子的 MS/MS 谱，会有更大的差异。就 MS/MS 而言，即使在同类型的仪器上有相同的碰撞能量，也因碰撞室的设计不一，其相应的裂解程度还会有差异。这与离子源内的 EI 离子化情况不同，后者的内能设定在 70eV 时，同一化合物即使在不同类型的仪器上获得的谱图大致也是差不多的。实际上，碰撞活化的灵活性还表现在碰撞室内可以选择分子离子，也可以选择任意一个碎片离子。可以说，CAD 技术的出现极大地丰富了质谱分析的方法和信息，也构成了质谱-质谱联用的基础。

### 4.4.2.1 碰撞活化技术

① 碰撞活化解离室　碰撞活化解离室是运动的离子与中性惰性气体进行碰撞，继而发生碰撞活化离解的区域。碰撞室一般有两种结构：一种是气密性的结构，保持入口和出口处较小的口径；另一种是开放式，使用碰撞气的喷嘴和高效的抽气系统，以维持碰撞室的压力。

② 离子活化的方法　离子活化的方法有碰撞活化解离、光子活化解离、表面诱导解离、电子激发解离等，但最常见的也是目前广泛使用的仍然是碰撞活化解离。碰撞活化的不足之处是只能比较粗略地控制能量，而且碰撞气的导入也是导致分辨率降低的原因。为此，其他活化方法的研究已有尝试，其中最为成功的是电子捕获解离（ECD）和电子转移解离（ETD），以及最新的电子活化解离（EAD）。我们将在第 7 章中作一介绍。

③ 碰撞活化效率　碰撞活化效率是指入射母离子的份额与作为子离子被收集的份额之比，它包括捕获效率、解离效率和提取效率。碰撞活化效率为上述三者效率的乘积。由于分析系统的不同，碰撞活化效率也有差异。通常认为，离子阱优于四极杆，而四极杆优于磁扇形场。

④ 高能和低能碰撞　高能碰撞与低能碰撞有差异，它们的差异总结在表 4-10 中。高能碰撞的质谱仪中，离子在上千伏加速电压下运动，因而碰撞活化是在千级 eV 范围内进行。高能碰撞特点为短的作用时间（约 $10^{-14}$ s）、小的散射角（称为擦边碰撞）。通常用氦气作碰撞气，目的是减少离子束的发散，减少电荷交换，以获得满意的灵敏度。它的 CAD 谱特点是信息量大，这是由于离子在碰撞

后有足够的内能，因而能发生许多解离反应，且受碰撞能量和离子初始内能的差异所带来的影响较小。事实上，发生解离的能量积聚与初始离子的发散角有关，因而只有相当窄范围的内能离子贡献于CAD谱，所以碰撞活化的效率有限。

四极杆质谱仪或者离子阱，仅有几十个电子伏特的加速电压，因而碰撞活化是在10～100eV下进行低能碰撞。碰撞特点是作用时间长，属直接的迎面碰撞即撞球式碰撞。四极杆的碰撞室仅施加射频，它能独立于离子质量而达到有效的聚焦，因而减小了散射损失并获得高灵敏度。碰撞气体需选择质量较重的惰性气体分子，如Ar，以便有效地将离子的部分动能转换为内能。低能碰撞的信息量不如高能碰撞，这与碰撞后具有低内能有关。由于碰撞室的途径长，又通过多次碰撞，碰撞活化效率高于高能碰撞。它不发生高能碰撞时的电子激发，而只是振动能积聚，故缺少电荷发生变化的那些反应。它易受碰撞能量和碰撞室气压变化的影响，故应严格控制这些参数。实际上，高、低能碰撞的CAD谱中，峰的数量和相对强度是不相同的。

表4-10  高能与低能碰撞的比较

| 项目 | 高能碰撞 | 低能碰撞 |
| --- | --- | --- |
| 碰撞后离子具有的内能（以 $m/z$ 1000 计） | 约30eV | 7～8eV |
| 碰撞诱导解离机理 | 离子的电子激发,经势能面交叉形成高振动态 | 离子的振动激发 |
| 解离程度 | 大 | 小 |
| 碰撞活化效率 | <1% | 10%～50% |
| 碎裂的离子分辨率 | 相对高 | 相对低 |
| 碰撞室的路径 | 1～3cm | 整个四极杆长度 |
| 研究内容 | 电荷交换、剥夺、反转以及动能释放 | 离子-分子缔合反应 |
| 操作 | 复杂 | 简便 |

⑤ 时间与空间的串联质谱  空间的串联仪器指碰撞活化阶段有专门的空间位置，对串联仪器来说通常就是第二级质量分析器。由第一级质谱分析系统出来的离子，在第二级质量分析器内进行碰撞，碰撞后产生的碎裂离子在第三级质谱的分析系统中进行质量分离。时间的串联仪器（亦称3D阱）是将第一、第二、第三的三个阶段的功能放在一个空间中，依靠时间尺度的不同实现质谱-质谱分析。

时间与空间的串联质谱仪器各有优缺点，如果以离子阱为代表的时间串联质谱仪和以四极杆为代表的空间质谱仪相比较的话，则离子阱具有传输效率和碰撞活化效率高、可进行MS"分析的主要特点而优于四极杆；但是1/3效应和空间电荷效应导致谱线加宽和质量稳定性降低，并且在定量性能上明显不如后者。为了克服上述缺点，在 2002～2003 年 AB SCIEX 和 Thermo-Fisher 公司先后推出二维线性离子阱（亦称 2D 阱）的商品仪器，其工作原理参见相关文献[42]。现代串联质谱仪器的发展是以混合型的质量分析系统为特色，结合各自的优点呈现优良的 MS/MS 联用技术。

### 4.4.2.2 MS/MS 分析

（1）工作原理

GC-MS 法是人们熟悉的分析技术，但在混合物分析上有两个局限性。一是灵敏度和专一性的矛盾。在痕量分析时如采用 GC-SIM-MS 法可以达到很高的灵敏度，但仅有保留时间和几个特征离子作支撑，专一性仍然有限。它易受相同名义质量而不同元素组成离子的影响，容易发生假阳性的问题，也导致定量不准。任何提高专一性的努力，如用高分辨 SIM 来代替低分辨 SIM，多以降低灵敏度为代价。二是噪声的妨碍。这里指的不是仪器的电噪声而是指化学噪声。由于各种干扰，如柱流失、本底、记忆效应等，谱图的本底高且不稳定，难以进行扣除，影响痕量物质的分析。相比之下，MS/MS 法在解决上述问题上具有很大的潜力。图 4-30 形象地比较了这两种技术。使用质量分析器代替气相色谱的分离，其分离能力优于气相色谱。一个常规的 GC-MS 联用，60min 的色谱图以 10s 峰宽计，最多容纳 360 个窗口供组分的分离。一个常规的质谱仪器，其单位质量分辨至少能达到 1000。由于质量分析器是任选某化合物的一种特征离子，通过碰撞活化产生相应的子离子谱，这是与离子的初始内能关系极小而与它的结构密切相关的信息。这意味着 CAD 谱图能够反映离子的本征性质，甚至可以对母离子的异构状况进行区分。GC-SIM-MS 法仅挑选几个特征离子监测，专一性显然不如前者。近代的 MS/MS 联用的仪器都配有色谱分离的装置，通过色谱初分离，再经过 MS/MS 鉴定，使 MS/MS 分析的专一性得到了充分的提高。另外，质量分析器选择某一特定离子，排除了其他离子的干扰，可以在低的噪声下工作，因此是高灵敏度和专一性的结合。例如对致癌性很强的 2,3,7,8-TCDD 的监测，使用 GC-SIM-MS 法的检测限为 1pg，而采用 GC-MS/MS 法则达到 1～10fg。MS/MS 法在许多领域中得到如此广泛的应用，上述是一个很重要的原因。

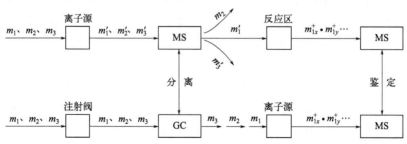

图 4-30　GC-MS 与 MS/MS 的原理比较

（2）MS/MS 分析的基本模式

利用 MS/MS 仪可以获得如下信息的谱图：子离子谱、母离子谱、恒定中性丢失谱、选择反应监测以及碎裂图解。其中选择反应监测（SRM）更多用于定性、定量检出痕量目标化合物，是非常理想的手段，因而被广泛使用。但也不能忽视 MS/MS 是高专一性和高灵敏度相结合的特点，在代谢物的发现和鉴定上具有优势，即能发现以往常规分析中未能发现的新代谢产物，因而也适合于代谢产物的鉴定。由此可见，上述 MS/MS 的分析模式基本上都适用于有机小分子的谱图解析和生物大分子的谱图分析。

a. 子离子谱　图 4-31(a) 形象地表示如何从一个被挑选的母离子（经 MS1 的质量分离），通过碰撞活化形成子离子谱。可以把 MS1 看作 MS2 的离子源。若是一个纯化合物的组分，那么分子离子及其重要碎片峰与它们相应的子离子谱的信息可以指示分子离子及其碎片峰的可能组成，建立各离子之间碎裂关系，甚至区分 EI 一级谱难以区分的异构体。

b. 母离子谱　图 4-31(b) 是那些母离子经碰撞后能形成图中所收集的子离子。它能追溯碎片离子的来源，也可以对复杂混合物体系中能产生某种特征碎片离子的一类化合物进行快速筛选。

c. 恒定中性丢失谱　MS1 和 MS2 同时扫描，但 MS2 与 MS1 始终保持质量差 $\Delta m$，最终的谱图显示来自一级谱图中通过碎裂丢失该中性碎片的那些离子。中性丢失谱最能反映该化合物的特定官能团，以及可能存在的数量。图 4-31(c) 表示它的工作原理。

d. 选择反应监测　选择反应监测并不产生谱图，只是用来监测预选的母离子所形成的预选子离子，图 4-32 为其原理图。早先的设置仅限于一对离子，现代的装置可以实现多反应监测（MRM），可以高达数十对，乃至数百对离子的监测。选择反应监测法类似于单级质谱的选择离子监测（SIM）。但是，MRM 是对图谱中有母子关系的一对或数对特征离子进行同时监测，显然其专一性远远高于单级质谱的 SIM 或数个特征离子的监测（MIM，也称多离子监测）。实际上，在复杂体系中或者存在大的化学噪声干扰的情况下单级质谱的 SIM 和 MIM 很易造成假阳性和大的定量误差。

这里简要地提及数百对反应离子监测的问题。要在一次扫描而不是分段扫描的条件下同时监测如此多的反应离子对，对仪器有专门的要求。一是仪器具有很高的灵敏度。因为一个色谱峰的峰宽是有限的，要在有限时间内进行数百对反应离子的筛选只能允许短的峰驻留时间（亦称 dwell time），例如小于 2ms。另外，短的驻留时间内还要求有足够数量的离子被检测。二是在快速检测时要让下一对反应离子不干扰上一对反应离子的监测，产生干扰的现象被称为交叉干扰（cross talk）。解决交叉干扰的方法有 AB SCIEX 公司的 LINAC 技术、Waters 公

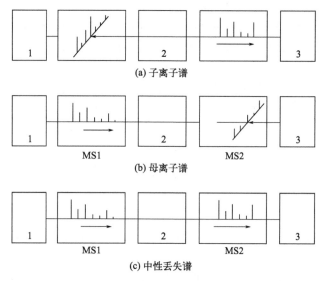

(a) 子离子谱

MS1          MS2

(b) 母离子谱

MS1          MS2

(c) 中性丢失谱

图 4-31　定性确定和结构分析用的三种 MS/MS 模式

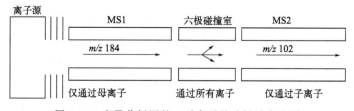

图 4-32　痕量分析用的一对离子的选择反应监测

司的 T-Wave 技术、Thermo-Fisher 公司的 Instantaneous Dump 技术等[1]。

　　e. 碎裂图解　离子 a 的子离子谱中有离子 b，那么 b 的母离子谱势必包括离子 a。这样，如果在一级质谱图中的每一个离子均获取它们的子离子谱，那就无需再做实验，就能根据以上的实验数据构建母离子谱和中性丢失谱。

　　综上所述，MS/MS 的五种分析模式中使用最多的是子离子谱，尤其是在生物大分子的谱图分析上，普遍使用高分辨的 MS/MS 以获得序列信息。在有机小分子的图谱解析上，遇到软电离的情况时经常用子离子谱；多数情况下是电子电离无法确定分子量信息时才使用母离子谱；要测定未知物的结构中某些官能团的数目时使用中性丢失谱，而在解析阶段需借助碎裂图解。在某些应用领域，如药物研究和临床分析上 MS/MS 的选择反应监测得到了广泛的应用，尤其是代谢组学分析以及药物代谢研究等[40]。

　　就药物代谢而言，药物在体内的生物转化过程中药物分子的一部分官能团或者药物分子以缀合物的形式发生变化。伴随着上述变化其理化性质也发生改变，这样，药理及毒理也发生相应的变化。研究药物代谢的重要方面是确定结构-代谢-活性/毒性三者之间的相关性，这对于掌握代谢途径、了解药理和毒副作用的关系是极其重要的。代谢物的结构是药物代谢研究的首要问题。以往寻找代谢物的结构需要冗长和复杂的过程，以耗费时间和损失部分代谢物信息为代价。代谢作用中酶活动过程主要发生在肝脏，这些酶活动的结果能使大多数脂溶性和水溶性药物转变为极性代谢物，或者形成缀合物。一般把羟基化、羧酸化、巯基化、甲基化、去甲基化、氨基化等过程称为一相代谢物；把硫酸酯、硫氰酸酯、谷胱甘肽、葡糖苷酸等缀合物称为二相代谢物。对于这些极性较大的化合物，现在使用选择反应监测的 LC-MS/MS 方法可以达到快速筛选痕量代谢物的目的，并实现药物代谢过程的表征。

现以 Hopfgartner 等人[41]展示的大鼠肝微粒体中瑞米吉仑（remikiren）药物代谢为例，说明它是如何达到上述要求的。按原药的分子质量 630u，组成式 $C_{33}H_{50}N_4O_6S$，在 ESI 的一级谱中瑞米吉仑的基峰为 $m/z$ 631（M＋H 峰），$m/z$ 613 相对强度低于 50%，而 $m/z$ 376 和 $m/z$ 404 很弱；$m/z$ 631 的子离子谱（即二级谱）中，在合适碰撞电压下可以获得丰富的碎片信息（图 4-33）。图中，$m/z$ 376（碎片 1）和 $m/z$ 404（碎片 2）分别为分子中组氨酸残基中羰基左右的 C—C 键和 C—N 键断裂形成的离子。一相的可能代谢过程列于表 4-11 中，然后，据此把可能发生的 26 种 MRM 跃迁列于表 4-12 中。表 4-13 为包含代谢物的 ESI 全谱［表中称为增强的全扫描谱（EMS）］和 MRM 两种方法实际测出代谢物数量的比较。表中数字为检测数。若 MRM 的分析结果与预测的某种跃迁相一致，则证明存在这种代谢物。下面提到的"增强"（enhanced）是指用一个 2D 阱代替四极杆的仪器所获得的谱图。

**表 4-11  瑞米吉仑可能的代谢过程[41]**

| 化合物 | 质量位移 | 基团 | 母离子 | 无质量位移 | 碎片 1 质量位移 | 无质量位移 | 碎片 2 质量位移 |
|---|---|---|---|---|---|---|---|
| 瑞米吉仑 | 0 | 无变化 | 631 | | 376 | | 404 |
| 羟基化 | 16 | ＋OH | 647 | 376 | 392 | 404 | 420 |
| 甲基化 | 14 | ＋CH₃ | 645 | 376 | 390 | 404 | 418 |
| 脱羟基 | −16 | −OH | 615 | 376 | 360 | 404 | 388 |
| 脱甲基 | −14 | −CH₃ | 617 | 376 | 362 | 404 | 390 |
| 甲基化＋羟基化 | 30 | ＋OH＋CH₃ | 661 | 376 | 406 | 404 | 434 |
| 脱羟基＋甲基化 | −2 | −OH＋CH₃ | 629 | 376 | 374 | 404 | 402 |

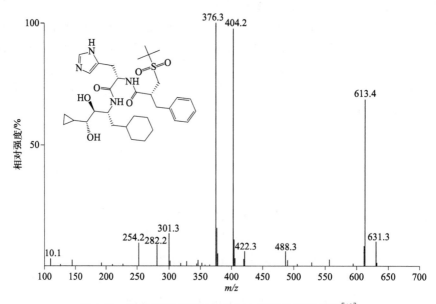

图 4-33　在 ESI 源中瑞米吉仑 M＋H 峰的子离子谱[41]

**表 4-12　可能跃迁的 26 对 MRM[40-41]**

| 离子对 | | | | | |
|---|---|---|---|---|---|
| 661/434 | 647/404 | 645/390 | 629/402 | 617/376 | 615/360 |
| 661/406 | 647/392 | 645/376 | 629/376 | 617/362 | |
| 661/404 | 647/376 | 631/404 | 629/374 | 615/404 | |
| 661/376 | 645/418 | 631/376 | 617/404 | 615/388 | |
| 647/420 | 645/404 | 629/404 | 617/390 | 615/376 | |

**表 4-13　两种方法测出的代谢物数目[40-41]**

| 代谢物 | EMS | MRM |
|---|---|---|
| 瑞米吉仑母体(631) | 1 | 1 |
| 羟基化(＋OH,647) | 2 | 5 |
| 甲基化(＋CH₃,645) | 1 | 6 |
| 脱羟基(－OH,615) | 0 | 1 |
| 脱甲基(－CH₃,617) | 0 | 1 |
| 甲基化＋羟基化(＋OH＋CH₃,661) | 0 | 1 |
| 脱羟基＋甲基化(－OH＋CH₃,629) | 0 | 2 |
| 总数 | 4 | 14 |

表 4-12 的结果说明 MRM 方法可以获得更多的代谢物结果。如果 MRM 分析后立即扫描全谱，则可以得到该代谢物的子离子谱（称为增强的产物离子谱 EPI），即二级谱。

（3）质谱-质谱联用的仪器

质谱-质谱联用仪可以按质谱仪器分析系统的类型进行分类，也可以按照碰撞活化的类型进行分类。后者分成高能碰撞和低能碰撞两大类，对于前者来说，已有较具体的介绍[39]。将相同的分析系统组合的质谱-质谱仪称为单一型的 MS/MS 联用仪，将不同的分析系统组合的质谱-质谱仪称为混合型的 MS/MS 联用仪。为了达到某些目的，混合型的开发越来越多，可以说是当前质谱-质谱联用仪研发的主要趋势，其中包括新发展的二维线性离子阱（linear ion trap）和新型的轨道离子阱（orbitrap）。这里将介绍这类仪器的发展近况。

① 单一型的 MS/MS 联用仪器

a.扇形场质谱仪　扇形场指的是静态质谱仪的磁场（B）和静电场（E）。最简单的 MS/MS 仪为 BE 结构，两个扇形场中间加一个碰撞室（简称 RR2），在磁场与离子源（S）之间也可以加一个碰撞室（称 RR1）；稍为复杂的是三个扇形场的组合，按照扇形场的性质和排列的位置，应当有八种组合的 MS/MS 仪。实际上，只有 EBE、BEE 及 BEB 的组合能够显示优于 BE 组合的两个扇形场（图 4-34）。EBE 组合可以看作 EB-E 的组合，EB 代表一个高分辨的质谱仪，再与第二个 E 组合相当于一个 B-E 结构的反尼尔型质谱仪。这意味着有 EB 选择的高分辨母离子，经碰撞活化，由 E 进行 MIKES 分析。BEB 组合可以看作 BE-B 的组合，BE 代表一个高分辨的质谱仪，可以选择高分辨的母离子，经碰撞活化，由第二个 B 进行二级谱的扫描。若是把 BEB 的组合看作 B-EB，在 RR2 区域进行活化碰撞，获得的一级子离子由 EB 进行双聚焦，从而得到高分辨的子离子谱（或称高分辨的二级谱）。高分辨的母离子选择，其优点是可以排除相同名义质量而由不同元素组成的那些离子干扰；而高分辨的子离子的选择，其优点为峰-峰间高的分辨意味着可以获得比低分辨的子离子质量更为精确的子离子。所以 BEB 的结构被认为是最有用的组合。为了提高分辨率和信噪比并消除来自其他扇形场内的干扰峰，出现了多个扇形场的组合。除了三个扇形场组合外，还发展了四个扇形场的商品仪器。如 EBEB、BEEB 以及 BEBE 的组合。这种 BEBE 的四个扇形场的仪器除了可以看作两台高分辨质谱仪的串联、实现高分辨的 MS/MS 功能外，还可以用它做 MS/MS/MS 实验。一种方式为 BE-B-E，即高分辨母离子选择，然后低能碰撞活化，第二个 B 作子离子选择，再进行高能碰撞活化，然后扫描第二个 E，由此获得二级子离子谱。另一种方式可以看作 B-EB-E，第一个 B 作母离子选择，然后低能碰撞，紧接着 EB 结构的高分辨选择子离子，再进行高能碰撞，最后扫描第二个 E，获得二级子离子谱。两种方式均可获得 MS³ 的谱图。扇形场结构的 MS/MS 法一般使用高能碰撞，这是因为它的加速电压都要达到几千伏。若要进行低能碰撞，则需要附加减速和加速装置。扇形场的 MS/MS 的优点是可实现高、低能碰撞，获得高分辨的数据，至少可进行 MS³ 的分析，当然价格是昂贵的，且不适合与液相色谱联用。

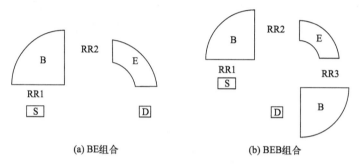

(a) BE组合          (b) BEB组合

图 4-34    BE 组合和 BEB 组合的 MS/MS 简图

b. 三级四极杆质谱仪    它在 1978 年诞生，晚于扇形场的 MS/MS 质谱仪好几年，因为在 1978 年前 McLafferty 的质谱实验室已经安装了供实验使用的四个扇形场的 MS/MS 仪器。不过，由于三级四极质谱仪具有价格低廉、容易进行低能碰撞的操作、高的传输率（在 $m/z < 1000$）和高的碰撞活化效率而受到广泛的重视。尤其是快速扫描和高的灵敏度特别适用于 GC-MS/MS；低的工作电压又适合于 HPLC-MS/MS。三级四极杆质谱仪的缺点是质量范围有限，且高质量的传输率低于扇形场仪器，当然分辨率也不如后者。实际上三级四极杆质谱仪能够满足大部分领域的分析要求，尤其是大批量检测工作的需要，因而在质谱实验室中的拥有量远远超过扇形场 MS/MS 仪，并为大家所熟悉。可以说，目前 MS/MS 分析绝大部分在三级四极杆质谱仪上进行。三级四极杆质谱仪的固有优势又促使众多质谱仪制造公司进行持续的开发和革新，在它的基础上推出的一些新型混合型结构仪器，不仅在分辨率上得到极大的提高，可以实现高分辨率条件下高准确度的精确质量测定，还在灵敏度和功能上大大地超过扇形场 MS/MS 仪。图 4-35 为三级四极杆质谱仪的简图，中间的四极杆（简称 Q）仅加上 RF 电位用来进行活化碰撞。第一个 Q 和第三个 Q 都

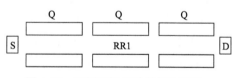

图 4-35    三级四极杆质谱仪的简图
（图中 S 为离子源，D 为检出器）

可以用作质量分析器，实际上都可以构成独立的质谱仪，这就是被称为串联质谱仪的原因。四极杆的工作原理可参见相关文献[1]。

c. 离子阱质谱仪（ITMS）    属于时间串联的 MS/MS 质谱仪器，它的碰撞室和分析系统在同一个阱内，而不像前面两种 MS/MS 仪的空间串联装置。它的

主要特点是在较高真空度下的低能碰撞，具有 MS$^n$ 的分析功能，$n \geqslant 2$。从理论上讲，只要有足够强度的前体离子，就能进行 $n$ 次质谱-质谱分析。不过，实际上在大多数常规分析时也就是进行 $n=3\sim4$ 的 MS/MS 分析。它的工作原理见图 4-36，图(a) 中三维离子阱的环形电极加射频 RF 和直流电压 DC，在上下端电极加上辅助射频电压。在 IT-MS/MS 工作原理图中，子离子谱的模式，A 阶段打开灯丝，此时基础射频的电压值置于低质量的截止值，使所有离子被阱集，然后利用辅助射频的电压抛射掉所有高于被分析的母离子质荷比的离子；进入 B 阶段，增加基频的电压，抛射掉所有低于被分析的母离子质荷比的离子；C 阶段，降低基频电压到低质量截止值，以阱集即将活化碰撞产生的子离子；D 阶段，利用加在端电极上的辅助射频电压激发母离子，使其与阱中的气体相碰撞；E 阶段扫描基频电压，抛射并接收所有 CID 过程中形成的子离子信号，由此获得一级子离子谱（或称二级谱）。图中电子门和辅助 RF 电压随工作步骤开或关。依此原理可以实现多级 MS 分析[1,43]。前文已经对离子阱质谱的长处和需改进点进行了讨论，这里不再重复。MS/MS 的四大基本功能中母离子谱和中性丢失谱这两项功能在离子阱质谱中是依靠软件来实现的。

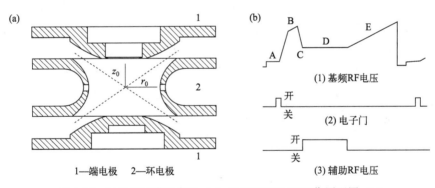

图 4-36 三维离子阱示意图 (a) 和 IT-MS/MS 工作原理图 (b)

三级四极杆和离子阱通常都是以单位分辨的方式进行常规测试，目前有一些较高分辨功能出现在四极杆和离子阱的仪器中。四极杆的高分辨性能一方面通过双曲面四极杆和增加杆长并在最高 RF 电压下提高射频的频率来达到；另一方面，任何分辨率的提高是以降低灵敏度为代价的，因此，提高仪器灵敏度的任何措施都有益于分辨率改善。据热电公司 2003 年报道[45]，半峰宽的分辨可达 5000～7000。高分辨对于选择反应监测（SRM）的 MS/MS 鉴定是有价值的。因为对于一个复杂体系的 HPLC-MS 分析，本底干扰将影响上述分析，而在高分辨条件下可以排除本底干扰并在纯组分的离子上获得数据。另外，在多元成分存在下，低强度的多电荷离子质谱图中要挑选出离子系列有相当难度，解决的途径或者用专门的软件来检出多电荷离子并确定所带的电荷数；或者选用较高分辨的方法实现各种组合的多电荷离子之间或者多电荷离子与单电荷离子间的分离。离子阱主要依靠拉开峰间的距离和慢扫描来获得较高的分辨[46]。

在外离子源、增加阱内离子贮存体积等改善空间电荷的问题获得改进的基础上，近来离子阱的性能指标也有进展，如 Brucker 公司的 Amazon 系列的产品中除了分辨率（由半峰宽所占的质量来表达）可达 0.3u 外，质量范围达 3000u，可配 ESI/APCI/Captive Spray 源。不过，3D 离子阱的真正革命是 21 世纪初开发的 2D 离子阱（亦称线性离子阱）。3D 离子阱存在以下不足：即使在使用外离子源时，仍有 1/3 效应；存在高空间电荷下大的质量位移；对射入阱内离子的捕获有影响。使用 2D 离子阱，上述问题得以解决。贮存的离子被压缩在一条线上，而不像 3D 离子阱内压缩在一个点，由此增大了离子的空间容量，也降低了空间电荷效应，同时又提高了离子的捕获效率，故在灵敏度上可高于常规 3D 离子阱。实际上可以把 2D 离子阱看作具有贮存功能的四极杆[1]。

d. 飞行时间质谱仪（TOFMS）　首次由 AB SCIEX 和 Bruker 公司在 2002 年完成 TOF-TOF 的商业化，图 4-37 为 AB SCIEX TOF-TOF 4700 的结构简图。将两级 TOF 质量分析器串联起来，并在它们之间加上高能碰撞池。经第一个 TOF（图中离子源 1# 的后面区域）选择的前体离子从漂移途径转到反应区域，并在此区域进行活化碰撞，再进入第二个反射模式的 TOF，由此实现 TOF-TOF 的高分辨 MS/MS 分析。由于 TOF 本身无质量限制，因而可以实现大质量范围的测定。早先依赖 PSD 的方法检测单个反射式 TOF 仪器中的亚稳离子，检测能力显然不如 TOF-TOF；可调的高能碰撞可以获得更多的序列信息。目前，几个主要生产厂商的 TOF-TOF 关键指标：反射模式分辨率为 25000～40000，质量测定精度小于（1～2）×10$^{-6}$（内标法）；MS/MS 分辨率至少大于 10000，MS/MS 的质量测定精度优于 ±(0.03～0.05)u。TOF 具有很高的灵敏度，可以进行低于 fmol 的样品测定。这些特点配合 MALDI 源使 TOF-TOF 的 MS/MS 分析特别适合于生物大分子的分析。

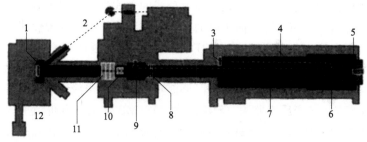

图 4-37　AB SCIEX TOF-TOF 4700 的结构示意图[47]

1—离子源 1#；2—激光束；3—反射检测器；4—MS/MS 束；5—线性检测器；6—反射器；7—MS 束；8—离子源 2#；9—碰撞室；10—迟滞透镜；11—时控离子选择器；12—XY 样品台

e. 傅里叶变换离子回旋共振谱仪（FTICR-MS） FTICR-MS 属于时间串联的 MS/MS 分析仪，其工作原理可见图 4-9，并在 4.2.1 节中已有叙述。图 4-38 为 FTICR-MS/MS 工作原理图：A 阶段，清零；B 阶段，离子化；C 阶段，除了要求的母离子外，其他离子均被激发，从池中抛射到接收极；D 阶段，母离子受激，运动半径增大，但轨道受到控制而不会与接收极相撞，此时母离子与池室的本底气相撞产生子离子；E 阶段，连续改变射频频率，接收各种子离子的镜像电流；F 阶段，检出子离子信号，形成 MS/MS 谱。FTICR MS/MS 局限于扫描子离子谱，理论上它可达到 100% 的收集效率，再加上它的高灵敏度，与离子阱质谱相比可以完成更高级数的 MS/MS 分析。

实际上它也受多种影响，一般达到 $MS^5$。常规的空间串联质谱仪，在 CID 时伴随发生动能释放，造成离子的速度色散，也导致子离子谱的峰宽加大，降低了分辨率。FTICR-MS/MS 有很高的质量分辨率，它的 MS/MS 碰撞在低于 $10^{-8}$ mmHg 条件下进行，因而可以在高灵敏度和高分辨率条件下获得子离子的精确质量。时间串联的质谱仪具有高效的 MS/MS，这是因为母离子和子离子共存而减少了传输损失。实际上，昂贵的质量分析器具有很大的功效和性能发展空间，只有与其他质量分析器配合使用，才能把它

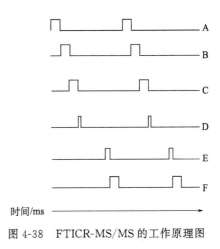

图 4-38　FTICR-MS/MS 的工作原理图

们的功效和性能发挥到极致。这就形成了当前出现的混合型的 MS/MS 联用仪器。单一型的 MS/MS 联用仪器中既没有提及轨道阱，也没有详细介绍 FTICR，就是这个原因。

② 混合型的 MS/MS 联用仪器　混合型的 MS/MS 联用仪器指的是由不同类型的质量分析器组合而成，尽管有四极杆与扇形场的组合、TOF 和扇形场的组合形成 BTOF 或者 ETOF、四极杆与线性离子阱的组合等，我们主要关注的是目前高性能指标、强功能的三种仪器的进展，即混合型的 Q-TOF、Orbitrap 及 FTICR。

a. 四极杆与 TOF 的组合（Q-TOF 或 qq-TOF）　几乎世界上主要质谱制造厂商都在这种结构的仪器上不断地进行改进和提升，因此新的型号层出不穷。这是因为，Orbitrap 产品是 Thermo-Fisher 公司所独有，而 FTICR 产品也只有少数公司才有。这样，四极杆与 TOF 的组合就成为中、高档的高分辨质谱仪的竞争目标；当然，性价比也是一个重要原因。目前，四极杆与 TOF 组合的仪器所涌现的新技术和新方法最终将体现在分辨率、灵敏度、精确质量测定精度以及质量

范围、通量等技术指标上，主要是前三项。两个技术对 Q-TOF 分辨率和灵敏度的提高起到重要作用，一是离子淌度，二是离子漏斗。离子淌度也可称为离子迁移谱（ion mobility spectrometry），这是 20 世纪 60 年代提出的技术。作为一种独立的、现场在线分析用的检出方法，早已形成了一些小型商品仪器。然而，用在质谱仪上是近十几年的事，目前都称它为离子淌度。它的工作原理是：在电场力的作用下离子在均匀场的漂移管内运动，在气体阻尼环境下它与惰性气体分子相碰撞形成阻力，经受的阻力取决于离子的碰撞横截面（后者是大小和形状的函数）、离子的电荷数以及它的质量。这样，不同的离子产生了迁移速率的差异，达到分离的目的。也意味着在色谱-质谱联用的三维信息基础上又增加了一维信息，在保留时间（retention time）、精确质量（accurate mass）、丰度（abundance）3D 基础上增加一个分离维度——碰撞横截面（collision cross section，CCS）。4D 信息会得到意想不到的结果，即实现同分异构体（isomer）的分离。而高分辨的解决程度则止步于整数质量相同而精确质量相异的分子鉴别（nominal isobar）。

离子漏斗由 R. Smith 发明，这是一种新型的离子导向装置，它通过射频电场对离子进行径向束缚，通过匀强电场对离子进行轴向推进。可在高气压下降低离子的空间发散度和能量分散度，大幅度提高离子的传输效率，有效提升仪器灵敏度。离子漏斗自 1997 年被报道以来，便引起研究者的关注，已广泛应用于各类质谱仪器中，搭起了低真空电离源向高真空质量分析器高效离子传输的桥梁[52]。

SCIEX 公司 2021 年 7 月推出 ZenoTOF™ 7600 Q-TOF 仪器，以 EAD 和 Zeno 阱的结合，实现分辨率优于 42000，质量测定精度小于 $1\times10^{-6}$（内标法），灵敏度达 fg 量级。Zeno 阱起到了离子贮存和离子包（ion packet）脉冲导入 TOF 的作用，明显地改善 Q-TOF 的占空比（duty cycle），有 90% 以上的离子注入 TOF，并提高 MS/MS 灵敏度 5～20 倍，对低丰度离子特别有用。EAD 是 Electron Activated Dissociation（电子活化解离）的缩写，它首次被使用在商业质谱仪 ZenoTOF™ 7600 Q-TOF 上，归属于电子捕获解离（ECD）类模式。EAD 可用于 Ⅱ 相结合代谢物检出、脂质的完整表征等。EAD 分低能、中能 (hot-ECD) 及高能（electronic excitation dissociation，EED)[49]。7600 Q-TOF 的 EAD 是可以进行能量调节的，把 0～5eV 设为低能（适用于多电荷离子的多肽、蛋白质等大分子），5～10eV 为中能（适合糖肽、肽二硫键等），10～20eV 为高能（专于单电荷小分子）。EAD 也称为 EIEIO，是 electron impact excitation of ions from organics 的缩写，其机理为自由基级联的二级碎裂（secondary fragmentations of the free-radical cascade)[50]。图 4-39 为 ZenoTOF 7600 结构简图。

Bruker 公司在 2016 年第 64 届美国质谱年会上发布了全新的高性能离子淌度和高分辨 Q-TOF 质谱相结合的 tims TOF 平台，2017 年在 tims TOF 基础上又

图 4-39　ZenoTOF 7600 结构简图[51]
1—EAD 室；2—CID 室（LINAC）；3—Zeno 阱；4—TOF（N 型）

发展了 tims TOF pro 系列的 Q-TOF 质谱仪，其中新推出的 tims TOF pro 2 为代表性的产品[53]。tims 为 trapped ion mobility spectrometry 的缩写，意思是捕集离子淌度。tims TOF pro 2 质谱仪的重要创新是 PASEF（parallel accumulation serial fragmentation，平行累积串行碎裂）技术。此技术的原理是使用双 TIMS 结构，前一批离子在第二个 TIMS 中分离和释放时，后一批离子在第一个 TIMS 中累积。TIMS 本身因增加一维分离，有助于噪声和信号的分离，再加上 PASEF 技术能达到 100% 离子的利用率和传输率，增加了离子容量，提高了灵敏度；每秒可获得 100～150 张高分辨的 MS/MS 谱，这就以多次扫描为低丰度蛋白质检出提供了条件；tims TOF pro 2 具有 60000 分辨率，且在 MS/MS 模式时可保持 20000～50000 高的分辨率，利于检出更多的蛋白质。图 4-40 是 tims TOF pro 的结构示意图，可以说，它是专为鸟枪法（shotgun）即自下而上（bottom-up）的蛋白质组学研究量身打造的有力工具。

图 4-40　tims TOF pro 的结构示意图[54]
1—双 TIMS；2—同步的四极杆质量过滤器；3—高速碰撞池；4—高分辨 UHR-TOF

    Agilent 公司推出的 6560 IM Q-TOF 质谱仪[55]具有离子淌度的装置，LC-ESI MS 的灵敏度为 200 fg（20％RSD），分辨率大于 42000（$m/z$ 2722），质量测定精度优于 $1\times10^{-6}$（内标法，RMS）；MS/MS 模式在采样速率 50 张/s 时，分辨率仍保持 40000，测定精度优于 $2\times10^{-6}$。Agilent 公司首次采用三种不同功能的离子漏斗，结合低匀场的高分辨 IM，并与高分辨 TOF 联用，实施了商品化的 UHPLC1290-IM Q-TOF6560。其电动离子漏斗的稳定性好；分辨率大于 60 的离子淌度，峰容量增加了 5 倍（与单独的 LC-MS 相比），且可直接计算 CCS 值（准确度在 2％以内）而无需校正标样；配用的离子淌度装置提供了高的灵敏度，适合构象分析、同分异构体分离及分子结构测定。离子漏斗加上离子淌度，再与高分辨 TOF 的结合，提高灵敏度 50 多倍（与单独的高分辨 TOF 相比）。由于离子淌度降低了背景噪声，可检测低丰度离子，从而满足全离子 MS/MS 分析，因而成为蛋白质组学、代谢组学、脂质组学研究、检测的基石。图 4-41 为该质谱仪的结构示意图[56]。

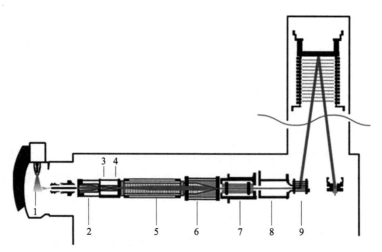

图 4-41　Agilent 6560 IM Q-TOF 质谱仪的结构示意图[56]

1—喷射雾化器；2—前端离子漏斗；3—捕集漏斗；4—捕集门；5—匀场漂移管；
6—后端离子漏斗；7—四极杆；8—碰撞室；9—六极离子脉冲器

    Waters 公司在 2021 年 6 月推出了 Select Series MRT Q-TOF 仪器。据称，在宽的质量范围内具有各种扫描速度下 20 万（FWHM）的分辨率，质量测定精度在 $10^{-9}$ 量级[48]。采用新型的飞行途径达 47m 的多反射 TOF 并实施空间聚焦离子包，能保持良好的灵敏度。图 4-42 显示了 Multi Reflecting TOF（MRT）的示意图。该仪器还可以配置 DESI（小分子）或者是 MALDI（大分子），进行质谱成像，其中 MALDI 的空间分辨率优于 $10\mu m$，数据采集速率大于 10 像素/s，尤以相差几 mu 的化合物进行谱图绘制，从而对组织表面的生物分子和药物进行全谱分子成像（FSMI），适合于生物医学、临床诊断、材料科学、法庭科学等领域的研究和检测[57]。

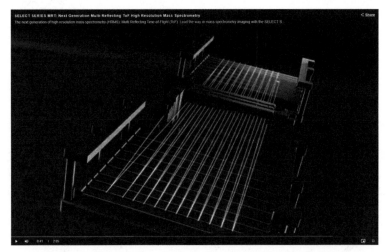

图 4-42　Waters Select Series MRT 质谱仪的 MRT 简图[57]

b. 2D 阱与轨道阱的组合　Thermo-Fisher 公司的高性能质谱仪建立在轨道阱的基础上。轨道阱作为一种新型的质量分析器，它与二维线性离子阱相连构成了 Thermo-Fisher 公司推出的、具有高分辨率和高质量测定精度的 LC/LTQ-Orbitrap 质谱系统。Thermo-Fisher 公司在 2021 年推出轨道阱家族的新成员 Orbitrap IQ-X Tribrid 质谱仪，这同样也属于混合型的 MS/MS 联用仪器。Tribrid 指的是四极杆、线性离子阱及轨道阱三者的组合。该仪器添加了一些新的元素和革新（图 4-43），其中最有特色的是智能化的 $MS^n$ 和实时数据库检索，大大改善了未知物的结构表征和注释，尤其是小分子的鉴定和表征，因而适合于代谢组学、脂质组学、代谢物 ID、杂质、可萃取物、可浸出物等方面的应用。Orbitrap IQ-X Tribrid 最高分辨率 500000（FWHM，在 $m/z$ 200）；质量测定精度 $<3\times10^{-6}$ RMS（外标法），$<1\times10^{-6}$ RMS（内标法）；ESI 的 $MS^2$ 灵敏度为 fg 量级。

c. FT-ICRMS 与四极杆、2D 阱的组合　FT-ICRMS 具有超高分辨（高于 1000000）、高灵敏度（fg 量级）和高精度测定离子精确质量（优于 $1\times10^{-6}$）的性能，且仪器灵敏度与分辨无关，这为其他质谱仪器所不及。过去曾有不少于四家公司的产品竞争于中国市场，包括 Bruker SolariX Qq-FTICRMS、IonSpec 7.0T Qq-FTICRMS、Themo-Fisher LTQ-FTICRMS、Varian920 TQ-FTICRMS 等。自 1974 年 Marshall 和 Comisarow 将 FT 技术应用在 ICRMS 上，使后者获得了飞速的发展。目前用于 FT-ICRMS 的商用超导磁体从 4.7 T 提升到 15T，

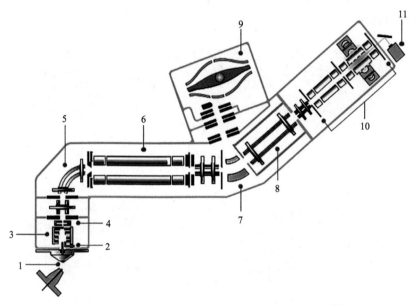

图 4-43　Orbitrap IQ-X Tribrid 质谱仪的结构示意图[58]

1—离子传输管；2—自动校正液的就绪装置；3—电动离子漏斗；4—易实时校正的离子源；
5—离子束去噪导轨；6—四极杆；7—C 阱；8—离子发送多重杆；
9—超高场轨道阱；10—双压线性离子阱；11—紫外光解离源

并于 2014 年由 Bruker 公司和美国国家强磁场实验室（NHMFL）在佛罗里达州立大学（FSU）成功安装了世界上第一台最高磁场 21T 的 FT-ICR 磁体。这款仪器的安装，提供了更高的质量分辨率、质量精度和动态范围。图 4-44 为 Bruker SolariX 傅里叶变换回旋共振质谱仪结构示意图，图 4-45 是从原油 APPI 离子化获得的 $m/z$ 325 诸峰，显示了分辨率 95 万、质量测定精度 $100 \times 10^{-9}$ 的性能[60]。尽管如此，FT-ICRMS 还存在不足之处，如仪器价格昂贵，尤其是液氦，虽然有回收装置，但总体维护复杂且费用不低。自然，当前 Orbitrap 就是其有力的竞争对手。不过，2018 年 Bruker 公司在 ASMS 会上发布的 MRMS 仪（磁共振质谱），既把分辨率提高到 2 千万，质量测定精度达 $600 \times 10^{-9}$，又只需一个氦气钢瓶，这为质谱技术的应用开启了另一扇崭新之门[59]。

FT-ICRMS 除了与各种外离子源，如 ESI/APCI/APPI、GC-APCI、MALDI、DESI、DART 等配用外，它的另一重要应用是实现与 HPLC 联用。FT-ICRMS 可以与四极杆 Q 或 LTQ 相连，实现空间串联的 MS/MS 分析，并通过离子导入器将前体离子或产物离子引入 ICR 分析池。MS$^n$ 在 ICR 池中进行。现在的 FT-ICRMS 不限于 CID，有丰富的 MS/MS 功能，包括 ECD、ETD 及其他目前已有开发的 MS/MS 解离方式。

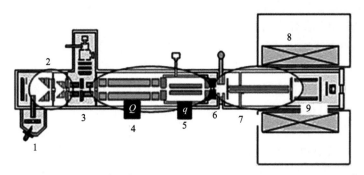

图 4-44 Bruker SolariX 7.0 T 傅里叶变换回旋共振质谱仪结构示意图[60]

1—LC-电喷雾源；2—双离子漏斗；3—聚焦六极杆；4—四极滤质器；
5—2D 功能的八极碰撞室；6—聚焦板；7—八极杆；8—磁体；9—ICR 池

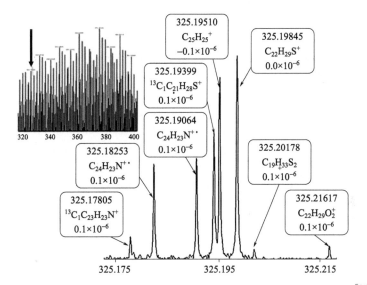

图 4-45 在 Bruker SolariX FT-ICR 质谱仪上显示分辨率 950000 的诸峰[60]

## 4.4.2.3 与图谱解析相关的用途

（1）获得母-子离子的关系信息

MS/MS 分析五种基本模式中的子离子谱和母离子谱的用途与 4.4.1 亚稳技术中所述是一致的。当然，与亚稳峰测定相比，MS/MS 分析的灵敏度、选择性和分辨率均优于前者。不过要注意它与亚稳峰不同，MS/MS 分析在过高的碰撞能量下除了优势的一级裂解外，在一级碎裂谱图中存在二级乃至三级碎裂的离子，因而误认为后二者形成的碎片离子直接由前者的母离子一次碎裂形成，会给数据解析带来困难。另外，MS/MS 过程也比亚稳技术要复杂得多，因此在解释结果时要慎重。所以在本节中用一定篇幅介绍亚稳技术，其原因也在于此。

（2）MS/MS 法对软电离数据的补充

用常规的方法难以获得碎片离子信息的化合物，MS/MS 法可以提供碎片信息。因此，对这类未知物的分析或者结构测定，MS/MS 分析是一个重要的补充。正如前述，有一部分有机化合物在常规的 EI 源中得不到足够强度的分子离子峰（如≤1％相对强度）。常常依靠软电离方法才能获得准分子离子峰。还有一大部分有机化合物依赖 HPLC-MS 分析，但是 ESI 源中往往获得的多半是准分子离子峰。这些软电离法即使获得碎片离子，也因数量少、强度低而难以提供解析所需的信息。MS/MS 法解决了这一问题，CAD 技术提供了一级子离子谱，甚至二级、三级谱，由此为图谱解析提供了重要数据。事实上，依靠 ESIMS 或 MALDI-TOF 与 MS/MS 法的结合，目前已成功地解决了许多生物大分子的分析问题。

# 参考文献

[1] 汪聪慧. 有机质谱技术与方法 [M]. 北京：中国轻工业出版社，2011.

[2] Adams R P. Identification of essential oils by ion trap mass spectrometry [M]. San Diego：Academic Press，1989.

[3] 施钧慧，汪聪慧. 香料质谱图集（中国质谱学会有机专业委员会）[M]. 北京：中国质谱学会，1992.

[4] 汪聪慧，董凤霞. 提高谱图检索匹配的基本方法 [J]. 质谱学报，1994，15（1）：16-22.

[5] Dagan S. Comparison of gas chromatography-pulsed flame photometric detection-mass spectrometry, automated mass spectral deconvolution and identification system and gas chromatography-tandem mass spectrometry as tools for trace level detection and identification [J]. Journal of Chromatography A，2000，868：229-247.

[6] 许大年，刘石磊. 色谱-质谱自动处理与鉴定系统——AMDIS 简介 [J]. 现代科学仪器，2002（6）：42-44.

[7] US Department of Health and Human Service，Guidance Document for Laboratories and Inspectors，1994.

[8] McLafferty F W，Turecek F. Interpretation of mass spectra. 王光辉，姜龙飞，汪聪慧，译. 质谱解析（第三版中译本）[M]. 北京：化学工业出版社，1987.

[9] Wang T H，Pattannargson S，Ma L，et al. Electrospray mass spectrometry of hyaluronidase in snake venoms//Proceedings of International 8th Beijing Conference and Exhibition on Instrumental Analysis Vol B [M]. Beijing：Peking Uni Press，1999：63.

[10] 罗静初. Uniprot 蛋白质数据库简介 [J]. 生物信息学，2019，17（3）：131.

[11] 陈主初，梁宋平，等. 肿瘤蛋白质组学 [M]. 长沙：湖南科学技术出版社，2002.

[12] 杨芃原，钱小红，盛龙生. 生物质谱技术与方法 [M]. 北京：科学出版社，2003.

[13] Dennis C，Gallagher R. 人类基因组——我们的 DNA [M]. 林侠，等译. 北京：科学出版社，2003：4.

[14] Lide D R. Handbook of chemistry and physics. Section 1 1-14. Atomic masses and abundances [M]. 90th ed. Boca Raton：CRC Press，2009.

[15] Beynon J H，Williams A E. Mass and abundance table for use in mass spectrometry [M]. New York：

Elsevier Pub Co，1963.

[16] 徐建中，汪聪慧，潘谷臣，等. 存储示波器在峰匹配中的应用 [J].质谱学报，1986，7（4）：53-56.

[17] 汪聪慧. 高分辨场解吸质谱技术 [J].质谱学杂志，1984，5（3）：41-53.

[18] Ligon W V. High-resolution field-desorption mass spectrometry utilizing multichannel scaling techniques [J]. Int J Mass Spectrom and Ion Phys，1982，41（4）：213-222.

[19] Snelling C R，Cook J C，Milberg R M，et al. Minicomputer-based multichannel signal averager for acquisition of weak and transient mass spectra [J]. Anal Chem，1984，56（8）：1474-1481.

[20] 汪聪慧，徐建中.第七次全国有机质谱学术会议论文集，1993.

[21] Edmondson R D, Russell D H. High resolution mass spectrometry and accurate mass measurements of biopolymers using MALDI-TOF//Larsen B S, McEwen C N. Mass spectrom biol material [M]. New York：Dekker，1998，Chapter 2：29.

[22] Jensen O N, Podtelejnikov A, Mann M, et al. Delayed extraction improves specificity in database searches by matrix-assisted laser desorption/ionization peptide maps [J]. Rapid Commun in Mass Spectrom，1996，10（11）：1371-1378.

[23] Zhao J, Guo L H, Zeng H M, et al. Purification and characterization of a novel antimicrobial peptide from Brevibacillus laterosporus strain A60 [J]. Peptides，2012，33（2）：206-211.

[24] Makarov A. Electrostatic axially harmonic orbital trapping：A high-performance technique of mass analysis [J]. Anal Chem，2000，72（6）：1156-1162.

[25] Yates J R, Cociorva D, Liao L J, et al. Performance of a linear ion trap-Orbitrap hybrid for peptide analysis [J]. Anal Chem，2006，78（2）：493-500.

[26] Varian Inc. Varian FTMS 教程，2008：11.

[27a] Gu M, Wang Y D, Zhao X G, et al. Accurate mass filtering of ion chromatograms for metabolite identification using a unit mass resolution liquid chromatography/mass spectrometry system [J].Rapid Commun in Mass Spectrom，2006，20（5）：764-770；Wang Y D, Prest H. Accurate mass measurement on real chromatographic time scale with a single quadrupole mass spectrometer [J].Chromatography，2006，3：135-140；Wang Y D, Gu M. The concept of spectral accuracy for MS [J].Anal Chem，2010，82（17）：7055-7062.

[27b] 刘可，马彬，王永东，等. 一种新软件方法用于单位分辨质谱仪上药物相对分子质量的准确测定 [J].药学学报，2007，42（10）：1112-1114.

[27c] 北京绿绵科技有限公司.质谱校正和化合物鉴定的新技术，2010.

[27d] 顾鸣，王永东.四极杆质谱分子式识别的稳定性 [J].分析测试学报（增刊），2008，27（11）：65.

[27e] Cerno Bioscience. Cerno Application Note No. 114，2021：12.

[27f] 北京绿绵科技有限公司. GCMS 结合 MassWorks 在未知化合物的准确定性分析中的应用，2020.

[27g] Zhou W, Zhang Y H, Xu H L, et al. Determination of elemental composition of volatile organic compounds from Chinese rose oil by spectral accuracy and mass accuracy [J]. Rapid Commun in Mass Spectrom，2011，25（20）：3097-3102.

[27h] 分析测试百科网. SAMMI：用于大分子分析的革命性新工具 [Z]，2023.

[28] NIST 14，version 2.2，2014：20034.

[29] Heller S R, Milne G W A. Indexes to EPA/NIH mass spectral data base [M]. Washington DC：US Govt Printing Office，1978：588-96-5.

[30] Heller S R, Milne G W A. Indexes to EPA/NIH mass spectral data base, supplement 1 [M]. Washington DC：US Govt Printing Office，1978：20599-96-6.

[31] Falick A M. Technical bulletin of applied biosystems Inc, No. PT 921, 1995.

[32] Biemann K. Nomenclature for peptide fragment ions (positive ions) [J]. Methods Enzymol, 1990, 193: 886-887.

[33] 汪聪慧. 有机质谱学讲义 [Z]. 暑期有机质谱分析培训班, 南京, 1981.

[34] 赖聪. 现代质谱与生命科学研究 [M]. 北京: 科学出版社, 2013: 153-156.

[35] Maccoll A. Metastable ions in mass spectrometry [M] //Maccoll A. Mass spectrometry. Lonton: Buttenworths, 1972.

[36] Cooks R G, Beynon J H, Caprioli R M, Lester G R. Metastable ions [M]. New York: Elsevier Scientific Pub Co, 1973: 165.

[37] 刘静明, 等. 青蒿素 (Arteannuin) 的结构和反应 [J]. 化学学报, 1979, 37 (2): 129-141.

[38a] Beynon J H, Caprioli R M, Ast T. Charge localization: The ion kinetic energy spectra of pyrazine, pyrimidine and pyridazine [J]. Org Mass Spectrom, 1972, 6: 273-282.

[38b] Beynon J H, Caprioli R M, Shapiro R H, et al. Rearrangement of the benzyl benzoate molecular ion to lose $H_2O$ [J]. Org Mass Spectrom, 1972, 6 (8): 863-872.

[39] 汪聪慧. 质谱-质谱联用仪 [M] //朱良漪, 等. 分析仪器手册. 北京: 化学工业出版社, 1997: 826-841.

[40] Applied Biosystems SCIEX. AB 公司药物开发及临床分析应用技术专辑, 2006.

[41] Hopfgartner G, Husser C, Zell M. Rapid screening and characterization of drug metabolites using a new quadrupole-linear ion trap mass spectrometer [J]. J Mass Spectrom, 2003, 38 (2): 138-150; Hopfgartner G, Varesio E, Tschäppät V, et al. Triple quadrupole linear ion trap mass spectrometer for the analysis of small molecules and macromolecules [J]. J Mass Spectrom, 2004, 39 (8): 845-855.

[42] 汪聪慧, 等. 液相色谱质谱联用技术 [M]. 北京: 中国质检出版社/中国标准出版社, 2015: 34-38.

[43] Tyler A N, Clayton E, Green B N. Exact mass measurement of polar organic molecules at low resolution using electrospray ionization and a quadrupole mass spectrometer [J]. Anal Chem, 1996, 68 (20): 3561-3569.

[44] 王小明, 汪聪慧. 低分辨本领质谱计上利用时间定标器精确测定元素组分 [J]. 质谱学报, 1986, 7 (3): 38-44.

[45] Thermo Electron Corp. Application Note 333, 2003.

[46] Wells J M, Gill L A, Ouyang Z et al. Proceedings of the 46th ASMS conf on MS and allied topics. Orlando, 1998: 485.

[47] SCIEX Co. TOF-TOF 4700 System Brochure, 2005.

[48] Emma Marsten-Edwards. www. Waters. com. June 8, 2021.

[49] Yu X, Huang Y Q, Lin C, et al. Energy-dependent electron activated dissociation of metal-adducted permethylated oligosaccharides [J]. Anal Chem, 2012, 87 (17): 7487-7494.

[50] Li X J, Lin C, Han L, et al. Charge remote fragmentation in electron capture and electron transfer dissociation [J]. J Am Soc Mass Spectr, 2010, 21 (4): 646-656.

[51] SCIEX Co. ZenoTOF 7600 System Brochure-CHN, 2021-06.

[52] 郭腾, 彭真, 朱辉, 等. 离子漏斗技术及其应用研究进展 [J]. 分析化学, 2019, 47 (1): 13-22.

[53] Bruker Co. tims TOF Pro 2 高通量、高灵敏度 4D-多组学的新标准, BDAL 188842 Rev. 01. 2021-06.

[54] 分析测试百科网. 采访布鲁克道尔顿中国区高级商业总监王克非博士. 2017 年 10 月 BCEIA 展会.

[55] Agilent Technologies Inc. 5991-4612EN, Data Sheet, Agilent 6560 Ion Mobility Q-TOF Specifications, 2016.

［56］Kurulugama R，Imatani K，Taylor L. The agilent Ion Mobility Q-TOF Mass Spectrometry System，Agilent Note，5991-3244 EN IM Q-TOF 6560.

［57］Waters Co. SELECT SERIES MRT，2021.

［58］Thermo-Fisher Co. Orbitrap IQ-X Tribrid mass spectrometer——Product specifications，2021.

［59］分析测试百科网. 采访布鲁克道尔顿全球事业部经理 Dr Easterling. ScimaX 开创磁共振质谱新时代：2千万分辨，不再消耗液氦. 2018 年 6 月.

［60］Bruker-Daltonics Co. SolariX Sales Presentation，vs 5，2013.

# 5  电子电离图谱的解析

　　与现已登录的上千万个有机化合物相比，已有谱库的谱图数量还不到 0.3%。可以设想，除了目标化合物的检测外，许多未知物缺少可供比对的标准样品或质谱图，因而需要借助图谱解析，如微量有机物分析、痕量杂质分析、代谢物或降解物分析、商品剖析等，这还不包括天然有机物的结构阐述。因此，有机质谱的图谱解析是有机质谱分析的一个重要组成部分。有机质谱有许多离子化方式，不过最基本的方式是电子电离（EI）。EI 提供的信息量最多，许多新发展的电离方式是针对 EI 的不足而产生的。它们无非是解决两个问题，即软电离和减小样品分子进入气相的热应力，由此增加分子离子或准分子离子的峰强度，而付出的代价是碎片离子峰的数目和强度大大降低。从图谱解析的角度来看，不仅要得到分子量的信息，而且要获得能反映化合物结构特征的碎片离子信息。因此，电子电离谱是质谱标准谱库的基础，也是质谱图谱解析的主要依据。把电子电离的图谱解析单独列出，就是这个目的。

　　电子电离谱解析方法的基本内容有分子量的确定和图谱解析的基本步骤两个部分。为何要把分子量的确定放在这样一个位置？这是因为图谱解析是从分子离子峰（或准分子离子峰）开始的；其次，尽管众多的有机小分子具有明显的分子离子峰，但是也会出现下列情况：分子离子峰相对强度低于 1%，且淹没在本底的化学噪声之中；缺少分子离子峰；出现高于分子离子的峰；存在准分子离子峰 M+H 或 M−H，或者二者并存，等等。因此，判断分子离子峰，确定该化合物的分子量是关键的一步，也为以后的分子式提供保证。其他章节与本章的图谱解析是相互关联的，并构成一个完整的图谱解析体系，它可以提供给我们对质谱碎裂过程的原理性认识和了解，指导我们对裂解规律的掌握和应用。读者若具备有机结构理论方面的背景知识，无疑将有助于对图谱解析的理解。

# 5.1　如何获得优良的、可供解析的质谱图

在进入图谱解析前，为获得一张优良的、可供解析的质谱图，首先要排除影响解析的三个因素，即温度、催化反应及 EI 源中的离子-分子反应。

## 5.1.1　温度

实验温度包括两个方面，即离子源温度和样品的蒸发温度。离子源温度的设置是为了避免样品蒸气分子重新冷凝在离子化室的器壁上和减少样品的记忆效应。过高的温度会增加样品分子的内能并导致它进一步热解，其结果使分子离子峰的相对强度下降，图 5-1 为一个低肽的局部质谱图[1]。在升高离子源温度时观察到低强度的分子离子峰。同样，样品的蒸发温度升高也直接赋予样品分子内能，增加了分子离子峰碎裂的概率，降低了它的相对强度。在不同的源温度下 Wiley 库中正三十烷的分子离子峰相对强度有小于 0.5％到大于 8％间的变动。曾有人测试正三十烷在 340℃时内能增加了 3eV[2]。

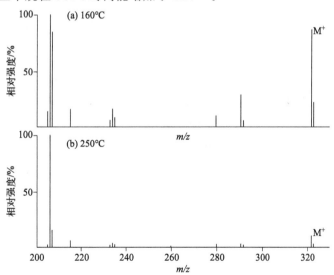

图 5-1　低肽（Z-Val-Gly-OMe）在不同源温下的局部质谱图[1]

样品的蒸发温度对各种有机分子的影响是不相同的。凡是中性分子与自由基分子离子之间在键能上没有很大差异时，仅有高激发态的那部分分子离子才进行裂解，这样对蒸发温度也就不那么灵敏，芳香族化合物属于这种情况。脂肪族化合物形成分子离子后某些键的键能大大减弱，因而温度的提高使剩余内能增加，进而导致分子离子峰相对强度降低。样品蒸发温度的提高也势必涉及热分解的问题，后者又与样品的进样方式密切相关。直接进样能降低热分解而适应于热稳定性差的样

品。对于进样，样品在惰性气氛中于进样口汽化，然后经过相当长的毛细管柱才进入质谱的离子化室。热稳定性差的样品受到较大的热应力，过高的温度导致热解的加剧。所以，对热稳定性低的样品，GC-MS 分析的对策是快速程序升温、进样口闪蒸及短的毛细管柱，目的是缩短样品在整个系统中的停留时间，减少热解。

与 GC-MS 相比，贮气器的热解问题更为严重，因为样品首先在贮气器中汽化和充满整个容器。由于贮气器方式进样本身的灵敏度低，为保持足够的信号强度要适当提高贮气器的温度，这样也加剧了热解。总之，温度的影响首先反映在分子离子峰的相对强度上。在图谱解析时分子离子峰的大小会影响对未知物类型、结构特征的判断，若过大的热解产物的碎片离子存在则会误导解析。因此，合适的实验温度的设置和进样方式的选用是重要的。

## 5.1.2　催化反应

金属材料制成的贮气器在高温下有催化作用，使一些有机化合物发生脱氢反应，这是比较普遍的现象。所以贮气器采用珐琅衬里或用全玻璃系统。当发生催化脱氢时，除分子离子峰丢失两个氢外，也会出现碎片离子少两个氢的情况。其实，全玻璃的贮气器也会与样品发生某些作用，如氢交换反应。若是氘化样品则会与器壁上的氢发生交换而影响实验的结论。催化反应并不局限在脱氢反应，图 5-2 是一个有趣的例子，通过不锈钢贮气器输入乙酰水杨酸（$M_w$180）与采用直接进样输入样品会有不同的结果[3]。使用直接进样法可获得分子离子峰，而贮气器进样法得到的是高于分子量的 $m/z$ 240 峰，后者是由于催化反应形成了二内酯产物（$C_{14}H_8O_4$），谱图中的 $m/z$ 94 也是分子催化脱 $CO_2$ 和 $CH_2CO$ 的产物离子。另外，($o$)HO—$C_6H_4$—CH=N—NH—$SO_2$—Ar 也发生催化反应形成 ($o$) HO—$C_6H_4$—CH=N—N=CH—$C_6H_4$OH。从这个角度来看，直接进样法的效果明显优于贮气器进样法，不过进行同系物的族分析时还得依赖后者。

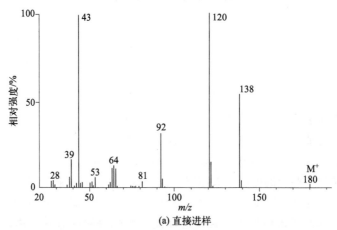

(a) 直接进样

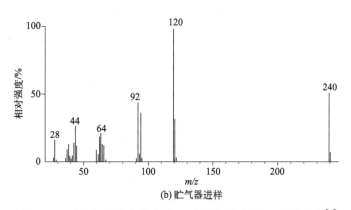

图 5-2　乙酰水杨酸的直接进样(a)和贮气器进样(b)谱图比较[3]

### 5.1.3　离子-分子反应

EI源中基本上不会发生离子-分子反应，但是过高的样品蒸气压会产生离子-分子反应，与此同时也导致离子源的污染。离子-分子反应不仅仅限于 M＋H 峰，而且还会出现更高质量的峰。如在乙酸丁酯 EI 图中所看到的 $m/z$ 159，即 M＋CH$_3$CO 峰，就是离子-分子反应的结果[4]。

上述讨论的三个因素显然不同于仪器类型、型号、质谱扫描速度、GC 参数设置等引起质谱图变形的因素，后者只对库的检索的结果有影响，而前者涉及图谱解析。

## 5.2　分子离子峰的确定

近代有机物鉴定建立在光谱分析的基础之上，如紫外-可见吸收光谱、近红外吸收光谱、质谱、核磁共振波谱等。在有机物的谱图在谱库中找不到的情况下，则要作为未知物进行解析。未知物结构分析首要的一步是测定它们的分子量，所以分子离子峰的确定是很重要的。

从质谱的角度出发，化合物的分子量应以构成分子式的诸元素丰度最大的同位素所组成。在 EI 源中有机分子失去一个电子以单电荷的分子离子形式出现，故它的质量即为化合物的分子量。一般，许多 EI 谱中分子离子峰很明显，但是还需要作进一步确认，更何况有时还会出现反常的情况。因此，包括第 2 章中所述的理论和规则在内的以下讨论内容将有助于分子离子峰的确定。这里需要说明的是，由于组成有机化合物的大部分元素具有天然同位素，因此在计算时应以主同位素的原子量组合为其分子量。例如二溴苯（$C_6H_4Br_2$）分子量为 234，由 $^{12}C$、$^1H$ 及 $^{79}Br$ 三种主同位素构成。显然，在二维质谱图的横坐标上高于分子离子区域处所出现的杂质峰会干扰分子离子峰的判断，尤其是分子离子峰的强度比较弱的情况下判断更为困难。改善样品的纯度、实施谱图的本底扣除、谱图相减等方法都是可取的，尤其是使用联用技术如 GC-MS 测定。当然，质谱工作者熟悉杂质的情况对判断分子离子峰也是极为有利的。实际上运用合理的中性丢失法则、氮规则以及在谱图中寻找成对的碎片离子和双电荷离子都是一些有效途径。这里重申一下，第 4 章 4.3.4 节中提到的合理分子式的一个判别式和环加双键值也有利于分子离子峰的确立。

## 5.2.1 合理的中性丢失

用最高质量的离子与它最靠近的碎片峰之间的质量差值来判断前者是否为分子离子。按照合理的裂解规则，凡是质量差值在 3～14 和 21～25 之间的，可以认为最高质量的离子并不是分子离子；或者认为那个碎片峰是杂质峰，需另找合理的碎片峰。此时，要依靠亚稳峰或 MS/MS 数据来确定那些碎片峰的母离子，或者它们是否属于同一个母体。在确定分子离子峰的前提下，如果出现 M−3、M−4 峰，一般认为是同系物（包括烯的同系物）的干扰，这里需要说明两点：一是合理的中性丢失只适用于电子电离谱，因为其他离子化技术，例如 FD 会出现 M+H、M+Li、M+Na 的离子，此时二者质量差会出现 1、6、22 的值；二是也有专家认为，M−3 偶尔也会出现。当然，纵观已有的谱图，M−3 是一个很罕见的特例。目前也仅找到为数极少的化合物具有这种反应，它是通过连续两个反应形成 M−3，即 M−H−H₂。例如，邻羟基苯甲醇就发现有上述过程的碎裂反应，形成 M−3 峰。比较多的情况是分子离子峰很弱（相对强度低于 1%，且处于大的化学噪声环境中），但有明显的 M−CH₃ 和 M−H₂O，后二者的碎片峰则相差 3 个质量数。图 5-3 显示了仲醇 $C_{10}H_{18}O$（冰片，$M_w$ 154）的质谱图[5]。这是一张纯品的标准质谱图，本底很低，在放大 10 倍的情况下尚能看到 $m/z$ 154 峰。不过，在实际测定中只能看到相差 3 个质量数的碎片峰 $m/z$ 139 和 $m/z$ 136，而 $m/z$ 154（<0.3%）则淹没在本底峰之中。从这个角度出发，认为在很弱的分子离子的情况下，M−10 峰是 M−28 和 M−18 的相差结果；而 M−13 是 M−28 和 M−15 的相差结果。M−14，除了同系物以外，可能出现的情况也是 M−15 和 M−1 的相差结果。

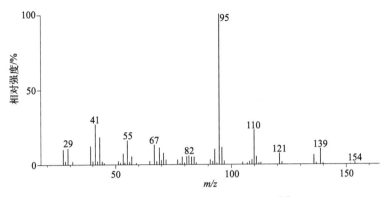

图 5-3  冰片（$C_{10}H_{18}O$）的质谱图[5]

## 5.2.2  氮规则

氮规则是一个很有效的方法，在第 2 章中已有介绍。这是价键规则所决定的，这里再次强调：凡是有机化合物含有奇数氮原子的化合物，它们的分子量一定是奇数；凡是有机化合物含有偶数氮原子的化合物（包括不含氮的化合物），它们的分子量一定是偶数。它可以引申到质谱图中的所有离子。凡是奇电子离子，如含有偶数氮原子则其质量数为偶数，如含有奇数氮原子则其质量数为奇数；凡是偶电子离子，如含有偶数氮原子则其质量数为奇数，如含有奇数氮原子则其质量数为偶数。一个重要的启示：观察质谱图的低质量端，此时这些离子处于能量最低的状态，它们绝大多数为偶电子离子，即最外层是一对自旋电子（Pauli 原理）。这样，它们是否含氮可以看出端倪，如有元素组成式则就更清楚了。另外，碎片离子无论在所含元素的数目上还是种类上必须低于分子离子。从这一点出发，根据各个碎片离子的组成式分布反过来也可以帮助判断最高质量处的离子是否为分子离子，以及最靠近它的碎片离子是否属于同一分子。

## 5.2.3  成对的碎片离子和双电荷离子

有不少化合物的 EI 谱图有这样的特点，即分子离子的某些键断裂时正电荷能够分布在断裂后的两部分上，形成一对互补离子，有时这两部分碎片中还包含氢的转移。以庚醛缩乙二醇的 EI 谱为例（图 5-4），谱图中无分子离子峰，仅有微弱的 M－H 峰（$m/z$ 187，强度为 0.5%）；可以找到成对的互补离子，即 $m/z$ 159 和 29、$m/z$ 143 和 45、$m/z$ 85 和 103 等，结构式和 EI 断裂方式如下：

$$
\begin{array}{c}
159\,|\,29 \\
\mathrm{CH_3-(CH_2)_5 \rightsquigarrow CH} \underset{\underset{143\,|\,45}{85\,|\,103}}{\overset{O-C_2H_5}{\underset{O-C_2H_5}{\rightsquigarrow}}}
\end{array}
$$

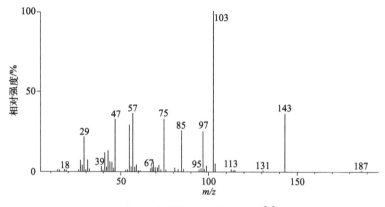

图 5-4　庚醛缩乙二醇的 EI 谱[6]

EI 质谱图中的双电荷离子有时也能帮助确定分子离子峰。由于同位素的存在，双电荷总能在半个质量数的位置上找到，因而易被辨认。由于少部分化合物能产生双电荷离子，再加上质谱图中只有一些强的碎片离子可能会形成双电荷离子，所以利用双电荷离子来判断分子离子还有一定的局限性。另外，双电荷离子的 AP 值比相应的单电荷离子高 10～15eV，因此双电荷离子不易进一步裂解成双电荷的碎片离子。

### 5.2.4　提供分子量信息的其他途径

在电子电离谱上得不到分子离子峰的信息或者不能确定是否为分子离子峰的情况下还可以采取如下途径去获得分子量信息。

（1）降低电子能量

降低电子能量的方法具有突出分子离子峰的效果。当电子能量降低到 10～15eV，由于剩余内能的减少使有机化合物的分子离子峰进一步发生裂解的概率大大降低，结果为分子离子峰在该谱图中所占的份额大大增加。图 5-5（a）为70eV 得到的未知 EI 谱图，图中有 $m/z$ 84、85 和 98 三个峰。若 $m/z$ 98 为分子离子，则 $m/z$ 84 和 85 与它非同源。把电子能量降低至 12eV 时［图 5-5（b）］明显出现 $m/z$ 85，由此证明后者为分子离子峰，$m/z$ 98 为杂质峰，样品为哌啶。根据离子化效率曲线，降低电子能量导致测定灵敏度下降，所以它提高了分子离子峰的相对强度，降低了绝对强度（约降低 1～2 个量级）。不过，低挥发性的样品或者热稳定性低的化合物，如在 70eV 下分子离子峰不明显，则降低电子能量的方法基本上也没什么效果。

（2）软电离技术

软电离技术如 CI、FD、FI、FAB 乃至 ESI、APCI 等都可以获得强的分子离子或准分子离子峰，因此软电离技术是提供分子离子信息的有效手段。

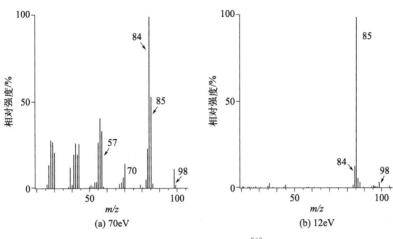

图 5-5　未知物的 EI 谱[7]

（3）亚稳技术和 MS/MS 方法

亚稳离子属于天然存在的一种离子，尤其在磁质谱仪器中，由于有长的无场区很容易发现和找到这种离子。不过，亚稳峰的强度低，不能全面地反映各种碎裂反应，所以后来发展了联动扫描的方法在双聚焦的磁质谱仪上实现了亚稳离子的检测。如第 4 章中所述，用 B/E、$B^2/E$ 的联动扫描，从高质量端的碎片离子去找母离子，从而达到寻找或求证分子离子，这里不再重复。同样，前述常用的 CID-MS/MS 方法也是可以采用的。

（4）化学衍生化

衍生化的结果若使衍生物的离子化电位（IP）比原母体低，则在基本不改变最低出峰电位（AP）的情况下，必然增加分子离子峰的相对强度。例如，丙酮可以看作异丙醇的氧化产物，即异丙醇氧化衍生物。丙酮的 IP＝9.92eV，AP＝11.1eV；异丙醇的 IP＝10.27eV，AP＝11.4eV。故前者的分子离子峰强度为基峰的 40％，而后者则为基峰的 0.5％。例如，十二烷二酸，使用直接进样方式，质谱图缺少分子离子峰，仅有相对强度低于 2％的 M＋H 峰和热解产物的峰（5％）。如果制成它的二乙酯衍生物，则分子离子峰的强度达 10％，且有强的高质量碎片峰，如 $M-C_2H_5O$（80％）和 $M-CH_2COOC_2H_5$（90％），衍生化的优点是很明显的。

## 5.2.5　M+H 峰或 M-H 峰

电子电离谱有时会有这样的情况，不出现分子离子峰而出现 M＋H 峰或 M－H 峰，或者分子离子峰与它们二者之一共存。它对于分子量的判断有影响，不过掌握它们的形成特点也有助于判断分子量。图 5-6 新霉胺的 EI 谱图就是一例。新霉胺是氨基糖类化合物，它的分子量是 322，但质谱图上呈现 $m/z$ 323（M+H），强度为 0.6%。凡是不易气化、热稳定性低的类似化合物都会发生这种现象。质谱图中得不到分子离子峰，而相应的质子化分子离子比较稳定，形成 M+H 峰。新霉胺符合这一特点，用直接进样方式期望得到质谱图时，其蒸发温度为 220℃，并形成 M+H 的稳定氮鎓离子。

腈类、醛类、缩醛、仲醇等化合物在 EI 谱图中有明显的 M−H 峰。图 5-4 中，庚醛缩乙二醇的 M−H 峰就说明了这一点。质谱图中仅出现 M−H 峰的情况下也同样影响对分子量的判断，此时还要依靠图谱解析、高分辨数据，甚至利用其他离子化技术来解决。

经常发生的情况是分子离子峰与 M+H 峰共存或者分子离子峰与 M−H 峰共存。前者是分子-离子反应的结果。分子离子峰与样品的蒸气压呈线性关系，而 M+H 峰与蒸气压成平方相关。当样品蒸气压有变化时，可明显观察到 M+H 峰强度的改变。正常情况下 M+1 峰为同位素丰度的贡献。可以通过计算获得其强度。当 M+1 峰的位置上其相对强度值超过正常同位素丰度值时，就能推测多余的值是 M+H 的贡献。醚、酯、胺、醇、硫化物等化合物的分子离子容易质子化，从而形成的 M+H 峰比分子离子峰强。除了改变蒸气压以外，还可以通过推斥极电位的变更以缩短离子在离子化室内的留存时间，从而降低分子-离子反应的碰撞概率使 M+H 峰降低。就分子离子峰与 M−H 峰共存的情况而言，往往出现在含氮杂环类化合物的质谱图中，M−H 峰有相当的强度，有时候还高于分子离子峰，此时判断分子离子峰并不困难。

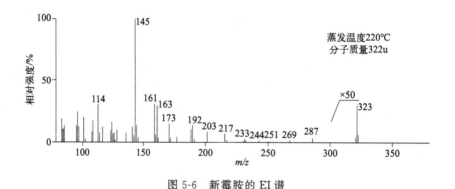

图 5-6　新霉胺的 EI 谱

## 5.2.6　EI 源中高于分子离子峰的特例

EI 源中出现高于分子离子峰的一些杂质峰，或者相差 $CH_2$ 的同系物峰是不足为奇的。这里所要讨论的特例是那些与样品分子本身密切相关的一些峰，它们不是比分子离子高出一个质量单位而是高出 2 个或者是 14 个质量单位。

（1）热氢转移

笔者曾经在研究醌亚胺染料时发现它们的 M＋2H 峰的强度明显大于分子离子峰，（M＋2H）/M 的强度比值随着直接进样的蒸发温度升高而增加[8]。图 5-7 为四种醌亚胺染料其中一种的质谱图。醌亚胺染料的结构式见下式，而 R、R′、和 Z 代表的基团见表 5-1。

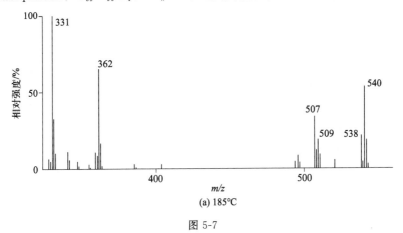

表 5-1  一些醌亚胺染料的结构

| 化合物 | $M_w$ | R | R′ | Z |
|---|---|---|---|---|
| 1 | 538 | $C_2H_4OH$ | $-CONHCH_2CH_2C_6H_4NHAc$ | $C_4H_6$ |
| 2 | 649 | $C_2H_4OH$ | $2,4\text{-}t\text{-}C_5H_{11}C_6H_4OCH(C_2H_5)CONH-$ | $2\text{-}Cl,3\text{-}CH_3$ |
| 3 | 776 | $C_2H_4OH$ | $2,4\text{-}t\text{-}C_5H_{11}C_6H_4OCH_2CONHC_6H_3(3\text{-}Cl)NHCO(4)-$ | $C_4H_6$ |
| 4 | 552 | $C_2H_5$ | $-CONHCH_2CH_2C_6H_4NHAc(2)$ | $C_4H_6$ |

化合物 1 在蒸发温度 185℃时 （M＋2H）/M 值为 2.57，在 220℃时此值达到 43.0。经高分辨测定和 $D_2$、$D_2O$ 的试验，证明 M＋2H 离子中的氢并非来自离子源中残留的氢和水，而是 EI 源中热氢转移的结果。笔者曾试验易挥发的醌亚胺类化合物，发现 M＋2H 现象并不存在，说明出现 M＋2H 峰的化合物必须具有低挥发性。除了醌亚胺类化合物外，醌类化合物也有此现象。笔者发现辅酶 Q10 （ubiquinone，$C_{59}H_{90}O_4$，$M_w$ 862）也有明显的 M＋2H 峰。

图 5-7

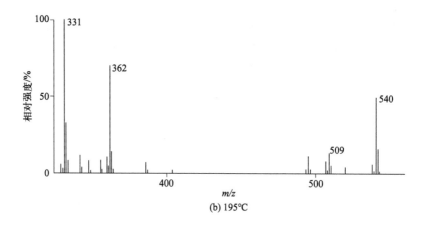

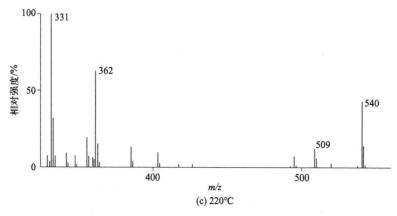

图 5-7　醌亚胺染料（表 5-1，化合物 1）在不同蒸发温度下的部分 EI 质谱图

（2）热甲基转移

笔者曾研究过长春碱（vinblastine）的 EI 谱，发现除了分子离子峰 $m/z$
810 外，随着直接进样蒸发温度的升高，$m/z$ 824 峰，乃至 $m/z$ 838 峰强度明
显增大。图 5-8 是长春碱的 EI 谱，图（a）为蒸发温度 225℃，图（b）为
232℃。Biemann 等人[9]曾对老刺木胺（voacamine，$C_{43}H_{52}N_4O_5$）的标记同位
素研究后认为是另一分子的 $COOCH_3$ 取代基上的甲基转移到分子的氮原子上，
紧接着失去 H，因而出现比分子离子高 $CH_2$ 的峰。长春碱有两个氮原子，分
子中有两个 $COOCH_3$ 基团，所以出现 $m/z$ 824 和 838 峰。发生热甲基转移的
条件是分子中有甲基化的官能团，有可以接受甲基的原子或基团，且分子具有
低的挥发性。

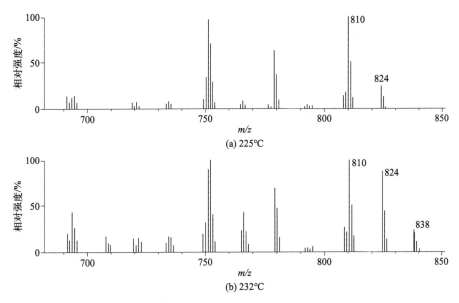

图 5-8　长春碱在不同蒸发温度下的部分 EI 图

# 5.3　EI 图谱解析的基本步骤

本节的目的并不是对有机化合物的类别进行图谱分析的讨论，这是因为这方面可以参考的资料比较多，例如有按照官能团类别进行详细讨论的书籍[10-11]，有按照天然有机化合物类别进行分类讨论的书籍[12-13]以及其他一些专业书籍。这里将介绍图谱解析的一般方法。

## 5.3.1　单官能团化合物

有机化合物大体上可分成脂肪族、脂环、芳香族、杂环等大类，然后根据母体或骨架上的官能团细分具体类别并加以研究，这是有机化学工作者的常用方法。和其他光谱解析方法相同，质谱图谱也可以按照官能团的特点来进行解析。这是因为官能团在裂解中占有很重要的地位，尤其是含杂原子的官能团与裂解密切相关。熟悉各官能团在质谱上的标准效应有助于对化合物的结构判断。可以说，单官能团有机物质谱分析的许多中外书籍，绝大部分都是按官能团相关联的裂解反应所产生的特征碎片峰进行讨论的。目前，对于单官能团化合物，尤其是对脂肪族化合物的质谱研究已日趋成熟，它们的解析方法也是很有效的。就常见的脂肪族化合物而言，质谱图中的部分系列峰（指相差 14 个质量单位的一组峰）列于表 5-2中，结合分子离子峰和特征离子，可以对未知化合物的结构作出一些判断。

表 5-2　常见的脂肪族化合物系列峰和特征离子

| 化合物类别 | 系列峰或特征峰 | |
| --- | --- | --- |
| 饱和烷烃 | $29,43,57\cdots$ | $C_nH_{2n+1}$ |
| | $27,41,55\cdots$ | $C_nH_{2n-1}$（强度小） |
| 饱和脂环化合物、烯烃 | $27,41,55\cdots$ | $C_nH_{2n-1}$ |
| 饱和脂肪醇、醚 | $31,45,59\cdots$ | $C_nH_{2n+1}O$ |
| 饱和脂环醚 | $57,71,85\cdots$ | $C_nH_{2n-1}O$ |
| 脂肪胺 | $30,44,58\cdots$ | $C_nH_{2n+2}N$ |
| 脂环胺 | $56,70,84\cdots$ | $C_nH_{2n}N$ |
| 脂肪腈 | $40,54,68\cdots$ | $C_nH_{2n}CN$（$n=5,6,7$ 为强峰） |
| | 41 | （$C_nH_{2n-1}N$　$n\geqslant2$） |
| 脂肪酸 | 60 | （$C_nH_{2n}O_2$　$n\geqslant2$） |
| 脂肪酮 | 58 | （$C_nH_{2n}O$　$n\geqslant3$） |
| 脂肪酸酯 | 61 | （$C_nH_{2n+1}O_2$　$n\geqslant2$） |
| | 74 | （$C_nH_{2n}O_2$　$n\geqslant3$） |
| 脂肪酰胺 | $44,58,72\cdots$ | $C_nH_{2n}NO$ |
| | 60 | （$C_nH_{2n+2}NO$　$n\geqslant2$） |
| | 59 | （$C_nH_{2n+1}NO$　$n\geqslant2$） |
| 饱和脂肪硫醇、硫醚 | $47,61,75\cdots$ | $C_nH_{2n+1}S$ |
| 饱和脂环硫醚 | $73,87,101\cdots$ | $C_nH_{2n-1}S$ |

　　Hamming 等人[14]按照 Z 数分类法（表 5-3）系统地归纳了各类有机化合物的系列峰、特征峰，提供了图谱解析用图。由于这些表比较直观、使用方便，因而能解决一些简单化合物的图谱解析，重要的是为计算机解析创造了条件。Z 数分类法是以碳氢化合物为基础，如饱和烷烃分子应为 $C_nH_{2n+2}$，饱和环烃为 $C_nH_{2n+0}$，二烯、环烯、二环、炔等为 $C_nH_{2n-2}$，三烯、环二烯、三环等为 $C_nH_{2n-4}$，烷基苯、四环为 $C_nH_{2n-6}$，茚满、四氢苯等为 $C_nH_{2n-8}$，茚为 $C_nH_{2n-10}$，所以上述化合物的 Z 数分别为 2、0、$-2$、$-4$、$-6$、$-8$、$-10$。萘为 $C_nH_{2n-12}$，联苯为 $C_nH_{2n-14}$，菲、蒽为 $C_nH_{2n-18}$。从萘、联苯到蒽的 Z 数按 14 周期计算应为 $+2$、0、$-4$。这是由于它们的名义质量与相应的 $C_nH_{2n+2}$、$C_nH_{2n}$、$C_nH_{2n-4}$ 化合物相同，如萘（$C_{10}H_8$）其名义质量 128，可以看作为 $C_9H_{20}$，即 $C_nH_{2n+2}$，所以取相同的 Z 数。这样，碳氢化合物不饱和的氢数目就

与 $Z$ 数相联系，也就意味着各类化合物将以 $Z$ 数进行分类。表 5-3 为 $Z$ 数分类表，此表可以不断地继续下去，即相隔 14 个质量单位（$CH_2$）作为一个周期周而复始。

表 5-3 中对应于每个 $Z$ 数的具体解释图或离子成分图的图号数（MAP Nrs.）如下：$Z(-11)$ 1，6，11，16，19，26；$Z(-10)$ 1，6，11，19，27；$Z(-9)$ 2，7，11，16，28；$Z(-8)$ 2，7，11，16，20，29；$Z(-7)$ 2，7，12，16，20，30；$Z(-6)$ 2，7，12，21，31；$Z(-5)$ 3，8，12，17，21，32；$Z(-4)$ 3，8，13，22，33；$Z(-3)$ 3，8，22，34；$Z(-2)$ 3，9，14，23，35；$Z(-1)$ 4，9，15，17，23，36；$Z(+0)$ 4，9，15，24，37；$Z(+1)$ 5，10，15，18，24，38；$Z(+2)$ 5，10，15，18，25，39。这些图号囊括了绘制的所有 39 张图。

表 5-3　Z 数分类表[14]

| $Z$ 数→ | −11 | −10 | −9 | −8 | −7 | −6 | −5 | −4 | −3 | −2 | −1 | 0 | +1 | +2 |
|---|---|---|---|---|---|---|---|---|---|---|---|---|---|---|
| 1 | | | | | | | | | | 12 | 13 | 14 | 15 | 16 |
| 2 | 17 | 18 | 19 | 20 | 21 | 22 | 23 | 24 | 25 | 26 | 27 | 28 | 29 | 30 |
| 3 | 31 | 32 | 33 | 34 | 35 | 36 | 37 | 38 | 39 | 40 | 41 | 42 | 43 | 44 |
| 4 | 45 | | | | ⋯⋯ | | →质量数排序 | | | | | | | |
| ↓周期排序 | | | | | | | | | | | | | | |

若为非碳氢化合物，按照它们分子量可在表中所属行数找到对应的碳氢化合物的碳数，将该碳数按下述公式换算成实际化合物中的碳数 $n$，即为

$$n = n_c - n_h k - 1$$

式中，$n_c$ 代表 $Z$ 数分类表中与碳氢化合物质量数相当的"碳数行数"；$n_h$ 为实际的非碳氢化合物中杂原子数目；$k$ 为杂原子换算因子，$O=1$、$N=1$、$S=2$。例如，乙醇分子量为 46（$C_2H_6O$），查表 $n_c=4$，所以实际化合物中碳数 $n$ 应为 2，乙醇对应的 $Z$ 数为 −10，因脂肪醇的同系物均相差 $CH_2$，故醇类的 $Z$ 数是 −10。表 5-4 为部分非碳氢化合物的 $Z$ 数值。倘若求出的 C、H 数不合理，则将 12 个氢换算为 1 个碳。$Z$ 数分类表在图谱解析上有下述优点：一是确定了未知化合物的分子峰就可以按表找到其相应 $Z$ 数，也就能推测它可能的类别；二是处于 $Z$ 数分类表中强的碎片离子（称作系列离子）可用作未知化合物的类别和结构诊断。例如，对饱和碳氢化合物具有诊断价值的系列峰是 $C_nH_{2n+1}$，由于同系物都处在同一列中，故该系列峰的 $Z$ 数值（+1）就成为饱和碳氢化合物的特征值。当然，分子离子所对应的 $Z$ 数与碎片离子 $Z$ 数是不会相同的。碎片离子可以是特征的系列峰，也可以是一个特征峰，后者指它比左右（相差 1 个质量）

和上下（相差 14 个质量）的峰强的那种峰。

表 5-4　常见的部分非碳氢化合物所对应的 $Z$ 数值[14]

| $Z$ | 化合物类别 | $Z$ | 化合物类别 |
|---|---|---|---|
| $+2$ | 酮、醛类 | $-5$ | 苯胺、吡啶类 |
| $0$ | 噻吩类 | $-6$ | 苯并噻吩类 |
| $-2$ | 硫酚类 | $-8$ | 硫醚、硫醇类 |
| $-3$ | 吡咯类 | $-10$ | 醇、酸、酯、醚类 |
| $-4$ | 酚类 | $-11$ | 胺、喹啉、酰胺类 |

Hamming 等人在书中提供了两种用途的解析图，一种称为解释图（指图 Map B：1～25），一种称为离子成分图（指图 Map C：26～39）。前者用于已知化学类别和元素组成的未知物结构确定；后者用于不知道具体类别情况下，依据特征离子峰来寻找可能的化学类别。由于这 39 张图都是以 $Z$ 数来进行检索的，所以使用是方便的。例如表 5-5 为一未知化合物的低分辨表，分子离子峰为 $m/z$ 142，按 $Z=+2$ 时可挑出 18 类化合物可供考虑（见 $Z$ 数分类表 5-3 的下方位置所指示的图号，从 No.5、10、15、18、25 和 39 可统计出 1 种碳氢类和 17 种非碳氢化合物）。由于该化合物的特征峰 $m/z$ 141 为 $Z=+1$。查 $Z=+1$ 的离子成分图（图 5-9）表明属烷基萘的特征峰。此结果与返回到碳氢化合物 $Z=+1$ 解析图（图 5-10）的查阅结果相一致，则该化合物应是甲基萘。

表 5-5　未知化合物的 $Z$ 数分类图[14]

| $-1$ | | $0$ | | $+1$ | | $+2$ | |
|---|---|---|---|---|---|---|---|
| $m/z$ 27 | 1.4 | $m/z$ 28 | 0.2 | $m/z$ 29 | 0.1 | $m/z$ 30 | — |
| $m/z$ 41 | 0.1 | $m/z$ 42 | — | $m/z$ 43 | 0.1 | $m/z$ 44 | — |
| $m/z$ 55 | 0.1 | $m/z$ 56 | 0.1 | $m/z$ 57 | 0.3 | $m/z$ 58 | — |
| $m/z$ 69 | 0.9 | $m/z$ 70 | 1.6 | $m/z$ 71 | 2.8 | $m/z$ 72 | — |
| $m/z$ 83 | — | $m/z$ 84 | — | $m/z$ 85 | 0.2 | $m/z$ 86 | 0.1 |
| $m/z$ 97 | — | $m/z$ 98 | 0.3 | $m/z$ 99 | 0.2 | $m/z$ 100 | — |
| $m/z$ 111 | — | $m/z$ 112 | — | $m/z$ 113 | 0.6 | $m/z$ 114 | 0.4 |
| $m/z$ 125 | — | $m/z$ 126 | — | $m/z$ 127 | — | $m/z$ 128 | — |
| $m/z$ 139 | 2.7 | $m/z$ 140 | 1.6 | $m/z$ 141 | 20.1 | $m/z$ 142 | 26.3 |

注：表中数字为 $\%\Sigma_{40}$。

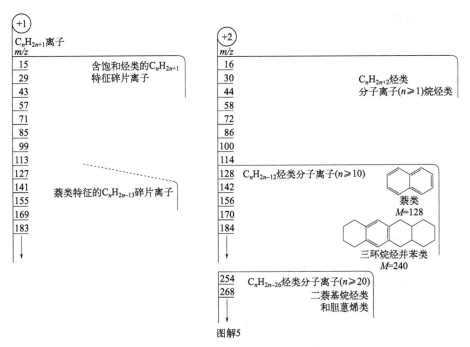

图 5-9 Hamming 的解释图 No. 5[14]

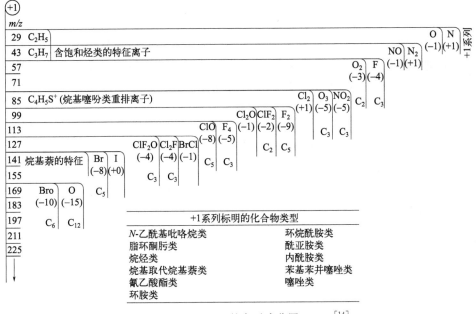

图 5-10 Hamming 的离子成分图 No. 38[14]

## 5.3.2　多官能团化合物

一个化合物中存在多个官能团时情况就比较复杂，可以分为三种情况讨论。第一种情况是多个官能团之间彼此互不影响，质谱图中能明显找到各自裂解反应的产物离子；第二种情况是因其中某个官能团的优势裂解反应，质谱图呈现出该官能团主导下的一个或数个大丰度产物离子，屏蔽了其他官能团的标准效应，这也是竞争反应的结果；第三种情况为彼此相互作用而出现新的裂解反应。这样，一个比较复杂的多官能团化合物，其质谱的图谱解析就难以用单官能团的方法来进行。

图 5-11 为 3-甲硫基丙醇的质谱图，它属于第一种情况的例子。图中 $m/z$ 106 是分子离子峰，$m/z$ 31 和 $m/z$ 61 分别是 OH 基和 $CH_3SH$ 基的标准裂解反应所产生的特征离子，$m/z$ 75 为 $M—CH_2OH$，$m/z$ 73 为 $M—H_2O—CH_3$。图 5-12 为赖氨酸乙酯的质谱图，它属于第二种情况，图中 $m/z$ 30、101、102 为含氨基化合物优势的标准裂解反应所产生的特征离子，$m/z$ 84 是 $m/z$ 101 丢失 $NH_3$ 离子，$m/z$ 157 是 $M—NH_3$ 离子，$m/z$ 128 是 $M—C_2H_5OH$ 离子。羧酸乙酯也是另一个例子，它的标准裂解反应是 $M—OC_2H_5$，由于麦氏重排反应和双氢重排反应，此时，标准裂解反应在图中被屏蔽了。第三种情况可由下例来说明。如在邻硝基甲苯（$M_w$137）的谱图中并不显示 $M—O$、$M—NO$、$M—NO_2$ 的硝基特征峰，也没有烷基苯的 $\alpha$ 键断裂的特征峰（指 $M—H$ 峰），它的主要裂解途径如下：

$$M—OH(m/z\ 120,100\%) \text{和} M—OH—CO(m/z\ 92,55\%)$$

目前，有机质谱工作者常参考如下程序，进行多官能团化合物或是比较复杂化合物的图谱解析，具体过程如下[17]：①核对获得的质谱图（低、高分辨图，必要时增加其他数据）是否真实地反映样品，排除质谱图的变形；②将已有的数据绘制成利于解析的形式，如图或表格；③确定分子离子峰；④研究高质量端的碎片峰；⑤研究低质量端的碎片峰；⑥研究对应谱图中段那些特征峰，测定重要碎片峰的亚稳跃迁或 MS/MS 数据，并按裂解规律确定特征峰的局部分子结构；⑦参考其他光谱数据，推测可能的分子结构，用这些结构再核对质谱数据以进一步缩小范围。在条件许可的情况下进行合成或其他验证方法。有关①、②、③的步骤在前面已有叙述，此处不再重复。⑦的步骤已经超出了本节的范围，可以参考有关有机化合物光谱分析的一些资料。这里主要讨论步骤④、⑤、⑥，尤其是步骤⑥。

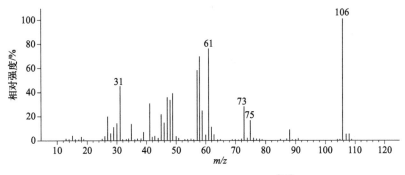

图 5-11　3-甲硫基丙醇的质谱图[15]

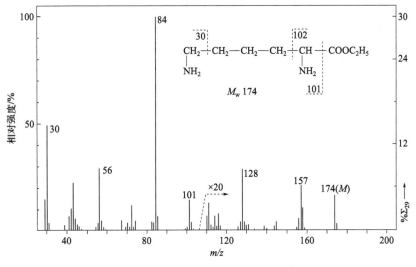

图 5-12　赖氨酸乙酯的质谱图[16]

（1）高质量端碎片峰的研究

高质量端的碎片峰来自化合物骨架上取代基的丢失，有时某些化合物的高质量碎片能表明骨架本身的一些特点。例如图 5-13 的化合物[18]，高质量碎片有 $m/z$ 371、368、353、316 等峰，分别为 $M-CH_3$、$M-H_2O$、$M-(CH_3+H_2O)$ 和 $M-C_4H_6O$。前面三个峰分别反映了化合物上的取代基 $CH_3$、CO 的特性，而 $m/z$ 316（$M-C_4H_6O$）则多半经历如式（5-1）所示的过程。它是胆甾烷的 3-酮丢失 A 环所特有的裂解反应，也反映了骨架本身的特征。

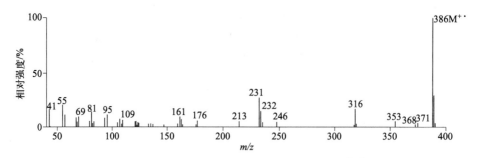

图 5-13　3-粪甾酮（coprostan-3-one）的 EI 谱[18]

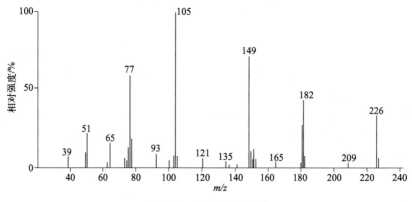

（5-1）

　　读者可以关注附录 2 所提供的信息。分子离子失去中性碎片形成高质量区域的碎片峰都与分子的结构相关，所以表中也列出了失去的中性碎片与化合物结构类型的关系。当然碎片离子也可以进一步失去中性碎片，所以也可使用此表。附录 2 中所涉及的结构是骨架比较简单的化合物，主要适合于合成有机化合物的高质量端碎片峰的研究。对于复杂的有机化合物，尤其是天然有机化合物也有一定的参考价值。图 5-14 为一未知合成有机化合物，从分子离子峰出发，图中所见到的碎片峰是分别为失去 17、44、45、77 等中性碎片，查附录 2 可知，裂解按式（5-2）进行，因而可以推测该未知化合物的结构。

图 5-14　未知物的 EI 谱

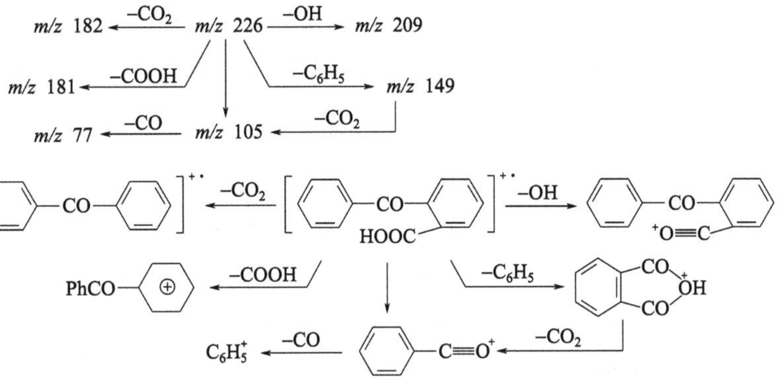

$$
\begin{array}{c}
m/z\ 182 \xleftarrow{-CO_2} m/z\ 226 \xrightarrow{-OH} m/z\ 209 \\
m/z\ 181 \xleftarrow{-COOH} \qquad \xrightarrow{-C_6H_5} m/z\ 149 \\
m/z\ 77 \xleftarrow{-CO} m/z\ 105 \xleftarrow{-CO_2}
\end{array}
$$

$$\tag{5-2}$$

需要注意的是，由于质谱裂解反应的多样性，所以提供的信息有多种可能性，即仅利用质谱的高质量端碎片峰来确定官能团的性质有时候它的专一性并不是很强。故在复杂化合物的图谱解析时，有时候需要参考其他质谱数据和/或该化合物的其他光谱数据，如近红外吸收光谱和核磁共振波谱的数据，以最终确证官能团的性质。

（2）低质量端碎片峰的研究

低质量端的碎片峰以偶电子离子居多，它的形成过程一般来说都比较复杂，有不少峰属于二级裂解、三级裂解或者更高一级的裂解碎片，当然也有的是简单断裂和氢重排反应的产物离子，在后者的情况下为图谱解析提供了方便。总的来说，低质量碎片离子更多地反映化合物的类别信息，如果配合其他光谱数据，如紫外光谱、近红外光谱等，可以最终确定化合物的类别。

如同上面列出的表 5-2，脂肪族化合物的低质量端的碎片峰，它们有一些属于二级裂解形成的系列峰，其特点为有一个峰最强，而其他峰（相差 $CH_2$）的大小取决于结构和脂肪链的长短；也有一些属于氢重排后形成的特征峰，在表 5-2 中仅列出了该特征峰的最低限度质量数，实际上它取决于化合物的具体结构。例如脂肪酸酯的氢重排峰为：

$$[CH_2=C(OH)OR]^{+\cdot} \text{ 或 } [CH_3C(=O)OR]^{+\cdot}$$

当 R 为 $CH_3$ 时呈现特征峰 $m/z$ 74（最低限度），当 R 为 $C_2H_5$ 时特征峰则为 $m/z$ 88，其他烷基则由此类推。

芳香族化合物的随机氢重排形成的系列离子在强度上比较接近。例如含有吸电子基团的芳香族化合物在谱图的低质量端有下列碎片峰，即 $m/z$ 39、50、51、63、64、95、96 等，而含有给电子基团的芳香族化合物以及杂环芳香族化合物则有 $m/z$ 39、40、51、52、65、66、77、78、79 等峰。它们属于随机氢重排的产物离子，因而在质谱图上具有簇离子的特点。当然它们的系列并不是相差 $CH_2$，因为只有在芳基或杂环的取代脂肪链上才能体现相差 $CH_2$ 的系列峰。例如烷基苯的系列峰为 $m/z$ 77、91、105……（$C_nH_{2n-7}$）；烷基呋喃类和烷基噻吩

类则分别是 $m/z$ 81、95、109 ……（$C_nH_{2n-5}O$）和 $m/z$ 97、111、125 ……（$C_nH_{2n-5}S$）；饱和氧杂环为 $m/z$ 45、59、73 ……（$C_nH_{2n+1}O$）；而饱和硫杂环为 $m/z$ 46、60、74 ……（$C_nH_{2n}S$）。

附录 3 中列出了常见碎片离子（尤以低质量端的碎片峰为主）以及与它对应的结构类型。它的收集范围主要是部分合成有机化合物在低质量端的碎片峰，而对于天然有机化合物，由于种类繁多、结构复杂而难以完全一一罗列[18]。由于篇幅的限制和避免在表中因 R 大小不同或 R 异构化而重复列入特征离子，故取最低限度的质量峰。例如脂肪酮的简单断裂形成低质量端的碎片峰 $RCO^+$，当 R 为 $CH_3$ 时则为 $m/z$ 43，R 为 $C_2H_5$、$C_3H_7$……又分别为 57、71……，表中仅列入最强的一、两个峰作为代表，如上述的 $m/z$ 43。

图 5-15 为一未知物的谱图，由于分子量比较小，所以低质量端碎片峰的解析对确定结构起着较大的作用。由图可知，$m/z$ 39、51、65、77 等峰说明化合物属芳香族化合物，且可能含有给电子基团。查附录 3 可知，强的 $m/z$ 91 峰极有可能为 $C_7H_7^+$，$m/z$ 108 为 $C_7H_8O$ 组成的离子，其结构可能为 $CH_3C_6H_4OH$，分子离子峰的元素组成是 $C_9H_{10}O_3$（$M_w$ 166），$m/z$ 121 多半为分子离子峰丢失 COOH 形成的，故该化合物结构应为式（5-3）所示。最终证明未知物的 $CH_3$ 在间位，如果参考甲基取代的苯甲醚三个异构体的 $m/z$ 107 相对强度值，也可以推测未知物的甲基处于间位。

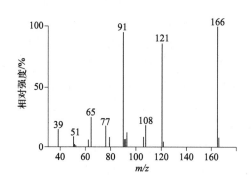

图 5-15　元素组成为 $C_9H_{10}O_3$ 的未知物 EI 谱

$$\text{（5-3）}$$

（3）特征峰

前面的低质量端碎片峰的研究中已经提到了特征峰，所谓特征峰是指那些能反映化合物的骨架或者部分结构的峰，它们由特定的裂解反应所形成。例如，众所周知邻苯二甲酸酯类（除甲酯外）都具有 $m/z$ 149 的特征峰，它可能的离子结构见式（5-4）。因此在谱图中凡是出现强的 $m/z$ 149 峰（元素组成为 $C_8H_5O_3$）都应该首先考虑上述结构。再如，N 取代的邻苯二甲酰亚胺类化合物具有 $m/z$ 130 的特征峰，该峰的强度比较小，它的元素组成为 $C_8H_4NO$，可能的两个结构式如式（5-5）所示。

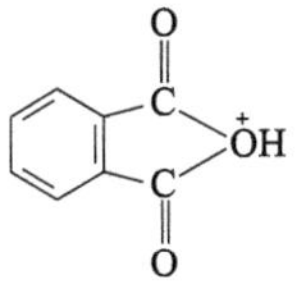

$$\text{(5-4)}$$

$$\text{或} \qquad \text{(5-5)}$$

凡是 N 上为烷基或者芳基等取代基均形成该特征峰，因而它能帮助确定分子的中性碎片（包括中性分子或中性自由基）和碎片离子这两部分的结构。当苯环上有取代基时，随着取代基的不同，特征峰作相应的质量位移。所以，总结和识别特征峰对提高图谱的解析水平颇为重要，尤其是分子量大、结构复杂的化合物。它们的图谱解析之所以比较麻烦，是因为单纯依靠高质量端碎片所提供的取代基性质和低质量端碎片所提供的信息，对于确定整个分子的结构还是不够的。关键问题在于获得中等大小质量碎片的结构信息，也就是要研究质谱图中段的那些碎片峰。例如苄基异喹啉类生物碱，它有式（5-6）所示的裂解反应，由此而形成的特征峰把整个分子划为两大部分，显然对结构的确定带来了方便。所以对复杂有机化合物的图谱解析，应更注重于研究质谱图中段重要碎片峰的裂解途径和优势的裂解反应，以某些特征峰为核心进行结构推断。当然这不仅要获得这些峰的元素组成，也要通过它们的 MS/MS 弄清它们彼此之间或者与其他离子之间的关系，以期望得到更多的结构信息。目前只能得到一些局部的、经验性的归纳，而缺少系统的总结。因此，一方面需对各类化合物作大量的规律性研究，另一方面需加强对裂解机理的研究，这是今后研究的重要课题之一。除了已经在第 4 章讨论的高分辨和亚稳跃迁的技术，实际上我们还需要依靠同位素标记法，以研究裂解时的具体进程。同位素标记并不局限于 $^2H$ 和 $^{13}C$，$^{18}O$ 和 $^{15}N$ 在阐述裂解反应的机理时也非常有效。

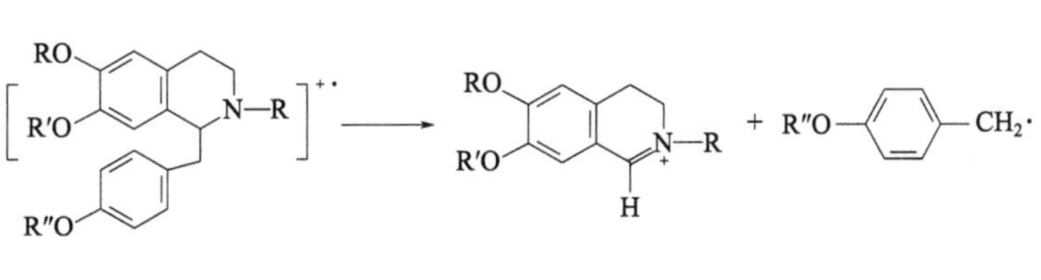

$$\text{(5-6)}$$

# 5.4 复杂有机化合物（包括合成或天然有机物）的结构解析

复杂有机化合物的结构解析通常是 UV、IR、MS 及 NMR 四大谱学的综合运用，所以常称为结构阐述。不像合成有机物，有时可以通过专利从侧面进行了解，而天然有机物是完全未知的（包括异构体在内），单靠质谱难以完全解决。把复杂有机化合物的结构解析从 5.3 节中单列出来是考虑到如何充分利用质谱的图谱解析，为结构阐述提供重要的信息。从解析角度看，复杂有机化合物不仅未知而且一般有较大的分子量，因而质谱图谱的中段解析就成为关键；无论是合成有机物还是天然有机物，其类别和数量非常庞大，所以在本节中只讨论极其有限类别的化合物，从中发现处于中段的特征离子，以提供一个解析方法，供读者参考。再次强调，复杂的天然有机物结构阐述的前提是确定它们的骨架，而质谱分析的核心是骨架开裂的规律及所形成的特征峰，后者往往处于图谱的中段。

## 5.4.1 合成有机化合物

合成有机化合物种类繁多，现以光谱增感染料［spectral sensitizing dye，也称光学增感染料（optically sensitive dye）］为例进行讨论。它是照相材料中的核心化学品，也是照相有机物的重要组成部分。自 1873 年 Vogel 首先发现一些染料有光谱的增感作用，据报道，经 100 多年的开发研究，增感染料的数量已达数万种[21]。当然，主要是光谱增感染料。将光谱增感染料加到仅感受蓝紫光的卤化银乳剂中［按与卤化银的摩尔比为 (1 : 2000) ～ (1 : 20000)］，它能使后者的感光范围从 400nm 扩展到近红外的 1300nm，几乎覆盖了常见的工作波长，同时还提高了感光度。作为影像记录的彩色胶片现在几乎为数码相机的 CCD 或 CMOS 感光元件所代替，不过增感染料仍在许多方面（如专业、特种胶片和超微粒干板，印刷用片，彩色用相纸，染料激光器等）有其广阔的应用前景。

以下所讨论的是有关光谱增感染料碳菁（carbocyanine）和份菁（merocyanine）的质谱分析[19-20]，前者的结构为两个碱性杂环由数个次甲基链（奇数）相连的阳离子型化合物，后者通常是一个碱性杂环和一个含环状羰基的酸性杂环（如烷基罗丹宁、噁唑啉酮、海棠宁、巴比妥酸等）由两个次甲基链相连的中性物。当然，作为光谱增感染料还包括份菁衍生的多核菁染料、阴离子型的氧菁染料，以及内盐形式的全极性菁染料等。

(1) 碳菁[19]

现以 3,3'-二乙基噻碳菁碘盐为例，通过解析该染料提供一个通用方法，见式 (5-7a) 所示的结构式 ($C_{21}H_{21}N_2O_2I$，$M_w$ 460)。碳菁属于阳离子型染料，在

EI 图谱中首先脱去 $C_2H_5I$，形成 $M-C_2H_5I$ 峰（$m/z$ 304），参见式（5-7b），此过程一般认为属热解过程。根据该峰的质荷比就能获悉含氮芳香杂环上、形成季铵盐的取代基（R）和相应阴离子的性质，而进一步发生的各种碎裂反应均从这里开始。质谱图中除 $m/z$ 156（$[C_2H_5I]^{+\cdot}$）外还有 $m/z$ 128（$[HI]^{+\cdot}$）以及 $m/z$ 127（$I^+$）等离子也提供了辅证。

$$(5\text{-}7a)$$

$$(5\text{-}7b)$$

含氮芳香杂环（以下简称杂环氮）上的 R 取代基一般为烷基，若 R 为烷基羧酸或烷基磺酸而构成内盐型碳菁时，则高质量位置处能找到分子脱去上述基团的热解产物的强峰。是否另有内盐分子的气化并发生离子化，进而丢失上述基团的可能性，目前尚不清楚。遇到 R 为烷基羧酸或烷基磺酸时，应在谱图中找出这样的峰，即式（5-8）中的两个结构式。当两个杂环氮都由烷基羧酸或烷基磺酸基团取代时，应为上式；若只有一个氮被取代而另一个 R 是烷基时，则属于不对称结构的下式。

含氮杂环结构的离子有很多，应当寻找含杂环氮的最小结构单元的峰，如式（5-9）所示的 $m/z$ 133（$C_8H_7NO$）。在高分辨和亚稳跃迁的数据支持下，它们能反映含氮杂环的结构。

$$(5\text{-}8)$$

$$(5\text{-}9)$$

图 5-16 中 $m/z$ 170（$C_{11}H_8NO$）和 $m/z$ 172（$C_{11}H_{10}NO$）可能的离子结构见式（5-10）中，前者可以直接来自 $m/z$ 304，也可以来自 $m/z$ 289；后者直接来自 $m/z$ 304。它们都得到了高分辨和亚稳跃迁的数据支持。这两个离子再加上 $m/z$ 157（$C_{10}H_7NO$）一起能够显示出甲川链的长度和性质。通常，含三甲川的碳菁染料能够覆盖可见段光谱的增感。3,3′-二乙基噁碳菁碘盐是一个简单结构的碳菁，式（5-11）为碳菁染料的通式，式中 $Y_1$ 和 $Y_2$ 为杂原子 O、N、S 或 C；

$Z_1$ 和 $Z_2$ 为构成含氮杂环的必要组成部分（包括环上取代基），$R'$ 是中位取代基，常为 $C_2H_5$ 烷基；$R^1$ 和 $R^2$ 常见的是烷基，也可以是烷基羧酸或烷基磺酸。上述离子都以相当的强度出现在图谱中[19]。作为阳离子型的碳菁染料，它们的阴离子除卤素外，还可以有对甲苯磺酸负离子（$C_7H_7O_3S^-$），在图谱中呈现 $m/z$ 172（$C_7H_8O_3S$）；阴离子若为烷基羧酸或烷基磺酸，则在 EI 正离子图谱中会看到这两类反映阴离子结构的离子，参见式（5-12）。

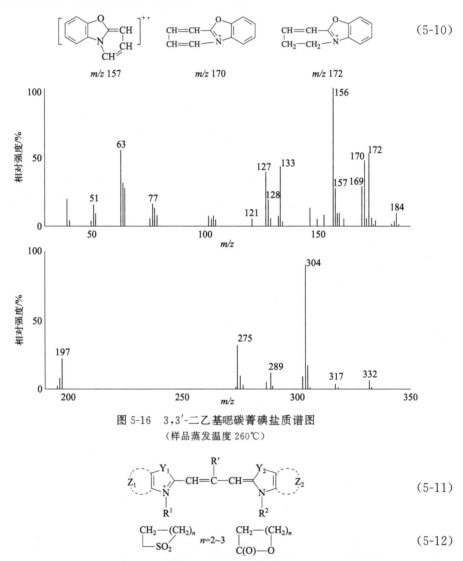

图 5-16　3,3'-二乙基噁碳菁碘盐质谱图
（样品蒸发温度 260℃）

$$（5-11）$$

$$（5-12）$$

　　总之，由于碳菁染料的 EI 谱图特点是甲川链的断裂比杂环开裂容易得多，杂环上的其他取代基一般也不易断裂，而含氮杂环的各种碎片峰也都能在谱图中找到，所以在确定分子量的前提下，碳菁染料图谱解析的首要问题是确定碱性杂环。

（2）份菁[20]

份菁通常含有一个碱性杂环和一个含环状羰基的酸性杂环，目前已有三个杂环结构的感红增感染料。下面对含烷基罗丹宁、噁唑啉酮、海棠宁、巴比妥酸等类酸性核的份菁进行 EIMS 谱图的解析。

① 噁唑啉酮类　图 5-17 为酸性核是噁唑啉酮的份菁染料的质谱图，该份菁的化学名称为 3-乙基-5-[（3'-甲基-2'-二氢硫氮茂亚）乙烯基]-2-硫基氧氮茂酮，其结构式参见式（5-13）。表 5-6 是该份菁的主要离子高分辨质谱数据。式（5-13）中除分子离子 $m/z$ 270（$C_{11}H_{14}N_2O_2S_2$）外还能看到含碱性杂环的系列峰，如 $m/z$ 127、126、115、101 等，以及含部分酸性杂环的 $m/z$ 155。实际上，含碱性杂环的系列峰，在许多份菁染料的谱图中都能找到，但系列峰的强度均不如相应的碳菁染料。

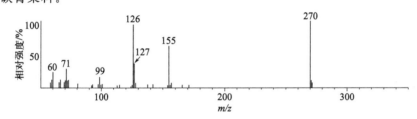

图 5-17　噁唑啉酮的份菁染料的 EI 谱

后者 $m/z$ 155（100%）的形成是由于分子离子失去噁唑啉酮的部分中性基团 $C_4H_5NO_2S$，这一特征离子包含了碱性杂环和部分酸性杂环，它又处于图谱的中段，因此在结构测定时具有重要的地位。事实上，各种酸性杂环的份菁染料几乎都能产生类似 $m/z$ 155 结构的离子。

$m/z$ 270 （M$^{+\cdot}$, $C_{11}H_{14}N_2O_2S_2$, 100%）　　$m/z$ 127（$C_6H_9NS$, 37%）　$m/z$ 99（$C_4H_5NS$, 12%）

$m/z$ 155（$C_7H_9NOS$, 60%）

（5-13）

$m/z$ 101（$C_4H_7NS$, 2%）　$m/z$ 113（$C_5H_7NS$, 5%）　$m/z$ 115（$C_5H_9NS$, 5%）　$m/z$ 126（$C_6H_8NS$, 96%）

**表 5-6　噁唑啉酮酸性杂环份菁的主要高分辨质谱数据**

| $m/z$ | 元素组成式 | 相对强度/% | $m/z$ | 元素组成式 | 相对强度/% |
|---|---|---|---|---|---|
| 60 | — | 22 | 127 | $C_6H_9NS$ | 37 |
| 67 | $C_4H_5N$ | 8 | 135 | $M^{++}$ | 3 |
| 70 | $C_3H_2S$ | 6 | 138 | $C_7H_8NS$ | 2 |
| 71 | $C_3H_3S$ | 25 | 142 | $C_5H_4NS_2$ | 3 |
| 77.5 | $155^{++}$ | 3 | 154 | $C_7H_8NOS$ | 3 |
| 85.5 | $171^{++}$ | 3 | 155 | $C_7H_9NOS$ | 60 |
| 96 | $C_4H_2NS$ | 4 | 166 | $C_8H_8NOS$ | 1 |
| 99 | $C_4H_5NS$ | 12 | 213 | $C_8H_9N_2OS_2$ | 1 |
| 101 | $C_3HS_2$ | 1 | 241 | $C_9H_9N_2O_2S_2$ | 3 |
| 101 | $C_4H_7NS$ | 2 | 254 | $C_{11}H_{14}N_2OS_2$ | 2 |
| 111 | $C_5H_5NS$ | 3 | 268 | $C_{11}H_{12}N_2O_2S_2$ | 1 |
| 125 | $C_6H_7NS$ | 3 | 269 | $C_{11}H_{13}N_2O_2S_2$ | 1 |
| 126 | $C_6H_8NS$ | 96 | 270 | $C_{11}H_{14}N_2O_2S_2$ | $100(M_w\ 270)$ |

　　② 烷基罗丹宁类　式（5-14a）展示了 3-乙基-5-[（3′-甲基-2′-二氢硫氮茂亚）乙烯基]-2-硫基硫氮茂酮的结构，与式（5-13）噁唑啉酮的不同处仅在于分子离子为 $m/z$ 286（$C_{11}H_{14}N_2OS_3$），由硫原子代替酸性杂环中的氧原子。它的特征碎片离子位移到 $m/z$ 171（100%），这是必然的结果。式（5-14a）给出了它的结构式及其特征离子的形成过程。这样，根据分子离子与该特征离子的元素组成式之差，可以确定酸性杂环的结构。同样，类似上述硫基氧氮茂酮的方法，结合碱性杂环的系列离子，就能推测份菁结构。碱性杂环为 3′-乙基苯并噻唑或者 1′-乙基喹啉时，则有各自位移的特征离子 $m/z$ 233（$C_{12}H_{11}NS_2$，100%）和 $m/z$ 277（$C_{14}H_{13}NS$，90%）。式（5-14b）和式（5-14c）分别为它们的结构式并呈现了其特征离子的形成过程。

$m/z$ 286 (M$^{+\cdot}$, C$_{11}$H$_{14}$N$_2$OS$_3$, 65%)　　$m/z$ 114 (C$_5$H$_8$NS, 10%)

(5-14a)

$m/z$ 171 (C$_7$H$_9$NS$_2$, 100%)　　$m/z$ 125 (C$_6$H$_7$NS, 10%)　　$m/z$ 126 (C$_6$H$_8$NS, 3%)

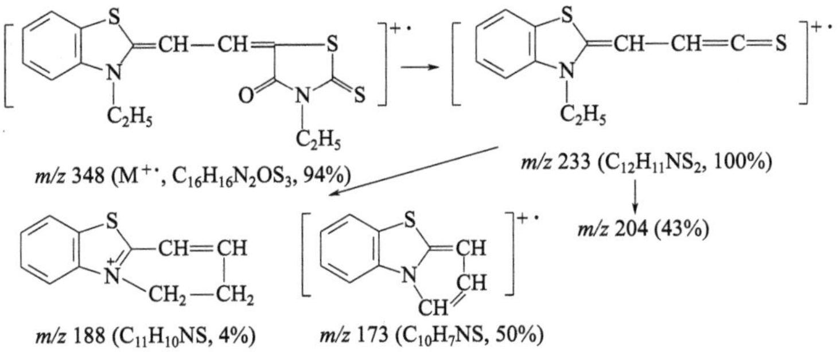

m/z 348 (M⁺·, C₁₆H₁₆N₂OS₃, 94%)　　　m/z 233 (C₁₂H₁₁NS₂, 100%)　　　(5-14b)

m/z 204 (43%)

m/z 188 (C₁₁H₁₀NS, 4%)　　　m/z 173 (C₁₀H₇NS, 50%)

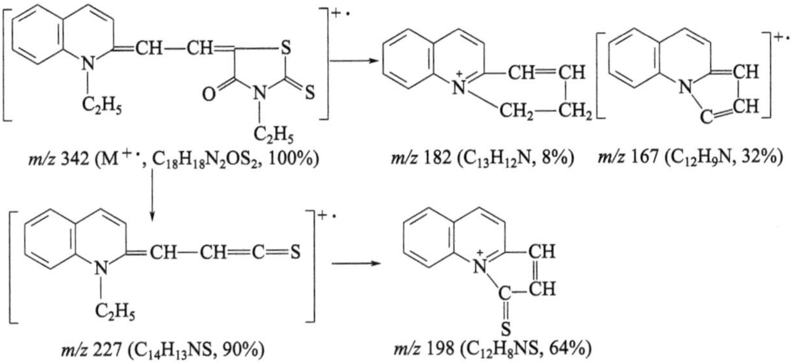

m/z 342 (M⁺·, C₁₈H₁₈N₂OS₂, 100%)　　m/z 182 (C₁₃H₁₂N, 8%)　　m/z 167 (C₁₂H₉N, 32%)　　(5-14c)

m/z 227 (C₁₄H₁₃NS, 90%)　　　m/z 198 (C₁₂H₈NS, 64%)

③ 海棠宁类　四种海棠宁类化合物的酸性杂环，其结构式和特征的裂解反应所形成的离子分别参见式(5-15)～式(5-18)。这些特征离子并非是从分子离子直接裂解的结果，而是先先去碱性杂环上与氮原子相接的烷基即 M−R，然后再丢失海棠宁的部分酸性杂环，形成类似噁唑啉酮 m/z 155 结构的离子。当海棠宁的 1 位氮原子上被 C₂H₄COOH 或 CH₂COOH 取代时，优势地失去 C₂H₄COO 或 CO₂，然后再失去碱性杂环上与氮原子相接的烷基，请参见式 (5-17) 和式 (5-18)。总之，海棠宁类特征离子的碎裂过程与噁唑啉酮及烷基罗丹宁之间的差异，是由分子结构所决定的。

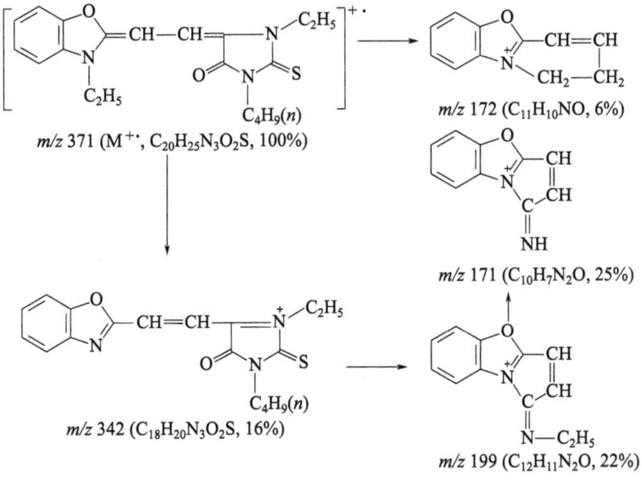

m/z 371 (M⁺·, C₂₀H₂₅N₃O₂S, 100%)　　m/z 172 (C₁₁H₁₀NO, 6%)

m/z 171 (C₁₀H₇N₂O, 25%)　　(5-15)

m/z 342 (C₁₈H₂₀N₃O₂S, 16%)　　m/z 199 (C₁₂H₁₁N₂O, 22%)

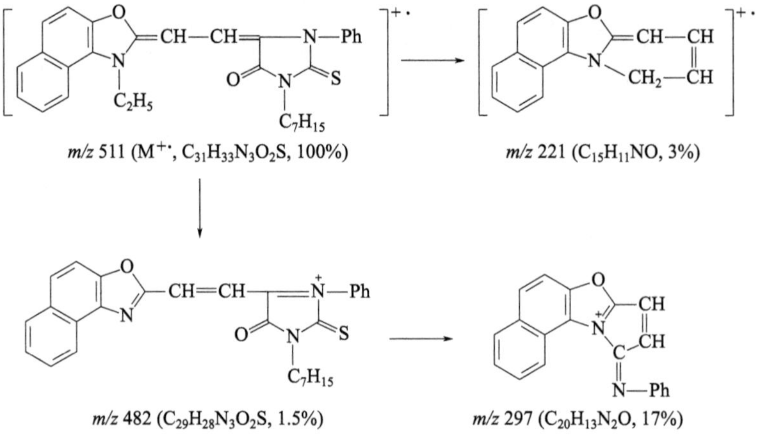

*m/z* 511 (M$^{+\cdot}$, C$_{31}$H$_{33}$N$_3$O$_2$S, 100%)　　　　*m/z* 221 (C$_{15}$H$_{11}$NO, 3%)

（5-16）

*m/z* 482 (C$_{29}$H$_{28}$N$_3$O$_2$S, 1.5%)　　　　*m/z* 297 (C$_{20}$H$_{13}$N$_2$O, 17%)

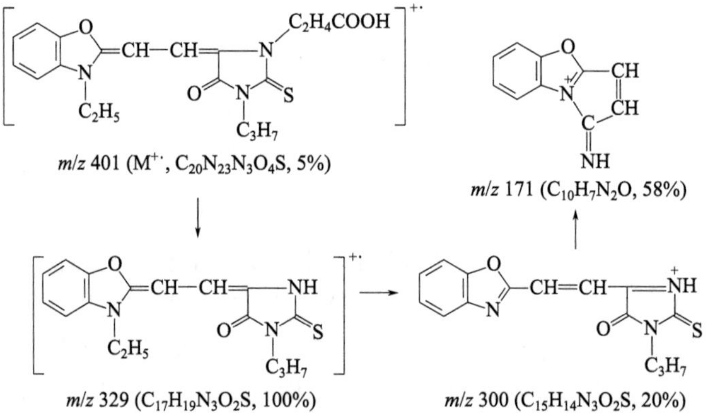

*m/z* 401 (M$^{+\cdot}$, C$_{20}$N$_{23}$N$_3$O$_4$S, 5%)

*m/z* 171 (C$_{10}$H$_7$N$_2$O, 58%)

（5-17）

*m/z* 329 (C$_{17}$H$_{19}$N$_3$O$_2$S, 100%)　　　　*m/z* 300 (C$_{15}$H$_{14}$N$_3$O$_2$S, 20%)

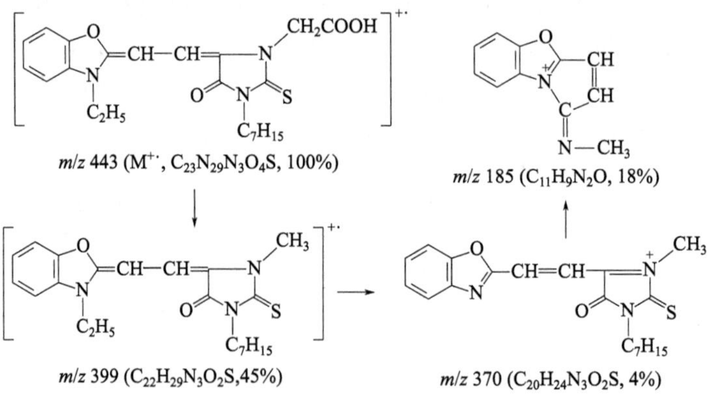

*m/z* 443 (M$^{+\cdot}$, C$_{23}$N$_{29}$N$_3$O$_4$S, 100%)

*m/z* 185 (C$_{11}$H$_9$N$_2$O, 18%)

（5-18）

*m/z* 399 (C$_{22}$H$_{29}$N$_3$O$_2$S, 45%)　　　　*m/z* 370 (C$_{20}$H$_{24}$N$_3$O$_2$S, 4%)

④ 巴比妥酸类　含巴比妥酸的份菁的酸性杂环是很稳定的。若碱性杂环是 3′-乙基-β-萘并噻唑时，其结构式和特征裂解反应所形成的离子可参见式（5-19）。表 5-7 列出了三种酸性杂环为巴比妥酸类的份菁，它们的碱性杂环分别是 3′-乙基-苯并噻唑、3′-甲基-苯并噻唑和 3′-乙基-β-萘并噻唑。从其特征离子的碎裂过程来看，与海棠宁类份菁染料一样，也是先失去碱性杂环上与氮原子相接的烷基（即

M−R)，然后以三种方式丢失巴比妥酸的部分酸性杂环，形成三种特征离子。式(5-20)是前两个份菁的分子结构式。另一个份菁的分子结构式见式(5-19)。

**表 5-7　碱性杂环与巴比妥酸组成的份菁其 EI 碎裂的三种特征离子**

| 碱性杂环 | $M^{+\cdot}-R-114$ | $M^{+\cdot}-R-142$ | $M^{+\cdot}-R-170$ |
|---|---|---|---|
| $3'$-乙基苯并噻唑 | 6% | 4% | 12% |
| $3'$-甲基苯并噻唑 | 3% | 5% | 16% |
| $3'$-乙基-$\beta$-萘并噻唑 | 6% | 10% | 13% |

注：表内的数字为相对强度。

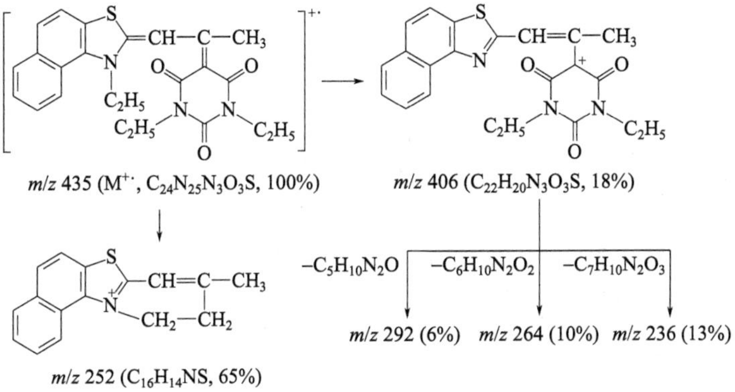

$m/z$ 435 ($M^{+\cdot}$, $C_{24}N_{25}N_3O_3S$, 100%)　　$m/z$ 406 ($C_{22}H_{20}N_3O_3S$, 18%)　　(5-19)

$-C_5H_{10}N_2O$　$-C_6H_{10}N_2O_2$　$-C_7H_{10}N_2O_3$

$m/z$ 292 (6%)　$m/z$ 264 (10%)　$m/z$ 236 (13%)

$m/z$ 252 ($C_{16}H_{14}NS$, 65%)

$M_w$ 385 ($C_{20}H_{23}N_3O_3S$, 100%)　　　$M_w$ 371 ($C_{19}H_{21}N_3O_3S$, 100%)　　(5-20)

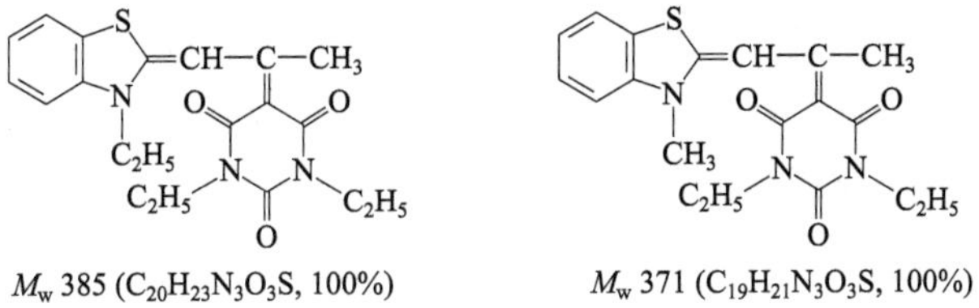

## 5.4.2　天然有机化合物

天然有机化合物常指的是天然产物，其结构复杂、种类繁多。本章只列举如甾族、黄酮类化合物、生物碱等天然产物中有限的几例，围绕它们的特征离子进行讨论。我国学者丛浦珠长期从事天然产物的质谱法研究，本小节有些天然产物的 EI 谱取自于他的专著[13]中所展示的质谱图，具体所引用的图均有出处说明。

（1）甾族化合物

甾族化合物是天然产物中最广泛出现的成分之一。几乎所有生物体自身都能通过生物合成，产生种类很多、结构复杂、数量庞大的生物活性物质，因而这是一类重要的天然有机化合物。由于其立体结构的特性，它在有机化学中占有重要的地位。尽管甾族化合物在制药工业、农业、畜牧业等多方面得到了长足的应用，但是其主要领域还是药物化学。由于甾族化合物的重要性，它们的全合成和结构修饰引人瞩目并为人们所重视。1927 年至 1975 年间有 12 人在甾族化合物的研究上获得诺贝尔奖就证明了这一点。众多已记载的甾族化合物说明了它们的结构多样性，但它们的基本骨架结构是戊烷多氢菲，即具有一个四环并合的（A、B、C、D）母核，其中 A、B、C 为六元碳环，D 为五元碳环。环上分别连接有 3 个烷基侧链，如下式所示，位置在 C17（$R^1$）、C13（$R^2$）和 C10（$R^3$）。$R^1$ 为 $C_2H_5$、$R^2$ 为 $CH_3$、$R^3$ 为 $CH_3$ 时是孕甾烷；$R^1$ 为 H、$R^2$ 为 $CH_3$、$R^3$ 为 $CH_3$ 时是雄甾烷；$R^1$ 为 H、$R^2$ 为 $CH_3$、$R^3$ 为 H 时是雌甾烷。

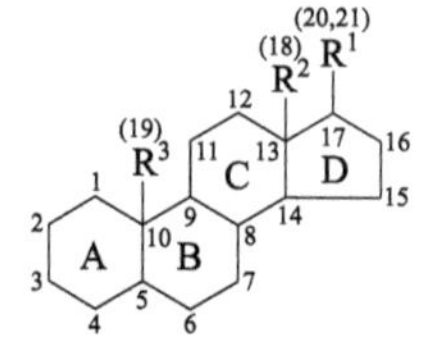

孕甾烷 $R^1=C_2H_5$, $R^2=CH_3$, $R^3=CH_3$
雄甾烷 $R^1=H$, $R^2=CH_3$, $R^3=CH_3$
雌甾烷 $R^1=H$, $R^2=CH_3$, $R^3=H$

虽然甾族化合物有复杂的分子结构，它们的多环质谱裂解过程也有别于脂肪族和芳香族化合物，但是它们仍符合气相中单分子离子裂解反应的规则，并适用于第 3 章讨论的裂解反应的基本类型。从质谱的图谱解析方法出发，从甾族化合物的八类母核中选择三种母核，即孕甾烷（pregnane）、雄甾烷（androstane）和雌甾烷（estrane），寻找它们图谱中的特征峰，从而了解其特征裂解及与它们相关的结构。有关各类甾族化合物的质谱行为，读者可参考有关的资料[13,22,23,25]。

①D 环的开裂[25a]　以孕甾烷为例，当 $R^1$、$R^2$ 和 $R^3$ 分别为 $C_2H_5$、$CH_3$ 和 $CH_3$ 时（$M_w$ 288），质谱图见图 5-18，可见到 $m/z$ 218（$M-C_5H_{10}$）和 $m/z$ 217（$M-C_5H_{11}$）以及 $m/z$ 232（$M-C_4H_8$），这些强峰可参见式（5-21）；若 3 位还另有羟基取代时（$M_w$ 304），仍可见到 $m/z$ 234（$M-C_5H_{10}$）和 $m/z$ 233（$M-C_5H_{11}$）以及 $m/z$ 248（$M-C_4H_8$）这些强峰；若 3 位为羰基取代时（$M_w$ 302），则见到 $m/z$ 232（$M-C_5H_{10}$）和 $m/z$ 231（$M-C_5H_{11}$）以及 $m/z$ 246（$M-C_4H_8$）这些强峰。当孕甾烷 $R^1$ 的 $C_2H_5$ 基上的一个氢被羟基取代，形成了 20-ol-孕甾烷。此时在 3 位还有羟基取代（$M_w$ 320）时，则孕甾烷的 $M-C_5H_{10}O$ 和 $M-C_5H_{11}O$ 两个特征峰（$m/z$ 218 和 $m/z$ 217）在经过上述这些基团取代后，分别位移到 $m/z$ 234 和 $m/z$ 233；另外，还有明显的 $m/z$ 248，$M-C_4H_8O$ 峰，相当于孕甾烷的 $m/z$ 232。

在雄甾烷（$R^1$、$R^2$ 和 $R^3$ 分别为 H、$CH_3$ 和 $CH_3$）的质谱图中（$M_w$ 260），也能看到显著的 $m/z$ 217（$M-C_3H_7$）和 $m/z$ 231（$M-C_2H_5$）这两个峰，但强度远不如孕甾烷。不过，先丢失 $R^2$ 甲基，然后再丢失 $C_3H_6$ 的碎片峰却非常强。当雄甾烷的 $R^1$、$R^2$ 和 $R^3$ 分别为 H、$CH_3$ 和 $CH_3$，且 17 位有羟基取代时

（$M_w$ 276），能看到显著的 $m/z$ 232（M－$C_2H_4O$）和 $m/z$ 219（M－$C_3H_5O$）两个峰。低的 $m/z$ 232 峰强度，可能易进一步丢失 $CH_3$，而形成强的 $m/z$ 217 峰，或者也不排除先丢失 $R^2$ 甲基，然后再丢失 $C_2H_4O$；若 17 位是羰基取代时（$M_w$ 274），能看到 $m/z$ 230（M－$C_2H_4O$）和 $m/z$ 217（M－$C_3H_5O$）及 $m/z$ 218（M－$C_3H_4O$）这三个强峰，见式（5-22）；若 3、17 位同时有羰基取代时（$M_w$ 288），能看到 $m/z$ 244（M－$C_2H_4O$）强峰和显著的 $m/z$ 231（M－$C_3H_5O$）和 $m/z$ 232（M－$C_3H_4O$）两个峰。

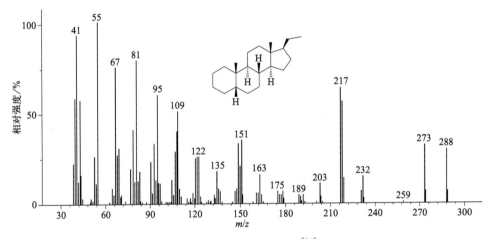

图 5-18　孕甾烷的 EI 谱[24]

雌甾烷 17 位上的两个氢中有一个被羟基取代时，形成了 17$\beta$-羟基-雌甾烷（$R^1$、$R^2$ 和 $R^3$ 分别为 OH、$CH_3$ 和 H）。若 3 位上还有羰基或者羟基的取代（$M_w$ 分别为 276 或 278），此时在它们的 EI 谱上，前者能看到强峰 $m/z$ 232，M－$C_2H_4O$ 和显著的 $m/z$ 219，M－$C_3H_5O$ 峰；而后者则是显著的 234，M－$C_2H_4O$ 峰。雌甾烷的特征离子解释可以参见式（5-22）所示的、3-羰基-17$\beta$-羟基-雌甾烷的裂解方式进行。

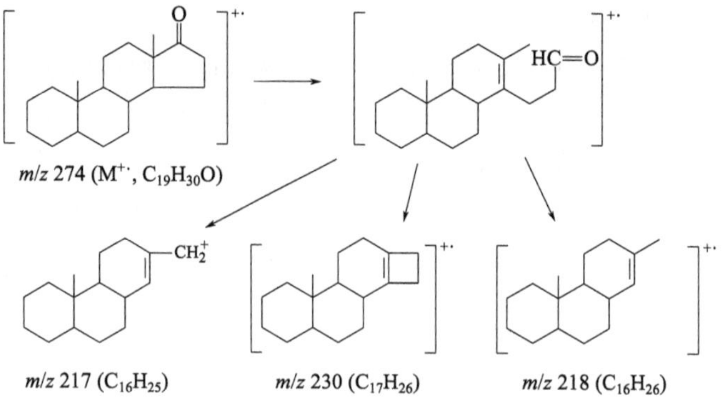

$$(5\text{-}22)$$

m/z 274 (M[+·], $C_{19}H_{30}O$)

m/z 217 ($C_{16}H_{25}$)    m/z 230 ($C_{17}H_{26}$)    m/z 218 ($C_{16}H_{26}$)

式（5-22）D 环开裂涉及 C13 和 C17 间的键断裂和氢重排，具体的开裂过程除了需要高分辨和亚稳跃迁的数据支持外，还要有同位素氘标记的配合，才能得到明确的机制。

② C 环的开裂[25a]　仍以孕甾烷为例，R[1]、R[2] 和 R[3] 分别为 $C_2H_5$、$CH_3$ 和 $CH_3$ 时（$M_w$ 288），质谱图 5-18 中的 m/z 149 强峰（$C_{11}H_{17}$）和明显的 m/z 148 峰，是 C 环开裂的结果，碎裂过程见式（5-23）。若孕甾烷的 C3 位有羟基取代时（$M_w$ 304），该峰移至 m/z 165 并呈现高的强度（在某些类似物或异构体中有时会移至 m/z 164）；C3 位有羰基取代时（$M_w$ 302），该峰移至 m/z 163 并呈现高的强度（在某些类似物或异构体中有时会移至 m/z 162）。

雄甾烷也有显著的 m/z 149 峰；17 位有羰基取代时，与孕甾烷相同，仍有显著的 m/z 149 峰。C3 位有羟基取代的雄甾烷类或者 3、17 位同时有两个羰基取代的雄甾烷类，也分别出现强度虽低但明显的 m/z 165 和 m/z 163 峰。尤其 C3 位有羟基取代的雄甾烷类，因易进一步丢失 $H_2O$，可能导致低的 m/z 165 峰。雌甾烷的质谱图解释类似于雄甾烷。

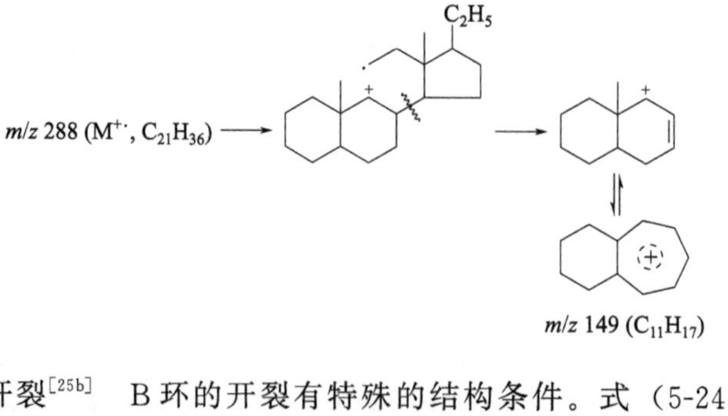

$$(5\text{-}23)$$

m/z 288 (M[+·], $C_{21}H_{36}$)

m/z 149 ($C_{11}H_{17}$)

③ B 环的开裂[25b]　B 环的开裂有特殊的结构条件。式（5-24）描述了 3-羰基-4-烯-17-酰甲基孕甾烷（$M_w$ 314）特征峰的形成，谱图见图 5-19。形成的 m/z 124 峰（$C_8H_{12}O$），可能来自形成的新键构成了共轭体系有助于稳定羟基上的奇电子离子。在 3-羰基-4-烯雄甾烷谱图中 m/z 124 峰（$C_8H_{12}O$）构成基峰。

似雄甾烷形成 $m/z$ 124 峰的过程，在 3-羰基-4-烯雌甾烷质谱图中则位移于 $m/z$ 110 峰（$C_7H_{10}O$），并显示出极为明显的强峰，甚至构成了质谱图的基峰。

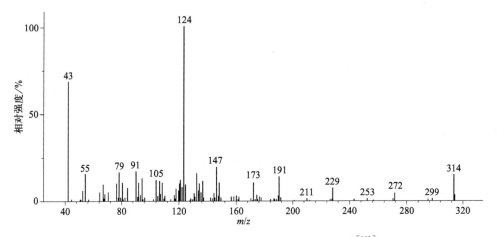

$$(5-24)$$

图 5-19　3-羰基-4-烯-17-酰甲基孕甾烷的 EI 谱[25b]

解析甾族化合物的谱图时，应考虑以下因素：季碳原子的碳—碳键易首先断裂，这对稳定正电荷离子有利；骨架上如有多官能团取代时，竞争反应对上述开裂所形成的特征峰强度会有影响；取代基性质及其位置也对上述开裂所形成的特征峰强度有影响；由于立体异构的存在，构象的不同，不仅影响峰强度，甚至还会涉及 $m/z$ 值。

（2）黄酮类化合物

一种从自然界植物中提取的黄色酮类物质，俗称黄酮类化合物（flavonoids）。它是指以 2-苯基色原酮（即黄酮）为骨架所衍生的多酚类化合物的总称。现在，凡是两个苯环通过三个碳原子相互连接而成的一系列化合物，在其芳香环的母核上常含有助色团，以羟基和/或甲氧基为主，少数有烃氧基、异戊烯氧基等取代基，因此该类化合物多显黄色。它们广泛存在于自然界的植物中，属植物次生代谢产物。许多黄酮类化合物具有抗自由基、抗氧化、抗菌作用，以及对动物激素的调节作用、诱发癌细胞和肿瘤细胞的凋亡而发挥抗癌抗肿瘤作用等，因而为药用植物化学家高度重视，也开启了它们的全/半合成的研究。现以最简单的黄酮及其取代的黄酮类似物为例，从谱图解析的角度观察 C 环开裂的特征反应所形成的若干特征离子[26-27]。

黄酮（flavone）分子的结构式如下（此时，$R^1=H$，$R^2=H$，$R^3=H$，$R^4=H$）。

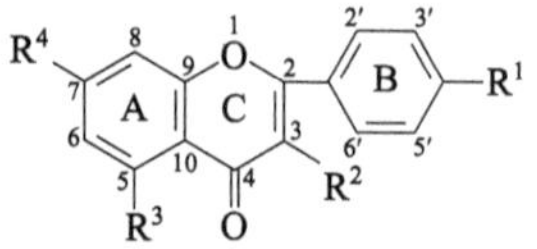

图 5-20 是黄酮的 EI 谱（$M_w 222$，$C_{15}H_{10}O_2$），式（5-25）展示了在 EI 谱中黄酮形成的三种类型的特征离子。其中，第一种类型是 $m/z$ 120（似 RDA 反应的结果），为 O1—C2 和 C3—C4 键开裂的产物，图中的 $m/z$ 92 为进一步丢失 CO 的产物离子。$m/z$ 105 和 $m/z$ 102 分别是 Ph—C≡O$^+$ 和 Ph—C≡CH$^+$，前者是 O1—C9 和 C2—C3 键开裂的产物，后者是 O1—C2 和 C3—C4 键开裂的产物，这是第二种开裂类型。它们都需要断开邻近双键的单键，通常对于一个高度共轭体系的分子，邻近双键的单键断裂要求较高的能量（双键断裂的能量更高）。不过，对于离子化的分子来说，由于电荷在分子内分布的变化，导致异构化的发生。优势裂解反应是朝着能形成新键和形成稳定产物离子的方向，并产生足够丰度的碎片离子。当然，具有强的分子离子峰也是必然的，这是黄酮类化合物 EI 谱的普适特点。$m/z$ 102 与 $m/z$ 120 属于互补离子对，它们之间的相对强度取决于稳定正电荷的能力大小，若 B 环上的取代基有助于稳定正电荷，则第二种开裂反应会优于第一种。第三种开裂类型是分子离子失去 CO 的环扩张骨架重排反应，形成 $m/z$ 194，而 $m/z$ 165 是进一步丢失 CHO 的结果，这也是环压缩的骨架重排反应的结果。

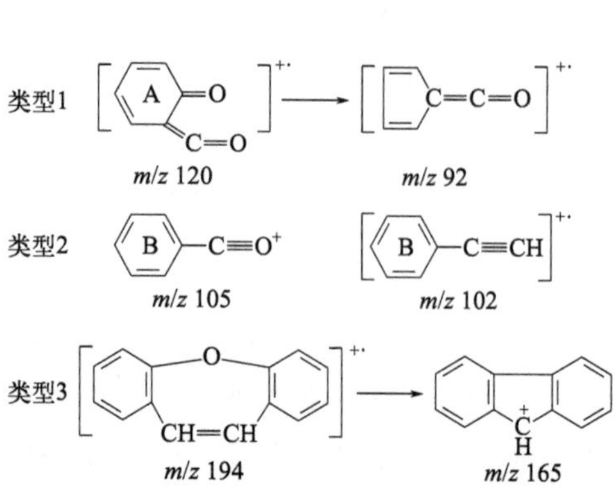

(5-25)

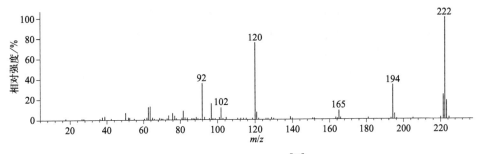

图 5-20  黄酮的 EI 谱[28]

当黄酮的 A、B 环，乃至 C 环上有羟基和/或甲氧基、甲基取代时，通过 C 环开裂反应可以找出产生此类特征离子的性质和数目，而通过质谱图的谱型、其他光谱数据、样品背景信息等，可以确定在未知黄酮化合物中取代基的位置。

表 5-8 列出的特征离子来自不同取代基的黄酮类化合物。从表 5-8 可知，随着骨架上取代基的性质及位置的不同，相应的特征离子相对强度可能会有较大变化。山奈酚的类型 1 呈现的碎片离子不在 $m/z$ 152 而在 $m/z$ 153，发生了特征离子的质荷比相差一个氢的现象［对具体的化合物的结构来说，往往发生在 5 位有羟基的情况。此时可能还需要考虑偶电子碎片离子（如 $m/z$ 152）与奇电子碎片离子（如 $m/z$ 153）以及各自互补中性碎片的相对稳定性，而氢的来源多半为重排的结果］。5-羟基-7-甲氧基黄酮的类型 3 呈现的碎片离子不是 $m/z$ 240 而是 $m/z$ 239，这是 [M−H]+ 丢失 CO 的结果。

表 5-8  羟基、甲氧基、甲基取代的黄酮特征离子

| 名称 | $R^1$ | $R^2$ | $R^3$ | $R^4$ | $M_w$ | 特征离子 $m/z$ | | | | | | 参考文献 |
|---|---|---|---|---|---|---|---|---|---|---|---|---|
| | | | | | | 类型 1 | | 类型 2 | | 类型 3 | | |
| 7-羟基黄酮 | H | H | H | OH | 238 | 136 | 108 | 105 | 102 | 210 | 181 | [26] |
| | | | | | (92) | (57) | (45) | (20) | (18) | (100) | (10) | |
| 白杨黄素 | H | H | OH | OH | 254 | 152 | 124 | 105 | 102 | 226 | 197 | [26] |
| | | | | | (100) | (25) | (18) | (4) | (5) | (24) | (2) | |
| 芹黄素 | OH | H | OH | OH | 270 | 152 | 124 | 121 | 118 | 242 | 213 | [26] |
| | | | | | (100) | (18) | (17) | (18) | (15) | (17) | (4) | |
| 山奈酚 | OH | OH | OH | OH | 286 | 153① | 125 | 121 | 118 | 258 | 229 | [26] |
| | | | | | (100) | (5) | (—) | (11) | (—) | (7) | (6) | |
| 5-羟基-7-甲氧基黄酮 | H | H | OH | OCH₃ | 268 | 166 | 138 | 105 | 102 | 239① | 210 | [26] |
| | | | | | (100) | (6) | (9) | (6) | (7) | (44) | (4) | |
| 4′-甲氧基-7-羟基黄酮 | OCH₃ | H | H | OH | 268 | 136 | 108 | 135 | 132 | 240 | 211 | [26] |
| | | | | | (100) | (5) | (4) | (—) | (64) | (13) | (—) | |
| 4′-甲氧基-5-羟基-7-甲基黄酮 | OCH₃ | H | OH | CH₃ | 282 | 150 | 122 | 135 | 132 | 254 | 225 | [26] |
| | | | | | (100) | (20) | (10) | (5) | (18) | (2) | (—) | |

① 文中另有解释。

注：表中括号内的数字为相对强度。

据称[29]，目前已发现的黄酮类化合物大约有八千多种，在结构上它们大致可被分成六类。这些黄酮类化合物的结构要比黄酮及其类似物复杂得多，但上述的某些环开裂反应在结构阐释中仍起作用（如在黄烷酮、异黄酮类谱图中）。大部分黄酮类化合物能依赖于 EI 方法获得质谱图，并根据强的分子离子峰及特征碎片峰进行图谱解析，但从黄酮类糖苷化合物的 EI 谱中难以获得糖苷部分的信息，甚至得不到谱图。在 LC-MS 技术出现之前，都用衍生化方法（如全甲基化[30]）进行 EI 分析，目前采用的 ESI 离子化并结合 MS/MS 的技术在结构阐述中已成为标准方法。

（3）生物碱

生物碱是存在于自然界（主要为植物，但有的也存在于动物）中的一类含氮的碱性有机化合物。大多数有复杂的环状结构（芳香环和脂环），氮元素包含在环内，有显著的生物活性，通常对生物机体有毒性或强烈的生理作用，也是中草药的重要有效成分之一。生物碱结构比较复杂、种类也很多，按基本结构据称可分为 59 种类型，数量在 10000 种左右；并随着研究的深入，新的生物碱将不断被发现。实际上，生物碱的 EI 质谱研究已有相当长的历史，由于大多数生物碱是结晶型固体，所以离线纯化后直接进样是常规的方式。不过，LC-MS 技术的发展，使中草药中的生物碱或生物碱体内代谢的在线分析成为可能，与 MS/MS 的结合为新的发现奠定了基础。

关注生物碱的 EI 谱图，尤其在骨架开裂时的特征峰，有利于它的谱图解析，尤其是位移技术是快速解析的有力手段。下面只是从方法学的角度作一些讨论，详细的有关各类生物碱的质谱行为，读者可参考有关资料[31-32]。

以二氢吲哚类生物碱为骨架的质谱行为研究占据了生物碱质谱的很大部分，尤其是简单的白坚木类似物，受到质谱学家的广泛关注。这里将讨论结构最简单的三种白坚木类似物，即白坚木米定（aspidospermidine）、白雀胺（quebrachamine）、白坚木替宁（aspidofractinine）。

白坚木米定的结构式参见下式，环的开裂可发生在下列的键：C 和 E 环的 C10 与 C11 之间的键、C12 与 C19 之间的键、C4 与 C5 之间的键，由多键断裂形成特征离子 $m/z$ 124；C10 与 C11 之间的键、C12 与 C19 之间的键、C2 与 C3 之间的键，分别形成特征离子 $m/z$ 152、$m/z$ 130 和 $m/z$ 144，它们可能的离子结构见式（5-26）。式（5-27）为白坚木米定类似物的结构通式，从该式可以看到，凡是在 N1、C17、C16 和 C5 位的不同取代基都通过如此裂解得到相应的碎片离子（表 5-9 和表 5-10）。这些开裂符合本书第 3 章中所述的环开裂反应、B 裂解反应以及氢重排反应的规律。白坚木米定的 EI 质谱图中所呈现的上述四种离子反映了芳香环和脂环两部分结构的质谱行为（可延伸至它的类似物）。

$$M_w\ 282\ (C_{19}H_{26}N_2)$$

$$\begin{array}{cc} m/z\ 124 & m/z\ 152 \\ (C_8H_{14}N) & (C_{10}H_{18}N) \end{array}$$

$$\begin{array}{cc} m/z\ 130 & m/z\ 144 \\ (C_9H_8N) & (C_{10}H_{10}N) \end{array}$$

$$(5\text{-}26)$$

$$(5\text{-}27)$$

**表 5-9  白坚木米定及其类似物在 EI 裂解反应中的特征峰[33]**

| $R^1$ | $R^2$ | $R^3$ | $R^4$ | $M_w$ | 特征离子 $m/z$ | | | |
|---|---|---|---|---|---|---|---|---|
| H | H | H | $C_2H_5$ | 282(57) | 124(100) | 152(22) | 130(33) | 144(17) |
| $CH_3$ | H | H | $C_2H_5$ | 296(55) | 124(100) | 152(22) | 144(28) | 158(17) |
| $CH_3$ | $OCH_3$ | H | $C_2H_5$ | 326(58) | 124(100) | 152(13) | 174(13) | 188(7) |
| $CH_3CO$ | $OCH_3$ | H | $C_2H_5$ | 354(58) | 124(100) | 152(23) | 160(13)[①] | 174(22) |
| $CH_3CO$ | $OCH_3$ | $OCH_3$ | $C_2H_5$ | 384(56) | 124(100) | 152(15) | 190(10)[①] | 204(6) |

① N 原子上取代基 $R^1$ 为 $CH_3CO$ 时，特征离子来自丢失 $CH_2CO$ 后的离子。
表中括号内的数字为相对强度。

**表 5-10  与白坚木米定骨架结构相似的同属物的特征峰**

| $R^1$ | $R^2$ | $R^3$ | $R^4$ | 生物碱类别 | 参考文献 | $M_w$ | 特征离子 $m/z$ |
|---|---|---|---|---|---|---|---|
| $CH_3$ | $OCH_3$ | H | $C_2H_5$ | 白坚木米定类 | [33] | 326(58) | 124(100) |
| $CH_3$ | $OCH_3$ | H | $(CH_2)_2OH$ | 白坚木米定类（西林醇类） | [27] | 342(29) | 140(100) |
| $CH_3$ | $OCH_3$ | H | $CH_2COOCH_3$ | 西林卡林类 | [27] | 370(55) | 168(100) |
| $CH_3CO$ | $OCH_3$ | H | $OH$ | 白坚木明类 | [27] | 342(100) | 112(75) |

表中括号内的数字为相对强度。

Biemann[33]提出并首先应用于生物碱图谱解析的一种方法，即位移技术。其基本原理是，$AB^{+\cdot} \longrightarrow A^+ + B\cdot$，类似的分子也发生如下的裂解，$RAB^{+\cdot} \longrightarrow RA^+ + B\cdot$。从 $A^+$ 到 $RA^+$ 的位移可以判断取代基 R 和它的位置，从而确定 RAB 分子的结构。如从 $m/z$ 91 到 $m/z$ 121 后者比前者位移了 30 个质量，二者相差 $OCH_2$ 的结果很容易从下式判断出来。

$$[C_6H_5CH_2COOCH_3]^{+\cdot}(m/z\ 150, 25\%) \longrightarrow C_7H_7^+(m/z\ 91, 100\%)$$
$$[p\text{-}CH_3OC_6H_4CH_2COOCH_3]^{+\cdot}(m/z\ 180, 20\%) \longrightarrow (p)\text{-}CH_3OC_6H_4CH_2^+(m/z\ 121, 100\%)$$

一般认为正离子在芳香体系中是比较稳定的，因而芳香部分的结构相对于非芳香部分来说比较容易确定。如果分子由芳香部分和非芳香部分所组成，那么裂解反应比较优势地发生在非芳香部分，这种情况在生物碱中常常遇到。因此，位移技术首先在这个领域中得到了应用，尤其是在下述所示的两类生物碱结构中。

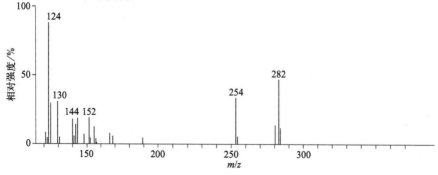

例如 Biemann 描述了白坚木米定经历的裂解过程及形成的特征峰 $m/z$ 124、152 等离子[33]，请参见图 5-21 和式（5-28）所展示的碎裂过程。

现在有一未知的该类生物碱（图 5-22）它的质谱图与白坚木米定很相似，分子量为 338，经高分辨测定，元素组成为 $C_{22}H_{30}N_2O$。下面使用位移技术来进行解析。从图 5-22 可知，$m/z$ 124 的存在说明 C5 至 C10、C20 至 C21 的区域内无新的取代基；$m/z$ 152 的存在说明 C3 和 C4 也无新的取代基；$m/z$ 130 和 $m/z$ 144 的存在进一步说明 C10 和 C11 以及苯环上均无新的取代基。这样，未知生物碱与白坚木米定结构只相差 $C_3H_4O$，这一取代基只能位于 1 位的 $N$ 原子上，也就是该生物碱的（1 位）$N\text{-}COC_2H_5$。仔细研究该图会发现图 5-22 中的 $m/z$ 130、144 的相对强度比图 5-21 的两峰稍低一些，这进一步说明 $COC_2H_5$ 基团取代于 1 位的氮上，这是因为失去 $COC_2H_4$ 的过程是一个低活化能过程，不影响 $m/z$ 130 和 144 峰的形成。

图 5-21　白坚木米定部分 EI 谱[33]

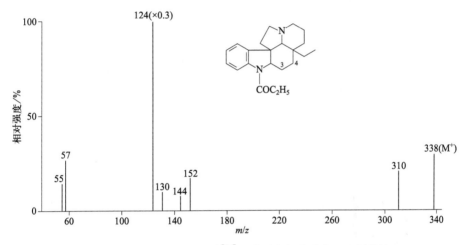

$$(5-28)$$

图 5-22 未知生物碱的 EI 谱[34] (谱图中仅取强度＞10％的峰)

除了对上述白坚木米定类的谱图使用位移技术进行结构解释外，对于白雀胺及其 C17 位有 OCH₃ 取代基的 17-甲氧基白雀胺 （17-methoxyquebrachamine）也适用，见图 5-23。下式是白雀胺的结构式。

形成 $m/z$ 143、$m/z$ 144 和 $m/z$ 157 的过程可见式 （5-29）。不排除式 （5-30） 所显示的离子结构[32]。比较图 5-23 的两张质谱图可看出，图(a)白雀胺质谱图上的 $m/z$ 143、144、157 等大峰，在图(b)17-甲氧基白雀胺的质谱图中，位移至 $m/z$ 173、174、187。

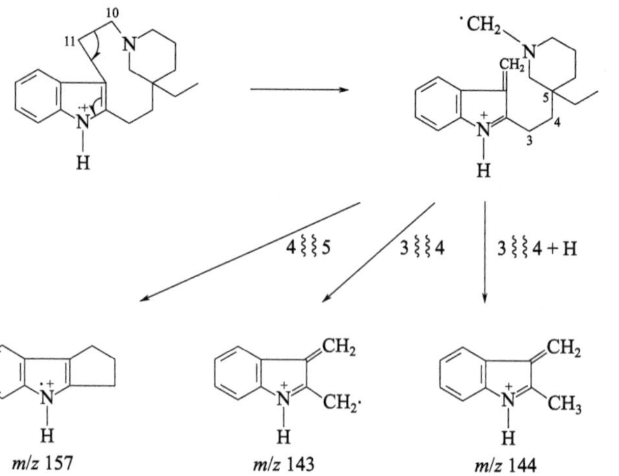


$m/z$ 157　　$m/z$ 143　　$m/z$ 144

(5-29)

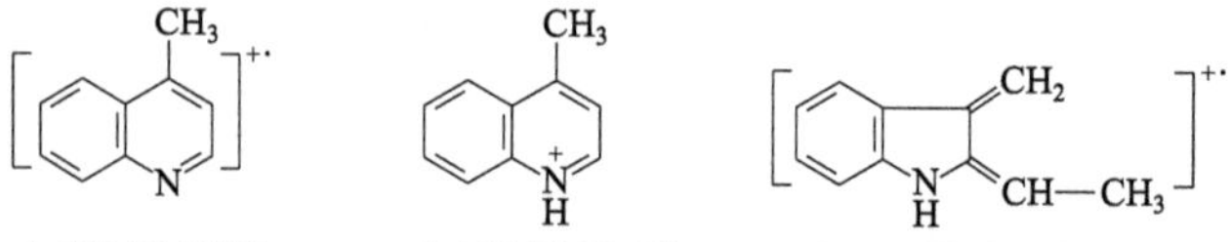


$m/z$ 143 ($C_{10}H_9N$)　　$m/z$ 144 ($C_{10}H_{10}N$)　　$m/z$ 157 ($C_{11}H_{11}N$)

(5-30)

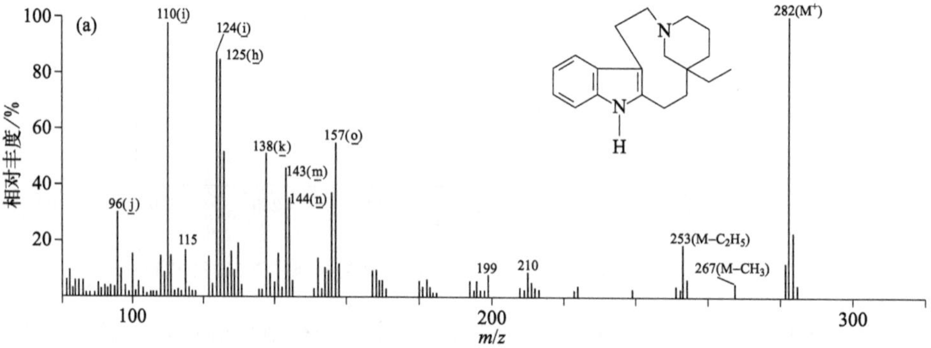


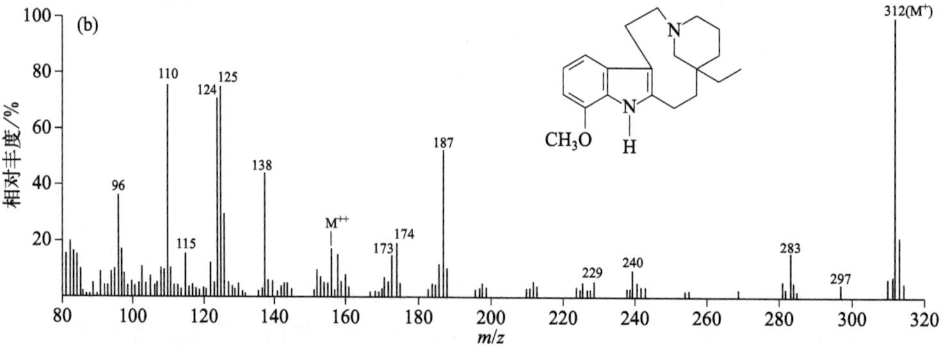


图 5-23　白雀胺（a）和 17-甲氧基白雀胺（b）的 EI 质谱图[31-32]

实际上，白坚木米定和白雀胺相比较，它们属于异构体。与白坚木米定相比（图 5-21），在特征离子 $m/z$ 144 方面，两者是相似的。但是，白雀胺图中的 $m/z$ 130 很不明显（图 5-23），其强度与 $m/z$ 157 相近。后者可能是断裂 C10-C11 和 C3-C4 之间的键，形成 $C_{11}H_{11}N$ 的离子，如式（5-30）所示，它具有稳定的共轭体系。

图 5-24 为 17-甲氧基白坚木替宁（$C_{20}H_{26}N_2O$，$M_w$310）的质谱图，它的结构式见式（5-31）。如果它与 17-甲氧基白坚木米定相比，除了 $m/z$ 124 与后者相同外，$m/z$ 109 峰有很大差异。前者 $m/z$ 109 是基峰，而后者的强度不超过 5%。几乎白坚木替宁类的 EI 谱都有强的 $m/z$ 109，甚至构成基峰。式（5-31）中显示了 $m/z$ 109 和 $m/z$ 124 的离子结构，这一对特征离子在若干白坚木替宁类谱图中具有普适性。这也说明结构上稍有变动，会因另一个反应而明显地影响谱图的裂解模式。因此，解析生物碱的谱图时这是需要注意之处。

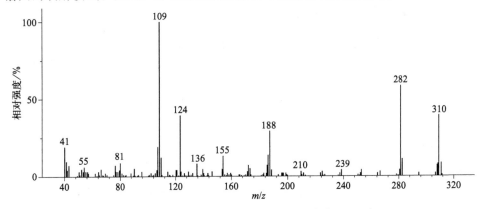

图 5-24　17-甲氧基白坚木替宁[27]

$$m/z\ 310\ (M^{+\cdot},\ C_{20}H_{26}N_2O) \quad m/z\ 124\ (C_8H_{14}N)$$

$$m/z\ 109\ (C_7H_{11}N) \tag{5-31}$$

使用位移技术时还需满足以下几个条件：变动的取代基 R 不影响脂环部分的裂解方式，不能导致一种新的裂解，倘由于 R 的存在而引起裂解反应上的巨大差异，则位移技术不能使用；R 不能显著地影响特征峰的强度；取代基 R 本身不希望有容易断裂的键，否则会因二级裂解使谱图中的碎片峰搞混而影响判断。一般来说，像 $CH_3$、$OCH_3$、$HCO$、—$OCH_2$—等取代基都能满足要求，即使像 $COCH_3$、$C_2H_5$ 等取代基有 $M-COCH_2$、$M-CH_3$ 的裂解，也由于容易辨认而影响不大。这些取代基在生物碱中是比较常见的。位移技术以每类化合物的精细研究和大量数据为前提，所以在天然有机化学领域内对各类化合物进行系统的质谱研究是很重要的。

# 5.5 解析举例

本节通过具体实例进一步阐述未知物 EI 谱图的分析过程。对结构比较复杂的有机物来说，涉及骨架和/或质谱图中段特征峰的确定是图谱解析的关键之处。

## 5.5.1 一种未知染料的分析

图 5-25 为一种未知调色染料的低分辨谱图，表 5-11 为其高分辨数据，在直接进样、蒸发温度为 150℃条件下获得。从图中可知 $m/z$ 376 为基峰，其强度值达 40% $\Sigma_{70}$。最高质量峰在 $m/z$ 452，该峰是否为分子离子峰呢？$m/z$ 452 与 $m/z$ 376 的质量差为 76（$C_6H_4$），如果 $m/z$ 452 为 M 峰，则基峰 $m/z$ 376 的形成过程应当在能量上处于非常有利的过程，这与丢失 $C_6H_4$ 是不相称的；另外，根据高分辨数据可知 $m/z$ 422 显然与 $m/z$ 376、$m/z$ 452 不是同一化合物的峰。因此，可以认为该染料的分子离子峰为 376，这样与染料具有稳定的高共轭体系是一致的。按照 $m/z$ 376 为 M 峰，可以参照高分辨数据去推测如式（5-32）的裂解过程。

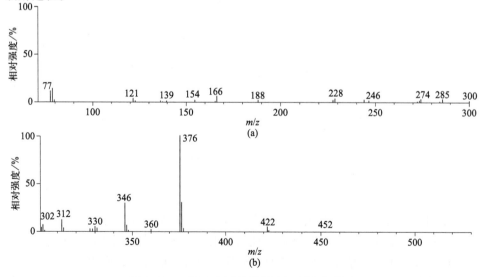

图 5-25 一种未知调色染料的低分辨质谱图

$$
\begin{array}{l}
m/z\ 376 \xrightarrow{-NO} m/z\ 346 \xrightarrow{-CHO} m/z\ 301 \\
\quad\downarrow{-O} \qquad\qquad \searrow{-NO_2} \quad\downarrow{-O} \\
m/z\ 360 \xrightarrow{-NO} m/z\ 330 \xrightarrow{-OH} m/z\ 313 \\
\qquad\qquad \swarrow{-CO} \quad\downarrow{-H_2O} \qquad\quad\downarrow{-CO} \\
m/z\ 302 \qquad m/z\ 312 \qquad m/z\ 285 \\
\quad\downarrow{-CO} \\
m/z\ 274 \xrightarrow{-CO} m/z\ 246 \xrightarrow{-H_2O} m/z\ 228
\end{array}
\tag{5-32}
$$

这一推测过程启发我们，该染料至少含有两个羰基，至少含有两个羟基以及一个硝基（根据典型的 $M-O$、$M-NO$、$M-NO_2$ 裂解反应）。另外，$m/z$ 166、139 的峰暗示了该染料具有 $Ar-NH-Ar$ 的结构。$m/z$ 330 连续丢失两个 CO 的过程与蒽醌类染料的质谱行为相符。根据上述信息，可以判断染料的母体为蒽醌型，母核上的取代基有一个 $NO_2$，至少两个 OH 以及-NH-Ar 结构。经查阅资料找到下式的结构符合上述的质谱数据，合成验证确定了该结构是正确的。

表 5-11  未知染料的高分辨数据

| 相对强度[1]/% | 精确质量 | 元素组成 | 理论质量[2] | 相对强度/% | 精确质量 | 元素组成 | 理论质量[2] |
|---|---|---|---|---|---|---|---|
| 0.81 | 122.0370 | $C_{17}H_{10}NO^{++}$ | 122.0381 | 0.88 | 274.0882 | $C_{18}H_{12}NO_2$ | 274.0868 |
| 0.76 | 136.5389 | $C_{18}H_{11}NO_2^{++}$ | 136.5395 | 0.64 | 285.0794 | $C_{19}H_{11}NO_2$ | 285.0790 |
| 0.71 | 137.0414 | $C_{18}H_{12}NO_2^{++}$ | 137.0434 | 1.12 | 300.0610 | $C_{19}H_{10}NO_3$ | 300.0661 |
| 0.70 | 139.0509 | $C_{11}H_7$ | 139.0548 | 0.89 | 301.0718 | $C_{19}H_{11}NO_3$ | 301.0739 |
| 0.64 | 150.5308 | $C_{19}H_{11}NO_3^{++}$ | 150.5370 | 0.98 | 302.0805 | $C_{19}H_{12}NO_3$ | 302.0817 |
| 1.10 | 154.0679 | $C_{11}H_8N$ | 154.0657 | 2.52 | 312.0654 | $C_{20}H_{10}NO_3$ | 312.0661 |
| 0.83 | 165.5364 | $C_{20}H_{13}NO_4^{++}$ | 165.5422 | 1.24 | 313.0711 | $C_{20}H_{11}NO_3$ | 313.0739 |
| 1.21 | 166.0665 | $C_{12}H_8N$ | 166.0657 | 1.05 | 330.0712 | $C_{20}H_{12}NO_4$ | 330.0766 |
| 1.30 | 188.0328 | $C_{20}H_{12}N_2O_6^{++}$ | 188.0348 | 1.28 | 331.0822 | $C_{20}H_{13}NO_4$ | 331.0844 |
| 0.65 | 226.0597 | $C_{17}H_8N$ | 226.0657 | 1.33 | 346.0962 | $C_{20}H_{14}N_2O_4$ | 346.0954 |
| 1.12 | 227.0729 | $C_{17}H_9N$ | 227.0735 | 35.7 | 376.0681 | $C_{20}H_{12}N_2O_6$ | 376.0695 |
| 0.75 | 228.0800 | $C_{17}H_{10}N$ | 228.0813 | 8.59 | 377.0733 | $C_{19}{}^{13}CH_{12}N_2O_6$ | 377.0727 |
| 0.80 | 244.0740 | $C_{17}H_{10}NO$ | 244.0762 | 0.96 | 422.1197 | $C_{26}H_{18}N_2O_4$ | 422.1266 |
| 0.75 | 246.0934 | $C_{17}H_{12}NO$ | 246.0919 | 0.61 | 452.1016 | $C_{26}H_{16}N_2O_6$ | 452.1008 |

① 表中相对强度以 PFK 的 $m/z$ 69 为基峰。

② 理论质量仅取四位小数。

## 5.5.2　中药射干亲脂中性成分的分析

从中药射干的亲脂中性成分中分离出三个化合物[35]，经纯化后得三个晶体。晶1，分子量386、元素组成式 $C_{20}H_{18}O_8$；晶2分子量376，元素组成式 $C_{19}H_{20}O_8$；晶3，分子量166，元素组成式 $C_9H_{10}O_3$。晶1和晶3经质谱、核磁、红外测定，证明分别与次野鸢尾黄素和茶叶花宁的结构完全一致；晶2为一未知结构的新化合物。比较晶1和晶2的 $^1H$ 核磁共振谱，发现二者有近似的 $\delta$ 值，推测晶2的结构如式（5-33）所示。该结构与如下实验结果相符，即晶1碱性降解产物与晶2相同，以及晶2的原甲酸三乙酯的反应产物与晶1相同[34]。表5-12为晶1与晶2的部分高分辨质谱数据。

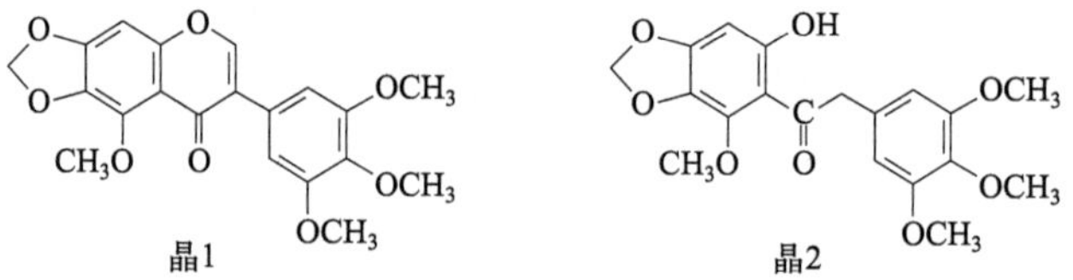

$$\tag{5-33}$$

（图：晶1　　晶2）

表 5-12　射干中晶 1 和晶 2 的部分 EIMS 数据比较[①]

| 晶体 | $M_w$ | 分子式 | M−CH₃ | M−CO | M−CH₂O | M−(CH₃+CO) | M−(CH₃+CO)−H₂O | M−(CH₃+CO)−CO | $C_9H_7O_5$ |
|------|-------|--------|-------|------|--------|------------|----------------|---------------|-------------|
| 晶1 | 386(85) | $C_{20}H_{18}O_8$ | 371(13) | 358(18) | 356(4) | 343(61) | 325(10) | 315(9) | 195(9) |
| 晶2 | 376(23) | $C_{19}H_{20}O_8$ | 361(1) | — | — | — | — | — | 195(100) |

① 表中数字为 $m/z$ 值，括号内数字为相对强度值，%；表中碎片的元素组成式由高分辨数据支持。

现在，通过质谱数据进行分析，可以发现二者有相同的 $m/z$ 195（$C_9H_7O_5$）峰，但相对强度相差很大。晶1形成 $m/z$ 195的过程见式（5-34）；可以认为此过程要先断裂 O—C 键，然后断裂 C—C 键才能形成 $m/z$ 195（9%）。因此，它的相对强度远不如形成 $m/z$ 343（$C_{18}O_{15}O_7$，61%）的优势裂解反应，参见式（5-34）。这属于分子离子 $C_{20}H_{18}O_8^{+\cdot}$ 丢失中性小碎片 CO 和失去 $CH_3$ 的系列裂解反应。晶2的 EI 谱中，$m/z$ 195（$C_9H_7O_5$）之所以构成了谱图的基峰，是因为按推测的结构它只需从分子离子峰简单断裂就可形成。因此，晶2谱图中的特征峰 $m/z$ 195应当是未知物的一部分结构。另外，晶2的结构缺少 $m/z$ 343（参见表5-12），因为分子离子丢失 $\Delta m = 33u$（元素组成式 $CH_5O$）在能量上是不利的。因此，这两个反映结构特征的离子可以强有力地支持上述晶2的推测结构。

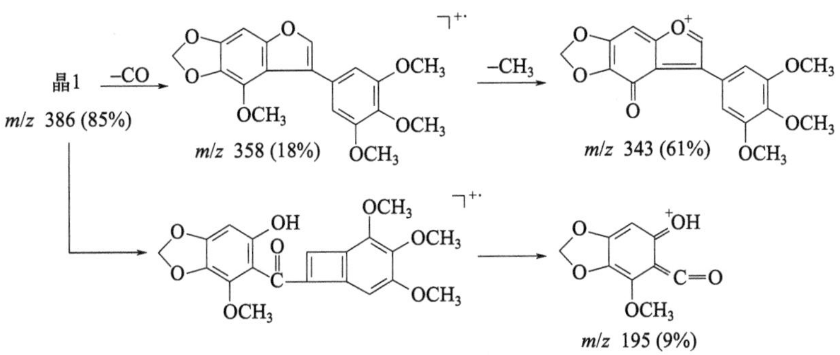

$$(5-34)$$

### 5.5.3 一种青成色剂的分析[36]

照相材料中成色剂是呈色的主体。载体上（通常为胶片）的各层卤化银曝光以后形成了潜影，随后在显影过程中潜影被显影剂还原成金属银，与此同时显影氧化物与成色剂偶合为有色染料。当漂去金属银后，由载体上的黄、品、青三层成色剂与显影剂所构成的染料以一定的比例复原照相的颜色。影像记录的彩色胶卷现在为数码相机的 CCD 或 CMOS 感光元件所代替，照相用胶卷几乎成为历史。其实，相对于数码技术，胶片的画面质量还是有较大优势的，因此，银盐系统目前仍是影像记录的三种贮存技术之一（不限于影视、印刷行业）。

成色剂可以说曾经是精细化工行业中最为复杂的合成产品之一，我们在这里讨论它，目的是了解复杂合成有机物质谱图的解析方法。以油溶性青成色剂为例，通常的成色部分是酚结构，而油溶性基团大部分使用 2,4-二叔戊基苯氧烷结构。图 5-26 是一种已知四当量青成色剂的质谱图。它的结构为：

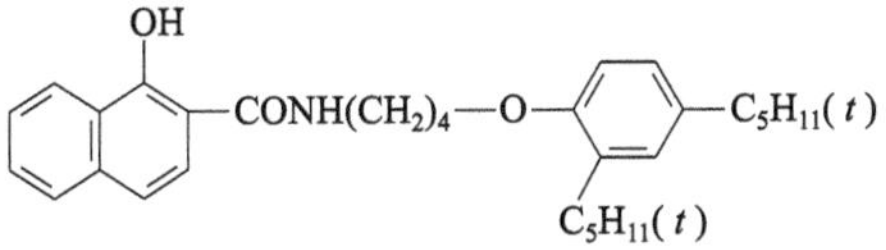

$$(5-35)$$

从图中可见，强的 $m/z$ 205 离子经历了如下过程，即由 $M-C_2H_5$ 形成 $m/z$ 446，然后再进一步丢失中性碎片 $ArCONHCH_2CH_2CH=CH_2$ 而形成。它的离子结构应为式（5-36）所示。图中 $m/z$ 259 应为 $m/z$ 446 丢失中性碎片 $ArCONH_2$ 而形成。其离子结构推测为式（5-37）。

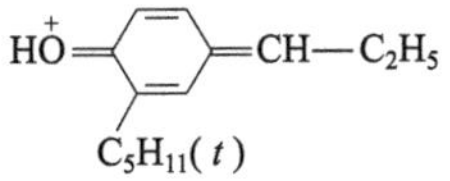

$$(5-36)$$

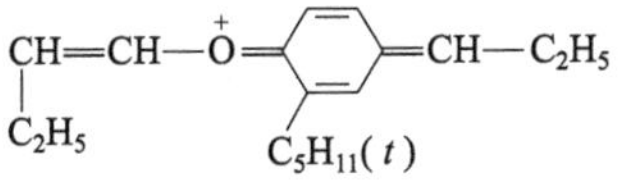

$$(5-37)$$

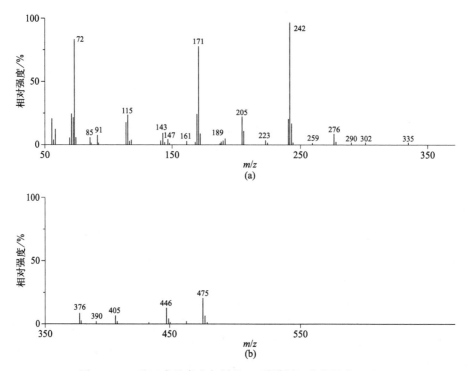

图 5-26  一种四当量青成色剂的 EI 质谱图（蒸发温度 130℃）

上述特征峰为包含油溶性基团的那部分离子所提供；另一些特征峰是含有成色基团的那部分离子所提供，如 $m/z$ 171 和 $m/z$ 242，前者为 $HOC_{10}H_6C\equiv O^+$，后者的离子多半如下式所示：

这两类特征峰对于青成色剂的结构分析具有重要意义。图 5-27 是另一种已知二当量的成色剂，分子量 493，它的结构为：

$$(5\text{-}38)$$

式（5-39）中的四种离子 $m/z$ 175、190、191 和 218 属于一类，而 $m/z$ 205、$m/z$ 245 以及 $m/z$ 273 属于另一类，其中 $m/z$ 205 为显示 2,4-二叔戊基苯氧烷结构存在的特征离子。$m/z$ 273 由 M 失 $C_2H_5$ 再失去 $Ar\text{-}NH_2$ 形成，推测的离子结构见式（5-40）。$m/z$ 273 进一步丢失 CO，就形成了强的 $m/z$ 245 离子。

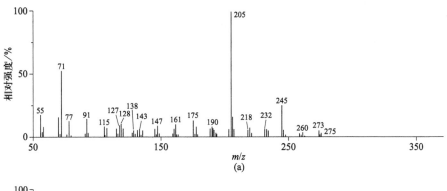

图 5-27  一种二当量的青成色剂的 EI 质谱图 (蒸发温度 130℃)

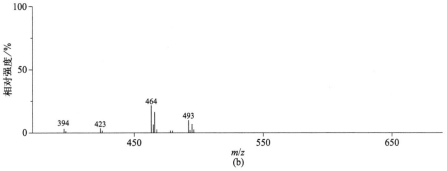

由此可知，对于结构复杂的青成色剂的图谱解析也应从质谱图中段的特征峰着手。这里应当重视在图 5-26 中产生 $m/z$ 72 离子的历程，因为它反映了青成色剂结构中连接成色基团和油溶性基团的桥梁。这一桥梁不仅是有机合成的需要，也是形成该成色剂的某些理化特性的需要，因而是结构解析的关键部分之一。在解析更为复杂的成色剂时，这是非常重要的。

图 5-28 是一个未知的四当量青成色剂的 EIMS 谱，分子量预测为 586，该离子的元素组成式经高分辨质谱测定为 $C_{35}H_{39}N_2O_4Cl$ （586.2597，理论值 586.2599）。从 EI 谱可知，成色部分为萘酚结构；油溶基团仍为 2,4-二叔戊基苯氧烷结构。因此，可以画出其大体结构，如式 （5-41）所示。未确定部分是

$C_8H_6NOCl$，按环加双键值计算为 6，但它是嵌入的子结构，其实际的不饱和度应是 5。这样，其组成至少应含有苯环和羰基。从合成的角度出发，剩余的一个碳应为 $CH_2$，并接在油溶基团的氧原子上。剩下的问题应当从式(5-42)所示的两种结构中选择一个。高分辨数据证实，$m/z$ 142 应当有如式(5-43)所示的结构。因此，该未知青成色剂结构推测为式(5-44)。这是因为谱图中的主要碎片离子获得了合理的解释，例如 $m/z$ 387 为 $m/z$ 416 $-C_2H_5$，$m/z$ 346 为 $m/z$ 416 $-C_5H_{10}$，$m/z$ 317 为 $m/z$ 387 $-C_5H_{10}$，等等，合成该成色剂证明解析结果是正确的。

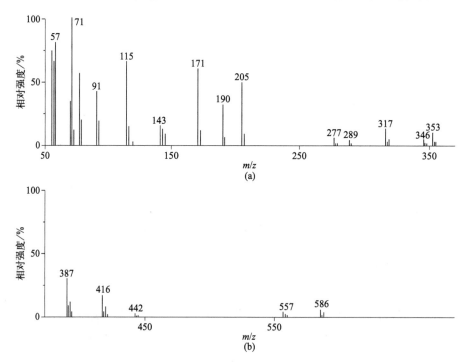

图 5-28　未知的四当量青成色剂 EI 谱（蒸发温度 180℃）

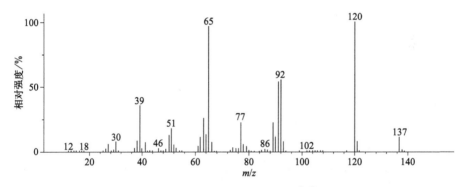

$$(5\text{-}44)$$

# 5.6 习题

【题1】图 5-29 为邻硝基甲苯的 EI 谱，请说明图中四个碎片峰即 $m/z$ 120、92、91、65 的形成过程，并画出它们可能的离子结构。

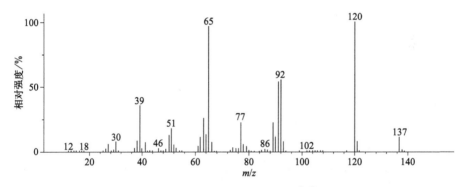

图 5-29 邻硝基甲苯的 EI 谱[37]

【题2】图 5-30 为已知化合物的 EI 谱，请指出图中各离子的形成归属。

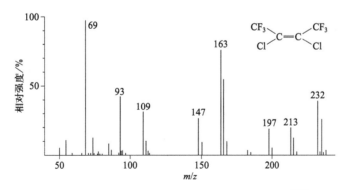

图 5-30 2,3-二氯-1,1,1,4,4,4-六氟丁烯的 EI 谱[38]

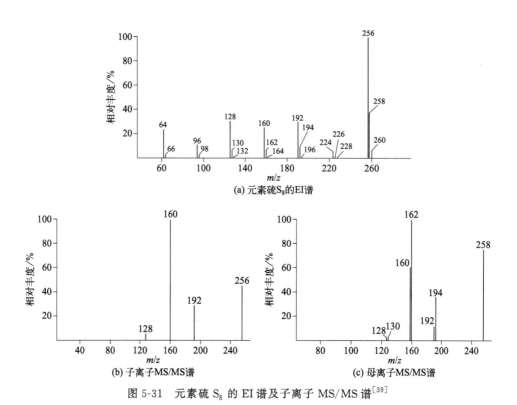

(a) 元素硫$S_8$的EI谱

(b) 子离子-MS/MS谱

(c) 母离子-MS/MS谱

图 5-31　元素硫 $S_8$ 的 EI 谱及子离子 MS/MS 谱[39]

【题 3】图 5-31 是元素硫 $S_8$ 的 EI 谱及母离子 $m/z$ 258 和 $m/z$ 256 的子离子 MS/MS 谱。①请计算出属于 $m/z$ 256 的同位素簇离子 $m/z$ 258 和 $m/z$ 260 的相对丰度；②请解释为何图(b)和(c)的 MS/MS 谱图中均呈现单一碎片峰；③请说明图(b)和(c)的 MS/MS 谱图中各碎片离子的形成归属。

【题 4】未知物 1 提供了如下信息：①图 5-32 是它的 EI 谱；②正 CI 谱的主要数据 $m/z$ 136(相对丰度 8%)，$m/z$ 119(相对丰度 75%)，$m/z$ 91(相对丰度 100%)；③图 5-33 为正 ESI 谱，图中除 $m/z$ 136 基峰外，还有 $m/z$ 119.0 (相对丰度 85%) 和 $m/z$ 91.0 (相对丰度 50%) 两个峰。另外，$m/z$ 44 和 $m/z$ 91 的精确质量分别为 44.0492 和 91.0551 (仪器精度优于 2mu)。请给出该化合物的结构式，并说明这一鉴定结果的依据是什么。(注：mu 表示毫质量单位)

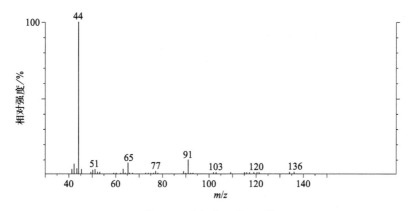

图 5-32　未知物 1 的 EI 谱

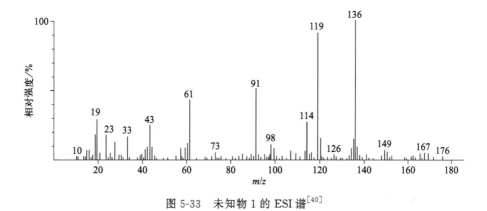

图 5-33　未知物 1 的 ESI 谱[40]

【题5】图 5-34 是未知物 2 的 EI 谱图，$m/z$ 127 经精确测定，其相对于 $m/z$ 126 的强度为 7.2%，请给出该化合物的结构式，并说明这一鉴定结果的依据是什么？

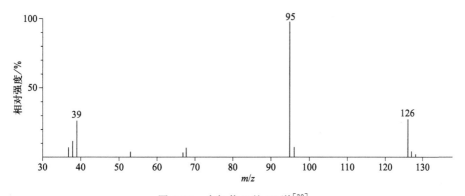

图 5-34　未知物 2 的 EI 谱[39]

【题 6】图 5-35 和图 5-36 是两张氨基酸乙酯的谱图，请说出它们是什么氨基酸，并对图上标出的峰给予形成过程的解释。

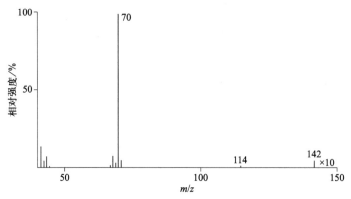

图 5-35　氨基酸乙酯 1 的 EI 谱[38]

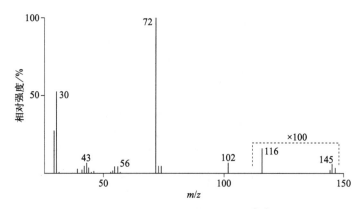

图 5-36　氨基酸乙酯 2 的 EI 谱[38]

【题 7】图 5-37 是未知物 3 的 EI 谱图，请给出该化合物的结构式，并说明这一鉴定结果的依据是什么？

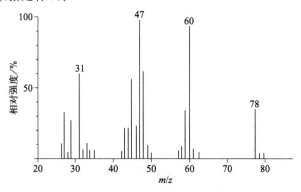

图 5-37　未知物 3 的 EI 谱[39]

【题 8】图 5-38 为 $M_w$ 384（$C_{27}H_{44}O$），在 4，5 位具有双键的 3-粪甾酮结构图，其 EI 谱参见图 5-39（a）。未知物 4 是 3-粪甾酮的类似物，图 5-39（b）是它的 EI 谱图。将未知物 4 进行氧化成醛，并与乙二醇反应，制成缩乙二醇衍生物，其 EI 谱参见图 5-39（c）。将醛进一步氧化成酸，谱图中呈现了显著的 $m/z$ 74（未提供谱图）。请对该未知物进行结构鉴定。

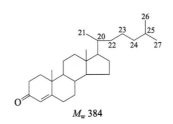

图 5-38　4-烯-3-粪甾酮的结构

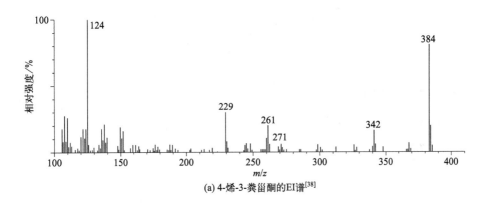

(a) 4-烯-3-粪甾酮的EI谱[38]

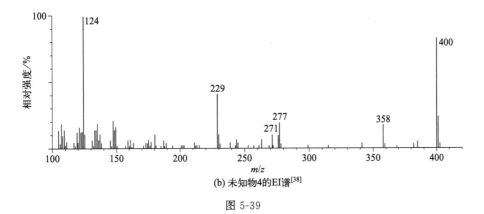

(b) 未知物4的EI谱[38]

图 5-39

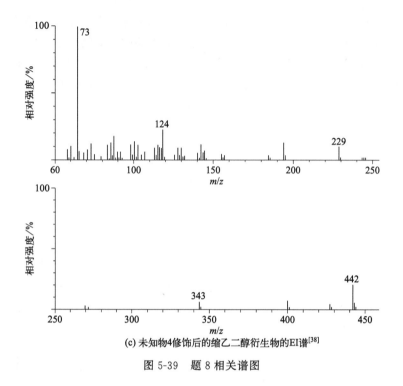

(c) 未知物4修饰后的缩乙二醇衍生物的EI谱[38]

图 5-39　题 8 相关谱图

【题 9】请鉴别四个异构酮（$C_6H_{12}O$）的分子结构，它们的 EI 谱参见图 5-40。

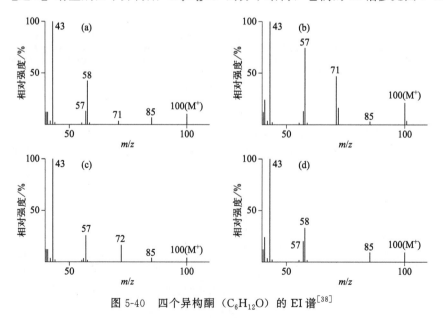

图 5-40　四个异构酮（$C_6H_{12}O$）的 EI 谱[38]

【题 10】图 5-41 为未知物 5 的 EI 谱图，$m/z$ 273 的精确质量为 272.9904

（仪器精度优于 2mu），请推测该未知物的结构。（注：mu 表示毫质量单位）

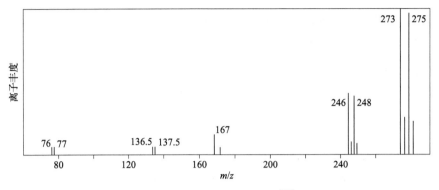

图 5-41　未知物 5 的 EI 谱[41]

# 参考文献

[1] Johnston R A W. Mass Spectrometry for Organic Chemists [M]. London：Cambridge University Press，1972：63.

[2] Friedmann M S，Eggers S，Spiteller G. Über den Einfluß der Temperatur bei der Ionisierung und Spaltung organischer Verbindungen im Massenspektrometer [J]. Monatschefte fur Chemie，1964，95：1740-1749.

[3] Seibl J. Massenspektrometrie [M]. Frankfurt：Akademische Verlagsgesellschaft，1970：44.

[4] 佐佐木慎一. 有机化学者ためのマススペケトル解说. 东京：广川书店，1965：111.

[5] 施钧慧，汪聪慧. 香料质谱图集（中国质谱学会有机专业委员会）[M]. 北京：中国质谱学会，1992：19.

[6] Biemann K. Mass Spectrometry-Organic Chemical Applications [M]. New York：McGraw-Hill Book Co Inc，1962：117.

[7] Watson J T. Introduction to Mass Spectrometry：Biomedical Environmental and Forensic Applications [M]. New York：Raven Press，1976：10.

[8] 汪聪慧. 电子电离源中的氢化分子离子 [J]. 质谱学报，1993，14（2）：19-22.

[9] Thomas D W，Biemann K. Thermal Methyl Transfer. the Mass Spectrum of Voacamine-d$_3$$^1$ [J]. J Am Chem Soc，1965，87（23）：5447-5452.

[10] Watson J T. Introduction to Mass Spectrometry [M]. 3rd ed. Philadelphia：Lippincott-Raven Press，1997.

[11] Beynon J H. The Mass Spectra of Organic Molecules [M]. Amsterdam：Elsevier Pub Co，1968.

[12] Waller R G. Biochemical Applications of Mass Spectrometry [M]. New York：Wiley，1980.

[13] 丛浦珠，苏克曼. 分析化学手册. 第九分册. 质谱分析 [M]. 北京：化学工业出版社，2000：762-927.

[14] Hamming M C，Forster N G. Interpretation of Mass Spectra of Organic Compounds [M]. New York：Academic Press，1972：603-642.

[15] NIST 14，version 2.2，No. 231165，2014.

[16] Biemann K. Mass Spectrometry-Organic Chemical Applications [M]. New York：McGraw-Hill Book Co Inc，1962：265.

[17] McLafferty F W，Turecek F. Interpretation of mass spectra [M]. 4th ed. Sausalito：University Science

Books, 1993：85；McLafferty F W. 质谱解析（第三版中译本）. 王光辉，姜龙飞，汪聪慧，译. 北京：化学工业出版社，1987：85.

[18] Spiteller G. Massenspektrometrische Strukturanalyse [M]. Weinheim：Verlag Chemie GmbH, 1966：280.

[19] 汪聪慧. 光学增感染料的质谱研究 I 碳菁染料 [J]. 质谱，1980 (1)：14-22.

[20] 汪聪慧. 光学增感染料的质谱研究 II. 份碳菁染料 [J]. 质谱，1981 (1)：15-28.

[21] 任元生，等. 中国感光学会第六次全国感光（影像）科学大会暨第五届青年学术交流会论文摘要集，2001.

[22] Zaretskii Z V. Mass Spectrometry of Steroids [M]. New York：Wiley, 1976.

[23] Makin H L J, Trafford D J H, Nolan J. Mass Spectra and GC Data of Steroids：Androgens and Estrogens [M]. New York：Wiley-VCH, 1998.

[24] NIST 14, version 2. 2, No. 48021, 2014.

[25a] Biemann K. Mass Spectrometry-Organic Chemical Applications [M]. New York：McGraw-Hill Book Company Inc, 1962：339, 345.

[25b] NIST 14, version 2. 2, No. 25136, 2014.

[26] 丛浦珠，苏克曼. 分析化学手册. 第九分册. 质谱分析 [M]. 北京：化学工业出版社，2000：728-730，No. 2261, 2262, 2264, 2269, 2270, 2271, 2265.

[27] 丛浦珠，苏克曼. 分析化学手册. 第九分册. 质谱分析 [M]. 北京：化学工业出版社，2000：No. 2119, 2123, 2147, 2136.

[28] NIST 14, version 2. 2, No. 229178, 2014.

[29] Kaakoush N O, et al. More Flavor for Flavonoid-Based Interventions? [J]. Trends in Molecular Medicine, 2017, 23：293-295.

[30] Markham K R. 黄酮类化合物结构鉴定技术 [M]. 张宝琛，唐崇实，译. 北京：科学出版社，1990：100-108.

[31] Budzikiewicz H, Djerassi C, Williams D H. Structure Elucidation of Natural Products by Mass Spectrometry, vol. 1 [M]. London：Holden-Day, 1964：47, 52.

[32] Budzikiewicz H. Mass Spectrometry in Natural Product Structure Elucidation [M] // Kinghom A D, et al. Progress in Chemistry of Organic Natural Products. Cham：Springer, 2015：77-222.

[33] Biemann K. Mass Spectrometry：Organic Chemical Applications [M]. New York：McGraw-Hill Inc, 1962：305-309, 316-318.

[34] Williams D H, Howe I. Principles of Organic Mass Spectrometry [M]. London：McGraw-Hill Inc, 1972：131.

[35] 余亚纲，汪聪慧，刘岱，等. 中药射干亲脂中性成分研究 [J]. 药学学报，1983，18 (12)：969-972.

[36] 汪聪慧. 有机质谱技术与方法 [M]. 北京：中国轻工业出版社，2011：323-326.

[37] NIST 14, version 2. 2, 2014：No. 125379.

[38] Budzikiewicz H. Massenspektrometrie：Eine einfürung [M]. 4th ed. Weinheim：Wiley VCH, 1998：119, 133, 138, 122.

[39] de Hoffmann E, Stroobant V. Mass Spectrometry：Principles and Applications [M]. 3rd ed. Chichester：John Wiley & Sons Ltd, 2007：404, 411, 412.

[40] Fuh M R, Lu K T. Determination of Methylamphetamine and Related Compounds in Human Urine by High Performance Liquid Chromatography/Electrospray/Mass Spectrometry [J]. Talanta, 1999, 48 (2)：415-423.

[41] Johnstone R A W, Rose M E. Mass Spectrometry for Chemists and Biochemists [M]. London：Cambridge University Press, 1996：414.

# 6 有机小分子软电离图谱的解析

将有机小分子软电离质谱的解析方法独立于电子电离谱的解析，是为了说明软电离技术的出现是解决 EI 难以对付的下述三种情况：样品分子在 EI 条件下很易裂解，得不到分子离子峰或是分子离子峰强度很弱而易淹没在本底噪声或化学噪声之中；样品分子的热稳定性差，在 EI 条件下很易发生热解，也得不到分子离子峰；在 EI 条件下，难以气化的有机小分子，如一些强极性化合物、有机盐类。

常见的软电离方法是一种温和的离子化过程，但彼此还有不同。在实际样品分析时，它的运用体现在下述的这些差异因素：固态样品是否需要通过加热进入气相；样品离子化的同时，产生多大的干扰离子；能否与色谱技术在线联用；实验是否简便；等等。CI 法的离子化是温和的，因加热气化的导入方式使固态样品受到较大的热应力；FI/FD 法不仅发射丝的活化技术要求高，而且操作颇需仔细，人们把它比作一种技艺；FAB 法有强的基质效应（通常用甘油作基体），其本底峰充斥低质量端，质荷比的干扰多至 200 以上，尤其对分子量在 200～300 的小分子的微量分析影响较大。相比之下，API 法的优点较为明显，样品的导入和离子化一气呵成，可谓是目前最为温和的过程，因而现阶段得到了长足的发展。获得强的准分子离子，往往带来的负面效果是碎片离子少且弱，因信息量减少造成图谱分析上的困难，目前可依靠 MS/MS 技术解决图谱的信息量问题。对于 $M^{+\cdot}$，MS/MS 的图谱分析大致可参照 EI 图谱的解析；对于 $[M+H]^+$，则以丢失中性分子为主要碎裂特点进行解析。本书第 4 章已经介绍了 MS/MS，所以这一节基本上限于原始软电离的讨论。

## 6.1 CI 谱的分析

### 6.1.1 分子量的确定

众所周知，CI 的信息与 EI 互为补充。因此，即使在小型台式质谱仪器上，这两种软/硬离子化技术已成为基本标配。显然，获得各种有机小分子的分子量信息是 CI 的主要目标。如同第 1 章 1.2 节所述，CI 谱产生准分子离子峰还是分子离子峰，取决于 CI 的类型。就正离子 CI 而言，酸碱型的 CI 谱有 [M+H]$^+$ 峰，氧化还原型的 CI 则为 M$^{+·}$。在特定反应气与某些化合物间的 CI 反应过程中，还会产生 [M−H]$^+$ 峰（称为 hydride ion abstraction，夺氢负离子的反应）。后者通过氮规则、质谱图低质量端奇偶质荷比的分布，乃至高分辨数据，可以帮助判断。

与 EI 相比，CI 有强的准分子离子峰或分子离子峰，但它们的强度除了与被测物和实验条件相关外，更与选择的反应离子有关，即同一化合物在不同的反应气下呈现不同的强度。另外，质谱图上的最高质量处有时候不一定是分子量的信息，可能是发生分子离子的加合反应形成的加合离子。不过，加合离子强度一般远低于准分子离子峰，这是能判断的。当然，利用加合离子反过来也可以确定准分子离子峰在图上的位置。

## 6.1.2　碎片峰

（1）单官能团化合物

CI 的应用也是从单官能团化合物开始的，尤其在脂肪族化合物上，如烃、醇、醚、醛、酮、胺、卤化物、硝基物及羧酸类，显示了巨大的优势。这里以正癸醇（$M_w$ 158，$C_{10}H_{22}O$）为例于图 6-1 中加以说明[1]。图 6-1 的上图为 EI 谱，准分子离子 [M−H]$^+$ 的强度低于 0.3%；中图为甲烷反应气的正 CI [M−H]$^+$，其强度超过 60%，图中 $m/z$ 139 是 [M−H−H$_2$O]$^+$ 的碎片峰；在下图，$i$-C$_4$H$_{10}$ 属于弱的反应气，其正 CI 的 [M−H]$^+$ 峰强约 20%，系列碎片峰的谱型与甲烷反应气的相似，除 $m/z$ 141 外其他峰的强度低。$m/z$ 141 峰是强的 $n$-C$_{10}$H$_{19}$ 离子，显示了脂肪链的长度，这明显与 EI 谱不同。在系列峰的谱型上，最高峰的位置与 EI 有差异（CI 在 C5 和 C6 处，而 EI 在 C3 和 C4 处），这种情况也出现于正构烷烃类化合物。Harrison 报道[2]，若用一氧化氮作反应气，伯醇有 [M−H]$^+$、[M−OH]$^+$、[M−3H]$^+$ 及 [M−2H+NO]$^+$ 等离子；仲醇有 [M−H]$^+$、[M−OH]$^+$ 及 [M−2H+NO]$^+$ 等离子；叔醇仅有 [M−H]$^+$ 离子。

单官能团化合物的酸碱型 CI 谱丢失中性小分子的碎裂反应，按照 PA 值[3] 其容易程度为：NH$_2$<CH$_3$COO<CH$_3$S<CH$_3$O<C$_6$H$_5$≈HC(=O)O<CN<HS<HO<I≈Cl≈Br 排列中列出的是官能团，需经过氢重排才丢失中性小分子，这一排列适合单官能团化合物，对多官能团化合物来说，实际上还有一些因素影响各中性小分子丢失时的彼此强弱。

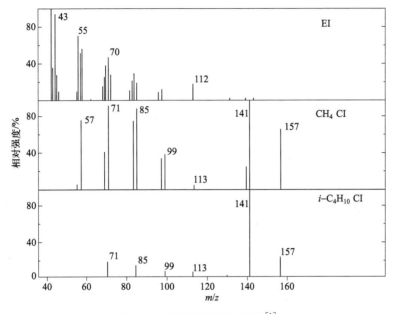

图 6-1 正癸醇的 EI 和 CI 谱[1]

（2）多官能团化合物

正 CI 谱准分子离子峰的碎裂反应从 $[M+H]^+$ 开始，对于多官能团化合物来说有下述机制解释：一是欲消除哪个中性小分子碎片，质子化就发生在哪个官能团，称为官能团触发的局部活化模型；二是 $[M+H]^+$ 碎裂前，质子在各官能团处进行互换。目前倾向于后一种解释：受激发的 $[M+H]^+$ 有足够时间使多余的能量随机分布于分子内的自由度上，然后按竞争反应进行碎裂。

Harrison 展示了 $\alpha$-安息香甲醚肟酸碱型反应的 CI 谱（$M_w$ 241，$C_{15}H_{15}NO_2$），质谱图参见图 6-2，结构式见下[4]，使用 $H_2$、$CH_4$ 及 $i$-$C_4H_{10}$ 的反应气时有不同的谱型。$H_2$ 的 PA 值 4.4，而 $i$-$C_4H_{10}$ 的 PA 值 7.0，所以前者的碎裂强度比后者大，呈现低的 $[M+H]^+$ 和高的碎片峰。质谱图中所标识的峰得到了解释：丢失 $H_2O$、$CH_3OH$、中性小分子形成那些强的、偶电子碎片峰，说明化合物可能含有羟基和甲氧基；质谱图中的 $m/z$ 121 为 $[M+H]^+$ 失去中性分子 $PhCH=NOH$，反映了化合物的局部结构；$m/z$ 107 和 $m/z$ 104 两峰应是甲基和羟基的骨架重排，并由 $[M+H]^+$ 分别失去中性分子 $PhC(CH_3)=NOH$ 和 $PhCH(OH)OCH_3$。

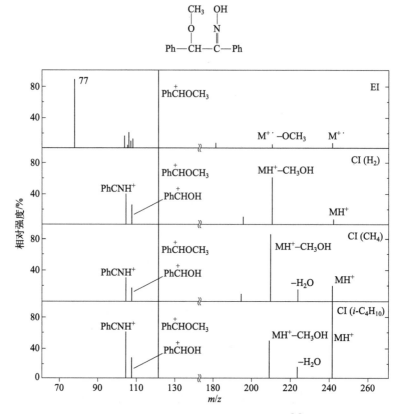

图 6-2  α-安息香甲醚肟的 EI 和 CI 谱[4]

## 6.1.3  EI/CI 谱图的互补分析

在 6.1.2 列举的图 6-1 和 6-2 中已经看到 EI/CI 谱图互补分析的优点，这里用内酯型冠醚的例子对互补分析作进一步的讨论。Pedersen 在 1967 年首次报道了新型有机物——冠醚的合成与性能，其环状的结构特点使其在络合物化学、分析化学、有机化学及仿生化学等领域具有重要的学术意义和实用价值，因此与 Cram、Lehn 共同获得了 1987 年诺贝尔化学奖。内酯型冠醚在冠醚的基础上选择性更强，因而有更好的应用前景。

式（6-1）列出三个典型的 β-二酮内酯型冠醚结构式，从 EI 和 PCI 的数据可以得出如下结果：a. 表 6-1 是它们的部分 EI 和 CI 数据，由表可知 EI 条件下脂肪族内酯型冠醚得不到分子量信息，而 PCI（即正 CI）能获得强的 $[M+H]^+$ 峰和弱的 $[M-H]^+$ 峰。b. $[MH-(C_2H_4O)_n]^+$ 的系列峰是冠醚母体丢失重复单元 $(C_2H_4O)$ 的离子，它们处于质谱图的高、中质量端，而 $C_{2n}H_{4n+1}O_n$ 系列峰处于低质量端。EI 和 PCI 均有这两组峰，为图谱分析提供了基础。c. 式（6-2）显示了三个特征离子的结构，这是 EI 和 PCI 分别给出的特征离子。来自 EI 的 $m/z$ 86（三个化合物的强度值分别为 77%、100% 及 38%）和 $m/z$ 144（强度值分别为 0.6%、6% 及 4%），反映了内酯结构；来自 PCI 的 $m/z$ 159（三个化合物的强度值分别为 20%、27% 及 8%），可能涉及双氢重排过程，它和 $m/z$ 144 共同反映了 $\beta$-二酮的冠醚结构。不言而喻，处于质谱图中段的峰对结构分析有重要的价值。d. 特征离子 $m/z$ 131 与 $m/z$ 113 具有足够的强度，引起图谱分析时的关注（表 6-2）。高分辨数据和亚稳跃迁能说明 $m/z$ 113 可以由 $m/z$ 131 脱水而来[5]，但是具有大强度甚至是基峰的 $m/z$ 131，不排除由 $[M+H]^+$ 直接裂解而来，继而获得式（6-3）中高强度的 $m/z$ 113，碎裂途径参见式（6-3）。e. 双 $\beta$-二酮的对称结构冠醚（如 No.3）具有形成 $[(M/2)+H]^+$ 的反应，无论是 EI 还是 PCI。这样，No.3 的质谱图中就包含了 No.1 的质子化分子离子及其碎裂峰。

$$（6-1）$$

$M_w$ 218 (C$_9$H$_{14}$O$_6$)　　$M_w$ 262 (C$_{11}$H$_{18}$O$_7$)　　$M_w$ 436 (C$_{18}$H$_{28}$O$_{12}$)
No.1　　　　　　　　No.2　　　　　　　　No.3

表 6-1　三个典型的内酯型冠醚 EI 和 PCI 部分特征离子[5-6]

| 序号 | 离子化 | 基峰 | 分子信息 | | | | 特征碎片离子 $m/z$（相对强度/%） | | | | | | |
| | | | $M_w$ | 分子/准分子离子 | | | MH$-$(C$_2$H$_4$O)$_n$ | | | | C$_{2n}$H$_{4n+1}$O$_n$ | | |
| | | | | M$-$H | M$^+$ | M$+$H | $n=1$ | $n=2$ | $n=3$ | $n=4$ | $n=1$ | $n=2$ | $n=3$ |
| No.1 | EI | 131 | 218 | | 218 (0.0) | 219 (0.1) | 175 (6.6) | 131 (100) | | | 45 (24) | 89 (24) | 133 (2.4) |
| | PCI | 131 | 218 | 217 (1.4) | | 219 (24) | 175 (11) | 131 (100) | | | | | |
| No.2 | EI | 86 | 262 | | 262 (0.0) | 263 (0.0) | 219 (5.5) | 175 (29) | 131 (90) | | 45 (47) | 89 (22) | 133 (3.0) |
| | PCI | 113 | 262 | 261 (3.1) | | 263 (51) | 219 (4.0) | 175 (18) | 131 (54) | | | | |
| No.3 | EI | 113 | 436 | | 436 (0.0) | 437 (0.1) | 393 (0.3) | 349 (1.5) | 305 (1.2) | 261 (4.2) | 45 (31) | 89 (9.0) | 133 (2.0) |
| | PCI | 437 | 436 | | | 437 (100) | 393 (6.0) | 349 (23) | 305 (1.8) | 261 (1.4) | | | |

注：表中序号代表式（6-1）中三个结构式；PCI 指正化学离子化；括号内数字是该离子的相对强度。

$$（6-2）$$

$m/z$ 86 (C$_4$H$_6$O$_2$)　　　$m/z$ 144 (C$_6$H$_8$O$_4$)　　　$m/z$ 159 (C$_6$H$_7$O$_5$)

表 6-2　特征离子 $m/z$ 131 和 $m/z$ 113

| 序号 | | 1 | | 2 | | 3 | |
|---|---|---|---|---|---|---|---|
| $m/z$ | | 131 | 113 | 131 | 113 | 131 | 113 |
| 相对强度/% | EI | (100) | (10) | (90) | (45) | (56) | (100) |
| | PCI | (100) | (90) | (54) | (100) | (18) | (95) |

$m/z$ 219 [M+H]$^+$　　　$m/z$ 131 ($C_5H_7O_4$)　　　$m/z$ 113 ($C_5H_5O_3$)　　　（6-3）

## 6.1.4　若干种有机小分子的 CI 分析

（1）有机炸药

提起有机炸药，人们自然会联想到"炸药之父"诺贝尔，他于 1862 年研究出硝化甘油（NG，被称为第一代有机炸药）的工业安全生产方法，并于 1864 年发表了引爆 NG 炸药的专利，完整地解决了 NG 用作工业炸药的全过程。炸药若从核心基团——硝基与其母体的连接方式来分类（这与质谱的裂解相关），可以有三种，即与氧、氮、碳的连接。另外，目前还有过氧化合物炸药，其优势是易制备、原料易得。新型的高能炸药呈笼形结构，如 HMTD（六亚甲基三过氧化二胺，$M_w$ 208，$C_6H_{12}N_2O_6$）和 CL-20 即 HNIW（$C_6H_6N_{12}O_{12}$，$M_w$ 438，也称 ε 晶型的六硝基六氮杂异伍兹烷），后者是具高爆轰速度、高能量密度的非核单质炸药，被称为第四代有机炸药。含多硝基化合物的常用单质炸药中，按结构分类有三种：硝基与氧连接的硝酸酯类炸药、硝基与氮连接的硝胺类炸药、硝基与碳连接的 TNT 炸药。还有两种属于非硝基的过氧化合物炸药。Yinon 长期从事法庭科学的质谱法研究，尤其在合成炸药方面，下面将讨论硝酸酯类和硝胺类这两大类十种炸药的 EI 和 PCI 质谱行为，其中许多谱图就取自他的专著。常用的 EI 和 PCI 在十种炸药分子量信息上的差异也列于表 6-3 中。

表 6-3　常用的 EI 和 PCI 在十种炸药分子量信息上的差异

| 离子化模式 | | NG | EGDN | DEGN | PETN | TNT | RDX | HMX | Tetril | TATP | HMTD |
|---|---|---|---|---|---|---|---|---|---|---|---|
| EI | $M^{+\cdot}$ | 0.0 | 0.0 | 0.0 | 0.0 | <2.5 | <0.6[①] | 0.0 | <1.5 | <0.5 | 100 |
| PCI 反应气 | | $i$-$C_4H_{10}$ | $CH_4$ | $H_2O$ | $i$-$C_4H_{10}$ | $CH_4$ | $i$-$C_4H_{10}$ | $CH_4$ | $i$-$C_4H_{10}$ | $i$-$C_4H_{10}$ | $i$-$C_4H_{10}$ |
| [M+H]$^+$ | | 10 | 20 | 100 | 45 | 90 | 100 | 9 | 100 | 20 | 100 |

① 指 M−1 峰。

注：表格内数字为相对强度。

① 硝酸酯类炸药 常见的有 NG（硝化甘油，$C_3H_5N_3O_9$，$M_w$ 227）；EDGN（二硝化乙二醇，$C_2H_4N_2O_6$，$M_w$ 152）；DEGN（硝化二乙二醇，$C_4H_8N_2O_7$，$M_w$ 196）；PETN（季戊四醇硝酸酯，俗称太安，$C_5H_8N_4O_{12}$，$M_w$ 316）。它们在 EI 的条件下，都缺少分子离子峰，大峰都集中在低质量区域，$m/z$ 30 [NO]$^+$、$m/z$ 46 [NO$_2$]$^+$、$m/z$ 76 [NO$_2$—O ═CH$_2$]$^+$，基峰通常为 $m/z$ 46，见图 6-3。在正 CI（PCI）的条件下，NG（CH$_4$）❶ 有 $m/z$ 228([M+H]$^+$,5%)、$m/z$ 165([M+H−HNO$_3$]$^+$,50%) 和 $m/z$ 46([NO$_2$]$^+$,100%)，见图 6-4。NG($i$-C$_4$H$_{10}$)有[M+H]$^+$(60%) 和 $m/z$ 183([M+H−CH$_3$NO]$^+$，100%)；EDGN(CH$_4$) 有 $m/z$ 153([M+H]$^+$,20%) 和 $m/z$ 90([M+H−HNO$_3$]$^+$,90%)；DEGN(H$_2$O)有 $m/z$ 197([M+H]$^+$,100%) 和 $m/z$ 153([M+H−CH$_3$NO]$^+$，80%)；PETN($i$-C$_4$H$_{10}$) 有 $m/z$ 317([M+H]$^+$,45%) 和 $m/z$ 254([M+H−HNO$_3$]$^+$,13%)[7]。

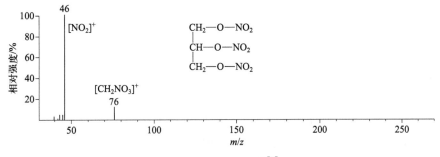

图 6-3 NG 的 EI 谱[8]

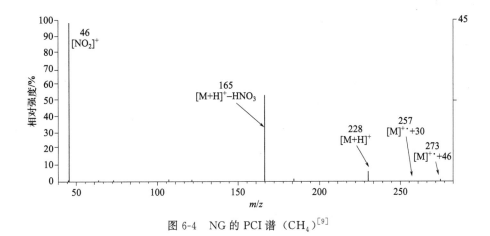

图 6-4 NG 的 PCI 谱（CH$_4$）[9]

---

❶ 讲述化学电离时，分析对象后用括号括起的(CH$_4$)、($i$-C$_4$H$_{10}$)、(H$_2$O) 等，分别表示用 CH$_4$、$i$-C$_4$H$_{10}$、H$_2$O 等作反应气，后同。

图 6-3、图 6-4 和图 6-5 分别为硝化甘油（NG）的 EI、PCI、NCI 谱图，PCI 质谱图中高质量区域的强峰，尤其 $[M+H-HNO_3]^+$ 是硝酸酯类炸药的特征峰，与 EI 质谱图中的低质量区域的强峰互为补充，而负离子化学电离（NCI）的信息对图谱分析也非常有价值。

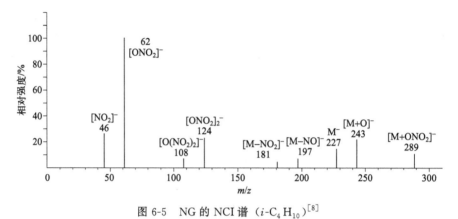

图 6-5　NG 的 NCI 谱（$i\text{-}C_4H_{10}$）[8]

② 硝基与碳原子直接相连的炸药　以硝基芳香类为主，现以最通用的俗称第二代有机炸药的 TNT 为例。其 EI 条件下，分子离子峰强度不超过 2.5%，但有基峰 $m/z$ 210 $[M-OH]^+$，且碎片离子很丰富，能满足谱图分析要求。另外，$m/z$ 39、51 和 63 的系列峰也指示了含有吸电子基团取代的芳香母体存在。在 PCI（$CH_4$）条件下，除了 $[M+H]^+$（90%）外，高质量端的碎片峰起到弥补 EI 谱的作用，$[M-OH]^+$、$[M-NO]^+$、$[M-NO_2]^+$ 系列离子是硝基芳香类炸药的特征峰。

③ 硝胺类有机炸药　所讨论的 RDX（黑索金，环三亚甲基三硝胺）、Tetryl（特屈儿）、HMX（奥克托今，环四亚甲基四硝胺）的结构式列于式（6-4）中。以黑索金为代表的硝胺类炸药称为第三代有机炸药。它们的 EI 谱（图 6-6）或者是缺少分子离子峰（如奥克托今、黑索金）或者是很弱（如特屈儿 $M^{+\cdot}$ 不超过 1.5%），很容易淹没在本底噪声中。黑索金的 EI 谱中除 $m/z$ 205 $[M-OH]^+$ 外，$m/z$ 148 $[M-CH_2NNO_2]^+$ 也是硝胺结构的特征峰（图 6-6）。黑索金的 PCI（$i\text{-}C_4H_{10}$）谱中有 $m/z$ 223（$[M+H]^+$，100%）。在众多中段质量峰中除 $m/z$ 176（40%，$[MH-HNO_2]^+$）和 $m/z$ 178 外，突出的 $m/z$ 149 $[MH-CH_2NNO_2]^+$ 就是硝胺结构的特征离子（图 6-7）。另外，$m/z$ 105（$C_2H_5N_2O_3$）的离子结构推测为 $HOCH_2N^+(NO_2)=CH_2$，也应是它的特征离子。黑索金的 NCI（$CH_4$），虽然质谱图中缺少 $M^{-\cdot}$，但 $[M+NO_2]^-$ 和 $[M+102]^-$ 能提供分子信息（图 6-8），而且 $m/z$ 102（$C_2H_4N_3O_2$）的离子结构也是硝胺结构的特征峰。PCI 和 NCI 的信息起到了互补的作用。

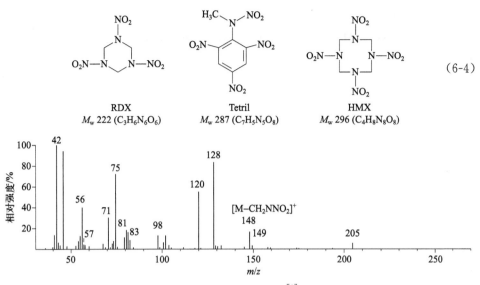

$$（6-4）$$

RDX
$M_w$ 222 ($C_3H_6N_6O_6$)

Tetril
$M_w$ 287 ($C_7H_5N_5O_8$)

HMX
$M_w$ 296 ($C_4H_8N_8O_8$)

图 6-6 RDX 的 EI 谱[8]

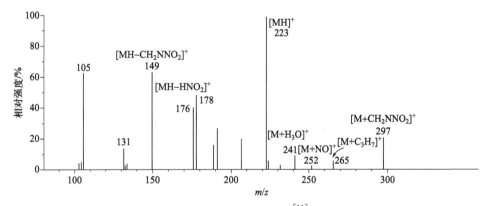

图 6-7 RDX 的 PCI（$i$-$C_4H_{10}$）谱[10]（源温 75℃）

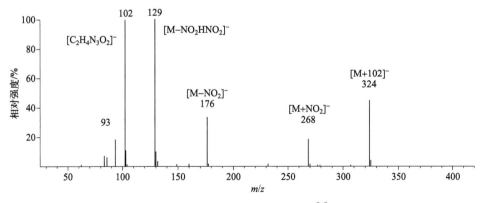

图 6-8 RDX 的 NCI（$CH_4$）谱[8]

　　奥克托今的结构与黑索金有些相似，它在 EI 谱中最高质荷比的峰在 $m/z$ 222（2.2%，$[M-CH_2NNO_2]^+$），该峰不但反映它具有硝胺的结构，而且恰好又是黑索金的分子离子处。从图 6-9 奥克托今的 PCI（CH$_4$）图可见，其质子化分子离子为 $m/z$ 297（9%，$[M+H]^+$），碎片峰的谱型虽与黑索金稍有不同，但是特征峰的质荷比是一致的。PCI 图的 $m/z$ 223（15%）正好是黑索金的质子化分子离子 $[M+H]^+$。

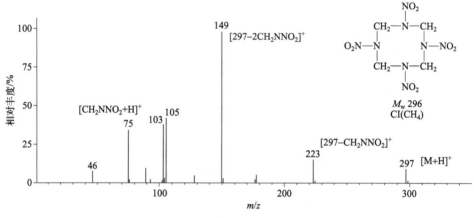

图 6-9　HMX 的 PCI（CH$_4$）谱[13]

　　特屈儿 EI 谱中有最高质荷比 $m/z$ 241（55%，$[M-NO_2]^+$）离子，碎片峰的数量多且分布范围大，特征峰也明显；特屈儿的 PCI 谱中（$i$-C$_4$H$_{10}$），$[M+H]^+$ 为基峰，$m/z$ 242（75%，$[MH-NO_2]^+$）和 $m/z$ 241（30%，$[MH-HNO_2]^+$）以及加合离子 $[M+C_3H_5]^+$，这些峰弥补了 EI 谱的不足，PCI 图中段那些峰的质荷比和谱型与其 EI 谱基本相同。特屈儿分子结构中仅有一个硝基接在氮原子上，三个硝基接在苯环上，因此 PCI 质谱图中反映芳香硝基取代的离子如 $[MH-NO_2]^+$ 的强度大，反映硝胺的特征离子 $[M-CH_2NNO_2]^+$ 的强度小。这种情况同样出现在它的 EI 谱中，即显示了与 TNT 相似的特征峰，无论在高质量处还是低质量端。当然，结合 PCI 和 EI 高、低分辨图，可以提供分析的基础。

　　④ 过氧化合物有机炸药　这是不同于上述讨论的一类炸药。TATP（三过氧化三丙酮，triacetone triperoxide，$M_w$ 222，C$_9$H$_{18}$O$_6$）的结构式见下，其 EI 谱的分子离子峰很弱，丰度不超过 0.5%，且碎片峰集中在低质量端，$m/z$ 43（100%）、$m/z$ 58（28%）、$m/z$ 75（12%）；TATP 的 PCI（$i$-C$_4$H$_{10}$）谱，$[M+H]^+$（20%）弥补了 EI 的信息，且碎片峰也集中在低质量端，但质荷比与 EI 有差异，PCI 谱中为 $m/z$ 59（63%，C$_3$H$_7$O）、$m/z$ 74（100%，C$_3$H$_6$O$_2$）、$m/z$ 75（80%，C$_3$H$_7$O$_2$）、

$m/z$ 91(66%)。其中 $m/z$ 74 和 $m/z$ 75 是过氧化结构的特征峰[7]。

HMTD（六亚甲基三过氧化二胺，$M_w$ 208，$C_6H_{12}N_2O_6$）的笼形结构式见下。很奇怪，EI谱的分子离子峰 $M^{+\cdot}$ 为基峰，这是目前所遇到的唯一有如此强的、具有分子量信息的炸药。HMTD EI质谱图可参见文献［11］。HMTD的EI谱中，碎片离子反映了其结构特征，如 $m/z$ 176 为 $[M-O_2]^{+\cdot}$，这是过氧化结构的特征峰。还可看到连续丢失 $O_2$ 的 $m/z$ 144 和 $m/z$ 112。CL-20 即 HNIW（$C_6H_6N_{12}O_{12}$，$M_w$ 438）的 EI 和 PCI 质谱图尚未查到。

TATP 和 HMTD 的 EI 谱图中低质量端的峰大部分为含氧碎片。从这个意义讲，EI谱的信息可以满足结构分析的要求；而 PCI（$i$-$C_4H_{10}$）图除了 M＋$C_4H_9$ 的加合离子外，包括100%丰度的 $[M+H]^+$ 离子及其碎片峰也能提供类似的结构信息。

炸药在质谱法的应用一例[7]是信件炸弹的鉴定。图 6-10 为 PCI（$H_2O$）法测出 RDX 和 PETN 混合炸药的质谱图。从图中标出的峰可知，那些特征峰分别属于 RDX 和 PETN 的单质炸药。需要说明的是，图中缺少 $m/z$ 254，该峰是 PETN 的特征峰，这是由反应气不同造成的。

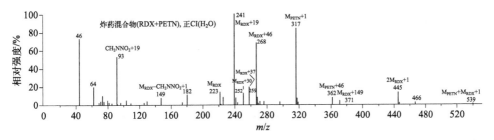

图 6-10　信件炸弹的 PCI 鉴定[7]

炸药 CI 分析的几点注意事项：

a. 炸药本身的性质决定了它的不安定性，与其他化合物相比，实验条件对质谱图的峰分布有很大影响，这包括探头和/或离子源的温度、离子室的压力、进样方式等。当然，反应气的性质更是如此。

b. 化学离子化的特点是在源内产生分子离子的加合离子，一般强度不是很大。炸药产生的加合离子不仅多而且比较强，如 PETN 的 $CH_4$ 正/负 CI 相对强度达到 50% 以上，个别条件下甚至成为基峰，这在图谱分析时要注意。炸药 CI 分析常用的反应气有 $CH_4$、$i\text{-}C_4H_{10}$、$H_2$、$H_2O$、$NH_3$ 等，它们的加合离子分别为分子离子加上 $CH_5$ 和/或 $C_2H_5$ 及 $C_3H_5$、$C_3H_7$、$C_4H_9$、$H_3$、$H_3O$、$NH_4$ 等。

Yinon 报道[12]，多硝基芳香化合物的炸药 EI 谱中经常有 $[M-30]^+$ 峰，通常都认为是丢失 NO，但高分辨数据提供了另一种结果，即化合物在 EI 条件下除了离子化时丢失 NO 反应外，还能在离子源内发生还原反应，硝基还原为氨基，形成的产物的分子质量比原来分子 M 低 30u。Yinon 提到[7]，HNS (hexanitrostilbene，六硝基代均二苯乙烯，$C_{14}H_6N_6O_{12}$，$M_w$ 450）的 EI 图谱中无分子离子峰；而负离子 CI 有强的 $M^{+\cdot}$。EI 谱中最高质荷比为 $m/z$ 240，元素组成式为 $C_8H_6N_3O_6$。按离子结构，很难解释 $m/z$ 240 的两个氢是从苯环上的远处位置上迁移过来的。如按上述情况，若发生硝基还原为氨基，则氢的来源就能理解了。能否解释为还原反应直接发生在苯乙烯的烯键上，这样也能说明 $m/z$ 240 的形成？如果是的话，质谱图中应该呈现 $m/z$ 226，实际上图谱中并无此峰。

(2) 苯丙胺类滥用药物

a. 国家食品药品监督管理局、公安部、卫生部公布的 2008 版滥用药物目录，内有 255 种禁用药物，其中涉及苯丙胺类滥用药物的有 17 种。苯丙胺类也称安非他明类，属于第二代精神类滥用药物毒品，目前仍是主流的吸食毒品。

表 6-4 列出了常见的苯丙胺类滥用药物，它们的 EI 质谱特征是缺少分子离子峰，或者分子离子峰很弱（常见的滥用药物中，最高的是 MDA，其相对强度也不超过 2%），易淹没在本底噪声中。此类化合物 EI 的主要裂解方式是氮原子的 $\alpha$ 键断裂的 B 反应和形成苄基的 A4 反应（参见第 3 章的相关节）。可由式（6-5）表示 MA 的裂解，右式为 EI 模式，左式是 PCI 模式。表 6-5 为 EI 和 PCI 两种图谱的比较。PCI 谱中 $m/z$ 91 是 $[M+H]^+$ 峰是丢失 $CH_3CH_2NHCH_3$ 中性分子的结果，$m/z$ 119 是 $[M+H]^+$ 丢失 $NH_2CH_3$ 中性分子的结果，$m/z$ 134 是 $[M+H]^+$ 丢失 $CH_4$ 的结果，它们均符合偶电子规则。$m/z$ 119 这种断裂方式通常在 EI 谱中很难发生。

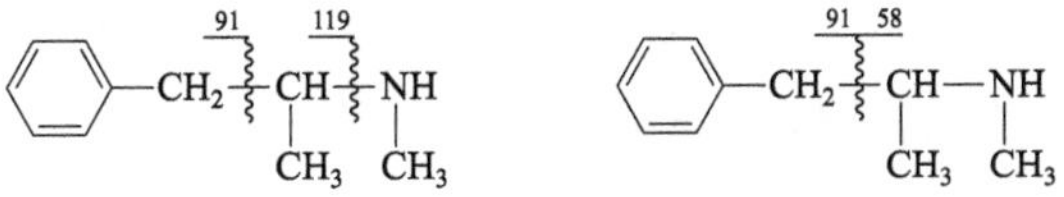

$$\underset{\text{PCI}}{\text{Ph}-\text{CH}_2\overset{91}{\underset{\underset{\text{CH}_3}{|}}{\text{-}}}\text{CH}\overset{119}{-}\text{NH}\underset{\text{CH}_3}{|}} \qquad \underset{\text{EI}}{\text{Ph}-\text{CH}_2\overset{91}{-}\text{CH}\overset{58}{-}\text{NH}-\text{CH}_3} \tag{6-5}$$

表 6-4  常见的苯丙胺类滥用药物

| 药物 | 全名 | 结构简式 | $M_w$ | 俗称 |
|---|---|---|---|---|
| AM | amphetamine | $PhCH_2CH(CH_3)NH_2$ | 135 | 安非他明 |
| MA | methamphetamine | $PhCH_2CH(CH_3)NHCH_3$ | 149 | 冰毒 |
| MDA | 3,4-methylenedioxy-amphetamine | $OCH_2O=C_6H_3CH_2CH(CH_3)NH_2$ | 179 | 替苯丙胺 |
| MDMA | 3,4-methylenedioxy-methamphetamine | $OCH_2O=C_6H_3CH_2CH(CH_3)NHCH_3$ | 193 | 摇头丸 |
| MDEA | 3,4-methylenedioxy-ethamphetamine | $OCH_2O=C_6H_3CH_2CH(CH_3)NHC_2H_5$ | 207 | 乙芬胺 |
| EP | ephedrine | $PhCH(OH)CH(CH_3)NHCH_3$ | 165 | 麻黄碱 |
| MMA | 4-methoxy-methamphetamine | $CH_3OC_6H_4CH_2CH(CH_3)NHCH_3$ | 179 | 对甲氧基甲基安非他明 |
| PMMA | 4-methoxy-amphetamine | $CH_3OC_6H_4CH_2CH(CH_3)NH_2$ | 165 | 对甲氧基安非他明 |

表 6-5  MA 的 EI、PCI 图谱的主要碎片峰比较

| 离子化模式 | 特征离子 $m/z$ 相对强度/% | | | | | | |
|---|---|---|---|---|---|---|---|
| | 149 $[M]^{+\cdot}$ | 150 $[M+H]^+$ | 148 $[M-H]^+$ | 58 | 91 | 119 | 134 |
| EI | 0 | 0 | <1 | 100 | 13 | 0 | 3 |
| PCI (CH₄) | 2 | 35 | 1 | 0 | 10 | 100 | 3 |

许多芳香环上有取代的苯丙胺类，在碎裂时所形成的 EI 谱型与 MA 的 EI 谱型都很相似（谱型见图 6-11），丢失苄基取代的游离基，形成强的胺类小分子离子。从这个意义上讲，EI 谱图中的那些峰如 $m/z$ 44、58、72 等虽强但其特征性不大，而苯丙胺类的芳香部分在 EI 质谱图中信息又不明显。所以，在本底较大的情况下，仅根据 EI 谱难以进行未知物的有效鉴定。CI 谱中具有像 $m/z$ 119 的这种裂解方式，对芳香部分的结构信息作了有力的补充。通常，芳香环上有给电子取代基团的苯丙胺类化合物，有利于 EI 谱中分子离子峰强度的提高。例如 1,2,4-三甲氧基安非他明的 EI 谱中分子离子峰强度达到了 8%。同样，如果取代基在苯丙胺的侧链处，则 B 反应可以提供侧链取代基的信息。例如 N-氰乙基苯

丙胺（$M_w$ 188，$C_{12}H_{16}N_2$，fenproporex）在 EI 谱中可看到基峰 $m/z$ 97。这样，有时单依靠 EI 谱就能进行取代的苯丙胺类的结构分析。

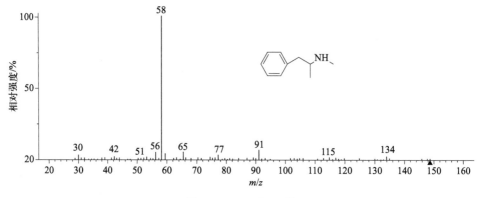

图 6-11　MA 的 EI 谱

b. 2009 年公布的国际禁用兴奋剂清单中至少有九大类 282 种药物（不包括特殊项目的禁用物质），其中涉及刺激剂的苯丙胺类有 29 种。这里选择其中四种禁用药物进行 EI 和 PCI 的特征离子的比较（表 6-6）[14]。这四种药物的结构通式见下，式中 $R^1$ 和 $R^2$ 分别为：安非他尼 $R^1$＝H，$R^2$＝CH(CN)$C_6H_5$；二甲基安非他明 $R^1$＝$CH_3$，$R^2$＝$CH_3$；芬普雷司 $R^1$＝H，$R^2$＝$C_2H_4$CN；呋甲苯丙胺 $R^1$＝H，$R^2$＝$CH_2$-$o$-$C_4H_3$O（呋喃环）。

从表 6-6 中可见，EI 谱的分子离子峰缺少或者很弱，在目前的 29 种苯丙胺类刺激剂中，安非他尼 PCI 谱缺少 ［M＋H］$^+$ 是一个少数特例。这意味着 PCI 模式提供的分子量信息是对 EI 谱的补充；PCI 另一个重要的特征碎片离子就是在苯丙胺类滥用药物中已讨论的 $m/z$ 119。苯丙胺的侧链处若是有比较复杂的基团取代，则情况比较复杂。因为安非他尼、芬普雷司的结构中含 CN 基团，在 PCI 条件下能够发生 ［M＋H］$^+$－X 反应，形成基峰；呋甲苯丙胺无 ［M＋H］$^+$－X 反应，却表现出 A$^+$ 丢失 $C_3H_7N_2$ 的 A$^+$－X 反应（表 6-6），这与 EI 谱相同。当然，PCI 的 ［M＋H］$^+$ 仍按偶电子规则进行，碎裂反应丢失中性小分子。

PCI 谱灵敏度远低于 EI，但其本底干扰小，且离子特征性优于 EI，故在确证分析时还是起作用的。不过，可以用衍生化的方法来改善 PCI 的检出灵敏度，尤其采用 NCI，发现更为有效。读者可以从安非他明的正、负化学电离的例子中看到衍生化的效果[15]（见第 3 章的表 3-12）。

表 6-6　四个安非他明类兴奋剂的 EI 和 PCI 特征离子比较

| 药物名称 | 分子量与分子式 | 离子化模式 | 特征离子 $m/z$（相对强度/%） | | | | | | |
|---|---|---|---|---|---|---|---|---|---|
| | | | $M^{+\cdot}$ | $[M+H]^+$ | 91 | 119 | $A^+$ | $A^+-X$ | $[M+H]^+-X$ |
| 安非他尼 (amphetaminil) | 250 $C_{17}H_{18}N_2$ | EI | (0) | | (35) | (0) | (1.3) | (100) | (0) |
| | | PCI | | (0) | (30) | (64) | (<1) | (25) | (100) X=HCN |
| 二甲基安非他明 (dimethylam-phetamine) | 163 $C_{11}H_{17}N$ | EI | <0.7 | | (5) | (0) | (100) | (0) | (0) |
| | | PCI | | (13) | (5) | (3) | (100) | (0) | — |
| 芬普雷司 (fenproporex) | 188 $C_{12}H_{16}N_2$ | EI | <0.7 | | (26) | (0) | (92) | (100) | (0) |
| | | PCI | | (15) | (23) | (25) | (35) | | (100) X=CH$_3$CN |
| 呋甲苯丙胺 (furfenorex) | 229 $C_{15}H_{19}NO$ | EI | (0) | | (13) | (0) | (46) | (100) | (0) |
| | | PCI | | (17) | (12) | (4) | (45) | (100) | (0) X=C$_3$H$_7$N |

注：表中 A 代表 $CH(CH_3)=N^+R^1R^2$，括号内为相对强度。

（3）氨基酸和单糖

氨基酸是一种两性化合物，在 EI 条件下不只是挥发性的问题，主要是分子量信息很少。亮氨酸的 EI 谱缺少分子离子峰，只有 $[M-H]^+$ 峰，相对强度 0.7%。通常是制成简单的衍生物，如乙酯化，其分子离子峰强度一般也不超过 10%。作为标配于台式小型质谱仪上的 CI 法，对氨基酸定性分析无疑是有价值的。常用 $CH_4$ 作为反应气，除了有强的 $[M+H]^+$ 离子外，还有加合离子如 $[M+C_2H_5]^+$、$[M+C_3H_5]^+$、$[2M+H]^+$ 等峰。氨基酸的 PCI 谱中以丢失 $H_2O$、$NH_3$ 及 HCOOH 等中性小分子构成了碎片峰。Hunt 展示了亮氨酸（a）、天冬氨酸（b）和蛋氨酸（c）三种氨基酸的 PCI 质谱图[15]（图 6-12）。不过，蛋氨酸的 PCI 谱中 $[M+H]^+$ 失 COOH 峰有些可疑，应是失 HCOOH。因为从质量标尺看，应是 $m/z$ 104，即 $[MH-46]^+$，且按偶电子规则也应丢失甲酸。

顺便提一下单糖类，它们也适合 PCI 分析。例如 D-吡喃葡糖（$M_w$ 180）的 EI 谱中无分子离子峰，只有 $[M-17]^+$ 峰，相对强度低于 0.7%，若用 $i\text{-}C_4H_{10}$ 反应气也无 $[M+H]^+$，图谱中有 $[MH-H_2O]^+$、$[MH-2H_2O]^+$ 及 $[MH-3H_2O]^+$，相对强度分别为 70%、100% 和 25%。改用 $NH_3$ 作反应气，能获得 $[M+NH_4]^+$，且是基峰；碎片峰 $[M+NH_4-H_2O]^+$ 相对强度 70%，$[M+NH_4-2H_2O]^+$ 相对强度 6%。

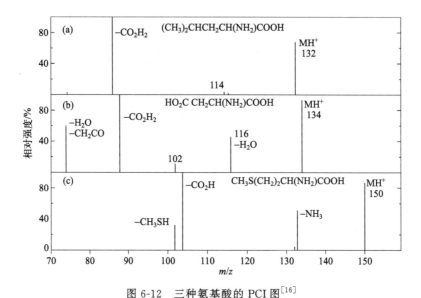

图 6-12   三种氨基酸的 PCI 图[16]

# 6.2   FI/FD 谱的分析

## 6.2.1   FI 谱的分析

FI 的过程是气化的样品通过带高电压的发射丝时（一般为数千伏形成的高场强）样品分子受到极化，经由隧道效应发生离子化。所以，它属于软电离方式，大部分情况 $M^{+\cdot}$ 为其主要形式（少数情况出现 $[M+H]^+$ 峰，如单、双糖等）。样品分子由于气化而经受热应力，所以适合 FI 分析的样品应极性小、有一定热稳定性、分子结构在 EI 条件下极易碎裂，香料就属其中之一。FI 分析时样品的导入也有限制，降低离子源的真空度会引起高压打火，故通常是依赖直接进样系统分析固体样品。液体或黏稠的半固态样品有两种方式进样：低温进样装置和气柜进样装置。在香料质谱图集的书中[17]，有 776 张质谱图（包括天然和合成香料化合物），据统计有 40% 以上缺少分子离子峰，如果以分子离子峰低于 2% 计算的话，则要超过 60%。

仍以作为香料的烷基取代 1,3-二氧噁烷类化合物为例作进一步说明[18]。式 (6-6) 为它们的结构式，图 6-13 和图 6-14 分别是化合物（2）的 EI 谱和 FI 谱。EI 谱的分子离子峰很弱，相对强度低于 0.2%，最高的一个不超过 2%（见第 1 章表 1-3），这与 Vandewalle 所报道的 20 个烷基取代 1,3-二氧噁烷类化合物相一致（0.1%～2%）[19]。FI 谱中除分子离子峰 $M^{+\cdot}$（基峰）以外，$m/z$ 157 （$[M-C_3H_7]^+$）、$m/z$ 145 （$[M-C_4H_7]^+$）和 $m/z$ 128 （$[M-C_4H_8O]^{+\cdot}$）均为烷基取代的 1,3-二氧噁烷类化合物的特征峰，不过 EI 谱中上述三个峰相当弱。

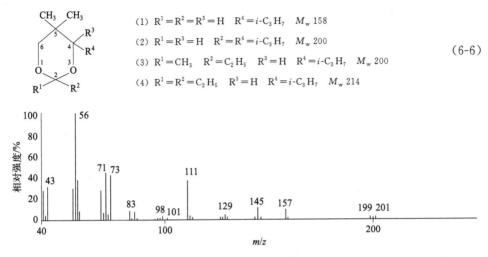

$$
\begin{aligned}
&(1)\ R^1 = R^2 = R^3 = H \quad R^4 = i\text{-}C_3H_7 \quad M_w\ 158 \\
&(2)\ R^1 = R^3 = H \quad R^2 = R^4 = i\text{-}C_3H_7 \quad M_w\ 200 \\
&(3)\ R^1 = CH_3 \quad R^2 = C_2H_5 \quad R^3 = H \quad R^4 = i\text{-}C_3H_7 \quad M_w\ 200 \\
&(4)\ R^1 = R^2 = C_2H_5 \quad R^3 = H \quad R^4 = i\text{-}C_3H_7 \quad M_w\ 214
\end{aligned}
\tag{6-6}
$$

图 6-13 2,4-二异丙基-5,5′-二甲基-1,3-二氧噁烷[式(6-6)中化合物(2)] 的 EI 谱

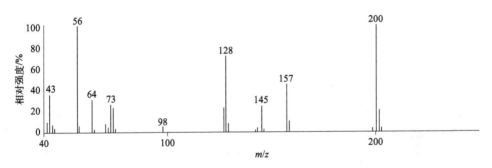

图 6-14 2,4-二异丙基-5,5′-二甲基-1,3-二氧噁烷的 FI 谱

表 6-7 列出了在 EI 和 FI 条件下，四个化合物中涉及环开裂的 $[M-C_4H_7]^+$ 和 $[M-C_4H_8O]^{+\cdot}$ 这两个峰的相对丰度值。与基峰作 100% 的相对强度表达不同，表中采用 $\Sigma_{40}$ 的离子总强度作分母来表示。FI 质谱图比 EI 简单，EI 有很多碎片离子，而 FI 谱的碎片峰虽少但是特征峰突出。环的开裂首先发生在 5 位与 4 位间的碳碳键上（即季碳原子与叔碳原子之间），是分子离子最薄弱的环节，这与 EI 的规律是相同的，它们的具体碎裂过程可参见式（6-7）。分子离子丢失 $R^3$ 形成稳定的氧鎓离子（oxonium ion），也与 EI 的反应相同。请注意，图 6-14 中的 $m/z$ 64 是 $m/z$ 128 的双电荷离子。这种情况在其他三个化合物的 FI 谱中也有出现，只不过有的发生在分子离子的双电荷离子上，有的发生在碎片离子上，如同 FI 谱中的亚稳离子那样，其规律有待于研究。比较 EI 谱和 FI 谱，前者低质量区域的峰较多且强度大，后者包括分子离子峰在内高、中区域的峰强度很大。四个

化合物谱型基本上都是如此。

表 6-7  EI 谱和 FI 谱中四个化合物的特征离子的相对丰度值

| 1,3-二氧唲烷类化合物 | $M^{+\cdot}$ | | $[M-C_4H_7]^+$ | | $[M-C_4H_8O]^{+\cdot}$ | |
|---|---|---|---|---|---|---|
| | EI | FI | EI | FI | EI | FI |
| (1) | 0.07 | 62 | 0.006 | 1.4 | 0.004 | 10.6 |
| (2) | 0.90 | 21 | 0.024 | 5.0 | 0.002 | 12.7 |
| (3) | <0.01 | 3.3 | 0.012 | 9.1 | 0.003 | 40.1 |
| (4) | <0.01 | 2.3 | 0.002 | 10 | <0.001 | 18.7 |

注：表内数字为相对于 $\Sigma_{40}$ 的丰度值。

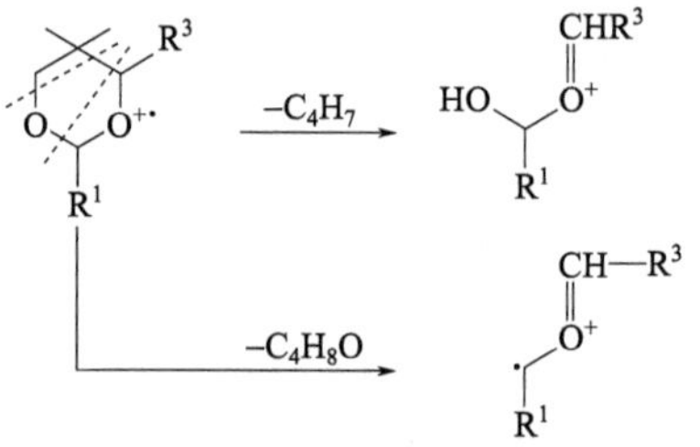

$$\tag{6-7}$$

## 6.2.2  FD 谱的分析

FD 既是一种软电离的离子化技术，又是一种温和的样品导入方法，因此它的应用范围要比 FI 大得多，适合极性大、热稳定性差、难气化样品的分析（尤其是有机盐类）。FD 的灵敏度"大约"优于 FI 三倍，之所以是大约，是因为两者的进样方式不同。FI 的灵敏度是以气化微克标样能产生多少库仑的信号量计算的，而 FD 是以发射丝浸入标样溶液（一般浓度为 $1\mu g/\mu L$）然后通过场解吸离子化能产生多少库仑的信号量计算的[20]。那么，浸入一次能沾上多少体积？有人做过实验，大概是 70nL。当然吸附体积与发射丝活化后形成的微针长度及覆盖范围有关。实际操作中，FI 的微针长度以小于 $10\mu m$ 为佳，而 FD 的微针长度以大于 $20\mu m$，甚至达 $30\sim40\mu m$ 为佳；FI 依赖样品气化，所以进入场发射区的样品有限，有不少是飞过发射区而未被电离。由于 FD 可控制丝的加热电流，使吸附的样品逐步解吸、电离，FD 的灵敏度优于 FI 就可理解了。一般，浸没一次所吸附的样品量就可满足 FD 的要求。

（1）分子离子或质子化分子离子

场电离获得的分子离子峰比 EI 强，而场解吸的分子离子峰和/或准分子离子峰比场电离更强。从已有的实验和文献报道可知，在 FD 的质谱图中有的化合物呈现强的 $M^{+\cdot}$ 峰，有的呈现强的 $[M+H]^+$ 峰。属于前者的有氯霉素、维生素 C（抗坏血酸）、维生素 E、维生素 A 等，而后者则有果糖、葡糖、蔗糖、纤维二糖、氨基酸、氨基糖苷、箭毒苷、莘苈苷、麻黄素、维生霉素等。图 6-15 为纤维二糖 ($M_w$ 342，$C_{12}H_{22}O_{11}$) 的 FD 谱[24]，图(a)发射丝加热电流 14mA，图(b)为 16mA。纤维二糖由两个葡萄糖的 $\beta1,4$ 相连而成。图中可见，除了 [M+H]$^+$ 基峰外，还有 $m/z$ 325 ([MH$-$H$_2$O]$^+$) 和分子的结构单元即葡萄糖残基 $m/z$ 163 ($C_6H_{11}O_5$) 的强峰。

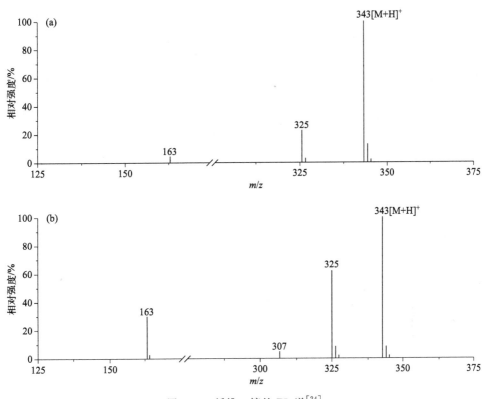

图 6-15 纤维二糖的 FD 谱[24]

可以说，在 FD 谱图中无论是 M$^{+\cdot}$还是[M+H]$^+$均为强峰，大部分情况是构成了基峰。形成 M$^{+\cdot}$还是[M+H]$^+$取决于分子结构，所以有时也很难依靠样品类别进行确定。如巴比妥类药物，巴比妥和戊巴比妥产生 [M+H]$^+$，庚巴比妥和环己巴比妥却产生 M$^{+\cdot}$。在质谱图中确定是 M$^{+\cdot}$还是[M+H]$^+$，可以依据如下四个方面来判断或处理：

a. 根据被测物的化学背景信息结合氮规则进行判断。有条件的话，可测定元素组成式。

b. 按照偶电子规则，在大多数情况中 [M+H]$^+$的碎片峰为丢失中性分子。

c. 凡有质子化的过程，常伴随阳离子化，即高于 [M+H]$^+$的质量坐标上呈

现 [M+Li]⁺、[M+Na]⁺、[M+K]⁺等阳离子化产物，一般它们的强度都不大但也有例外。阳离子化过程可以人为加入，但对于有强烈阳离子化的样品，能从样品本身或者配制的溶剂中摄取微量碱金属离子进行加合。图 6-16 为鸟嘌呤的阳离子化 FD 谱[21]，图（a）是 [M+K]⁺，图（b）是 [M+Na]⁺。除了强的阳离子化峰外，它们的钾、钠离子相对强度值都出乎意料地大，且 [M+H]⁺峰也有足够的强度。阳离子化效应不只停留于 [M+alkali]⁺，有时还呈现多分子离子（也称为簇离子），即 [nM+alkali]⁺，第 1 章 1.3.4 节展示的苯磺酸钠的 FD 行为就是一例。根据阳离子数据就能确认 [M+H]⁺峰。

d. 在 FD 谱中出现的双电荷离子和双分子离子（见 1.3.4 节）也能帮助判断。EI 谱中双电荷离子在极少数一些化合物中出现，且强度一般不超过 1%～2%；双分子离子在 EI 谱中基本上是不出现的。在 FD 图谱中双电荷离子不仅容易出现而且强度也大，甚至相对强度有时可达 10%～20%，双分子离子的强度则比较弱。图 6-17 为射干中未知物（称为晶 2）的 FD 谱（结构分析见 5.5.2 节）。图中双电荷离子 $m/z$ 188 和双分子离子 2M 和 2M+1 的相对强度分别为 6%、0.9%和 0.7%[22]。

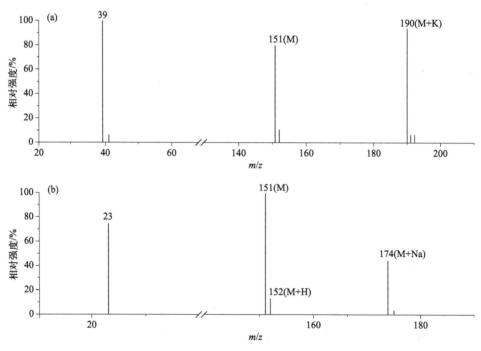

图 6-16　鸟嘌呤的阳离子化 FD 谱[21]

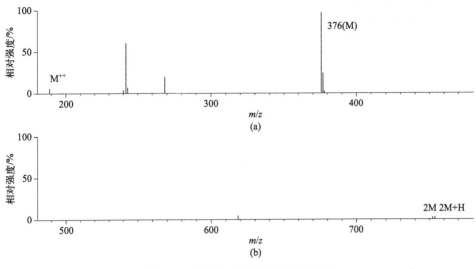

图 6-17 射干中未知物晶 2 的 FD 谱

EI 法对大部分有机盐类是不适用的，因为有机盐类的蒸气压低、气化困难，过高的气化温度又易发生热解。即使热解有规律，实验条件也比较严格。FD 法适用于鎓盐和有机酸盐。鎓盐的 FD 谱不显示分子离子，但盐分子的正离子部分可以反映在 FD 谱上，且多数情况下为谱图的基峰，如孔雀绿、甲苯胺蓝等三苯甲胺类染料。有机酸的锂、钠、钾盐在 FD 图谱中也没有分子离子，但具有质荷比高于分子离子峰的簇离子（$n$M+C），此处 M 是有机酸的盐分子，C 为碱金属离子，簇离子中离子数目与发射丝的加热电流有关[23]。另外，FD 也适合有机金属络合物的分析，FD 谱图可提供分子量信息。

（2）分子离子和质子化分子离子的共存

图 6-18 为有代表性的胆酸（三羟基胆烷酸，$C_{24}H_{40}O_5$，$M_w$408）的 FD 谱。胆酸热稳定性差，在 EI 源中得不到分子离子峰，即使三个羟基乙酰化和羧基甲酯化（此时衍生物的 $M_w$548），也只能得到 [M-60]$^{+\cdot}$ 峰，且强度小于 1%，见图（a）。反观 FD 谱，除了碎片峰外，如 $m/z$ 391 为 [M+H]$^+$-H$_2$O，$m/z$ 371 为 [M+H]$^+$-CO，在图（b）中还显示了强的 M$^{+\cdot}$ 和 [M+H]$^+$ 峰。分子离子和质子化分子离子的共存对于化合物的分子量确定是有利的，一般情况下，二者强度相当，孰高孰低取决于分子结构和实验条件。有时，M 峰只有 M+H 峰的 20% 以下；即使出现 M 峰高于 M+H 峰，后者也至少为 30%，这是因为 M+H 峰中有 $^{13}$C 的贡献在内。有关实验条件，除了溶剂的因素外，还有发射丝的加热电流。这里需要引入"最佳阳极温度"的概念，简称 BAT，它是指最合适的加热电流下所提供的解吸温度能满足持续的场发射电流，以记录完整的 FD 谱。过度的加热电流会导致样品很快耗尽而得不到合适的质谱图。每个化合物都有它的 BAT

值，允许 2～3mA 的间隔范围。若是超出了该样品的 BAT 范围，就会影响到 $M^{+\cdot}$ 与 $[M+H]^+$ 的比值。例如双甘肽 Gly-Gly($NH_2CH_2CONHCH_2COOH$)，在 18mA 时 MH/M 为 6：1；20mA 时 MH/M 为 10：1；24mA 时 MH/M 为 30：0。为了增加、增强碎片峰的信息，林可霉素 [结构式参见式（6-8），$M_w$ 406，$C_{18}H_{34}N_2O_6S$] 就有类似的现象，在 11mA 时 FD 谱图仅有 MH 和 M 离子，其 MH/M 比值为 7：10；而 14mA 时 MH/M 为 10：7，与此同时质谱图呈现了特征的 $m/z$ 126（1-甲基-4-丙基吡咯烷，$C_8H_{16}N$）离子及继续丢失 $H_2O$ 的 $m/z$ 108 离子。显然，发射丝加热电流的控制极为重要（尤其对核苷酸类化合物），随着加热电流的增加，M 或 MH 峰降低，碎片峰强度将提升。

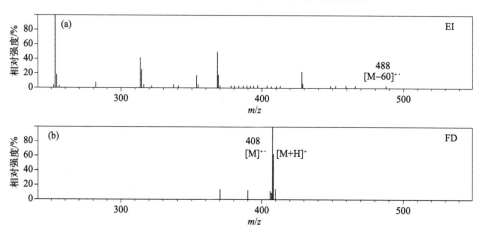

图 6-18　胆酸衍生物的 EI 谱和胆酸 FD 谱的比较[20]

$$(6\text{-}8)$$

（3）碎片峰的特点

如果要对 EI、FI、FD 三者的碎片峰进行比较的话，EI 的碎片峰最为丰富，FI 其次，而 FD 的碎片峰最少。FD 图中的碎片峰虽少，但具有特征。这是指对于结构不那么复杂的有机小分子来说，FD 的碎片能反映官能团的特征，因而在拥有一定样品背景材料前提下，简明的谱图反而有利于鉴定样品。另外，对于寡糖类、氨基糖苷类、核酸和寡核苷酸类、低肽等化合物来说，FD 能给出组成该化合物的基本单元信息，因而有利于它们的结构判断。表 6-8 罗列了那些 M 和 M＋H 峰共存化合物的特征碎片离子以供说明。

表 6-8 若干有机小分子的特征碎片离子

| 化合物 | 分子量<br>与分子式 | $M^{+\cdot}$ | $[M+H]^+$ | 碎片离子 | | | |
|---|---|---|---|---|---|---|---|
| 土壤皮甲酸<br>pseudolaric<br>acid | 388<br>$C_{21}H_{28}O_6$ | (100) | (38) | $M-H_2O$<br>(38) | $M-CH_3CO_2H$<br>(16) | | |
| 乙酰水杨酸<br>acetylsalicylic<br>acid[24a] | 180<br>$C_9H_8O_4$ | (100) | (88) | $M-CH_3$<br>(26) | $M-OH$<br>(50) | $M-CH_3CO$<br>(94) | $M-CH_3COOH$<br>(40) |
| 胆酸<br>cholic acid | 408<br>$C_{24}H_{40}O_5$ | (100) | (62) | $MH-H_2O$<br>(15) | $MH-2H_2O$<br>(12) | | |
| 双甘肽[24b]<br>glycylglycine | 132<br>$C_4H_8N_2O_3$ | (17) | (100) | $MH-CH_3NH_2$<br>(7) | $MH-HCO_2H$<br>(27) | $NH_2CH_2CO$<br>(20) | $NH_2=CH_2$<br>(52) |
| 鸟苷[24c]<br>guanosine | 283<br>$C_{10}H_{13}N_5O_5$ | (90) | (100) | $M-C_5H_8O_4$<br>(25) | $M-C_5H_5N_5O$<br>(12) | | |
| 胸苷[24d]<br>thymidine | 242<br>$C_{10}H_{14}N_2O_5$ | (100) | (33) | $M-C_5H_9O_3$<br>(6) | $M-C_5H_5N_2O_2$<br>(10) | | |
| 阿糖胞苷[24e]<br>cytarabine | 243<br>$C_9H_{13}N_3O_5$ | (15) | (100) | $MH-C_5H_9O_4$<br>(2.7) | $MH-C_4H_5N_3O$<br>(20) | | |

从表 6-8 中可以看到，双甘肽为两个甘氨酸缩合的二肽，它的特征离子 $m/z$ 30、$m/z$ 43（63%，表中未列出）、$m/z$ 58、$m/z$ 87、$m/z$ 102 反映了该二肽结构的全貌[24b]。从鸟苷的 FD 谱图上可以看到鸟嘌呤碱和核糖残基，即 $m/z$ 151 和 $m/z$ 133；同样，胸苷的 FD 谱图上可以看到胸腺嘧啶碱和脱氧核糖残基，即 $m/z$ 126 和 $m/z$ 117；阿糖胞苷的 FD 谱图上可以看到胞嘧啶碱和阿糖残基，即 $m/z$ 111 和 $m/z$ 133。

## 6.2.3 若干种有机小分子的 FD 分析

（1）氨基糖苷类抗生素

氨基糖苷类抗生素指的是氨基糖与氨基环醇通过氧桥连接而成的苷类抗生素。氨基糖苷类在抗生素中属于重要的一类。质谱技术在测定其分子量、分子式和研究糖的各单元性质及其序列等方面有独特的作用。目前，EI 法只适用到三单元的糖，即使如此，它们的分子离子峰或质子化分子离子峰通常也低于 1%，甚至还无法检出。高于三单元的糖，因极性和热不稳定性过大，无法获得 EI 谱；衍生化又不普遍有效，因而报道很少。FD 方法为这类低挥发性、热不稳定的化合物提供了可能。FD 谱以强的 M+H 峰和反映结构糖单元的简明碎片峰而著称，它与 EI 谱相配合成为此类抗生素分析的有力工具。表 6-9 列出了七种氨基糖苷类抗生素质谱的分子量信息。

表 6-9　七种氨基糖苷类抗生素 FD 谱的信息[25]

| 化合物 | 分子量与分子式 | 糖单元数 | MH 峰强度①/%$\sum_{40}$ | BAT/mA |
|---|---|---|---|---|
| 新霉胺<br>neamine | 322<br>$C_{12}H_{26}N_4O_6$ | 2 | (89) | 17 |
| 卡那霉素 A<br>kanamycin A | 484<br>$C_{18}H_{36}N_4O_{11}$ | 3 | (85) | 20 |
| 丁胺卡那霉素<br>amikacin | 585<br>$C_{22}H_{43}N_5O_{13}$ | 3 | (100) | 20 |
| 威它霉素<br>vistamycin | 454<br>$C_{17}H_{34}N_4O_{10}$ | 3 | (75) | 22 |
| 妥布霉素<br>tobramycin | 467<br>$C_{18}H_{37}N_5O_{14}$ | 3 | (98) | 20 |
| 巴龙霉素<br>paromomycin | 615<br>$C_{23}H_{45}N_5O_{14}$ | 4 | (83) | 20 |
| 新霉素 B<br>neomycin B | 614<br>$C_{23}H_{46}N_6O_{13}$ | 4 | (94) | 20 |

① 同位素和加合离子的强度不计算在内。

图 6-19 和 6-20 为四单元的巴龙霉素 EI 和 FD 图谱的比较，FD 谱的碎裂过程显示在式（6-9）中。图 6-21 是抗生素 10676[26]（这是我国在 20 世纪 80 年代首先发现的新广谱药，$M_w$ 614）的 FD 谱，它的结构与新霉素很相近，不同之处仅在于分子中的木糖代替了新霉素的核糖。FD 谱中除了结构单元碎片的强峰外，式（6-10a）列出的碎裂过程仅为 $m/z$ 455 和 323，$m/z$ 133 和 $m/z$ 295 分别为 $m/z$ 455 Ⅱ 和 Ⅲ 产生，谱图显示有高于 [M+H]$^+$ 峰的离子，它们属于加合离子 $m/z$ 637，[M+Na]$^+$，而 $m/z$ 657 为 10676 的乙酰化产物，$m/z$ 679 为其阳离子化峰。

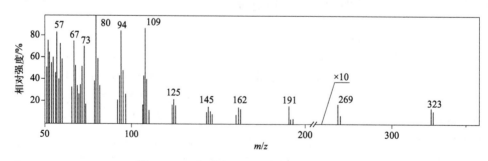

图 6-19　巴龙霉素 EI 谱（蒸发温度 270℃）

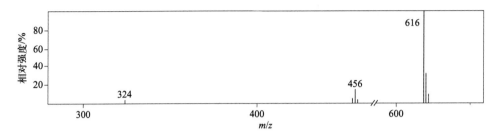

图 6-20 巴龙霉素 FD 谱（BAT 20mA）

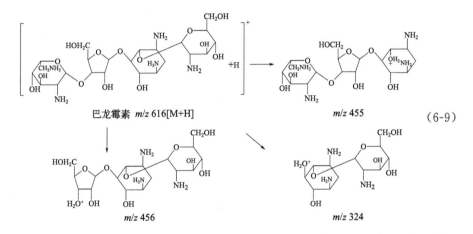

(6-9)

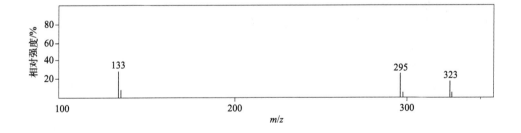

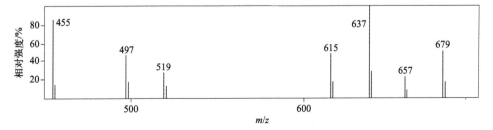

图 6-21 抗生素 10676 的 FD 谱[26]

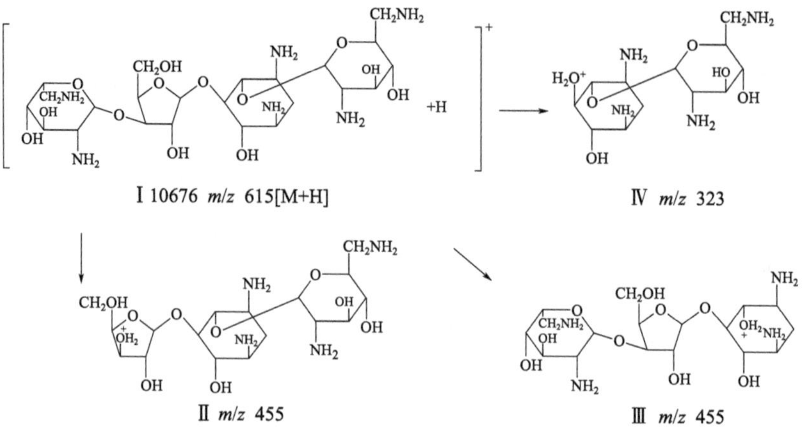

Ⅰ 10676 *m/z* 615[M+H]　　　　　Ⅳ *m/z* 323

(6-10a)

Ⅱ *m/z* 455　　　　　Ⅲ *m/z* 455

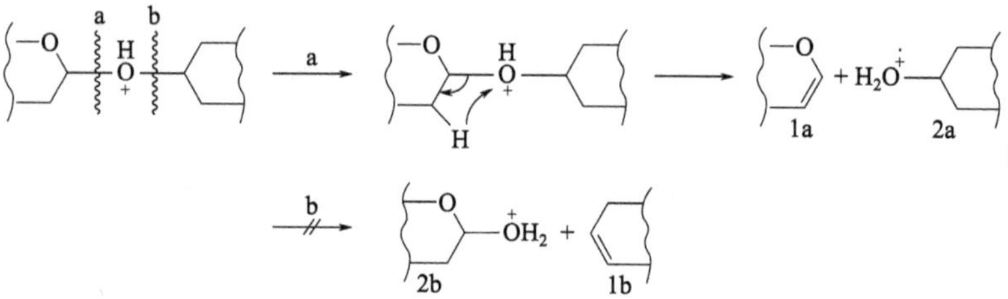

(6-10b)

　　所有三、四单元氨基糖苷的 FD 谱中裂解都发生在氧苷键上，在断键形成碎片峰时正电荷留在何处？理论上，可以有氧原子左右两个位置［见式(6-10b)，以 a 或 b 表示］。比较各自形成产物（离子和中性碎片）的稳定性时，如按 b 方式断裂，氧苷键的氧留在糖单元的 1 位碳原子上，则糖单元的氧原子诱导效应（-I）而不利于氧鎓离子上的正电荷分散；而按 a 方式断裂，糖单元上氧原子的 p 电子对与 2 位失去氢原子而形成的 1-2 位双键相共轭，构成稳定的中性分子，故 a 方式的竞争反应占绝对优势[25]。

　　(2) 环状核苷酸的分析[27]

　　1962 年 Biemann 首次使用直接进样的 EI 方法实现了核酸的分析，但是核苷酸因其低的热稳定性和难挥发性，若不作结构修饰，直接进行 EIMS 分析是不成功的。结构修饰以 TMS 衍生化为理想方法，但费时且全 TMS 化的技术要求较高；被测物的分子量随需 TMS 化的基团数增加而显著增大；EI 谱图中分子峰强度弱，甚至缺少，上述因素都带来负面的效果。自 FD 技术问世以来，成为解决核苷酸分析的有力工具，可以测定三聚核苷酸和寡核苷酸的碱基序列。由于重要的生物和生化活性，3′,5′的环状核苷酸受到人们的关注。表 6-10 列出的 19 种环状核苷酸 FD 谱的信息，可作为一个侧面了解它们的 FD 图谱分析方法。

　　① 分子量信息　环状核苷酸的质谱行为基本上与核苷酸相同，包括它们的 EI 谱型和分子离子的缺失。即使少数环状核苷酸有一些分子离子信息，其相对强度也不超过 0.5%。表 6-10 列出的 19 种环状核苷酸（除环亚磷酸外）FD 谱都

有很强的 $[M+H]^+$ 峰，或者是同时共存的、两个强度比较大的 $[M+H]^+$ 峰与 $M^{+\cdot}$ 峰。对于 eq 或 ax 的立体异构体来说（见序号 9,10；11,12；13,14），每对 FD 图谱之间没有本质上的差异，仅在 BAT 值上稍有不同，前者高于后者，可能是热稳定性不同引起的。

② 碎片峰 以序号 10 和 11 为例，表 6-11 列出了 FD 谱的数据，它们的特征碎片峰是构成环状核苷酸的结构单元。通用结构式见式 (6-11)，序号 10 时 R 为正丁基，序号 11 时 R 为苄基。序号 10 图谱中 $m/z$ 135 为腺嘌呤碱；$m/z$ 172 是对甲苯磺酸；$m/z$ 405 为 $[M+H]^+-135$（失腺嘌呤碱）；$m/z$ 482 是 M－57（失丁基）。$m/z$ 385 为 M－154，多半是失 $C_4H_9PO_4H_2$，但也不能排除失 $SO_2C_6H_4CH_2$ 的可能，因此需要 FD 模式下元素组成式的数据论证。序号 11 质谱图中同样有 $m/z$ 135 和 $m/z$ 172；$m/z$ 170 为 $SO_2OC_6H_4CH_2$，$m/z$ 483 是 $[M+H]^+-91$。$m/z$ 155 应为 $PhCH_2OP=O^+H$，但同样需排除 $[SO_2C_6H_4CH_3]^{+\cdot}$ 的可能，这也需要 FD 模式下元素组成式的数据论证。

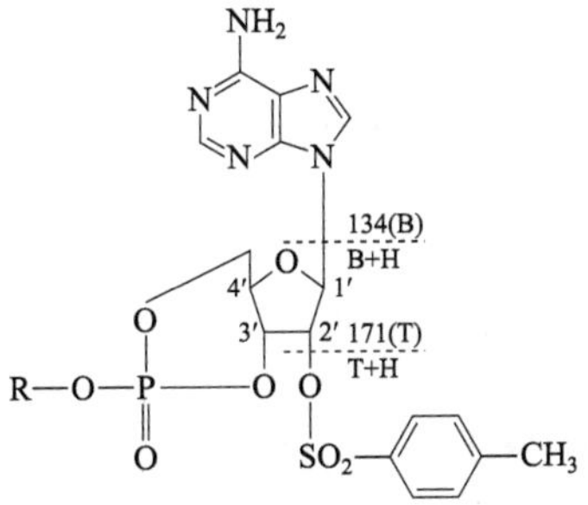

$$(6-11)$$

表 6-10 19 种环状核苷酸 FD 谱的信息[27]

| 序号 | 化合物 | 分子量和分子式 | M 峰强度/% | MH 峰强度/% | BAT/mA |
|---|---|---|---|---|---|
| 1 | 腺嘌呤核苷 3′,5′-环磷酸<br>adenosine 3′,5′-cyclic phosphate | 329<br>$C_{10}H_{12}N_5O_6P$ | 0 | 100 | 16 |
| 2 | 胞嘧啶核苷 3′,5′-环磷酸<br>cytidine 3′,5′-cyclic phosphate | 305<br>$C_9H_{12}N_3O_7P$ | 0 | 100 | 19 |
| 3 | 尿嘧啶核苷 3′,5′-环磷酸<br>uridine 3′,5′-cyclic phosphate | 306<br>$C_9H_{11}N_2O_8P$ | 0 | 100 | 16 |
| 4 | 腺嘌呤核苷 3′,5′-N-环己基环磷酰胺<br>adenosine 3′,5′-cyclic-N-cyclohexylphosphoramidate | 410<br>$C_{16}H_{23}N_6O_5P$ | 35 | 100 | 20 |
| 5 | 腺嘌呤核苷 3′,5′-N-正戊基环磷酰胺<br>adenosine 3′,5′-cyclic-N-n-amylphosphoramidate | 398<br>$C_{15}H_{23}N_6O_5P$ | 18 | 100 | 21 |
| 6 | 2′-O-甲苯磺酰基腺嘌呤核苷 3′,5′-N-苯基环磷酰胺<br>2′-O-tosyladenosine-3′,5′-cyclic-N-phenylphosphoramidate | 558<br>$C_{23}H_{23}N_6O_7PS$ | 100 | 50 | 20 |

续表

| 序号 | 化合物 | 分子量和分子式 | M 峰强度/% | MH 峰强度/% | BAT/mA |
|---|---|---|---|---|---|
| 7 | 2′-O-甲苯磺酰基腺嘌呤核苷 3′,5′-N-正戊基环磷酰胺<br>2′-O-tosyladenosine-3′,5′-cyclic-N-n-amyl phosphoramidate | 552<br>$C_{22}H_{29}N_6O_7PS$ | 5 | 100 | 19 |
| 8 | 2′-O-甲苯磺酰基腺嘌呤核苷 3′,5′-环磷酸<br>2′-O-tosyladenosine-3′,5′-cyclic phosphate | 483<br>$C_{17}H_{18}N_5O_8PS$ | 100 | 35 | 19 |
| 9 | 2′-O-甲苯磺酰基腺嘌呤核苷 3′,5′-环磷酸丁酯(e)<br>2′-O-tosyladenosine-3′,5′-cyclic-n-butyl phosphate(e) | 539<br>$C_{21}H_{26}N_5O_8PS$ | 86 | 100 | 20 |
| 10 | 2′-O-甲苯磺酰基腺嘌呤核苷 3′,5′-环磷酸丁酯(a)<br>2′-O-tosyladenosine-3′,5′-cyclic-n-butyl phosphate(a) | 539<br>$C_{21}H_{26}N_5O_8PS$ | 100 | 95 | 19 |
| 11 | 2′-O-甲苯磺酰基腺嘌呤核苷 3′,5′-环磷酸苄酯(e)<br>2′-O-tosyladenosine-3′,5′-cyclic benzyl phosphate(e) | 573<br>$C_{24}H_{24}N_5O_8PS$ | 40 | 100 | 20 |
| 12 | 2′-O-甲苯磺酰基腺嘌呤核苷 3′,5′-环磷酸苄酯(a)<br>2′-O-tosyladenosine-3′,5′-cyclic benzyl phosphate(a) | 573<br>$C_{24}H_{24}N_5O_8PS$ | 65 | 100 | 17 |
| 13 | 2′-O-甲苯磺酰基腺嘌呤核苷 3′,5′-环磷酸乙酯(e)<br>2′-O-tosyladenosine-3′,5′-cyclic ethyl phosphate(e) | 511<br>$C_{19}H_{22}N_5O_8PS$ | 100 | 40 | 20 |
| 14 | 2′-O-甲苯磺酰基腺嘌呤核苷 3′,5′-环磷酸乙酯(a)<br>2′-O-tosyladenosine-3′,5′-cyclic ethyl phosphate(a) | 511<br>$C_{19}H_{22}N_5O_8PS$ | 100 | 80 | 18 |
| 15 | 2′-O-甲苯磺酰基腺嘌呤核苷 3′,5′-环亚磷酸<br>2′-O-tosyladenosine-3′,5′-cyclic phosphite | 467<br>$C_{17}H_{18}N_5O_7PS$ | 38 | 15 | 15 |
| 16 | 9-β-D 腺嘌呤阿苷′,5′-环亚磷酸<br>9-β-D-adenine arabinofuranosyl 3′,5′-cyclic phosphite | 313<br>$C_{10}H_{12}N_5O_5P$ | 0 | 0 | 14 |
| 17 | 2′-O-甲苯磺酰基腺嘌呤核苷 3′,5′-环亚磷酸硫代乙酯<br>2′-O-tosyladenosine 3′,5′-cyclic thioethylphosphite | 511<br>$C_{19}H_{22}N_5O_6PS_2$ | 0 | 0 | 20 |
| 18 | 2′-O-甲苯磺酰基腺嘌呤核苷 3′,5′-N′,N′-二乙基环亚磷酰胺 2′-O-tosyladenosine 3′,5′-cyclic N′,N′-diethylphosphoramidite | 522<br>$C_{21}H_{27}N_6O_6PS$ | 0 | 0 | 18 |
| 19 | 2′-O-甲苯磺酰基腺嘌呤核苷 5′-磷酸甲酯<br>2′-O-tosyladenosine 5′-methyl phosphate | 499<br>$C_{18}H_{22}N_5O_8PS$ | 100 | 50 | 18 |

注：表中列出的是相对强度值。

表 6-11  序号 10、11 的 FD 谱

| 序号 | $m/z$（相对强度） | | | | |
|---|---|---|---|---|---|
| 10 | 135(4) | 136(8) | 172(15) | 173(1) | 385(4) |
| | 386(4) | 404(4) | 405(4) | 482(12) | 483(6) |
| | 539($M_w$100) | 540(95) | 541(30) | | |

| 序号 | m/z（相对强度） | | | | |
|------|------|------|------|------|------|
| 11 | 135(20) | 136(1) | 155(30) | 156(4) | 170(50) |
| | 171(10) | 172(80) | 173(15) | 483(100) | 484(20) |
| | 573($M_w$100) | 574(25) | 575(7) | | |

注：括号内数据为相对强度。

环亚磷酸核苷酸与上述环磷酸核苷酸的 FD 质谱行为不一样，序号 16、17和 18 属于环亚磷酸核苷酸，它们的 FD 谱均不呈现分子离子峰或质子化分子离子峰；若对两者进行比较，环磷酸核苷酸其基峰或是分子离子峰或是质子化分子离子峰，而对于环亚磷酸核苷酸如序号 15，其 FD 谱图的基峰既不归于分子离子峰，也不归于质子化分子离子峰（见表 6-10）。

序号 15、17 和 18 的 FD 谱图中有强的 $m/z$ 420 和 $m/z$ 421，它们的形成可参见式（6-12），也说明 $[M+H]^+$ 失去 PO 和 POH 的裂解反应是优势反应，以致谱图上见不到质子化分子离子峰的信息。式（6-12）是一个通式，式中 R 包括了上述三个环亚磷酸核苷酸。序号 16 的 2′位无 tosyl 取代，所以 $m/z$ 266 和 267相当于 $m/z$ 314 $[M+H]^+$ 失去 PO 和 POH 的碎片离子。

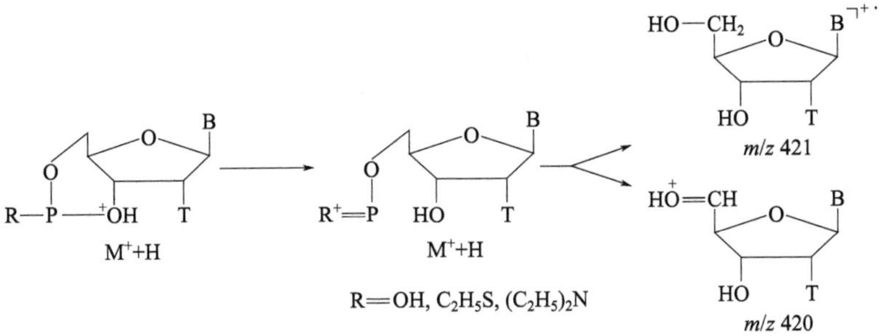

$$(6\text{-}12)$$

## 6.3　FAB 谱的分析

与 FD 相同，FAB 也属于软电离的技术，适合于热稳定性差、极性大、难气化的化合物分析。但是由于受实验底物的影响，对低质量端的干扰严重。所以FAB 较多地应用在分子量比较大的样品测定。甘油是最常用的底物，通常甘油底物干扰最严重的在 $m/z$ 200 以内。

### 6.3.1　分子量的确定

FAB 是中性原子轰击含样品的亲水性凝聚相，所以正离子化的质谱图基本上以 $[M+H]^+$ 为主，尤其含有多羟基或者氨基的化合物；FAB 谱中出现 M 和

M+H 峰的共存现象属于少数情况。在 20 世纪 80 年代末 90 年代初 ESI 技术尚未普遍应用前，与生命科学的三大类基础物质相关的小分子如多肽、寡核苷酸、糖肽等的分析主要依赖于 FAB 技术。它的应用领域比较广泛[28]，其中报道最多的是多肽分析，当时可以分析高达 30 个氨基酸的肽，如分子量 3493 的牛胰岛素 B 链（远远超过 FD 技术的 10 个氨基酸肽），这还受到仪器质量范围的限制。图 6-22 运动徐缓素是一个代表性的例子[29]，它为九个氨基酸组成的多肽，$(C_{50}H_{73}N_{15}O_{11}$，分子量 1059，Arg-Pro-Pro-Gly-Phe-Ser-Pro-Phe-Arg，bradykinin)。谱图中显示了强的 [M+H]$^+$ 峰和肽的序列信息。

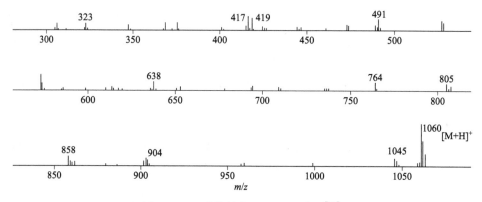

图 6-22　运动徐缓素的正 FAB 谱图[29]

## 6.3.2　碎片峰的特点

这里，继续以上述运动徐缓素为例进行讨论，其正 FAB 谱中的碎片峰，结构式见式（6-13）。按照 3.1.1 节所述的键断裂规则，在羰基的左、右位置都能发生，指肽链的酰胺键断裂或者与 α 碳相接的键断裂，或者是与氮相接的键断裂。在上述肽的 FAB 源中，一种优势碎裂是正电荷留在氮原子上，丢失 N 端的 $(R^1R^2)C = C = O$ 中性分子；另一种碎裂是正电荷留在羰基 α 位的碳原子上，伴随氢的移去而丢失 C 端的 $R^3N = C = O$ 中性分子。此时，产生 $R^4 - (R^5)N^+ = CH - R^6$ 离子。这里的 $R^1 \sim R^6$ 只代表离子或中性分子留下的那部分，别无他意。图 6-22 中主要呈现这两种系列离子，式（6-13）标出了它们的 $m/z$ 值，上排的数字属于 Y 系列，它是 CO—N 酰胺键断裂后正电荷留在氮原子上再加上两个 H，其中一个 H 来自重排，另一个 H 为质子化的 H。下排的数字归属于 A 系列。对于两个系列，如式（6-13）所示，其碎片峰相对强度的大小除取决于氨基酸残基的结构和产物的稳定性外，还取决于离子化方式。请注意，可能是肽的 FAB 软离子化程度不如 ESI，所以在运动徐缓素正 FAB 谱图中 A 系列明显优于 B 系列，而肽的正 ESI 谱正相反，B 系列峰则占优势。

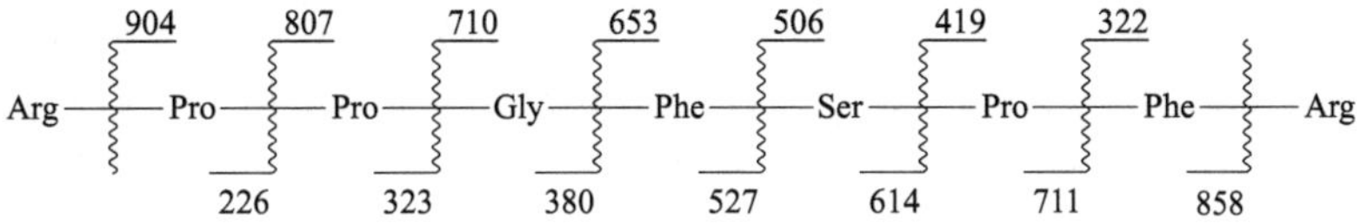

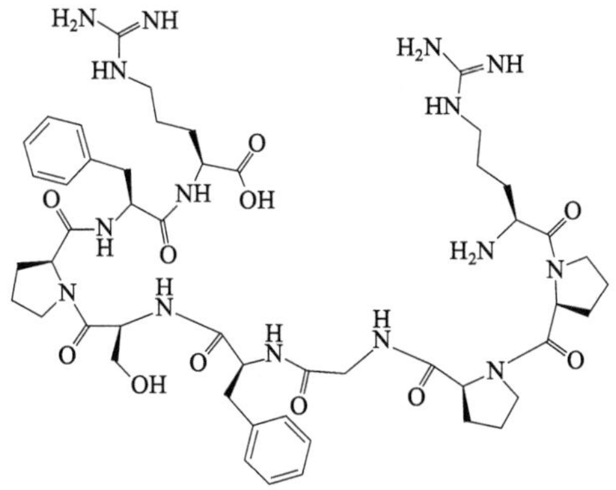

(6-13)

## 6.3.3  若干种有机小分子的 FAB 分析

（1）磺酸型偶氮染料

磺酸型染料分析一直是困扰质谱学家的一个难题。这是因为分子中含有磺酸基团（或磺酸钠），使分子具有极强的水溶性和极低的蒸气压，用 EI 方法分析磺酸型染料时，即使采用直接进样，施以高的气化温度，也因热解而难以奏效。往往需要将 $SO_3H$ 转换为 $SO_2NH_2$ 后，进行直接进样的 EI 质谱分析。

作为着色剂的偶氮染料在合成染料中占有很大的份额，而以磺酸化的偶氮染料为代表的酸性染料适合染色工艺的要求，因而广泛应用于尼龙、羊毛、棉等材料。另外，由于偶氮染料带有的中间体杂质和偶氮键的断裂所形成的芳香胺对环境和人体有负面影响，因此部分偶氮染料是被禁用的。显然，分析是首要步骤，质谱分析是偶氮染料检测标准的必要手段。常规的 EI 和 CI 分析，因磺酸型偶氮染料难以气化而受阻，一般要对磺酸基进行修饰，制成磺酰胺，在较高的气化温度下作 EI 的直接进样分析。如果是多磺酸的酸性染料则衍生化的反应更为困难；同样，FD 分析也限于很个别的二磺酸偶氮染料。

FAB 技术显出了其优势，可实现磺酸型偶氮染料的例行分析，并达到含五个磺酸钠的偶氮染料解析[30]。磺酸钠偶氮染料的正 FAB 谱通常有强的 M＋H 或 M＋Na 峰，也可能是两者共存；碎片峰强度比较弱，如 [M＋H]⁺ 或 [M＋Na]⁺ 离子丢失 $SO_3$，以及失去分子非磺酸钠部分所形成的峰[31]。不过，重要的、涉及对结构分析有意义的峰是断裂偶氮双键的碎片峰，这是 FAB 相比于其他离子化方法的最大优势。

图 6-23 为一个单磺酸化的偶氮染料（$M_w$ 496）的正 FAB 和负 FAB 谱，结构式见下。按 Monaghan 的解释[30]，在正 FAB 图中有强的 $m/z$ 519 [M＋Na]⁺

离子和弱的 $m/z$ 491 离子（$[M+Na-C_2H_4]^+$）以及比较强的反映偶氮染料结构的碎片离子，如 $m/z$ 202、$m/z$ 217、$m/z$ 218 和 $m/z$ 370，它们来自分子中的两个偶氮双键分别断裂时形成的碎片峰。式（6-14）描述了可能的离子结构。

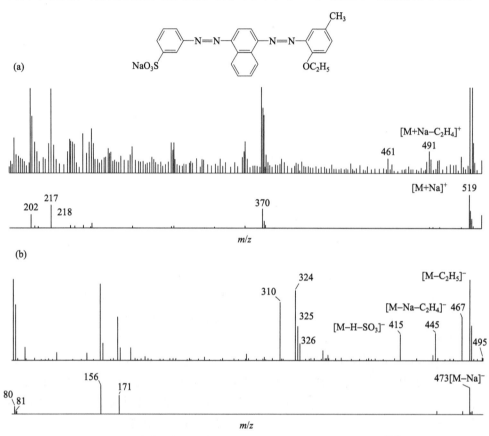

图 6-23　单磺酸化双偶氮染料的正 FAB(a)和负 FAB(b)图[30]

$$ (6\text{-}14) $$

$m/z$ 370 ($C_{16}H_{10}N_3SO_3Na_2$)

$m/z$ 202 ($C_6H_4SO_3Na_2$)

$m/z$ 217 ($C_6H_5NSO_3Na_2$)

$m/z$ 218 ($C_6H_6NSO_3Na_2$)

负 FAB 谱［图 6-23(b)］中除了有 $m/z$ 495（$[M-H]^-$）、$m/z$ 473（$[M-Na]^-$）、$m/z$ 467（$[M-C_2H_5]^-$）、$m/z$ 445（$[M-Na-C_2H_4]^-$）和 $m/z$ 415（$[M-H-SO_3]^{-\cdot}$）外，同样有断裂偶氮双键的碎片峰 $m/z$ 324、$m/z$ 310、

$m/z$ 156 和 $m/z$ 171，其可能的离子结构参见式（6-15）。图中 $m/z$ 80 和 81 分别为 $SO_3$ 和 $HSO_3$。看来，正、负 FAB 的信息有互补性，但负 FAB 的信息明显要多于正 FAB。FAB 的不足之处在于，一是有些磺酸化的偶氮染料其 ［M＋H］⁺ 或 ［M＋Na］⁺ 的峰强度低；二是质谱图复杂，包括难以解释的一些碎片峰和高于分子量的非常见的峰，从而增加了未知染料剖析的难度。

目前，广泛使用的 LC-ESIMS 方法也可以方便地获得磺酸化偶氮染料分子量信息，具有灵敏（低于纳克量级）、清晰、低质量端干扰少等优点。因此，可以弥补 FAB 法对于磺酸化偶氮染料分析的不足。若使用负离子 ESI 谱，含单个 $SO_3H$ 的染料呈现 ［M－H］⁻ 峰，而含两个 $SO_3H$ 的染料则呈现 ［M－2H］²⁻ 峰。负离子 ESI 谱的准分子离子峰过于强势，因而几乎看不到碎片离子峰。解决的办法是靠 MS/MS 技术获得其子离子谱。

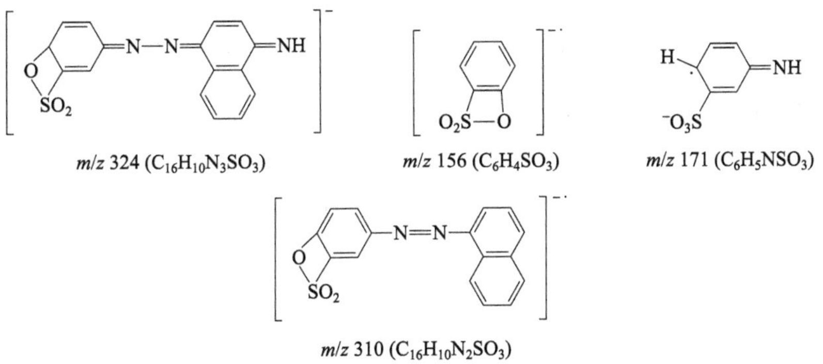

$$m/z\ 324\ (C_{16}H_{10}N_3SO_3) \qquad m/z\ 156\ (C_6H_4SO_3) \qquad m/z\ 171\ (C_6H_5NSO_3) \tag{6-15}$$

$$m/z\ 310\ (C_{16}H_{10}N_2SO_3)$$

（2）L-$\beta$-天冬酰胺糖肽

在第 1 章 1.4.3 节中已经展示了一个代表性的、分子量为 1510 的糖肽的正 FAB 图，其特点为强的 ［M＋H］⁺，碎片峰缺少或是弱的。与正 FAB 相比，负 FAB 除强的 ［M－H］⁻ 外，碎片峰数量要多一些，且强度有所增大。即使如此，负 FAB 所给出的碎片峰仍不足以提供完整的序列信息。图 6-24 显示了从卵蛋白酶解获得的分子量为 1510 糖肽的部分正 FAB 图[32]。

已经注意到，全甲基化糖肽的正 FAB 图不仅提供了强的 ［M＋H］⁺，而且给出了众多且显著的碎片峰，可以满足一些糖肽结构的序列分析要求。从卵蛋白酶解，笔者曾得到 5 个已报道的糖肽和 6 个未知结构的糖肽。通过已知糖肽的图谱分析，可推测未知糖肽的序列[33]。现用已知和未知糖肽中各一例予以说明（分别标以 No.1 和 No.2）。AC-D-1C 分子质量为 1510Da；全甲基化的分子质量是 1916Da，其结构式见式（6-16）。AC-H-E 分子质量为 1227Da；全甲基化的分子质量是 1549Da，其结构式见式（6-17）。式中 M 为甘露糖（mannose，$M_w$ 180，$C_6H_{12}O_6$）；Gn 为 $N$-乙酰葡糖胺（$N$-acetylglucosamine，$M_w$ 221，$C_8H_{15}NO_6$）；A 为天冬酰胺。

表 6-12 为全甲基化糖肽的质谱数据，表中 No.1 的数据，$m/z$ 2024 为分子离子加合底物的离子(一硫代甘油)，即 $M+C_3H_8O_2S$；$m/z$ 1982 为 $(M+C_3H_8O_2S)$ 失 $CH_2CO$ 峰；$m/z$ 1874 为 M 失 $CH_2CO$ 峰。$m/z$ 1266，$m/z$ 1062 和 $m/z$ 858 三个峰均来自母离子 $m/z$ 1484，是伴随着 H 重排的同时丢失相应的中性糖残基分子而形成的离子。表中 No.2 的数据，$m/z$ 1506 为 M 失 $CH_3CO$ 峰，$m/z$ 1507 为 M 失 $CH_2CO$ 峰；$m/z$ 654、$m/z$ 858 和 $m/z$ 899 三个峰均来自母离子 $m/z$ 1117，是伴随着 H 重排的同时丢失相应的中性糖残基分子而形成的离子。

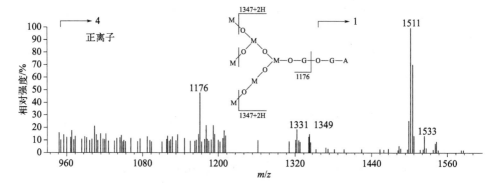

图 6-24　分子量 1510 糖肽的部分正 FAB 谱

$$(6-16)$$

$$(6-17)$$

表 6-12　两个全甲基化糖肽的正 FAB 质谱数据[34]

| 全甲基化糖肽 | 分子量 $M_w$ | $m/z$ | | | | | |
|---|---|---|---|---|---|---|---|
| AC-D-1C<br>(已知, No.1) | 1916 | 858<br>(41.0) | 1062<br>(18.2) | 1266<br>(31.8) | 1484<br>(100) | 1485<br>(77.0) | 1729<br>(5.4) |
| | | 1730<br>(5.4) | 1873<br>(10.0) | 1874<br>(10.0) | 1916<br>(6.8) | 1982<br>(10.0) | 2024<br>(5.4) |
| AC-H-E<br>(未知, No.2) | 1549 | 654<br>(28.0) | 858<br>(16.3) | 872<br>(9.3) | 873<br>(5.8) | 899<br>(10.5) | 1117<br>(100) |
| | | 1118<br>(53.6) | 1362<br>(14.0) | 1363<br>(9.3) | 1506<br>(9.3) | 1507<br>(7.9) | 1549<br>(4.7) |

注：括号内数字为相对强度，%。

## 6.3.4 FAB 图谱分析时遇到的特例

各种离子化技术所产生的质谱图在进行分析时都具有规律可循，但也有特例被陆续发现。FAB 也不例外，许多学者发现因液体底物（尤其是甘油）的参与，会发生某些化学反应，而产生一些不期望的离子，导致对图谱分析的干扰。液态法的 MALDI 的情况与 FAB 有相似之处，故以下的介绍可能也有借鉴。

（1）超出同位素丰度的准分子离子

Vékey 等人[35]发现用甘油作底物，对环戊哌利福霉素（rifapentine）这种含子结构氢醌的抗生素，其正 FAB 谱中，$[M+H]^+$ 峰的两侧有超出同位素丰度且异常高的峰强度，解释为氧化-还原反应的结果。

（2）高于准分子离子的峰

① 高出 133u　Barber 等人[35a]发现，用间硝基苄醇（MBA）作底物，发现被测定的氨基化合物其正、负 FAB 谱中有 $[M+133+H]^+$ 和 $[M+133-H]^-$ 峰。解释为 MBA 被氧化成醛，然后与氨基发生缩合反应，形成上述峰。

② 高出 90u　Tuinman 等人[35b]发现，在甘油作底物的正 FAB 条件下，阳离子型表面活性剂与甘油（$M_w$ 92）发生"夺氢缩合反应"（abstraction reaction），形成 $[M-1+91]^{+\cdot}$ 离子。以下述阳离子型表面活性剂 $(CH_3)_3N^+(CH_2)_{13}CH_3$ 为例，分子阳离子部分的质量 256u，离子组成式 $C_{17}H_{38}N$，其正 FAB 谱中 $m/z$ 256 则是分子的阳离子部分，图中还呈现了 $m/z$ 346（约 12%）、$m/z$ 330（约 5%）、$m/z$ 316（约 7%）、$m/z$ 286（约 5%）、$m/z$ 277（约 8%）、$m/z$ 256（约 65%）、$m/z$ 185（100%）诸峰，解析如下：$m/z$ 185 和 $m/z$ 277 来自甘油的峰；产物离子 $m/z$ 346 高出了 $m/z$ 256 离子 90u；$m/z$ 316、$m/z$ 286 则是母离子 $m/z$ 346 分别丢失 $CH_2O$ 和 $C_2H_4O_2$ 的子离子。缩合反应所脱去的氢分别来自甘油分子和表面活性剂的头或尾，头指的是 $(CH_3)_3N^+$，尾指的是长碳链 $(CH_2)_{13}CH_3$ 饱和烃。由于无区域特异性，所以尾部缩合的位置是随机的。

③ 高出 16u　Vékey 等人发现[35]，用甘油作底物十一烯酸负 FAB 谱中呈现 $[M-H+OH]^-$ 峰，解释为 OH 基通过置换反应，交换了十一烯酸上的 H，然后形成该峰。

④ 高出 12u　同样，用甘油作底物在正 FAB 条件下产生甲醛，后者能与含甲基的化合物进行缩合反应，形成 Schiff 碱，导致谱中呈现 $[M+H+12]^+$ 峰[35]。

（3）特殊的碎片峰

① Aubagnac 等人发现[35c]，样品分子在用甘油作底物的正 FAB 测定时，显示了它所含的卤素被 H 取代的峰，卤素被置换的次序为 I>Br>Cl。卤素 F 在甘油底物中几乎不会发生交换。但是，到目前为止也找到若干例外。如 Nakamura 等人发现 $p$-FC$_6$H$_4$CH$_2$CH（NH$_2$）COOH 以甘油为底物时有 F-H 交换；Aubagnac

等人则在用甘油作底物的正 FAB 测定时发现下述化合物也有 F-H 交换的例外：

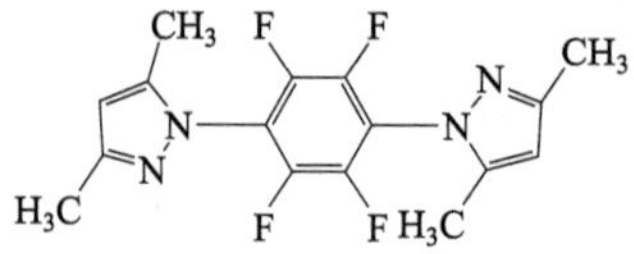

显然，不了解这种置换反应，在图谱分析时会造成误判或者误认为样品不纯。实际上，在高亲和的底物中，如 3-硝基苄醇（NBA），这种交换是不会发生的。

② 几乎在许多离子化技术中很少看到 MH—NH 的中性丢失过程，但在甘油作底物的正 FAB 分析时却能遇到，而且有相当的强度。Aubagnac 等人[35d]在用 FAB 分析 N-氨基氮杂茂类化合物时发现 [MH—NH]$^+$ 离子。式（6-18）中，以 $C_3H_5N_3$（N-氨基氮杂茂，$M_w$ 83）作为例子说明该离子的形成过程：

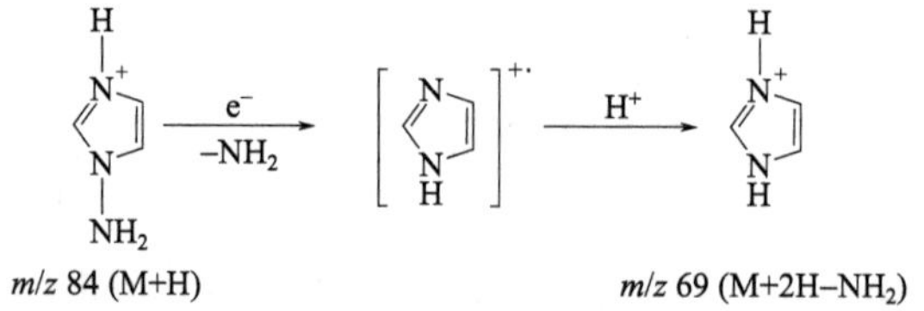

$$\tag{6-18}$$

这一过程的机理在于质子化分子离子捕获电子还原和继而丢失氨基，再进一步质子化，从而形成 [MH—NH]$^+$ 峰。

在正 FAB 的谱图分析时经常遇到的是：$n\text{M}+\text{H}$、$n\text{M}+p\text{G}+\text{H}$ 及 $p\text{G}+\text{H}$ 等（此处，M 是被分析物，G 是底物）高于质子化分子离子的峰。掌握了规律，就能为我们提供分子结构的信息。同样，那些特例一旦形成规律，就能帮助解释 FAB 图谱。需要提醒的是，在 FAB 条件下，发生样品的分解和/或转化应引起我们的注意。

# 6.4  API 谱的分析

API 目前有四种模式可供使用，即 ESI、APCI、APPI 和 DESI，作为常规分析以前两种为主。就样品的性质而言，大体上 ESI 适于极性至强极性、离子型、水溶性化合物，APCI 则适于中等极性，而 APPI 适于弱极性或非极性化合物。从响应的灵敏度来看，ESI 有较高灵敏度；APPI 和 APCI 相当，对某些化合物（如脂肪酸、油脂、类脂等）来说，前者要稍优于后者。

## 6.4.1  ESI 的[M+H]$^+$ 及其碎片

依赖于 ESI 产生的多电荷离子，目前的主要应用领域在生物大分子上，但不影响对有机小分子的定性、定量分析。就有机小分子而言，ESI 与 FD 或 FAB 相比，无论在离子化还是进样方式上都更为温和，因此它的质子化分子离子的丰度很大，且碎片峰数目少而弱。应用于小分子的分析上，几乎能覆盖 CI、FD 和 FAB 应用的多数样品，例如安非他明类的代表性化合物甲基安非他明，表 6-13 列出了分析 MA 时几种离子化模式比较结果。显然，ESI 是能胜任的。但是，该图谱的信息量可能有不足，而利用 MS/MS 技术可弥补不足之处。

由于图谱分析的核心是获得分子量和反映结构特征的离子信息，甲基安非他明是 1-苯基-2-甲氨基丙烷。按照 EI 的裂解规则，甲氨基的 $\alpha$ 位断裂形成 $m/z$ 58 $(CH_3CH=NH^+CH_3)$，而中性自由基 91u 的碎片也很稳定，故这一裂解反应是优势过程，但 EI 法缺乏分子量信息。

表 6-13　甲基安非他明的几种离子化模式比较

| 离子化模式 | $m/z$ | | | | |
| :---: | :---: | :---: | :---: | :---: | :---: |
| | $149(M_w)$ | $150(MH)$ | 58 | 91 | 119 |
| EI | (0) | (0) | (100) | (13) | (0) |
| 正 CI | (2) | (35) | (0) | (10) | (100) |
| 正 ESI | (5) | (100) | (0) | (>40) | (>50) |

注：括号内的数字为相对强度，%。

PCI 图有中等强度的 $[M+H]^+$ 峰，且有强的特征离子 $m/z$ 119，它是 $[M+H]^+$ 离子丢失中性小分子 $NH_2CH_3$ 的碎片，但另一个特征离子 $m/z$ 91，即 $C_7H_7$ 比较弱；正 ESI 谱显示了明显的特征离子 $m/z$ 119 和 $m/z$ 91，且 $[M+H]^+$ 峰为图谱的基峰。

实际上，作为一张完整的甲基安非他明正 ESI 谱图，除了上述那些峰以外还有一些碎片峰。这里会有一个疑问：ESI 谱的特点是碎片峰数目少而弱，为何与此相悖？解释这个问题，需要回到 ESI 源的结构，并引入"源内碰撞诱导解离"(in-source collision induced dissociation，ISCD) 的概念。ESI 源中的锥形取样孔（或者加热的毛细管）和锥形分离器间的真空度大约在 0.5～1.0mmHg（相当于 66.7～133.3Pa），在此条件下若改变锥电压（相对于喷嘴、锥形取样孔的电位差），就能提高溶剂化离子的动能，从而在此区域发生碰撞诱导解离。这种 ISCD 的 CID 与真正的碰撞室的 CID，即 MS/MS，不同之处在于前者属于有限的、非选择性的离子诱导解离。在 ESI 源内发生的离子碎裂意味着，控制锥电压的大小就能影响 ESI 的谱型。提高锥电压，会减少 $[M+H]^+$ 的丰度，增加碎片峰的数量及其强度。从分析角度考虑，人们总是期望得到尽可能多的信息，所以不少报道的 ESI 谱呈现了较多的碎片峰。

综观有机小分子的 ESI 谱，$[M+H]^+$ 峰进一步裂解形成碎片峰，通常是丢失中性分子。如果在骨架上有官能团，则丢失带官能团的小分子；若骨架开裂，则会丢失来自部分骨架的小分子，这在上述章节中已有介绍。

## 6.4.2 若干种有机小分子的正 ESI 分析

（1）表面活性剂

表面活性剂可分为非离子型和离子型，后者又细分为阳离子型、阴离子型和两性离子型。表面活性剂很少使用常规的质谱方法进行分析，其主要原因是它们难挥发、样品复杂及含有众多的同系物。其他一些有机分析方法如红外光谱和核磁共振波谱法在表面活性剂上的分析已有许多报道，不过从分子量和分子量分布的定性信息来看不如质谱法理想。早期曾使用场解吸质谱法（FD）分析非离子型表面活性剂，但要求严格的实验条件和良好的实验技巧，而且信号强度低，这就促使人们使用新的质谱技术去解决表面活性剂的分析问题。目前，ESI 分析因操作简便、灵敏度高，实现了对各种类型表面活性剂的分析[36]。以下各图为 SCIEX 公司所报道：图 6-25 是 Triton-100 的总离子流图（附结构式），图 6-26 是 LC-ESIMS 谱，它是来自保留时间 9.7min 的色谱峰。从 $m/z$ 356 至 $m/z$ 972 是 $n=3$ 至 $n=17$ 的组分，每个组分均为 $[M+NH_4]^+$ 离子。用 ESI 可容易且可重复地对非离子型表面活性剂进行分析，因此各种聚合度的非离子型表面活性剂已成为 ESIMS 仪器的质量定标物质。

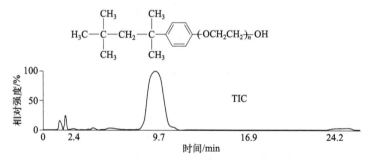

图 6-25 Triton-100 的 LC-ESIMS 总离子流图[36]
保留时间为 9.7min

图 6-26～图 6-28 分别为非离子型、阳离子型及阴离子型的 ESI 结果。图 6-27 为四烷基代铵盐的 ESI 谱，50ng 的流动注射，在不同的载液组分中的结果。图（a）为在 50mmol/L 的 SDS 中，图（b）为在乙腈中，后者的灵敏度是前者的 3 倍。图 6-28 是线型烷基硫酸盐的 ESI 谱，使用 20%～50%乙腈梯度洗脱的 LC 条件。实际上，ESI 法分析离子型表面活性剂更为方便。

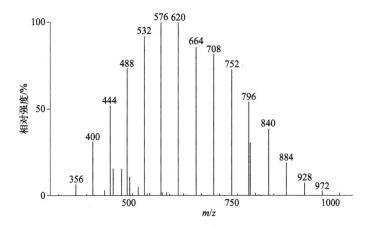

图 6-26  Triton-100 的正 ESI 谱[36]

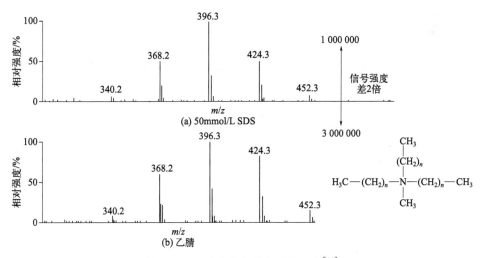

(a) 50mmol/L SDS

信号强度
差2倍

(b) 乙腈

图 6-27  四烷基代铵盐的正 ESI 谱[36]

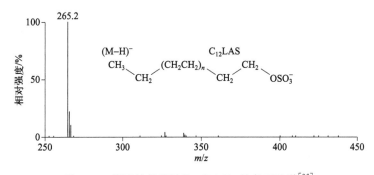

图 6-28  线型烷基硫酸盐（LAS）的负 ESI 谱[36]

（2）皮质激素类药物

皮质激素是治疗急性痛风性关节炎（包括因免疫系统障碍引起的多种风湿性疾病）用的甾体类消炎镇痛药物，从弱到极强效常用的有十几种。就皮质激素而言，它们在 EI 条件下分子离子峰相对强度一般不超过 1%。凡是具有醋酸酯结构的，其分子离子峰相对强度最大不超过 7%，若同时含有氟取代，则更低。唯一例外的是氢化可的松，其分子离子峰相对强度达到 50% 以上（可参见 NIST 14 version 2.2，2014 年 No.16228）；而结构与它几乎相同，仅相差两个 H 的泼尼松龙，它的分子离子峰相对强度却不超过 1%，这是出乎意料的。

郭继芬展示了九种皮质激素正 ESI 的质谱行为[37]。其中有三种为含氟的结构；有六种是醋酸酯，九种样品几乎占了皮质激素种类一半左右，它们的母体骨架基本相同。正 ESI 分析的结果：它们都有强的质子化分子离子，形成基峰。从定性分析考虑，通过 MS/MS 的二级质谱分析（表 6-14），就能得到碎片离子。利用这些特征碎片离子有助于对未知样品中的此类激素进行检测，为鉴定被测物提供了更多的信息。

表 6-14　9 种皮质激素类药物全扫描质谱的母离子及 MS/MS 子离子[37]

| 名称 | $[M+H]^+$ | $MS^2$ 全扫描质谱碎片离子 |
|---|---|---|
| 泼尼松龙<br>（prednisolone） | $m/z$ 361 | $m/z$ 343（$-H_2O$），$m/z$ 325（$-2H_2O$），$m/z$ 307（$-3H_2O$） |
| 氢化可的松<br>（hydrocortisone） | $m/z$ 363 | $m/z$ 345（$-H_2O$），$m/z$ 327（$-2H_2O$），$m/z$ 309（$-3H_2O$） |
| 17α-羟基醋酸去氧皮质酮<br>（17α-hydroxy-11-deoxy-corticosterone acetate） | $m/z$ 389 | $m/z$ 371（$-H_2O$），$m/z$ 329（$-CH_3COOH$），$m/z$ 311（$-CH_3COOH$，$-H_2O$）；$m/z$ 293（$-CH_3COOH$，$-2H_2O$） |
| 醋酸泼尼松<br>（prednisone acetate） | $m/z$ 401 | $m/z$ 383（$-H_2O$），$m/z$ 355（$-CO$，$-H_2O$），$m/z$ 341（$-CH_3COOH$），$m/z$ 323（$-CH_3COOH$，$-H_2O$），$m/z$ 305（$-CH_3COOH$，$-2H_2O$） |
| 醋酸可的松<br>（cortisone acetate） | $m/z$ 403 | $m/z$ 385（$-H_2O$），$m/z$ 375（$-CO$），$m/z$ 361（$-CH_2=C=O$），$m/z$ 343（$-CH_3COOH$）；$m/z$ 325（$-CH_3COOH$，$-H_2O$），$m/z$ 307（$-CH_3COOH$，$-2H_2O$） |
| 醋酸氢化可的松<br>（hydrocortisone acetate） | $m/z$ 405 | $m/z$ 387（$-H_2O$），$m/z$ 369（$-2H_2O$），$m/z$ 345（$-CH_3COOH$）；$m/z$ 327（$-CH_3COOH$，$-H_2O$），$m/z$ 309（$-CH_3COOH$，$-2H_2O$），$m/z$ 291（$-CH_3COOH$，$-3H_2O$） |
| 醋酸地塞米松<br>（dexamethasone acetate） | $m/z$ 435 | $m/z$ 415（$-HF$），397（$-HF$，$-H_2O$），379（$-HF$，$-2H_2O$），$m/z$ 355（$-CH_3COOH$，$-HF$），$m/z$ 337（$-HF$，$-CH_3COOH$，$-H_2O$） |

续表

| 名称 | $[M+H]^+$ | MS$^2$ 全扫描质谱碎片离子 |
|---|---|---|
| 醋酸曲安奈德<br>（triamcinolone acetonide<br>acetate） | $m/z$ 477 | $m/z$ 459(−H$_2$O)，$m/z$ 457(−HF)，$m/z$ 439(−HF,−H$_2$O)，<br>$m/z$ 399(−CH$_3$COOH,−H$_2$O)，$m/z$ 381(−CH$_3$COOH,<br>−2H$_2$O)，<br>$m/z$ 339(−CH$_3$COOH,−CH$_3$COCH$_3$,−HF) |
| 醋酸氟轻松<br>（fluocinonide acetate） | $m/z$ 495 | $m/z$ 475(−HF)，$m/z$ 455(−2HF)，<br>$m/z$ 417(−CH$_3$COOH,−H$_2$O)，<br>$m/z$ 397(−CH$_3$COOH,−HF,−H$_2$O)，<br>$m/z$ 357(−CH$_3$COOH,−CH$_3$COCH$_3$,−HF)，<br>$m/z$ 337(−CH$_3$COOH,−2HF,−CH$_3$COCH$_3$) |

　　九种皮质激素的质谱断裂方式有三种，即对于含有氟的分子，在进行二级质谱分析时，优先脱去 HF；含有醋酸酯的分子，在其二级质谱碎片中，易产生脱 CH$_3$COOH 的特征碎片离子。另外，由于此类甾体激素结构中含有羟基，在进行二级质谱分析时，均能产生脱水的碎片离子。下式为醋酸氟轻松的分子结构（$M_w$ 494，$C_{26}H_{32}F_2O_7$），图 6-29 为其 $[M+H]^+$ 的子离子谱。它的特征碎片离子已包含在表 6-14 中。该表所列出的特征碎片离子再一次说明，$[M+H]^+$ 峰丢失中性小分子碎片是一个优势过程。

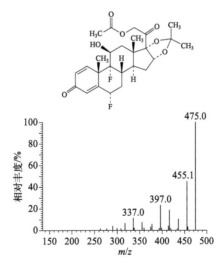

图 6-29　醋酸氟轻松的正 ESI MS/MS 谱[37]<br>（相对碰撞能 20%）

## 6.4.3　负 ESI 分析

Antignac 等人[38]展示了倍他美松（betamethasone，$M_w$ 392.1999，$C_{22}H_{29}FO_5$）

的 [M+H]$^+$ 的子离子谱（图 6-30）。图（a）的碰撞能量是 10V，图（b）为 30V。图 6-30 中标出了三个离子，即 $m/z$ 121、171 和 237，解释为甾体 D、C 和 B 环开裂形成的峰。据此，我们合理地推测这三个离子可能的离子结构（大概率来自 $m/z$ 355）；而 $m/z$ 279（$C_{19}H_{19}O_2$）推测为 $m/z$ 337 丢失 $C_3H_6O$（$HOCH=CHCH_3$）的峰，请参见式（6-19）。

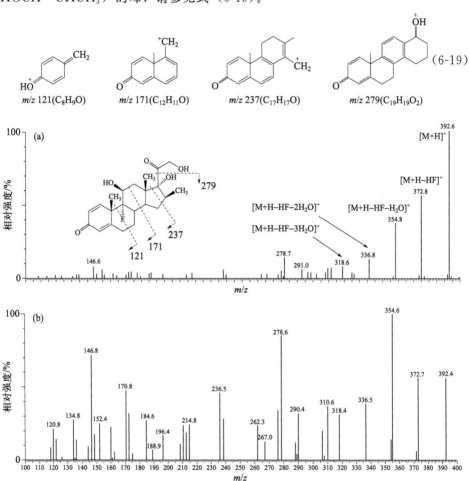

$$(6\text{-}19)$$

$m/z$ 121($C_8H_9O$)  $m/z$ 171($C_{12}H_{11}O$)  $m/z$ 237($C_{17}H_{17}O$)  $m/z$ 279($C_{19}H_{19}O_2$)

图 6-30 倍他美松的正 ESI-MS/MS 谱[38]

Antignac 等人研究了不同锥电压下得到的负 ESI-MS/MS 图（图 6-31），倍他美松的负 ESI 在低的锥电压条件下图谱中仅有 $m/z$ 451 峰（[M+$CH_3COO$]$^-$）。几乎所有的皮质甾类在低的锥电压下负 ESI 谱中都只有一个醋酸根的加合阴离子，醋酸根来自液相色谱的流动相。锥电压从 10V 提高到 40V（每次增量为 10V）[图 6-31(a)~(c)]，增加碰撞能量则会呈现更多环开裂的碎片峰。锥电压 40V 时为图 6-31(d)，它所呈现的特征碎片离子为 $m/z$ 345、$m/z$ 325、$m/z$ 307

和 $m/z$ 292。我们推测，$m/z$ 345 是由 [M−H]⁻ 经骨架重排丢失 $C_2H_6O$ 产生的，但需要实验数据的支持；$m/z$ 325 和 $m/z$ 307 这两个峰为 $m/z$ 345 离子丢失 HF 和 $m/z$ 325 离子丢失 $H_2O$ 形成的。$m/z$ 292 是否为 $m/z$ 307 离子丢失 $CH_3$，如果无精确质量和 MS/MS 数据支持，只能是怀疑。负 ESI-MS/MS 的偶电子离子 [M−H]⁻，其碎裂反应显然也遵循偶电子规则，丢失中性分子形成碎片峰。

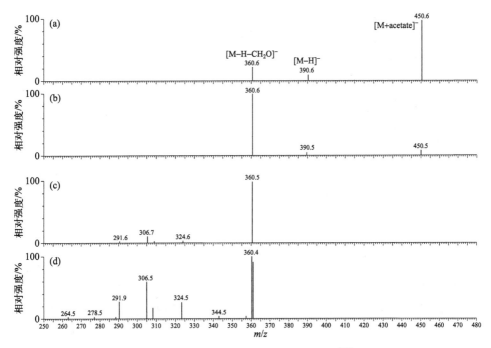

图 6-31　倍他美松的负 ESI-MS/MS 谱[38]

## 6.4.4　APCI[39]

与传统的、低真空条件下的 CI 不同，APCI 是在大气压下发生的化学电离，因此两者有相同和不同之处。CI 的离子化机制、离子-分子反应类型、碎裂规律及图谱解析等方面，可为 APCI 提供参照；但由于 APCI 所处的环境，它的反应气来自溶剂、雾化气及残留空气，初始的反应离子有 $N_2^{+\cdot}$、$O_2^{+\cdot}$、$H_2O^{+\cdot}$、$NO^+$ 等，在辉光放电下，最终能形成正离子反应的平衡离子是 $H_3O^+(H_2O)_n$；最终能形成负离子反应的平衡离子是 $O_2^{-\cdot}(O_2)_n$ 和 $O_2^{-\cdot}(H_2O)_n$[39]。APCI 和 CI 的不同之处在于前者比后者更为温和，因为样品是从气溶胶状态进入被溶剂高度稀释的气相状态。即使在 APCI 的探头被设置了气化温度的情况下，也不必与加热器间达到热平衡；同样质子化过程所放出的能量通过离子间的温和碰撞有效地得到热的释放；APCI 在离子化效率和碰撞速率上应该要优于传统的 CI。APCI 质谱图的重复性易受探头温度、溶剂性质、实验参数等影响，且 APCI 正离子电荷转移类型的灵敏度远低于质子转移模式。所以，在实际操作时，常见的分析采用的是质子转移的正 APCI。

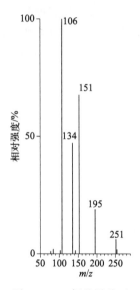

图 6-32 为 α-氨基甲酸丁酯-苯乙酰胺（$M_w$ 250，$C_{13}H_{18}N_2O_3$）的正 APCI 图谱，其结构式为 $C_4H_9OCONHCH(Ph)CONH_2$。图中有四个碎片离子，分别为 $m/z$ 195 $[M+H-C_4H_8]^+$、$m/z$ 151 $[M+H-C_4H_9OCOH]^+$、$m/z$ 134 $[M+H-C_4H_9OCONH_2]^+$、$m/z$ 106 $[PhCH=NH_2]^+$。它们分别丢失中性分子（伴有氢重排和骨架重排）形成特征峰，式（6-20）显示了其断裂的位置。

图 6-32 α-氨基甲酸丁酯-苯乙酰胺的正 APCI 图

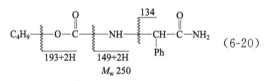

$$(6-20)$$

与传统的 CI 相同，负 APCI 也有 NCI 和类似的 EC。图 6-33 为金米聪等人展示的五氯酚（$M_w$ 264）的负 APCI 谱，图中仅显示基峰 $[M-H]^-$ 峰[40]，这符合负离子图谱的一般特点。若要了解它们的碎裂行为，需要使用 MS/MS 技术。

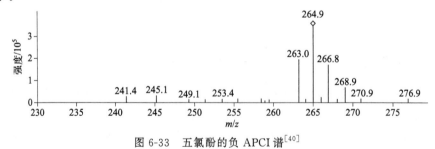

图 6-33 五氯酚的负 APCI 谱[40]

## 6.5 习题

【题 1】图 6-34 是未知物 1 的 EI 谱（$m/z$ 57 的 P+1 值 5.0%），图 6-35 为其正 CI 谱图，请鉴定此未知物。

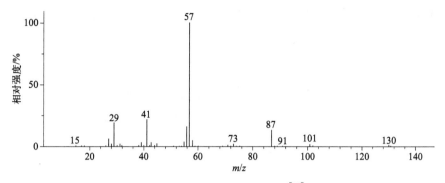

图 6-34 未知物 1 的 EI 谱图[41]

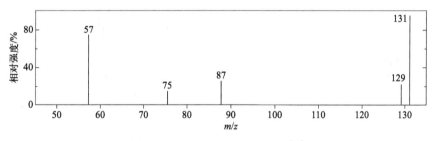

图 6-35 未知物 1 的正 CI 谱图[42]

【题2】图 6-36 是 α-安息香肟[$M_w$ 227，$C_{14}H_{13}NO_2$，$C_6H_5CH(OH)C(C_6H_5)$ =NOH]的 CI 谱（$i$-$C_4H_{10}$ 反应气），肟的 C=N 双键导致 $Z$ 和 $E$ 顺反异构体的存在。图为上下两张，分别是两个异构体的正 CI 谱，两张图除分子离子峰外在 $m/z$ 104 和 $m/z$ 107 峰上也有明显的差异。（1）请指出哪一张谱图为 $Z$ 型，哪一张是 $E$ 型？（2）说明鉴别的理由。

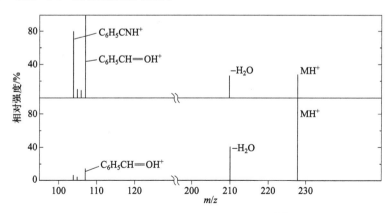

图 6-36 α-安息香肟的正 CI 谱图[4]

【题3】肌酸的分子结构式见式（6-21）：

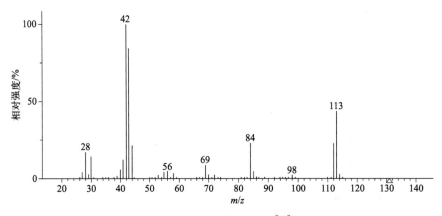

$$(6-21)$$

图 6-37 是肌酸的 EI 谱图，图 6-38 是肌酸的 FD 谱图。请画出 FD 谱图中 $m/z$ 114 和 $m/z$ 86 两个碎片离子合理的离子结构式，并说明它们的形成过程。

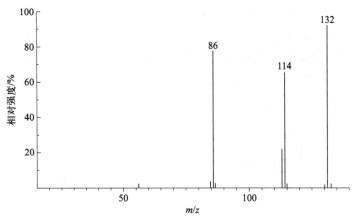

图 6-37　肌酸的 EI 谱图[43]

图 6-38　肌酸的 FD 谱图[43]

【题4】图 6-39 和图 6-40 分别为未知物 2 的 EI 和 FI 谱。请根据这两张谱图，判断未知物 2 属于什么类的物质？

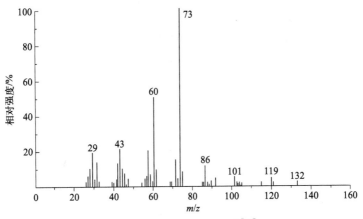

图 6-39　未知物 2 的 EI 谱[44]

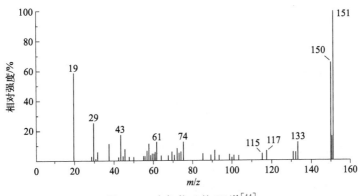

图 6-40　未知物 2 的 FI 谱[44]

【题 5】图 6-41 为未知物 3 的 FD 谱，图 6-41(c)中 $m/z$ 28 不是来自本底峰，其数值 1000 是超标的绝对强度值（相当于在图中该峰的强度已经缩小了 10 倍）。(1) 请鉴定该化合物；(2) 对图 6-41 中（a）、（b）和（c）三图中标出的离子给出结构式。

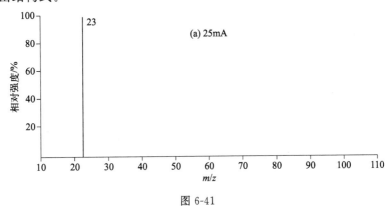

(a) 25mA

图 6-41

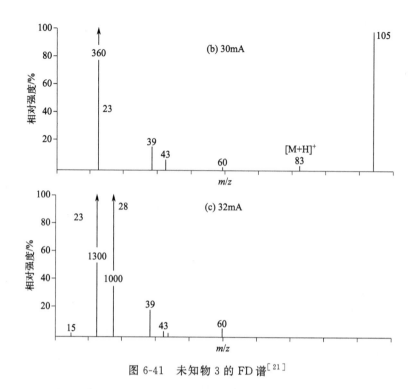

图 6-41　未知物 3 的 FD 谱[21]

【题 6】如前所述，FAB 的工作前提是使用底物，FAB 的优势是适合于高极性的大质量分子。

（1）图 6-42 为 FAB 常用的纯底物，请给出该底物的名称，以及正负 FAB 图上所标出质荷比离子的元素组成式。（2）FAB 法测定大质量化合物时，需要用定标物去校正仪器的质量标尺。图 6-43 为测定一个宽质量范围的定标物而实时获得的负 FAB 谱，请给出该标准品的名称，以及负 FAB 图上所标出质荷比离子的元素组成式。

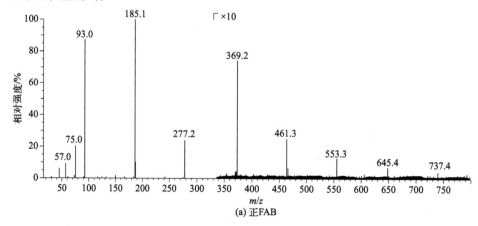

(a) 正FAB

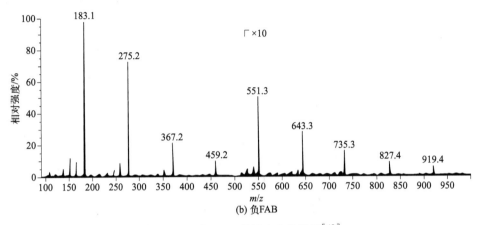

(b) 负FAB

图 6-42　正负 FAB 常用底物的谱图[45]

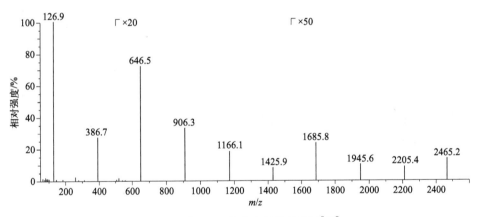

图 6-43　负 FAB 某种定标物的谱图[45]

【题 7】未知物 4 的红外光谱图显示该化合物不存在羰基，且暗示若有苯环则有四连氢。图 6-44 是未知物 4 的 EI 谱，图中 $m/z$ 106、$m/z$ 105 和 $m/z$ 77 的精确质量值分别为 106.0526、105.0460 和 77.0382（测定精度优于 2mu）；图 6-45 为未知物 4 的正 FAB 谱。（1）请鉴定该化合物（mu 表示毫质量单位）；（2）请描述图 6-45 正 FAB 谱中的 $m/z$ 269、135、120 离子的形成过程（提示：请参考 6.3.4 节）。

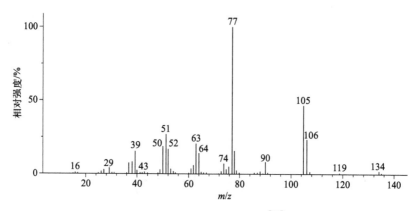

图 6-44　未知物 4 的 EI 谱[46]

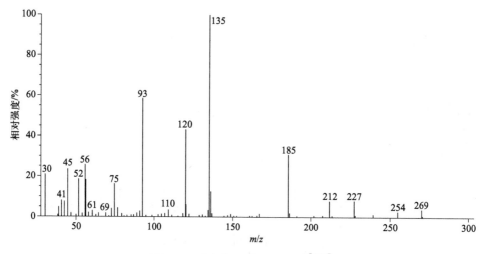

图 6-45　未知物 4 的正 FAB 谱[35d]

（图中 m/z 93、185 为甘油系列离子）

【题 8】作为 LC-APIMS 的定标物之一的 polyethylene glycol-6 （PEG-6），对质谱图中的 m/z 283 [M＋H]+ 进行 MS/MS 的子离子分析，可获得图 6-46。MS/MS 谱图中 m/z 89、133 和 177 可作为 PEG-6 的诊断离子。请画出它们合理的离子结构。

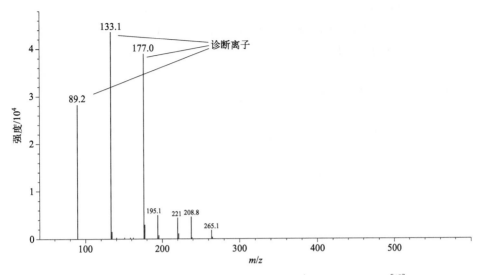

图 6-46 PEG-6 分子的 $m/z$ 283（[M+H]$^+$）的 MS/MS 谱[47]

【题 9】常见磺胺类的传统抗菌药物有十几种，其分子的基本结构单元是对氨基苯磺酰胺基团，相应的化学式为 $p\text{-NH}_2\text{C}_6\text{H}_4\text{SO}_2\text{NH}-$。现有某个含 O 和 S 的常见广谱抗菌的磺胺类兽药，并在 2001 年被世界卫生组织国际癌症研究机构列入第三类可疑致癌物。它的 EI 谱分子离子峰低于 0.1%，经过正 ESI-MS/MS 分析获得如图 6-47 的谱图。（1）请判断该化合物是什么？（2）根据该化合物的 ESI-MS/MS 子离子谱，请给出图中各碎片离子的形成过程，并按常见的三种裂解模式，即简单断裂、氢重排和骨架重排，对这些碎片离子进行分类。

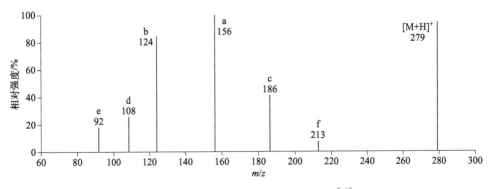

图 6-47 未知物 5 的正 ESI-MS/MS 谱[48]

【题 10】一种卟啉的衍生物 5,10,15,20-四（2,6-二氯-3-磺基-苯基）-卟啉（$M_w$ 1206）的结构式见下，分子式为 $C_{44}H_{22}Cl_8N_4O_{12}S_4$，其可溶于水、难挥发且不易衍生化。EI、CI 和 FAB 的正、负离子化提供不了期望的分子量信息，而负 ESI 离子化得到了反映分子信息的 ［M－H］⁻，从而有力地指导了该衍生物的合成[51]。图 6-48 显示了低分辨负 ESI-MS 的 ［M－H］⁻ 离子轮廓，若在较高分辨条件下，则能看到插图中的同位素簇离子。图中 $m/z$ 1205～1215 主要由 8 个 Cl 和 4 个 S 的 A＋2 同位素组合而构成 6 个峰。请按上述组合：（1）列出这 6 个峰的相对丰度计算式；（2）计算这 6 个峰的相对丰度比，图 6-48 插图中可粗略地量出丰度比是 $m/z$ 1205(1)：$m/z$ 1207(2.70)：$m/z$ 1209(3.12)：$m/z$ 1211(2.07)：$m/z$ 1213(0.87)：$m/z$ 1215(0.23)，对比一下实验值与计算值的差异。

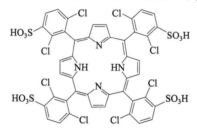

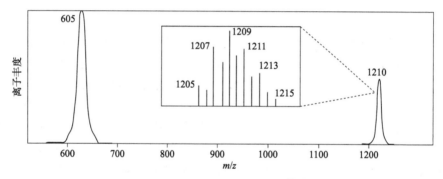

图 6-48  未知物 6 的负 ESI 谱[49]

## 参考文献

［1］ Field F H. Chemical ionization mass spectrometry. Ⅻ. Alcohols ［J］. J Am Chem Soc, 1970, 92 (9)：2672-2676；Munson M S B, Field F H. CI-MS. Ⅰ. General Introduction ［J］. J Am Chem Soc, 1966, 88：2621-2630.

［2］ Harrison A G. Chemical ionization mass spectrometry ［M］. 2nd ed. Boca Raton：CRC Press, 1992：75, 126.

［3］ Jardine I, Fenselau C. Proton localization in chemical ionization fragmentation ［J］. J Am Chem Soc, 1976, 98 (17)：5086-5089；Harrison A G, Onuska F I. Fragmentation in chemical ionization mass spectrometry and the proton affinity of the departing neutral ［J］. Org Mass Spectrometry, 1978, 13 (1)：35-38.

［4］ Harrison A G, Kallury RKMR. Stereochemical applications of mass spectrometry：1—The utility of electron impact and chemical ionization mass spectrometry in the differentiation of stereoisomeric benzoin oximes and phenylhydrazones [J]. J Mass Spectrom，1980，15（5）：249-256.

[5] 汪聪慧，黄载福，曹开星，等. 内酯型冠醚的电子电离和场解吸质谱 [J]. 化学学报，1986，44：225.

[6] 汪聪慧，黄载福，康致泉，等. 内酯型冠醚的正负化学电离质谱 [J]. 质谱学报，1986，7（2）：12-18.

[7] Yinon J. Forensic mass spectrometry [M]. Boca Raton：CRC Press，1987：110-121.

[8] Yinon J. Forensic applications of mass spectrometry [M]. Boca Raton：CRC Press，1995：222-224.

[9] Pate C T，Mach M H. Analysis of explosives using chemical ionization mass spectroscopy [J]. Int J Mass Spectom and Ion Phys，1978，26（3）：267-277.

[10] Yinon J. Direct exposure chemical ionization mass spectra of explosives [J]. Org Mass Spectrom，1980，15（12）：637-639.

[11] NIST 14，version 2.2，2014：No. 332723.

[12] Yinon J，Zitrin S. The analysis of explosives [M]. Oxford：Pergamon Press，1981：204.

[13] Yinon J. Forensic mass spectrometry [M]. Boca Raton：CRC Press，1987：117.

[14] 汪聪慧，朱绍棠. 苯丙胺类运动兴奋剂的 CIMS 检测 [J]. 药物分析杂志，1992，12（4）：226-229.

[15] Hunt D F，Crow F W. Electron capture negative ion chemical ionization mass spectrometry [J]. Anal Chem，1978，50（13）：1781-1784.

[16] Tsang C W，Harrison A G. Chemical ionization of amino acids [J]. J Am Chem Soc，1976，98（6）：1301-1308.

[17] 施钧慧，汪聪慧. 香料质谱图集（中国质谱学会有机专业委员会）[M]. 北京：中国质谱学会，1992.

[18] 汪聪慧，曹开星，徐建中. 烷基取代的 1,3-二氧噁烷类的场电离和电子电离质谱 [J]. 分析测试学报，1986，5（2）：7-12.

[19] Vandewalle M，Schamp N. van Cauwenberghe K. Studies in organic mass spectrometry. Ⅵ [1]. Influence of alkylsubstituents on the fragmentation of 1,3-dioxane [J]. Bulletin des Sociétés Chimiques Belges，1968，77（1-2）：33-42.

[20] 汪聪慧. 场解吸——有机质谱分析的新方法 [J]. 化学通报，1980（6）：26.

[21] Schulten H R，Beckey H D. Field desorption mass spectrometry with high temperature activated emitters [J]. Organic Mass Spectrometry，1972，6（8）：885-895.

[22] 汪聪慧. 有机质谱技术与方法 [M]. 北京：中国轻工业出版社，2011：39；余亚纲，汪聪慧，刘岱，等. 中药射干亲脂中性成分研究 [J]. 药学学报，1983，18（12）：969-972.

[23] 汪聪慧. 第二次全国质谱学会议资料选编 [M]. 北京：原子能出版社，1982：195.

[24] Varian-MAT. MAT report：MAT 731 mass spectrometer FD Data，1973；Krone H，Beckey H D. Feldionen-massenspektren von kohlenhydraten [J]. J Mass Spectrom，1971，5（8）：983-991.

[24a] Schulten H R，Beckey H D. Adv mass spectrom [M]. App Science Pub，1974，6：499.

[24b] Daly N. Mass spectrom [M]. Heyden & Son Pub，1971，5：626.

[24c] Schulten H R，Beckey H D. High resolution field desorption mass spectrometry—Ⅰ：Nucleosides and nucleotides [J]. J Mass Spectrom，1973，7（7）：861-867.

[24d] Brown P，Pettit G R，Robins R K. Field ionization mass spectrometry—Ⅰ. Nucleosides [J]. J Mass Spectrom，1969，2（5）：521-531.

[24e] Maurer K H，Rapp U. Field desorption mass spectrometry of nucleosides [J] // Procs 2nd Int Symp on Mass Spectrom. Biochem Med，1974：541.

[25] 汪聪慧，王耀新，曹开星，等. 场解吸质谱——Ⅱ. 氨基糖苷类 [J]. 药学学报，1983，18（5）：378.

[26] 林祖纶，吴林森. 新抗生素 10676 化学结构研究 [J]. 药学学报，1981，16（3）：194-198.

[27] Wang C H，Zhang L H，Wang Y X，et al. Field desorption mass spectrometry：Ⅰ. Cyclic nucleotides

[J]. Acta Chimica Sinica, 1983 (1): 37-41.

[28] 汪聪慧，杨洁，李益圩. 新的软电离技术——快原子轰击 [J]. 质谱学杂志，1983，4 (3)：42-47.

[29] Barber M, Bordoli R S, Sedgwick R D, et al. Fast atom bombardment mass spectrometry of bradykinin and related oligopeptides [J]. Biomedical Mass Spectrometry, 1981, 8 (8): 337-342.

[30] Monaghan J J, Barber M, Bordoli R S, et al. Fast atom bombardment mass spectra of involatile sulphonated azo dyestuffs [J]. Organic Mass Spectrometry, 1982, 17 (11): 569-574.

[31] Wang C H, Huang Q W. Fast atom bombardment mass spectra of ionic azo dyestuffs, BCEIA abstracts No. 616, 1985 BCEIA [M]. Beijing: Peking Univ Press, 1985.

[32] Wang T H, Chen T F, Barofsky D F. Mass spectrometry of L-β-aspartamido carbohydrates isolated from ovalbumin [J]. Biomedical and Environmental Mass Spectrometry, 1988, 16 (1-2): 335-338.

[33] Wang T H, Chen T F, Barofsky D F. DF. FAB MS of permethylated L-β-aspartomido carbohydrates [J]. Chemical Research in Chinese Universities, 1998, 14 (2): 160-166.

[34] Wang T H, Chen T F, Barofsky D F. FABMS of permethylated glycopeptides [M] //Proceedings of International 5th BCEIA, Sec B. Mass spectrometry. Beijing: Peking Univ Press, 1993: B95.

[35] Vékey K, Zerill L F. Chemical reactions in fast atom bombardment mass spectrometry [J]. 9th Informal Meeting on Mass Spectrometry, 1991, 26 (11): 939-944.

[35a] Barber M, Bell D J, Morris M, et al. The interaction of meta-nitrobenzyl alcohol with compounds under fast atom bombardment conditions [J]. Rapid Communications in Mass Spectrometry: RCM, 1988, 2 (9): 181-183.

[35b] Tuinman A A, Cook K D. Fast atom bombardment-induced condensation of glycerol with ammonium surfactants. Ⅰ: Regioselectivity of the adduct formation [J]. J Am Soc Mass Spectrom, 1992, 3 (4): 318-325.

[35c] Aubagnac J L, Gilles I, Claramunt R M, et al. Reduction of aromatic fluorine compounds in fast atom bombardment mass spectrometry [J]. Rapid Communications in Mass Spectrometry, 1995, 9 (2): 156-159.

[35d] Aubagnac J L, Claramunt R M, Sanz D. Reduction phenomenon in the fab mass spectra of N-aminoazoles with a glycerol matrix [J]. Org Mass Spectrom, 1990, 25 (5): 293-295.

[36] AB SCIEX. The API Book (中文版) [Z], 1994: 38.

[37] 郭继芬. 药物检验中 LC-MS 的分析方法（标准）与应用研究 [M] //汪聪慧. 液相色谱联用技术. 北京：中国质检出版社-中国标准出版社，2015：140-141.

[38] Antignac J P, Bizec B L, Monteau F, et al. Collision-induced dissociation of corticosteroids in electrospray tandem mass spectrometry and development of a screening method by high performance liquid chromatography-tandem mass spectrometry [J]. Rapid Communications in Mass Spectrometry: RCM, 2000, 14 (1): 33-39.

[39] AB SCIEX. The API Book; Boyd R K, Basic C, Bethem R A . Trace quantitative analysis by mass spectrometry [M]. Chichester: John Wiley & Son Ltd, 2008: 203-204; Gross J H. Mass spectrometry: A textbook [M]. 2nd ed. Berlin: Springer Verlag, 2001: 605-606.

[40] 金米聪，陈晓红，李小平，等. 高效液相色谱-电喷雾电离质谱联用法测定水中痕量五氯酚研究 [J]. 中国卫生检验杂志，2005，15 (3)：280-281.

[41] NIST 14, version 2.2, 2014: No. 228442.

[42] Harrison A G. Chemical ionization mass spectrometry [M]. 2nd ed. Boca Raton: CRC Press, 1992: 100.

[43] NIST 14，version 2.2，2014：No. 157797

[44] Beckey H D. Principles of field ionization and field desorption mass spectrometry [M]. London：William Clowes & Sons Ltd，1977：239.

[45] Gross J H. Mass spectrometry：A textbook [M]. 2nd ed. Berlin：Springer，2011：484，488.

[46] NIST 14，version 2.2，2014：No. 340864.

[47] Ferrer I，Furlong E T，Thurman EM. Liquid chromatography/mass spectrometry：MS/MS and TOF analysis of emerging contaminants [M]. Washington DC：ACS Pub，2003：383-384.

[48] Niessen W M A. Liquid chromatography-mass spectrometry [M] 3rd ed. Boca Raton：CRC /Tailer & Francis Press，2006：384.

[49] Johnstone R A W，et al. Mass spectrometry for chemists and biochemists [M]. London：Cambridge Univ Press，1996：415.

# 7 生物大分子的 ESI-MS 和 MALDI-MS 图谱解析简介

　　2000 年 6 月在美国白宫和英国唐宁街分别举行了记者招待会同时宣布人类基因组已完成了测序工作。2001 年 2 月 15 日出版的《自然》杂志上发表了国际人类基因组测序协作组的研究报告。自 1988 年美国提出了"人类基因组计划"，从 1990 年正式启动预计 15 年时间完成人类基因组的测序工作，最后提前五年获得了人类基因组的近 30 亿个碱基序列的草图。这一研究无疑成了人类历史上的一块里程碑。它的意义是：使人类了解与人类生存和生活相关的基因和对组成我们身体的大分子物质的完整、深刻的认识和理解[1]。其实更重要的是，它的完成是人类生命科学史上第一个伟大的科学工程的胜利。尽管当时预测人类基因组应当涵盖 7 万～10 万个基因，而实际上只有 3 万～4 万左右，而其中大概有 4000 多个基因与人类的遗传性疾病有关[1]。但是，无可置疑这张图将揭示遗传疾病的奥秘，也为人类的健康、早期诊断、治疗、预防以及新药的开发指出了方向。当然，它也为人类认识任何生物的全部遗传密码开辟了道路。

　　众所周知，作为遗传信息的载体——基因还只是生命现象研究的一部分，对于与基因密切相关的蛋白质来说，它的制造过程应是细胞核按照染色体上基因的遗传信息转录为 RNA 的密码，然后翻译成蛋白质的氨基酸组成及其序列。所以，早在 1994 年继基因组学（genomics）后就提出了蛋白质组学（proteomics）。当人类基因组测序工作完成后，生命活动的主体进入到从整体上研究蛋白质，并拓展到系统研究生物体受到刺激或扰动后体内的内源性代谢产物的变化（后者称为代谢物组学，metabolomics），从而构成了生命科学研究新阶段的一个重要的组成部分。

　　由基因组学引领的后基因时代，以一系列组学（omics）构成的平台将分子生物学推向系统生物学。系统生物学创始人之一 Leroy Hood 将系统生物学（systems biology）定义为"它是研究一个生物系统中所有组成成分（基因、mRNA、蛋白质等）的构成，以及在特定条件下这些组分间的相互的关系"。很明显，蛋白质组学是系统生物学的重要组成部分，而蛋白质组与蛋白质的不同之处也在于前者是指一个基因组表达的全部蛋白质，对应一个基因组的所有蛋白质构成的整体。这种整体研究包括了蛋白质成分，它的表达、修饰，它们之间的相互作用，以及它们的功能与细胞活动的关系等，因而自然成为 21 世纪生命科学研究的前沿之一。

当今，蛋白质组的研究最有前景和引人注目的是在下面两个方面的工作：一是蛋白质功能与细胞活动的规律，也就是在全部蛋白质中对那些功能蛋白质进行研究；二是蛋白质组的表达模式，即蛋白质组的组成分析。后者的研究涉及两个支撑技术，即毛细管电泳和质谱技术。从 20 世纪 90 年代起质谱技术得到了长足的发展。2002 年分享诺贝尔化学奖的三位得主，J. B. Fenn、K. Tanaka 及 K. Wathrich，其中前两名从事的是质谱研究，后一名从事的是核磁共振波谱研究。他们获奖的原因是"发展了生物大分子鉴定和结构分析的方法"。而奖励质谱研究的具体理由是"发展了生物大分子质谱分析的软解吸电离方法"。Fenn 与 Tanaka 分别从事于电喷雾电离法（ESI）和基质辅助激光解吸电离法（MALDI）的研究，所以这一评价恰如其分地说明 ESI 和 MALDI 两种软电离技术在大分子分析上的重要作用。当然，软电离方法还必须与整个分析系统相配合才能实施大分子的分析。因此，HPLC-ESIMS（或者 HPLC-ESIMS/MS）和 MALDI-TOFMS（或者 MALDI-TOF/TOFMS）这两种质谱方法自然成为生物大分子研究的强有力工具。与此同时，这两种质谱方法也为进入 21 世纪的生物质谱学提供了强有力的支撑。生物质谱学的发展，还包括软电离、高灵敏度、高分辨、大通量、自动化、宽质量范围、精确质量测定以及数据库的建立和相应检索软件等技术，大大地加速了蛋白质的识别、鉴定和分析，并为今后蛋白质组的研究奠定了坚实的基础。就目前的生物质谱技术对功能蛋白质的研究所提供的大量信息而言，主要集中在两个方面：一是蛋白质和多肽质量的确定，这包含由多电荷离子确定生物大分子的分子质量以及与元素组成式相关联的肽片段精确质量；二是通过各种手段，例如 CID 技术，获得肽片段进一步碎裂的信息。利用上述数据，结合分离方法和数据库，构筑了蛋白质分子的分子质量、肽段氨基酸序列等一级结构的基本素材，并进一步达到如下目的：蛋白质的识别和新蛋白质的鉴定；蛋白质的变异或缺失的检测；蛋白质上一些位点（如修饰位、基因变异位）的检测；蛋白质组差异表达的定量测定；等等。这些由鉴定和检测衍生的信息不仅在生物工程、医疗诊断、疾病治疗等方面发挥作用，而且通过蛋白质组表达模式的进展最终促进了功能蛋白质的研究。同样，各种新的质谱技术、方法的涌现，无疑为人们着手解决蛋白质的二级、三级、四级结构（如目前用质谱法对蛋白质的折叠、非共价键作测定）创造了条件。实际上，生物质谱学的脚步并不停留于蛋白质组学，尽管目前大部分研究和发表的文献还聚焦在蛋白质组学上。它首先深入了代谢物组学（metabolomics），紧跟着是脂质组学（lipidomics）和糖组学（glycomics），由此开创了一片新的天地。

本章将扼要地介绍生物大分子的 ESI-MS 和 MALDI-MS 谱图解析的概况，这包括：多肽和蛋白质、碳水化合物、寡核苷酸、类脂等，并提供少量质谱图分析的习题，以便读者对生物质谱法有一个初步的了解。

# 7.1 多肽和蛋白质

本节将集中叙述 ESI-MS 和 MALDI-TOFMS 在多肽和蛋白质分析中的应用。尤其是 ESI-MS 对于多肽和蛋白质特别适用，它因具有电离效率高、灵敏度高、测定精度高的优点而首先在该领域广泛应用。如今，使用 ESI-MS 和 MALDI-TOFMS 技术，进行生物大分子结构分析的众多应用报道也说明了这一点。同样，由于 MS/MS 技术在生物大分子的结构分析中起到非常重要的作用，伴随MS/MS 发展的新型的解离方法（dissociation）都会引起人们的关注。

## 7.1.1 多肽的分子量和序列测定

正离子 ESI 测定多肽的分子量是非常成功的，链长越短通常 $[M+H]^+$ 成为谱图中的主要峰，且在大部分情况下是基峰。随着链增加到分子量 1000 以上，多电荷开始呈现，一般为 $n=2，3\cdots\cdots$，并且它的丰度也明显增加。最终，其中一个多电荷离子成为谱图的基峰。ESI 谱不仅给出多肽的分子量信息，而且肽链上的键断裂提供了组成肽链的氨基酸残基的序列。Roepstorff 和 Fohlman[2] 根据多肽的 EI、CI 和 FAB 的裂解规律提出了肽主链的碎裂模型，该模型也适用于 ESI 和 MALDI，现已作为多肽序列命名和测定的一个规则。依据谱图中这些碎片离子可以确定肽的氨基酸序列。文献中往往有 "Y″" 的表示，其含义是指在 ESI 谱中 N 原子上除原来的氢外还接受了两个氢，下式的 Roepstorff 命名规则中 Y 表示 N 原子上只有一个氢。

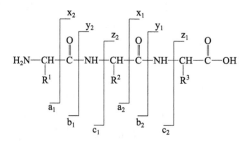

图 7-1 为分子量 963 的小肽、结构为 SIIDFEKL 的部分 ESI 谱[3]。图中 $m/z$ 964 是 $[M+H]^+$ 峰，$m/z$ 536、651、764、877 是该小肽的主要氨基酸序列离子。按照 Roepstorff 规则，它属于 Y″ 系列的离子，反映了 FEKL、DFFKL 及

IDFEKL 的片段。图中还可以依稀地看到 B 系列的离子，即 $m/z$ 833、705、576，它们反映了 SIIDFEK、SIIDFE 及 SIIDF 的片段，不过强度比较弱。实际上，多肽的系列离子目前以 Y 和 B 系列为主。

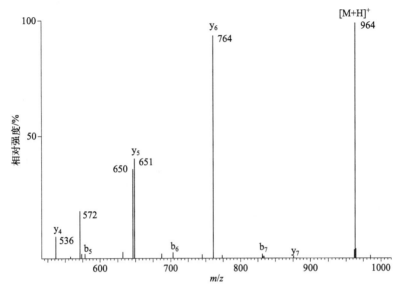

图 7-1 结构为 SIIDFEKL 肽的 ESI-MS/MS（低能 CID）谱[3]

Jovanovic[4]用 AB SCIEX QStar Pulsar 的 nano ESI 测试了一个含 14 个氨基酸残基的肽，得到了完整 B、Y 系列离子的数据。依据对 MS/MS 谱的解析（图 7-2），确定该肽序列为 GILAADESTGSIAK，这一判断与自动软件（MASCOT）解析的结果完全一致。表 7-1 列出了构成蛋白质的 20 种必需氨基酸的基本数据表，可供手工图谱解析时使用。

表 7-1 构成蛋白质的 20 种必需氨基酸

| 氨基酸 | 分子式 | 缩写 | 代号 | $M_w$ | 残基质量 | 残基结构式 |
|---|---|---|---|---|---|---|
| 甘氨酸 | $C_2H_5NO_2$ | Gly | G | 75 | 57.0215 | —NH—CH₂—CO— |
| 丙氨酸 | $C_3H_7NO_2$ | Ala | A | 89 | 71.0371 | —NH—CH(CH₃)—CO— |
| 丝氨酸 | $C_3H_7NO_3$ | Ser | S | 105 | 87.0320 | —NH—CH(CH₂OH)—CO— |
| 脯氨酸 | $C_5H_9NO_2$ | Pro | P | 115 | 97.0528 | —NH—CH[CH(CH₃)₂]—CO— |
| 缬氨酸 | $C_5H_{11}NO_2$ | Val | V | 117 | 99.0684 | —NH—CH[CH(CH₃)₂]—CO— |
| 苏氨酸 | $C_4H_9NO_3$ | Thr | T | 119 | 101.0477 | —NH—CH[CH(OH)CH₃]—CO— |
| 半胱氨酸 | $C_3H_7NO_2S$ | Cys | C | 121 | 103.0092 | —NH—CH(CH₂SH)—CO— |
| 亮氨酸 | $C_6H_{13}NO_2$ | Leu | L | 131 | 113.0841 | —NH—CH[CH₂CH(CH₃)₂]—CO— |
| 异亮氨酸 | $C_6H_{13}NO_2$ | Ile | I | 131 | 113.0841 | —NH—CH[CH(CH₃)CH₂CH₃]—CO— |

续表

| 氨基酸 | 分子式 | 缩写 | 代号 | $M_w$ | 残基质量 | 残基结构式 |
|---|---|---|---|---|---|---|
| 天冬酰胺 | $C_4H_8N_2O_3$ | Asn | N | 132 | 114.0429 | —NH—CH($CH_2$—$CONH_2$)—CO— |
| 天冬氨酸 | $C_4H_7NO_4$ | Asp | D | 133 | 115.0270 | —NH—CH($CH_2$—COOH)—CO— |
| 谷氨酰胺 | $C_5H_{10}N_2O_3$ | Gln | Q | 146 | 128.0586 | —NH—CH($CH_2CH_2$—$CONH_2$)—CO— |
| 赖氨酸 | $C_6H_{14}N_2O_2$ | Lys | K | 146 | 128.0950 | —NH—CH[$CH_2$—$(CH_2)_3$—$NH_2$]—CO— |
| 谷氨酸 | $C_5H_9NO_4$ | Glu | E | 147 | 129.0426 | —NH—CH($CH_2CH_2$—COOH)—CO— |
| 甲硫氨酸 | $C_5H_{11}NO_2S$ | Met | M | 149 | 131.0405 | —NH—CH($CH_2$—$CH_2$—$SCH_3$)—CO— |
| 组氨酸 | $C_6H_9N_3O_2$ | His | H | 155 | 137.0589 | —NH—CH($CH_2$—$C_3H_3N_2$)—CO— |
| 苯丙氨酸 | $C_9H_{11}NO_2$ | Phe | F | 165 | 147.0684 | —NH—CH($CH_2$—Ph)—CO— |
| 精氨酸 | $C_6H_{14}N_4O_2$ | Arg | R | 174 | 156.1011 | —NHCH[$C_3H_6$NHC(=NH)$NH_2$]CO— |
| 酪氨酸 | $C_9H_{11}NO_3$ | Tyr | Y | 181 | 163.0633 | —NH—CH($CH_2$—$C_6H_4$-$p$-OH)—CO— |
| 色氨酸 | $C_{11}H_{12}N_2O_2$ | Try | W | 204 | 186.0793 | —NH—CH($CH_2$—$C_8H_6N$)—CO— |

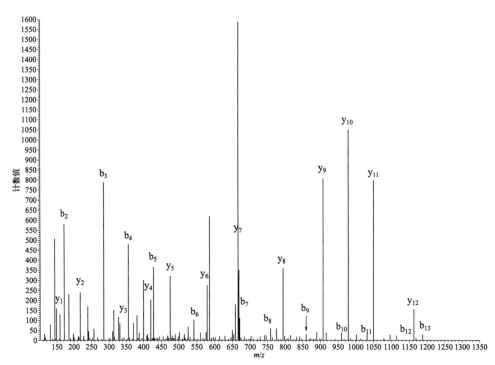

图 7-2 结构为 GILAADESTGSIAK 肽的 nano ESI-MS/MS (CID) 谱[4]

谱图有时还会出现其他系列的个别离子，取决于构成肽的氨基酸性质。如具有抗肿瘤活性的 L-Ser-L-$p$-FPhe-L-$m$-SL 三肽 ESI 谱[5]，其分子量为 584，SL 是苯丙氨酸氮芥（sarcolysine，SL），碎裂模型见图 3-26。它的主要序列离子除

B、Y 系列外，还有 $a_2$（$m/z$ 225）、$z_1$（$m/z$ 316）。使用 MS/MS 方法可以多获得一些峰信息。如上述肽的 MS/MS 谱中可得 $c_1{}'$（$m/z$ 104）、$c_2{}'$（$m/z$ 270）等峰（参见图 3-25）。同样，需要说明的是 CID 的 MS/MS 谱图中会出现系列中某个离子或某几个离子的缺失，也包括侧链的断裂，因而结构测定的不确定性实际上也常有发生。

## 7.1.2 蛋白质的结构测定[6]

蛋白质结构测定涉及如下几个方面，即蛋白质的分子量、氨基酸序列，这属于蛋白质的一级结构，还有二级、三级、四级结构。在解决蛋白质的结构问题上，质谱技术能达到何种程度将在下面作简单的叙述。

### 7.1.2.1 蛋白质的一级结构

（1）蛋白质的分子质量测定

基于已有的报道，使用 ESI 在皮摩尔量级上测定分子质量最高在 13 万 Da 左右的蛋白质。在第 1 章 1.6.3 节中曾叙述到马心肌红蛋白，其理论分子量是 16951.48，实测分子量是 16951.35，因此测定的准确度达到 $7.6 \times 10^{-6}$。由于容易获得高的测定精度，马心肌红蛋白是一种校准仪器的标准化合物。实际上 ESI 测定蛋白质的分子质量，其精度取决于许多实验参数。按经验，ESI 低分辨测定的准确度不超过 0.01%，即分子质量为 1 万 Da 的蛋白质，测定准确度是 ±1Da。这样，除了不易区分 Asn 和 Asp（相差 1 个 Da）外，足以满足蛋白质的氨基酸组成的确定。它明显优于凝胶色谱法，因为后者的测定准确度在 1%～10%，并取决于质量标记物与被分析物之间的相似性。

MALDI-TOFMS 的突出优势是具有皮摩尔的灵敏度以及至少可达 40 万 Da 的高质量范围，特别适合生物大分子，尤其是蛋白质或多肽的分子质量测定。有关 MALDI-TOFMS 在实验过程中应当注意的事项，如基体、盐、质量测定精度、谱图外观的改善等，读者可以参考有关文献[7]。

（2）蛋白质肽链的氨基酸序列分析

在讨论蛋白质的序列分析之前，首先介绍指纹图（mapping）的概念。肽质量指纹谱（peptide mass fingerprint，PMF）是指二维凝胶电泳板上分离的蛋白质点经原位酶切后进行 MALDI-TOFMS 分析，获得肽混合物的质谱图。如果该蛋白质点是一个单一的蛋白质，那么酶解后的肽混合物的分布对该蛋白质来说具有本征性，因而称之为指纹谱。将上述肽质量指纹谱输入数据库中进行检索。互联网提供可利用的数据库，如依靠 PeptIdent、MultiIdent 等软件经由 ExPASy 网站链接到相关的数据库。如同 EI 质谱图的检索，各种检索 PMF 谱的软件均需要输入各种参数（包括蛋白质的初级属性），以使检索的结果又快又好。匹配的结果是按照候选的、待检的所有肽片段中所匹配的数目进行前后排列。一般的观点是匹配的数据（也称为覆盖率）至少要达到 30％，才认为该候选的蛋白质有较大的可能性。实际上也绝不会达到 100％，这是因为未得到匹配的肽片段或许属于翻译后的修饰片段，或许在实验过程中被修饰，更有可能当初所取的蛋白质点不是一个单纯的蛋白质。很明显，以检索结果来确定蛋白质的归属其很大程度取决于各肽片段质量数的测定精度，也就是说只有低的质量测定误差才能得到高的命中率。常用的有外标法或内标法，二者相比较，后者具有较高的测定精度。

需要说明的是 PMF 也可以这样获得，即酶解后的肽片段再转到 HPLC-ESIMS 分析，由此实现检索。不过这样一来，分析速度显然要低于 MALDI-TOF MS。由于 MALDI-TOF MS 的谱图很少呈现肽片段进一步裂解的碎片峰，故它不需要对混合的肽片段进行分离而直接可以获得肽片段的分子离子信息。但 ESI 电离肽片段会产生碎片峰，故混合的肽片段必有分离的步骤。

蛋白质的序列分析有几种方式，即 ESI-MS/MS 法、MALDI-Ref-TOF 法以及肽序列标签法（peptide sequencing tag，PST）三种方法。提到序列分析必然会涉及 Edman 降解法。在 ESI 法问世以前，蛋白质的分子量测定主要依靠 Edman 降解法，即首先将蛋白质酶解或化学降解形成小肽，经分离和纯化，将小肽用 Edman 降解法确定其氨基酸序列。与 ESI 相比，Edman 法需要足够纯的样品和较多的样品量。当样品量太少，如低于 2pmol 时，它是无能为力的。因此，从一次凝胶色谱上获得的量就受到了挑战，它不足以进行降解；另外，也存在这种蛋白质，即由于 N 端基修饰或者环状多肽的缘故而导致 N 端基被封闭，它们是难以进行降解的；Edman 降解还因 His、Cys、Try、Arg 为端基时，回收率低且难以检测而受到影响，在这种情况下就无法知道何时或者是否已经获得了 N 端基。上述这些问题在 ESI 法中并不存在，高灵敏度 ESI 技术的发展有可能实现在凝胶谱的一个斑点上进行明确的鉴定。

① ESI-MS/MS 法　采用 ESI-MS/MS 法获得蛋白质的氨基酸组成及其序列。Wilm 等人[8]提到的例子是人的碳酸酐酶（carbonic anhydrase），经胰蛋白酶作用后直接用 ESI-MS/MS 分析，获得 93％的序列信息的指纹图。图中用 T 表示酶解后的各肽链片段，这种通过酶解得到的序列信息常称为 T 系列。图 7-3 (a) 是 3pmol 的样品经酶解后得到的指纹图。图 7-3 (b) 为 $m/z$ 708.3 片段的 MS/MS 谱图，凡在指纹图中有"·"者，均表示已由 MS/MS 法确定了它们的序列。在图 7-3 中 Y″的单电荷序列离子除 3、4 和 5 外，从 1 至 11 都已标出，Y″的双电荷序列离子除 12 外，从 10 至 16 也给以标定。$m/z$ 708.3 是十八个氨基酸组成的一个小肽，即 AcASPDWGYDDKNGPEQWSK 的三电荷离子 [T 1-18]³⁺，除了该小肽的三电荷离子外，指纹图中还存在 [T 1-18]²⁺ 和 [T 1-18]⁴⁺。这样，经过变换以后得到的碳酸酐酶的一个片段的分子量是 2121.3。表 7-2 为碳酸酐酶的主要 T 系列离子的实测值和期望值，表中还提供了序列信息。图 7-3 (b) 中指示

的 Y 序列离子反映的是 N 端基的序列，而 B 序列离子则反映的是 C 端基的序列，MS/MS 的碎裂主要发生在 CONH 键，所以 B 和 Y 的序列离子是测定序列的互补离子。

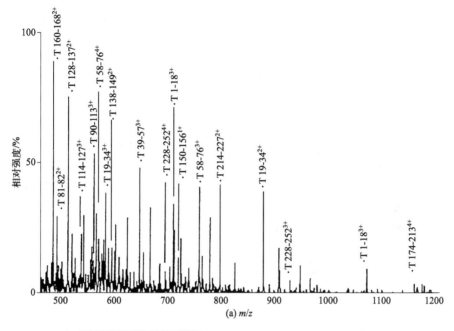

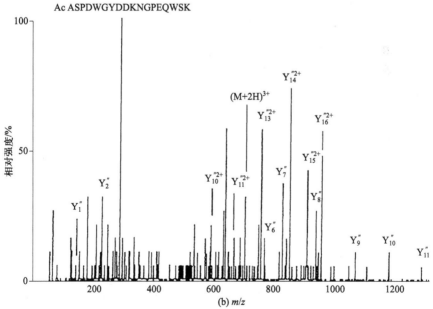

图 7-3　碳酸酐酶经酶解后获得的指纹图及 $[T\ 1\text{-}18]^{3+}$ 小肽的序列信息[8]

　　实际上，代替 MS/MS 法，使用酶或化学方法也可以获得 C 端基序列信息，与 T 系列信息相互呼应。例如，羧肽酶是一种肽链的端基酶，可以选择性地从多肽上断掉带游离羧基的 C 端基。这种酶对小的蛋白质的肽很有效，但对于大的蛋白质则是部分水解。Edman 法现已经发展到简便、有效的自动序列分析，且样品量也达到了 pmol 量级。当然与 ESI-MS/MS 相比，用量仍高于后者，且还要求为游离的、N 端基为均一的高纯度样品。蛋白质中氨基酸残基的性质对 Edman 法的分析结果有影响，而试剂、溶剂的高纯度要求也是必须考虑的。MS/MS 法早先只能测定分子量小于 3000 的肽，由于 ESI 的出现才把 MS/MS 扩大到蛋白质的序列测定，并成为一种常规方法。同样，ESI-MS/MS 法也有不足之处，即片段中的氨基酸最好不超过 15～20 个；MS/MS 谱中有时会出现难以解析的峰；有时缺少对完整序列分析所必需的一些峰。这说明本方法虽然对于许多已知结构的蛋白质分析是很成功的，但在实际的未知物分析上还有一定差距。因此一些学者认为，尽管 MS/MS 法对于未知物的分析很有利，但还不能完全代替 Edman 法，这两种技术应相辅相成。

表 7-2　人的碳酸酐酶的肽序列[8]

| 质量 | | 带电荷状态（碎片） | 序列 |
| --- | --- | --- | --- |
| 期望值[①] | 测定值[①] | | |
| 969.6 | 969.6 | 2+ | VLDALQAIK[④] |
| 984.4 | 984.4 | 2+ | GGPFSDSYR |
| 1611.8 | 1611.9 | 3+ | YSAELHVAHWNSAK |
| 1741.9 | 1743.0 | 3+ | LYPIANGNNQSPVDIK |
| 1185.7 | 1185.6 | 2+ | ADGLAVIGVLMK |
| 2474.2 | 2475.6 | 4+ | TSETKHDTSLKPISVSYNPATAK |
| 1928.0 | 1928.4 | 3+ | HDTSLKPISVSYNPATAK |
| 2758.4 | 2759.4 | 4+ | SLLSNVEGDNAVPMQHNNRPTQPLK |
| 2120.9 | 2121.3 | 3+ | AcASPDWGYDDKNGPEQWSK[②] |
| 713.4 | 713.3 | 1+ | VGEANPK |
| 2255.0 | 2255.4 | 3+ | EIINVGHSFHVNFEDNDNR |
| 1579.8 | 1579.6 | 2+ | ESISVSSEQLAQFR |
| 1741.9 | 1742.8 | 2+ | LYPIANGNNQSPVDIK |
| 2758.4 | 2759.1 | 3+ | SLLSNVEGDNAVPMQHNNRPTQPLK |
| 1025.5 | 1025.5 | 2+ | YSSLAEAASK |
| 4597.2 | 4598.8 | 4+ | APFTNFDPSTLLPSSLDFWTYPGSLTHPPLYESVTWIIC*K[③] |

| 质量 | | 带电荷状态 | 序列 |
|---|---|---|---|
| 期望值① | 测定值① | （碎片） | |
| 2795.3 | 2796.5 | 5+ | LFQFHFHWGSTNEHGSEHTVDGVK |

① 以中性和主同位素质量来表达离子的质量。

② Ac 为乙酰基。

③ C* 是 S-acetamidomethyl-cysteme。

④ 画线的氨基酸由 B 和 Y″离子系列确定。

② MALDI-Ref-TOF 法　　这是基质辅助激光解吸与反射式飞行时间质谱法的组合。严格地说这是通过亚稳离子的 PSD 分析法，实现多肽序列分析的方法。这一种技术可以用来测得亚稳离子在飞行区内发生的众多碎裂反应。亚稳离子属于具有过高内能母离子的"自然"过程，因而信息量是受到限制的。事实上，也确实存在着一些肽片段通过 PSD 法得到缺失的序列信息。提高正常母离子内能的各种方式，如最为常见的碰撞活化方法，属于"人为"过程，可以获得比 PSD 更多的信息。因此，TOF-TOF 技术自然成为实现 MS/MS 分析的理想工具。一个例子说明在解决蛋白质一级结构时 PMF 与 MS/MS 之间的关联。这是瑞典隆德大学 Malmstrom 和 Westergren-Thorsson 发表的工作[9]，研究人的原发纤维细胞核所表达的蛋白质与表型开关的关系，从中鉴定核内蛋白以了解气喘病人的纤维化症状。从 1 千万个细胞中获得 1 百～2 百万个纯化的细胞核，然后由 TGF-B 活化纤维核，得到的表达蛋白质经 2D 凝胶分离出 380 个蛋白，其中一个蛋白称为核磷酸蛋白（nucleophosmin），它经酶解得到 PMF 图见图 7-4(a)。图中分子量为 2573 的肽片段进一步用 AB 4700 TOF-TOF 获得了该肽片段的 MS/MS 图，见图 7-4(b)。

③ 肽序列标签法（PST）　　经酶解或水解纯化的蛋白质，用 HPLC 分离各个肽片段，然后进行 ESI-MS 分析，以获得肽片段的分子量信息和一部分碎片信息，在此基础上再对 ESI 谱中各离子的 MS/MS 分析，可得肽片段比较完整的序列信息。肽序列标签就是指：将上述数据直接送入蛋白质数据库作搜索，或从 MS/MS 的部分序列信息进行序列咨询，把这一过程称为 PST。实际上，并不局限于 ESI-MS，凡是经由酶解或水解得到的肽片段用质谱方法分离或者用 HPLC 方法分离，进而通过 MS/MS 方法获得序列信息，再经检索测定蛋白质的组成，都可称为 PST。

PST 是把结果与假设的序列（或者序列数据库）进行比较的方法，因此也是解释 MS/MS 数据的一种实时的误差容限法（error tolerant）。具体地说，在 MS/MS 谱中寻找出一组短的序列离子，然后与起始和终端质量一起构成一个标记代码，称为肽的序列标签，放在序列数据库中检索（或称为扫描）。如一种

peptide search 程序需要三种基本信息，即蛋白质的分子质量、蛋白酶解离的指纹图，以及指定的一些离子质量的条件下其 MS/MS 序列信息或逐步降解过程中获得的部分序列信息（如 Edman 降解、羧肽酶及阶梯测序）。这样就可从标准的序列数据库（如 SWISS-PROT，PIR Ⅰ、Ⅱ、Ⅲ，Patch X 等）中进行检索。Wilm 等人[10]提供了一个简单例子说明标记代码。序列离子 920.5、1051.5 及 1164.6，彼此互减得到 131.0 和 113.1，这就相当于 Met（分子量 149，残基 131）和 Leu 或 Ile（分子量均为 131，残基为 113），这样可以写出标记码（920.5）MI（1164.6），此处用 I 代表 Leu 或 Ile。因为母离子是 1802.9，所以程序自动转换为 $m_1 = 920.5$，MI，$m_3 = 638.3$ 的序列标签。然后程序可自动校正序列方向，即在不知道这个序列离子属于 Y 还是 B 的情况下进行检索，以求得该肽的序列，并在上述其他信息的参与下检索蛋白质。

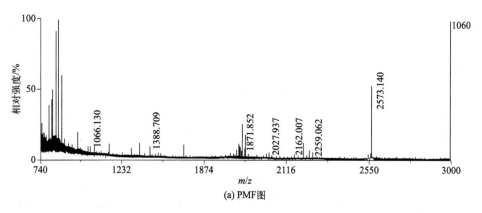

(a) PMF图

ADKDYHFKVDNDENEHQLSLR–核磷酸蛋白

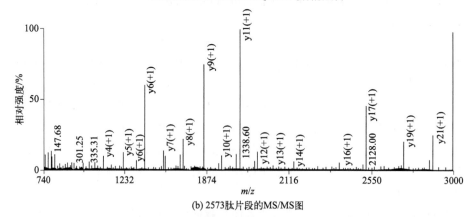

(b) 2573肽片段的MS/MS图

图 7-4　核磷酸蛋白经酶解得到的谱图[9]

在序列标签法的讨论中也需要说明两点：一是在自然界实际表达的序列数是可能的序列数组合中微乎其微的很小一部分，这就意味着序列解析的问题变得很容易；二是检索（或称扫描）方法的不足之处在于数据库中已经有的序列才能被检出。不过这个问题将随着人类及相关的基因组的研究进展而变得不那么要紧，因为它不必要对整个染色体组测序，而仅仅对蛋白质的基因信息编码的那些基因进行测序。这种测序称为可表达的部分基因序列标签（expressed sequence tags）。20 世纪末人类蛋白质的大部分基因编码进入数据库，这就可以说大部分接受 MS/MS 分析的多肽已经在数据库内。序列标签法的优点是在一个序列中可以在多次不确定的空缺情况下来确定该肽的序列。若有 2～3 个这样的氨基酸短序，就足以能在超过 10 万个蛋白质条目中找到同类蛋白酶解那个肽；如果短序中有 3～4 个氨基酸是已知的，则无需提供专一性的蛋白酶信息而直接就能找出这个肽。

### 7.1.2.2 蛋白质的二级结构

它属于位置相近的氨基酸之间相互关系的结构，也就是各个小构造。它包括 α 螺旋（α-helices）、β 折叠（β-sheet）、转折（turn）以及无规卷曲（random coil）。非共价键如范德瓦尔斯力、氢键、离子间相互作用等均有助于稳定这一结构。其中 α 螺旋可以由肽链骨架的氢键予以稳定，但它受到 pH、溶剂和离子强度等变化的影响。β 折叠也参与氢键的键合，通常是在链间而不是链内。二级结构大部分由 X 射线单晶衍射法确定。一般，ESI 难以区分 α 螺旋和 β 折叠，但在各种技术获得的数据之间进行比较的时候，它能够帮助阐明蛋白质内构象的变化。当蛋白质溶解在氘化溶剂中，即在 O、N 上的氢原子可以发生氢交换，这些氨基酸有 1～5 个可交换的氢。利用质量位移可以知道交换氢的数目。例如 Brown 等人[11]在低的 pH 条件下得到金枪鱼细胞色素的 ESI 谱，若在非氘化溶剂中获得，其转换后的分子量是 11986；而若在相应的氘化溶剂中获得，转换后得到两个分子量，即 12102 和 12139，前者认为是密的构象，后者为疏的构象。由此推测，在可交换的氢 116（密）和 153（疏）中有 115 个质子在折叠的蛋白质中可接触到氘化溶剂，而当 N 和 C 端基的 α 螺旋结构丧失的情况下，会导致 151 个可交换的质子暴露在氘化溶剂中。这与溶剂中改变 pH 和离子强度后所获得的结果基本是一致的。

### 7.1.2.3 蛋白质的三级结构

三级结构涉及一根肽链的三向结构，它不仅描述局部，即二级结构，而且还涉及链上残基的立体位置。这就包括了蛋白质的大体形状和在紧凑的球状蛋白内外某一个氨基酸残基的位置。可以把三级结构看作位置较远的各肽链之间的立体结构关系，局部的各个二级结构之间的关系。稳定三级结构的力，除了范德瓦尔斯力和氢键外。还有疏水性的相互作用、静电作用以及二硫键。加入有机溶剂（疏水性作用）、改变 pH（氢键、范德瓦尔斯力、静电作用）都会有破坏作用。pH、温度、加入有机溶剂等这一些实验条件的变化，在 ESI 谱图上将分别呈现出来。如 pH 变化导致电荷状态的变化，将在低的质量区域内观察到数目更大的多电荷离子；如温度变化使电荷状态分布图形发生明显的变化，因为丰度最大的多电荷离子反映了质子化的碱基位置数目，温度的提高增加了可供质子化的碱基，会发生原来观察不到的位置数目得以增加；如加入有机溶剂（以乙腈和异丙醇最为有效）会形成更大的多电荷离子；等等。当然，ESI 图的这种变化虽然还不能与具体三级结构直接相联系，但它至少揭示了因条件的变化使某些碱性位置屏蔽而导致可形成电荷的变化；它进一步说明，这些条件的变化有可能促使构象的变化或蛋白质的变性等，因而加深了对蛋白质三级结构的认识。实际上许多 ESI 的实验结果与其他方法的研究如 NMR 是一致的，有的结果可以为其他实验条件的选择提供参考。

### 7.1.2.4　蛋白质的四级结构

这是蛋白质最终的整体结构，也是蛋白质结构的总安排。通常用 X 射线衍射和电镜来确定一个蛋白质中已经找到的子单元的数目。如果用 ESI 研究蛋白质的三级结构是在于了解蛋白质分子间的相互作用（构象、氢键、与金属离子相互作用的电荷状态等），那么四级结构的 ESI 研究是在于了解蛋白质本身或蛋白质与蛋白质之间的相互作用，后者就是目前称之为非共价键的相互作用。如在温和的条件下（低的酸度、少量的有机溶剂、正确的 pH 值以及低的锥电压等条件）可以记录蛋白质完整的多聚体。一般来说，蛋白质的多聚体发生与温度有关，但是 pH 值不同有时也能观察到不同的聚集状态。Smith 等人展示了伴刀豆球蛋白 A（Concanavalin A）的四聚体（Q）和二聚体（D）在 pH 为 6.7 时的 ESI 谱（图 7-5）[12]。单体蛋白质的分子质量为 25.5kDa。位于传输 LC 喷雾液滴至锥形分离器之间的毛细管，当其温度上升时会产生单体蛋白质（M）的 ESI 谱。见图 7-5 中（a）和（b）的比较，前者毛细管温度为 160℃，后者为 185℃。这说明，多聚状态属于非共价键合。需要注意的是，当多聚体存在时其多电荷离子会呈现在高的质量范围，因而需要延伸仪器的质量范围；多聚体的多电荷离子为偶数电荷时，有可能会与单体蛋白质的多电荷离子相重叠，而奇数电荷时因呈现在单体多电荷离子的序列之间而被发现。

当前使用一些质谱技术，尤其是 ESI-MS 去研究蛋白质分子间非共价键结合的方法，由此催生了由 Niessen 等人称谓的原生质谱（native mass spectrometry）的新课题[13]和 MALDI 与 IMS 法的延伸应用[14]。用 ESI 研究蛋白质非共价键相互作用成为近年来的热门，也取得了重要进展，但需要指出 ESI 接口的条件对这种研究是有一定的影响。如前所述，温和的条件也应包括锥电压值，否则会导致多聚体的离解。目前越来越多的报道使用 ESI 研究蛋白质的非共价键作用，其意义在于通过这种相互作用的研究可以了解巨分子识别的基本信息，从而进一步揭开结构与功能关系的奥秘。

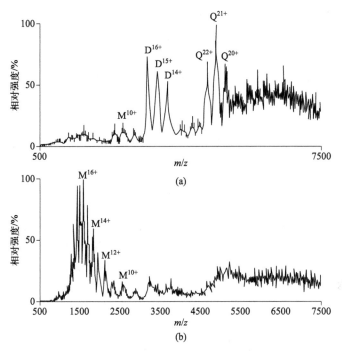

图 7-5 伴刀豆球蛋白 A 的单体与多聚体间的温度效应[12]

## 7.1.3 蛋白质在翻译后的修饰

指纹图和测序其实有两个作用：一是解决蛋白质的一级结构；二是解决翻译后（post-translation）修饰位置的确定。修饰在生物功能上起到显著的作用，通过蛋白质的共价修饰达到细胞调节蛋白质功能的作用。此外，可以通过对退化或不完整的重组蛋白质鉴定去研究蛋白质的突变过程。修饰的内容包括二硫键的形成，在氨基酸位置上发生的糖基化（glycosylation）、脂质化（lipidation）、乙酰化（acetylation）、硫酸化（sulphation）以及磷酰化（phosphoryation）等。

### 7.1.3.1 二硫键

S—S 键在蛋白质结构中起到重要作用。蛋白质通常由几条肽链组成，它们除了以非共价键力相互联系外，还可以依赖二硫键相互联系。确定二硫键的数目及其位置既是序列分析的一部分，也与蛋白质的结构有关。二硫键的测定包括二硫键数目和二硫键的位置。用质谱法测定二硫键的数目，可按照下述经典方法计算[15]。设 $N_{CYS}$ 为半胱氨酸的数目，$N_{S-S}$ 为二硫键的数目，$N_{S-H}$ 为自由 SH 基团的数目，$M_{NAT}$ 为天然蛋白质的质量，$M_{R+A}$ 为蛋白质还原并烷基化的质量，$M_{ALK}$ 为烷基化后蛋白质的质量，$m$ 为烷基的基团质量。可按下式计算：

$$N_{CYS} = (M_{R+A} - M_{NAT})/m$$

$$N_{S-H} = (M_{ALK} - M_{NAT})/(m-1)$$

$$N_{S-S} = (N_{CYS} - N_{S-H})/2 \qquad (7-1)$$

用一个例子说明这种方法的实际应用。β乳球蛋白 B（β-Lactoglobulin B）的分子质量为 18277.2Da，使用的烷基化基团是 $CH_2CONH_2$。当进行还原加上烷基化后，得到的分子质量为 $(18568.0 \pm 0.5)Da$，而天然乳球蛋白在质谱图上的分子质量为 $(18278.0 \pm 0.5)Da$，$\Delta m = 290u$，故 $N_{CYS} = 5.0$。在图 7-6（a）中分别以符号"○"和"★"表示经还原加上烷基化处理和未经变换的多电荷离子分布。图 7-6（b）则用"O"表示天然乳球蛋白仅经过烷基化后的多电荷离子相应的分子质量，$(18335.1 \pm 0.8)Da$，此时 $\Delta m = 57.1u$，故 $N_{S-H} = 1.0$。这样经过上述公式的计算得到乳球蛋白中半胱氨酸的数目为 5 个，而 S—S 键为 2 个。看来关键的问题是要求样品有足够的纯度，这样才能获得高精度的质量。当然人们的兴趣是二硫键在蛋白质结构中所处的位置，试图采用 FAB、MALDI［包括 ISD（ion-source decay）和 PSD］、CID 及 ECD 等质谱技术去解决，读者可参考有关文献[16a,16b]。

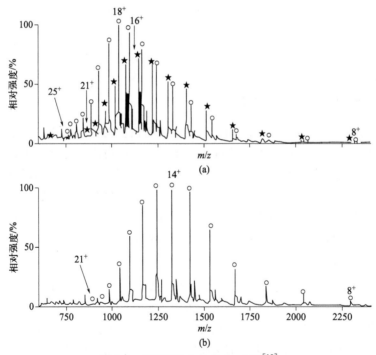

图 7-6　β乳球蛋白 B 的 S—S 键[15]

## 7.1.3.2　磷酰化

蛋白质的磷酰化结果不可避免地会被联系到下述的作用，即讯号传导（transduction）、提供蛋白质停靠（docking）的位置、酶活性控制等方面。当然，多磷酰化肽类的磷酰化位置对于蛋白质的转译也是非常重要的。因为细胞中磷酰化的蛋白质以很低的浓度存在，估计为 pmol 的水平，因此用质谱法鉴定它们则需要在 fmol 的水平上进行。Carr 等人介绍了 ESI 在以下蛋白质磷酰化分析上的应用[17-18]：通常有两种方法，一是提高检出灵敏度，如采用 nano ESI 与 MS/MS 相结合，如果是已知的肽，则通过分子量的测定自然能确定磷酰化的位置；如果是一个未知的肽，则采用 MS/MS 方法获得氨基酸序列信息，由此获得磷酰化的位置。另一种方法是使用 MALDL-TOF 法，对简单的混合物（如 HPLC 的流出液）作鉴定和测序。目前在单个磷酰基的肽中，能将丝氨酸、苏氨酸的磷酰化与酪氨酸的相区分，这是从 MALDI 反射谱的正离子模式去检出磷肽。根据下述两个离子的强度比较，即 $[M+H]^+ - H_3PO_4$ 和 $[M+H]^+ - HPO_3$，当前者强于后者表明磷酰化极有可能发生在丝氨酸和苏氨酸上，如相反则发生在酪氨酸上。如果需要进一步测序，一般也在 300fmol 水平上进行。

β酪蛋白广泛被用作研究蛋白质磷酸化位置的标准物。由于在整个蛋白质中磷的含量很低，且磷酸化过程在低浓度下进行，因而传统的 $^{32}P$ 标记法来确定磷酸化位置难以与质谱法相抗衡。富含磷酸化的 β酪蛋白用胰蛋白酶酶解可以获得 16 个肽片段的酶解物，包括两个含磷酸丝氨酸的肽片段，T6 磷肽就是其中一个，是 33 到 48 残基段。使用 HPLC 分离这些酶解物，再用高灵敏度的 ESI-MS 和 ESI-MS/MS 可获得肽片段的序列信息[19]。图 7-7 为 T6 磷肽的 MS/MS 图，图中只标出 y 离子，b 离子未标出。由负离子 ESI 监测 $m/z$ 79 离子可以确定磷肽组分在 TIC 图上的位置。在 ESI-MS 上选择该磷肽（$M_r^+$ 2062.5），然后进行正离子的 MS/MS 分析。通过 y 和 b 的断裂模式获得的碎片质量与磷肽 FQBEEQQQTEDELQDK（B 为含磷酸化的 Ser 残基）序列一致，由此得到 T6 的序列信息，数据库搜索的命中率为 71%。

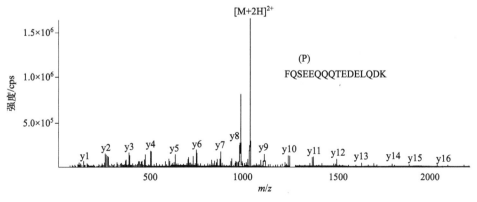

图 7-7　T6 磷肽的序列分析[19]

### 7.1.3.3 糖基化

蛋白质的糖基化产物被称作为糖蛋白（glycoprotein），据称在哺乳动物的蛋白质中占 50％以上。糖基化是影响蛋白质活性和功能的决定性因素，又是参与调节生物的多种生理和病理过程发生的重大要素，如糖尿病、癌病、阿尔茨海默病等许多疾病。因此，糖蛋白分析构成了蛋白质研究的重要内容之一。在 ESI 和 MALDI 法广泛应用前，可以通过酶解糖蛋白形成多肽和带 1～2 个氨基酸残基的糖肽（glycopeptide），FAB-MS 在解决它们的结构测定上曾是一种好的选择；目前，用 ESI 和 MALDI 法测定多肽时（也包括糖基），既有丰富的信息，方法又成熟，因而在糖蛋白的研究中普遍为人们所接受[20]。

Henning 等人[21]测定的糖蛋白为层粘连蛋白 5（laminin 5），经酰胺水解酶 F（PNGase F）脱糖基后获得 α3 链，再进行胶内胰蛋白酶的酶解，获得蛋白水解后的混合多肽，然后由反相色谱分离得到了 240～250 片段。取 nano ESI 谱的 $m/z$ 638.43 双电荷离子进行 CID 分析，获得该片段的完整序列（图 7-8）。图中的 D 是由于 PNGase F 的反应，导致糖基化位置上的天冬酰胺 Asn（$N_{245}$）变为天冬氨酸 Asp（D）。

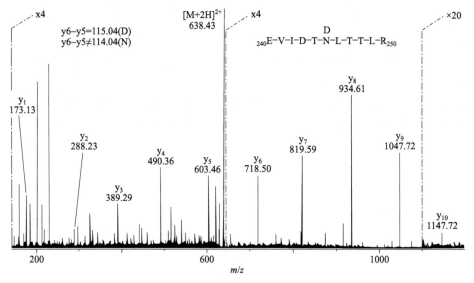

图 7-8　一个肽片段的双电荷离子 $m/z$ 638.43 的 CID 谱[21]

### 7.1.4 蛋白质分析的策略

这是指由下向上的模式（bottom-up）和由上向下的模式（top-down）。前者为蛋白质大分子首先被酶解成混合的肽片段，再通过分离手段后以单一的肽片段形式逐一在线离解，最后获得各个肽片段的序列信息。这意味着，不使用 2D 凝胶电泳实现蛋白质的全谱分析，由下向上的优势在于能够对分子质量很大的蛋白质进行序列分析。后者是指完整的蛋白质不经过酶解或水解直接进行序列分析。从上向下模式的优势是省时，且容易获得完全覆盖（或称全序列）的信息，而由下向上的模式往往覆盖不完整，且在蛋白质翻译后修饰鉴定上，由上向下的模式要比由下向上有利。不过，无论哪种模式都离不开 MS/MS 技术。当用 ECD 技术代替 CID 时，曾受限于分子量 20000 以下的蛋白质序列分析。但伴随解离技术的改进，目前早已达到或突破 30000 以上的蛋白质序列分析，例如 Horn 等人[22]报道用 Activated Ion ECD 对分子量 42000 左右的硫胺素酶进行完整的序列分析。

凡是用 HPLC-ESIMS 分析，会在 ESI 源中形成多电荷离子，需要对多电荷离子解离来获得其序列信息。但是，在 ETD 模式时高电荷的离子经过解离获得的碎片信息相当复杂而难以解析，因此要将高电荷离子转换为低电荷离子，甚至为单电荷离子。目前采用的方法是在反应体系中加入能与高电荷肽段发生反应的阴离子，通过质子转移达到电荷减少的目的，这称为 PTCR（proton transfer charge reduction，即质子转移/电荷降低），如 Chi[23]使用荧蒽和苯甲酸的阴离子使多电荷离子转换为单电荷离子。将高电荷的裂解产物转化为较低电荷态，从而简化谱图有助于图谱解析。

（1）FT-ICRMS 的 MS/MS 解离方式

由上向下获得的 ESI 的多电荷离子目前有以下两种质量分离的方式引起人们的关注：一是 FT-ICR 的方式；二是可以阱集的线性离子阱以及杂化的轨道离子阱。众所周知，FT-ICRMS 具有高分辨和高灵敏度的优势，尤其是高灵敏度不受分辨率的影响，对 MS/MS 分析有吸引力。有报道用 MS/MS 分析微量蛋白质（例如低于 $10^{-17}$ mol）时可以获得高质量精度的二级碎片离子，这是原因之一；另一原因则是获得完整序列信息的期望成为发展 FT-ICR 的 MS/MS 的驱动力。

目前已开发的 MS/MS 解离方式为黑体红外解离（BIRD）、表面诱导解离（SID）、红外多光子解离（IRMPD）、持续偏共振辐射解离（SORI-CID）、电子捕获解离（ECD）、电子转移解离（ETD）以及最新的电子活化解离（EAD）。除了已有的 CID 和 ECD/ETD 外，其中的 IRMPD 和 SORI-CID 成为 FT-ICRMS 主要采用的方法。

① IRMPD　IRMPD（infrared multiphoton dissociation）是 FT 池中的离子被通过磁体孔洞的红外多光子激发而解离（如 25W 二氧化碳激光器）。发射的 $10.6\mu m$ 的红外光能量约为 0.12eV。光子进入池中后为肽离子的特定官能团吸收，在持续的光子能量作用下肽离子发生解离。

② SORI-CID　SORI-CID（sustained off-resonance irradiation-CID）是以脉冲式的碰撞气（如 $N_2$）充入 FT 池中，使池中真空度降至 $10^{-6}$ mmHg，再用一

个偏共振 RF（一般偏离 75～4000 Hz）去激发感兴趣的肽离子。当该肽离子回转频率与偏共振 RF 场的相位一致时，肽离子接受能量使回转轨道增大，而当相位差为 180°时，又衰减到原来状态。如此反复循环，使肽离子反复地与碰撞气作用，以提高肽离子内能并导致诱导裂解。SORI 方法赋予肽离子能量 0～0.3eV。

上述这两种技术的发展与单纯的 CID 相比突出了两个优点，即肽链的 b、y 断裂比较完全；可以对多电荷离子进行解离，获得利于解析的二级谱。不过，它们仍归于 b、y 裂解模式，而且是慢加热，这导致肽侧链上的弱键先断裂，从而会丢失碎片离子中侧链的一些信息。

（2）ECD、ETD

传统的碰撞诱导解离或称碰撞活化技术（CID 或称 CAD）在获得肽链的序列信息时主要集中在 b、y 这两种断裂类型的离子。CID 方式断裂肽链有两个不足之处，一是理论上肽链有 a、b、c 和 x、y、z 的断裂类型，但在 CID 中优势的是 b、y 两种类型，而且覆盖还不完全；二是有时断裂会发生在侧链（尤其在高能碰撞的情况下），因而无法保留翻译后修饰的基因信息。一种新型的 ECD 技术（electron capture dissociation，即电子捕获解离），能够获得 c、z 类型为主的碎片离子（少数情况还进一步断裂产生 a、y 离子），它们是来自主链上 C—N 键的断裂（参见 Roepstorff 命名规则），且这类断裂的覆盖程度高，由此与常规的 b、y 断裂形成互补。之所以有这样的差异，是因为 CID 受激离子内的能量重排先于断裂；而 ECD 属于断裂先于能量重排。另外，ECD 技术的优势还在于它断裂肽链的主链，不影响肽段上的化学修饰基团。例如用 ECD 测定糖蛋白结构时能获得糖基信息，但 CID 则优先失去部分或全部糖基，影响结构分析；ECD 还有一个特点是优先断裂二硫键，而在 CID 串联质谱分析中则难以进行，它需要其他方法来达到。ECD 需要在价格昂贵的 FT-ICRMS 仪器上实现。当然，尚有与 HPLC 联用时所困扰的问题。

传统的 CID 方式所产生的碎片与其母离子所获得的剩余内能的多少相关，因此它的 MS/MS 谱图与一级 MS 谱图极为相似。ECD 的原理是热电子被正离子主要是富含质子的阳离子所捕获，进而发生类似解离共振捕获的那种裂解，导致多电荷阳离子内相应键的一级解离，乃至二级解离。Zubarev[24] 解释了为何 ECD 要在 FT-ICRMS 仪器上实施的原因。热电子被富含质子的阳离子捕获后在极短时间内将能量释放，这一时间标尺与键的振动断裂过程所需的时间相当。要获得高效的 ECD 结果，多电荷离子捕获的热电子其能量不应超过 1eV，最佳为 0.2eV，此时所需的电子捕获时间要数秒以上。如此长的捕获时间只有具备离子贮存功能的质谱仪器才能满足 MS/MS 分析的要求。ECD 的优点显著，不足之处除要用具备离子贮存功能的质谱仪器外，主要是大的蛋白质的解离能力下降，超过 20kDa 似乎无能为力。

代替昂贵的 FT-ICRMS 仪器，人们还在继续寻找在常规的 MS/MS 仪上获得 c、z 裂解模式的途径，即类似于 ECD、与能量接收方式相关的断裂技术。一种改进的方法，称为电子转移解离技术（electron transfer dissociation，ETD）应运而生[25]。它与 ECD 捕获热电子的方式不同，它是利用低电子亲和力的负离子作为电子给予体，将电子转移给多电荷的质子化肽键，由此引发如同 ECD 那样的裂解反应。这一技术的主要优势在于缩短了解离反应所需要的时间，使 ETD 整个分析时间与 CID 分析时间相接近，因而能与常规的 MS/MS 仪器相匹配，实现色谱-质谱/质谱联用。尽管 ETD 的机理比较复杂，但不影响这一技术的改进以适应蛋白质各种修饰的分析要求。显然，保留了肽链上各种修饰基因，如磷酸化修饰、N-和 O-糖基化修饰、磺化修饰等，并且大的肽段（甚至是整体蛋白质）可获得 c、z 类型的完整信息，因而 ETD 具有巨大的吸引力。例如 Chi 等人[23]报道用 ETD 对大肠杆菌 70S 核糖体蛋白质组 55 个已知蛋白质中实现了分子量从 4000～30000 的 46 个全蛋白分析。

c、z 离子的产生过程可作如下解释：富含质子的那些阳离子基团在捕获电子后会通过诱导效应导致与质子化的羰基相邻近的 N—C 键断裂。实际上，多电荷阳离子捕获电子后形成了奇电子离子，它或者断裂与酰胺基的 N 相连的 N—C 键，正电荷留在 N 原子上形成 c 断裂模式；或者正电荷留在 $\alpha$-碳原子上形成 z 断裂模式。这样，反应过程中除了丢失中性碎片（包括中性分子或自由基）外还应当释放一个慢电子。图 7-9 为 Zubarev 等人展示的 CID（或称 CAD）和 ECD 的谱图比较，可以看到一个 21 个氨基酸残基构成的多肽，经 ECD 所获信息的优势。断裂位置在线性排列的字母列中表示，各字母代表不同氨基酸的残基，图中长棒代表 CID 的 b、y 断裂，短棒为 ECD 的 c、z 断裂[24]。

一个典型的 CID 与 ETD 相比较的例子由 Syka 等人所展示[25]，请参见图 7-10 和图 7-11。它们分别是人核内蛋白经胰蛋白酶的酶解后，经 nHPLC-$\mu$ESI-CID 或 ETD 的 MS/MS 分析，获得两种谱图。样品已转化为甲酯，分析前又经固定化金属离子亲和色谱处理（immobilized metal affinity chromatography）。CID 谱中可见丢失 $H_3PO_4$ 的峰，而 ETD 的谱中缺少丢失 $H_3PO_4$ 的反应。ETD 谱具有完整的 c、z 序列离子，以及反映分子信息的单电荷和多电荷离子，其优势是很明显的。

（3）EAD

电子活化解离（electron-activated dissociation，EAD）技术是一项突破性二级质谱裂解方式，其主要特点是碎裂速度快、效率高、能量可调，可应用于大分子和小分子化合物的碎裂，产生与 CID 互补的丰富的碎片离子，且能与 UHPLC 联用。据称[26]，能应用于蛋白质翻译后修饰、蛋白质从头测序、脂质精细结构解析、同分异构体的区分和定量等领域；尤其在蛋白质糖基化表征及糖蛋白质组学中，能够一次进样获得蛋白质序列、糖基化位点及糖型结构等信息，实现更高效和差异化的研究结果。2021 年 SCIEX 公司首次将 EAD 装备在商业质谱仪 Zeno TOF 7600 上。读者可参见 4.4.2(2)MS/MS 分析这一节，了解能量调节所适应的不同类型分子的解离需求。

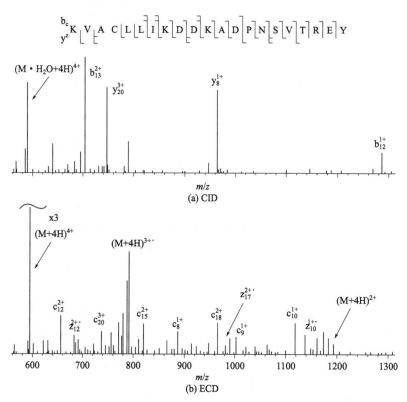

图 7-9　21 肽的 CID 与 ECD 谱图的比较[24]

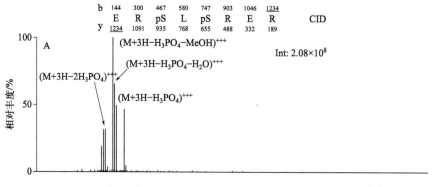

图 7-10　人核内蛋白经胰蛋白酶的酶解后获得的磷酸肽 CID 谱[25]

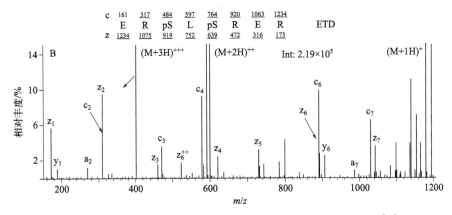

图 7-11  人核内蛋白经胰蛋白酶的酶解后获得的磷酸肽 ETD 谱[25]

总之，为挖掘肽链的信息，如 HECD（hot electron capture dissociation）、EED（electron excitation dissociation）、EDD（electron detachment dissociation）、UVPD（ultraviolet photodissociation）、CTD（charge transfer dissociation）、MAD（metastable atom-activated dissociation）等改进的或新的解离方式不断涌现，极大地丰富了各种多肽和蛋白质的结构分析，也适应了它们的要求[27]。随着蛋白质组学研究的深入，这样的脚步将不会停止。

# 7.2  碳水化合物

生物大分子另一个重要领域是碳水化合物（俗称糖）。除核酸结构中的糖基外，它大致可以分为两大类，一类是寡糖（oligosaccharide）和多聚糖，多聚糖也有人理解为它是包含了聚糖（glycan）和多糖（polysaccharide）的总称，由于它的内涵很复杂，在讨论时姑且予以简单处理；另一类为糖的缀合物，糖蛋白只是其中的一种。从分析的角度出发，以结构对糖分类，有直链（linear chain）天然糖和带天线式支链（antenna）的天然糖。当然，它们都属于碳水化合物，是一种典型的热不稳定化合物。其质谱特点是容易碎裂，并在受热时易分解。碳水化合物的结构测定涉及以下几个方面的问题，即糖基的组成、比例、序列、单糖之间连接位置和方式以及构型和构象。可以说，在生物大分子中糖的结构测定的难度要比蛋白质、多聚核苷酸大得多。过去比较多地使用 FAB 技术对糖进行分析，后来出现的 ESI 和 MALDI 技术也适用于糖的分析，且以信息丰富、较灵敏的特点而优于 FAB 法。表 7-3 列出了常见糖中的单糖残基的缩写和相关信息，残基的元素组成式取决于单糖在糖内所处的位置，凡有彼此相连的一根键就应扣除一个 OH，以此推算。

表 7-3　常见糖中的单糖残基的缩写和相关信息

| 单糖名称 | 英文名 | 缩写 | 分子式 | 分子质量/Da |
|---|---|---|---|---|
| 葡萄糖 | glucose | Glc | $C_6H_{12}O_6$ | 180 |
| 甘露糖 | mannose | Man | $C_6H_{12}O_6$ | 180 |
| 半乳糖 | galactose | Gal | $C_6H_{12}O_6$ | 180 |
| 岩藻糖 | fucose | Fuc | $C_6H_{12}O_5$ | 164 |
| 葡糖胺 | glucosamine | GlcN | $C_6H_{13}NO_5$ | 179 |
| N-乙酰葡糖胺 | N-acetylglucosamine | GlcNAc | $C_8H_{15}NO_6$ | 221 |
| 半乳糖胺 | galactosamine | GalN | $C_6H_{13}NO_5$ | 179 |
| N-乙酰半乳糖胺 | N-acetylgalacto samine | GalNAc | $C_8H_{15}NO_6$ | 221 |
| 神经氨酸 | neuraminic acid | Neu | $C_9H_{17}NO_8$ | 267 |
| N-乙酰神经氨酸(唾液酸) | N-acetyneuraminic acid (sialic acid) | NeuNAc(Sia) | $C_{11}H_{19}NO_9$ | 309 |
| 葡糖醛酸 | glucuronic acid | GluA | $C_6H_{10}O_7$ | 194 |
| 己糖(六元糖总称) | hexose | Hex | $C_6H_{12}O_6$ | 180 |

## 7.2.1　分子量测定

（1）寡糖和多糖

与蛋白质、多肽、多聚核苷酸的 ESI 分析相比，天然寡糖的分析，其灵敏度是最差的。不过，制成衍生物（如甲基化或乙酰化）能提高灵敏度。由于在乙酰化时多羟基化合物的衍生物分子量增加过大，一般采用全甲基化的正 ESI 方法。这样，衍生物的亲脂性增加了。所以有专家建议，加入一点挥发性溶剂改善 ESI 分析，有助于形成 $[M+H]^+$ 或 $[M-H]^-$；减轻阳离子化，尤其过度的阳离子化，不利于 MS/MS 测定时获得完整的序列信息，此时往往需加一点酸或乙酸铵[28]。寡糖分析时，其碱金属阳离子化的效果要比质子化的效果好；若使用负离子 ESI 法分析寡糖，灵敏度还优于 APCI 负离子。因为中性糖缺少碱性基团或酸性基团，不易发生 ESI，不如 MALDI 有效。带有黏液酸的低聚糖或天然的磷酰化或硫酸化的糖，或者含唾液酸的糖，则用负离子 ESI 分析最佳。

与 ESIMS 相比，用 MALDI-TOF 测定中性聚糖时所得的谱图比较简单，这是因为 MALDI 谱呈现单电荷离子，缺少碎片峰，且有易形成 $[M+Na]^+$ 离子的倾向。图 7-12 是来自肠膜明串珠菌（Leuconostoc mesenteroides）的右旋糖酐（dextran）的 MALDI-TOF 谱[29]，各种聚合度的正离子峰都得到呈现，并随着分子量的增加，灵敏度呈下降趋势。

（2）聚糖

图 7-13 为四个聚糖混合物的 MALDI-TOF 谱[28]，结构式见式（7-2）。

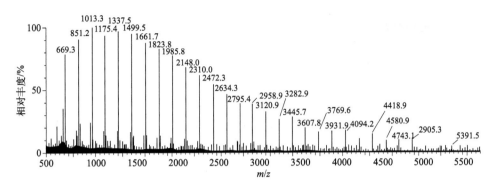

图 7-12  右旋糖酐的 MALDI-TOF 谱[29]

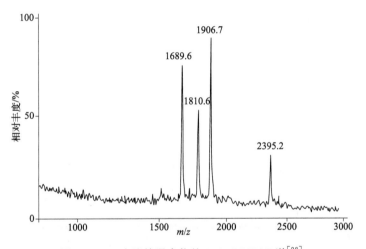

图 7-13  四个聚糖混合物的 MALDI-TOF 谱[28]

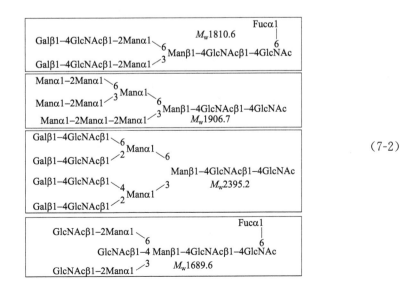

(7-2)

319

## 7.2.2 序列分析

（1）寡糖和多糖

Reinhold 等人提供了寡糖的序列分析（图 7-14）[30]。这是一个甲基化麦芽庚酮糖（$M_w$ 1498，methylated maltoheptulose）的双电荷钠加合离子（[M＋H＋Na]$^{2+}$，$m/z$ 760.7）作为前体离子，进行 CID 的 MS/MS 分析。离子序列很完整，显示了该方法的优势。

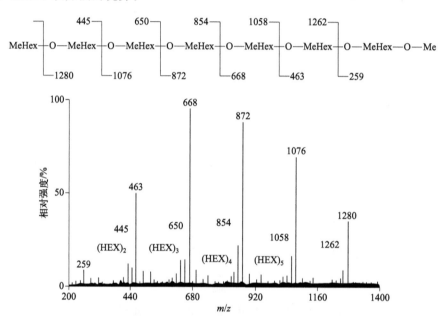

图 7-14　maltoheptulose 的双电荷钠加合离子的 ESI-MS/MS 谱[30]

（2）聚糖

糖的序列分析目前主要集中在糖的缀合物上，这是因为人们对后者有了新的认识。虽然 80％以上的蛋白质都是糖蛋白，但这一事实在四十多年前并没有引起生物学家足够的重视，那时人们都关注蛋白质与核酸的研究，并且对糖蛋白在生命过程中的认识也有局限。早期人们认为糖蛋白具有提供维持生命的能量、对蛋白质构象起支撑作用、维持蛋白质的活性等生物功能。因此，一些蛋白质化学家并不重视它，常把糖基部分放在一边。然而，多年来的研究发现，糖蛋白的糖基部分参与了许多重要的生理过程，尤其在生物膜的研究中发现，糖蛋白起着细胞与外界的能量、物质和信息的交流作用；在某些疾病中糖基的结构会发生变化；糖蛋白的糖基还在分子识别过程中起着决定性的作用，因而引起生物化学家的注意，由此形成了糖缀合物一个新的边缘学科。当然，糖蛋白也因质谱技术的发展而实现了分子水平的研究，并成为当今生物化学前沿研究领域中的热门之一。

糖蛋白的糖基与直链多糖不同，它是多支链的天线式（或称触角式）结构。糖蛋白的糖基分析首先要进行酶解，以获得聚糖或者糖肽。糖蛋白的整体分析取决于糖基在糖蛋白中的份额，糖基含量低的糖蛋白可依赖蛋白质的分析优势，用 MS 可以成功地进行测定，且在低能 CID 条件下能够获得比较完整的肽（包含糖基）的序列信息，当然也可以依赖糖肽的分析来进一步确定糖基的序列。如果是糖基含量高的糖蛋白，则通过酶解后的聚糖或糖肽进行。若使用纳升电喷雾和 TOF 结合的方法，可以提高分辨率和灵敏度。有报道[30a]高度唾液酸化的牛 $\alpha_1$ 酸糖蛋白（40％糖基）在 2000～3500u 范围内可获得 $10^+ \sim 14^+$ 多电荷离子，相当于 33000 左右的平均分子量。

Henning 等人展示了一个糖蛋白的 nano ESI 谱[31]，这是由人转铁蛋白（TRFE）经胰蛋白酶/糜蛋白酶溶液内酶解后获得糖肽，以 ESI 谱的四电荷离子（$m/z$ 1264）为前体离子得到的 CID MS/MS 谱（图 7-15），图 7-16 是根据图 7-15 中的碎片峰推导的结构。

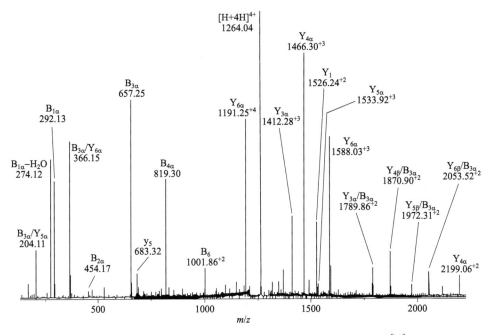

图 7-15　一个糖肽的四电荷离子的 nano ESI-CID MS/MS 谱[31]

（3）糖链的裂解模式

Domon 和 Costello 的命名法则[32]是根据糖的 FAB-MS/MS 碎裂规律提出的，但它也适用于 ESI 和 MALDI 的裂解方式，见式（7-3）。除了在 MALDI-TOF 中发现的三种新裂解方式外，见式（7-4）中 1a、1b、1c[30b]，糖链的裂解

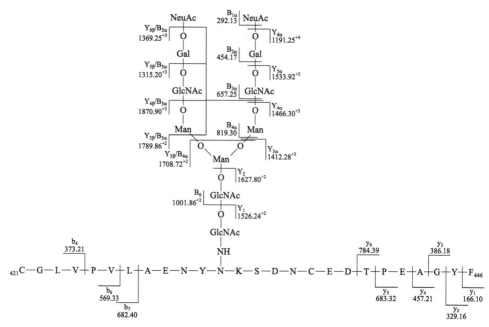

图 7-16　按图 7-15 中的碎片峰推导的结构[31]

主要有两种模式，即糖苷键裂解（B、C、Y、Z 型）和跨环裂解（cross-ring cleavage，称 A、X 型）。低能 MS/MS 正 ESI 以 B、Y 为主，负 ESI 以 A、C 为主。糖的 ESI 谱中多电荷离子以双电荷居多，而且糖的阳离子化效果优于质子化离子。

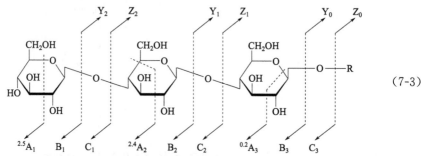

$$(7-3)$$

式（7-5）描述了 Domon 命名法的立体构象，并标出了糖环上碳的排列序号；式（7-6）为跨环裂解（A、X 型）；式（7-7b）是正离子 B 和 Y 序列的形成过程，分别由右面结构和左面结构予以说明。Y 系列的离子均是氢重排离子；从式（7-7b）可见，判定单糖残基间相互连接是 1-2 位置还是 1-4 位置连接的诊断离子，可由右面结构和左面结构式中予以说明。在式（7-7a）中 R¹ 和 R² 分别是与之相连的还原端原子和非还原端原子；有关糖的 α 或 β 端基差向异构体（anomer）的确定等，请参考有关资料[33]。

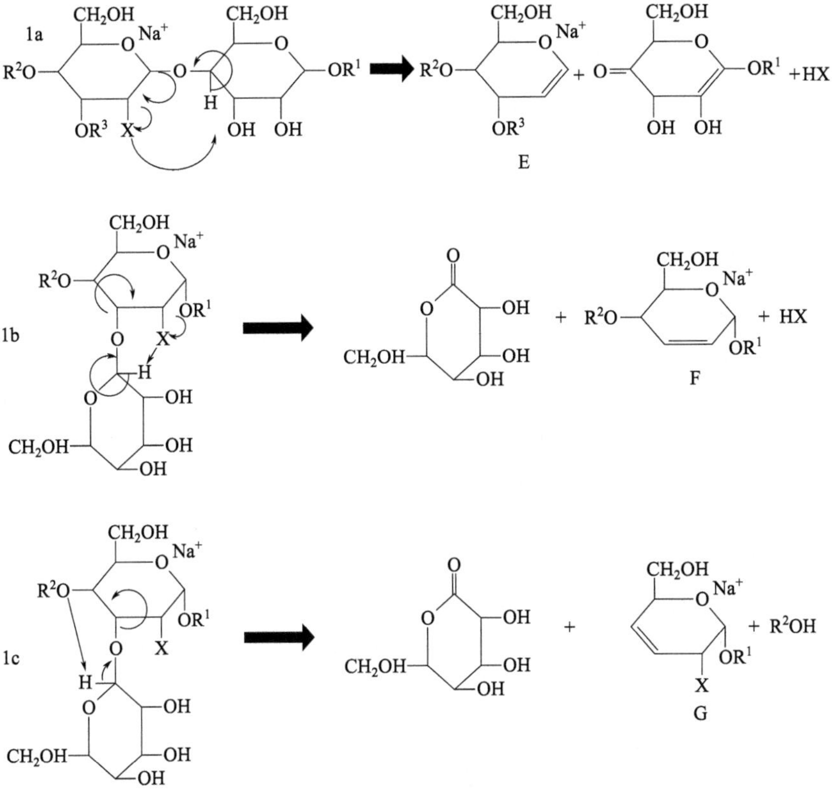

（7-4）

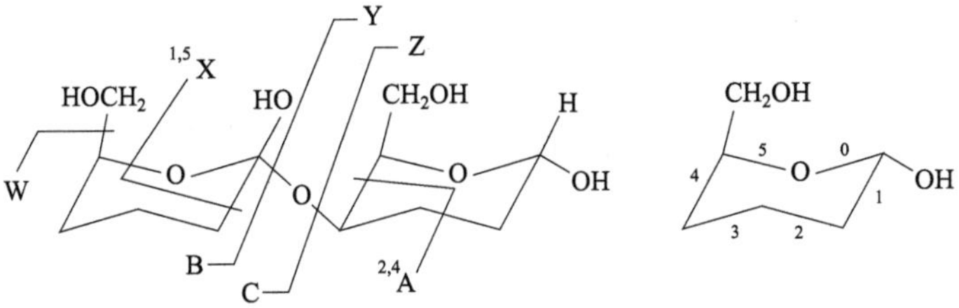

（7-5）

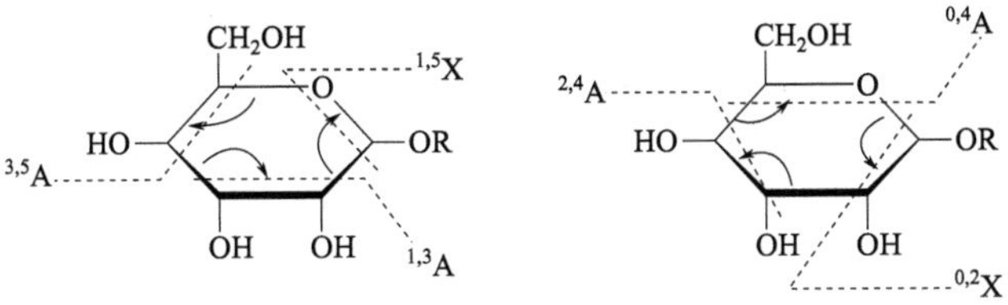

（7-6）

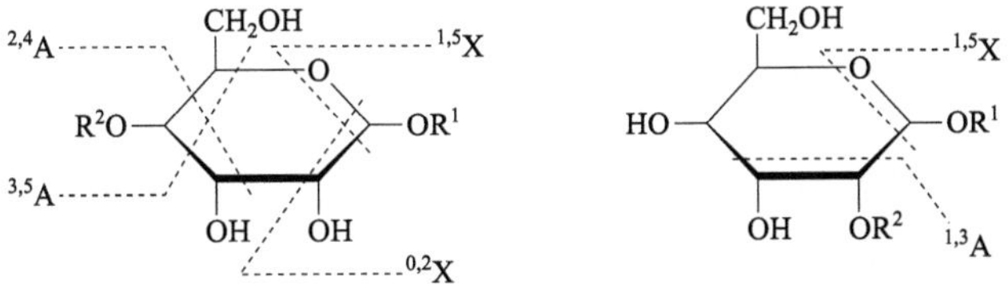

（7-7a）

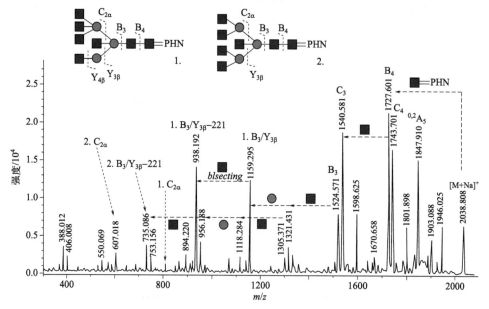

(7-7b)

  Hillenkamp 展示了 E. Lattova 的实验结果，从鸡卵清蛋白中获得的聚糖（$M_w$ 1925）经苯肼衍生化后获 GlcNAc$_7$Man$_3$＝PHN 衍生物（$M_w$ 2015），用 Na 的加合离子（$m/z$ 2038）作前体离子用 MALDI-TOF-TOF 仪器进行 MS/MS 分析，得到图 7-17 的质谱图（图中圆形代表 mannose，方块代表 $N$-acetylglucosamine）[34]。该谱含两个异构体聚糖，按 Domon 的命名规则，可以看到具有相同的 B 和 C 的系列峰和 A 的跨环碎片峰，以及它们二者所不同的特征峰（箭头标出）。

图 7-17 聚糖（GlcNAc$_7$Man$_3$）＝PHN 加合离子（2038Da）的 MALDI-MS/MS 谱[34]

  Harvey[35] 展示了聚糖（Man$_5$GlcNAc$_2$）的 ESI-MS/MS 谱（图 7-18），图中作为三种前体离子的 CID-MS/MS 分别为：（a）[M＋H]$^+$、（b）[M＋Na]$^+$ 和（c）[M－H]$^-$。它们的碎裂方式将按上述的式(7-5)～式(7-7)方式进行。比较（a）与（b）可

知，质子化的分子离子更易发生 B 和 Y 的碎裂且信息完整，而跨环裂解很不明显 [见图 (b) 的星号所示位置]。图 7-18 (c) 中的 D 型是消除环内两个氧的跨环裂解。

　　使用 ESI 技术进行糖的序列分析（如实现分子量高达 2000 以上的糖链的序列测定），其难易程度介于多肽和多聚核苷酸之间。多糖、糖缀合物在低能 CID 条件下能够获得相对比较多的序列信息。目前利用外切糖苷酶（exoglycosidase）可以从糖的非还原端开始逐步打开糖苷键而达到测序的目的，同时也能确定 α 或 β 的差向异构（亦称异头构型或端基异构或端基差向异构）。而内切糖苷酶（endoglycosidase）虽然品种有限，但也能获得有用的结构信息。利用酶解法结合 ESI 直接测定或者结合 HPLC-ESI-MS/MS 无疑是很有前途的。新开发的 EAD 技术之 hot-ECD 方法应用于糖肽时能解决肽的序列，同时能确定聚糖在糖肽上的位置，且优于 CID。其实，EAD 技术并不局限于此，针对全甲基低聚核苷酸的序列测定，Yu 等人报道[36]，EAD 之 EED 方法所获得的糖苷键裂解和跨环裂解及糖连接等强而丰富的结构信息要明显优于 CID 和 ECD。不过，糖的 ESI 分析虽然能获得很好的序列数据，但序列信号强度随分子量的增加而显著下降[36a]。相比之下，反射式 MALDI 的优势是碎裂少，都是单电荷离子，酶解后依靠 TOF-TOF 容易获得良好的序列数据。因此，糖的序列分析上 MALDI 技术仍是重要的发展方向。

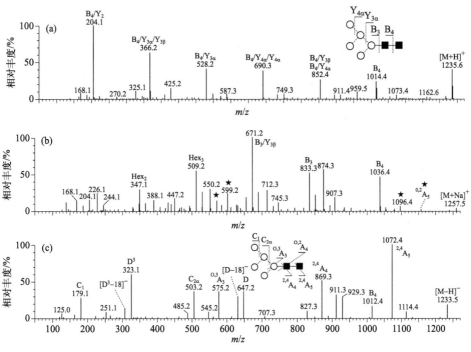

图 7-18　聚糖（Man₅GlcNAc₂）的 ESI-MS/MS 谱[35]
（图中圆代表 mannose，方块代表 GlcNAc）

# 7.3　多聚核苷酸

尽管高通量、全自动测序仪把核酸的序列测定推到了极致，但是生物质谱法还是有其用武之地的。例如，在引物延伸反应和碱基特异性分裂反应所产生的核酸碎片在长度上小于 30 个碱基的前提下，正好是 MALDI-TOFMS 技术解决未知多态性和修饰表征的理想对象[37]；对核苷酸序列内存在被修饰的核酸来说，在结合基因进行预测多聚核苷酸的基础上，无论是 MALDI-TOFMS 还是 ESIMS 都可以确定修饰残基的存在与否以及进一步确定其位置。同样，应用于 DNA 合成品的分析涉及下述几个内容：①用来鉴定合成品的纯度而且提供正确的核苷酸组成，对 RNA 的结构分析也最为有利。②用作治疗或诊断用的合成 DNA 经常要求进行杂质分析，例如 DNA 的单体即使每步接合的产率可以达到 99%，对于 20 个聚合体从理论上计算，其总产率也仅有 82%，这就意味着杂质是不可避免的，何况还有合成时误差造成的总产率的降低。所以合成 DNA 需要分离出许多副产物。有时在 LC 上发生杂质和主成分的共流出，使分离发生困难，使用 HPLC-ESIMS 分析显然更有优势。③除了监测合成过程的需要外，当然对合成多聚核苷酸修饰物的分析也是应用的一个重要方面。典型的 ESI 法测定多聚核苷酸例子，是在 $10\sim100$pmol 量级上，可测定分子质量达 25000Da 左右的含 80 个碱基的多聚体，测定精度为 0.01%。当多聚体的碱基超过 $130\sim140$ 时，意味着测定多聚核苷酸分子量的 ESI 技术能满足 tRNA 和 mRNA 的分析。

## 7.3.1　分子量测定

除上述 DNA 合成品的序列确证外，寡核苷酸的分子量测定还可以具体解决 DNA 碎片大小的标定、突变基因的检出、PCR 的质量测量、寡核苷的筛选、核苷酸碱基成分的确认，等等。如果以含有 30 个碱基的多聚核苷酸分析结果比较 ESI 和 MALDI 两种分子量测定方法，则 ESI 分析可以获得优良的精度和重视性。依靠 ESI 的多电荷离子技术，成为获得核苷酸分子量的主要途径。

Fenn 等人展示了一个 14mer 合成寡核苷酸的负 ESI 谱（图 7-19）[39]，实验的平均分子质量为 4261.05Da。Limbach 等人展示了由大肠埃希氏菌（$E.coli$）得到 24681.9Da 的 $tRNA^{val}$ 负 ESI 谱（图 7-20）[40]。由于除去了金属离子，测量精确度得到了提高。从图 7-20 的插图可见，重组的分子质量轮廓线还是很宽，可能多电荷离子并非为纯粹的 $[M-nH]^{n-}$，也不能排除样品纯度的因素。与正 ESI 相比，用负 ESI 测定多电荷离子的分子质量效果更好。

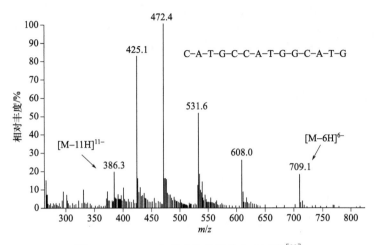

图 7-19　14mer 合成寡核苷酸的负 ESI 谱[39]

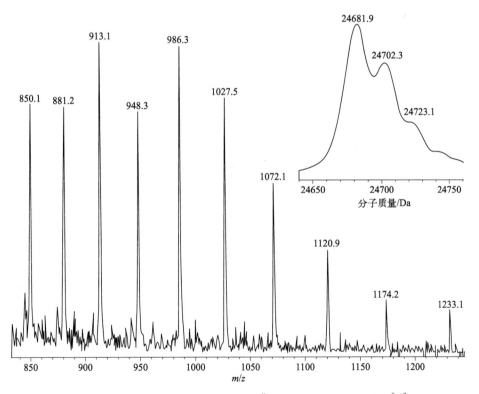

图 7-20　由大肠埃希氏菌得到 tRNA$^{\text{vall}}$（24681.9Da）的 ESI 谱[40]

　　显然，ESI 分析要求进行样品处理，即需要脱盐，这是因为多聚核苷酸分子与碱金属离子发生阳离子化的结果并不能增加灵敏度，当一部分分子阳离子化而另一部分发生质子化，其总的结果是降低检测灵敏度，还影响质量测定精确度。Dass 提出如下几个方法可供参考[38]：采用铵离子代替在 RNA 上的过渡金属或镁离子来改善信号强度。不过铵盐的质量位移导致多电荷离子的峰加宽，在高质量处尤为明显，也应引起注意；加络合剂移去过渡金属离子或镁离子，以提高质量测量精确度；加入强的有机碱，以抑制碱金属的加合离子；若采用反相 HPLC 纯化样品也有其优越性。

与多肽和蛋白质分析相比，仍有更多因素影响着 MALDI 对多聚核苷酸的分子质量测定。可以归纳为：基质选择、样品纯度、激光强度等。就基质选择而言，通用的 HPA（hydroxyl-picoline acid）已作为标准基质被使用；倘是上千的碱基，推荐用 NP（4-nitrophenol）。Chang[41]选用了一个很好的应用实例来说明：核苷酸样品来自一个囊性纤维变性患者，它经该基因响应部分进行 PCR 扩增而得，用 MALDI 技术作其基因突变的分析，发现正常基因的 59 个碱基碎片，在突变后为 56 个碱基碎片，相当于缺失 3 个碱基对，在蛋白质上会导致一个苯丙氨酸的残基丢失。

MALDI 的谱图以单电荷离子的形式出现，不过有时也能获得有限的多电荷离子，它取决于核苷酸本身的性质和实验条件。Lin 等人展示了含 468 碱基的单链核苷正 MALDI 谱，见图 7-21（a），以及含 1050 碱基的双链核苷酸正 MALDI 谱，见图 7-21（b）[42]。通常来说，谱图显示的多电荷离子一般为双电荷或三电荷形式。

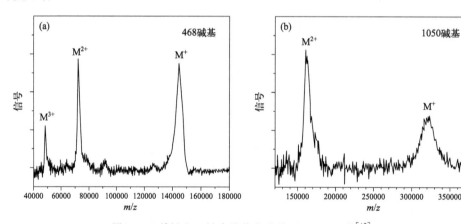

图 7-21　单链和双链多聚核苷酸的正 MALDI 谱[42]

## 7.3.2　序列测定

使用质谱法对多聚核苷酸做序列分析落后于多肽和蛋白质。20 世纪 80 年代国际上曾有几个实验室从事 FAB 和 LSIMS 技术测定核苷酸，但目前 ESI、

MALDI 乃至 FTMS 显示了比 FAB 法更高的灵敏度和大的质量测定范围。不过与 MALDI 不同，直接用 ESI 进行多聚核苷酸序列测定的报道还是有限，其中主要原因是 ESI 直接测定的序列信息量受限。况且，Sanger 和 Maxam-Gilbert 分别建立的酶学方法和化学降解法也能有效地实现 DNA 的测序（现在可与质谱鉴定相结合）。这一经典的 DNA 测序方法手工测定一次可分析数百个碱基，而自动序列分析仪每天可测数千到上万的碱基。不过这些背景并不影响对质谱在线序列测定法的讨论，这些方法是：ESI 的常规方法 CID、CAD 和 IRMPD；MALDI 的常规方法源内分解（in-source decay）、源后分解（post-source decay）和 TOF-TOF。

式（7-8）表示 5′-d(pGATC)-3′ 的 DNA 分子，式（7-9）为其形象的直观结构，将有助于理解核苷酸链的裂解模式。McLuckey 等人述及的命名法则[43]是根据 ESI-MS/MS 的裂解规律提出的，见式（7-10）。式中 $a_n-B_j$ 和 $z_n-B_j$ 的表达方式指该碎片峰不包括 $B_j$ 碱基。由于磷酸基的存在，核苷酸最好用 ESI 负的 CID 分析，样品同样需要脱盐。表 7-4 为可供鉴定用的、组成 DNA 和 RNA 的碱基表。

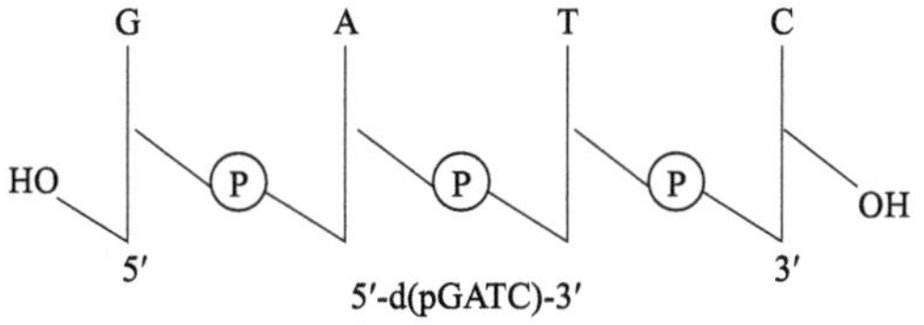

(7-8)

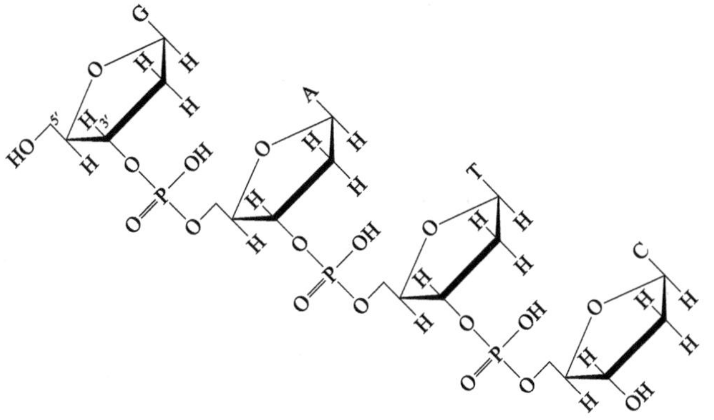

5′-d(pGATC)-3′

(7-9)

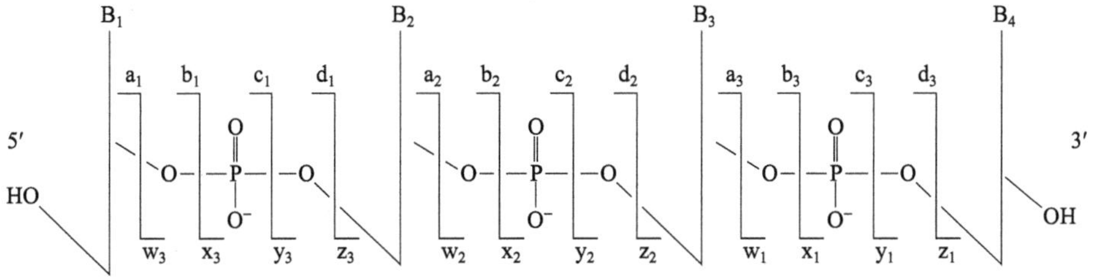

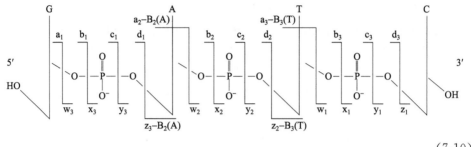

$$(7\text{-}10)$$

**表 7-4  组成 DNA 和 RNA 的碱基表**

| 碱基 | 代码 | $M_w$ | 分子式 | 脱氧核糖核酸（DNA） | | | 残基质量 | 组成式 |
|---|---|---|---|---|---|---|---|---|
| | | | | 缩写 | 分子量 | 分子式 | | |
| 腺嘌呤 | A | 135.0545 | $C_5H_5N_5$ | dAp | 331.0682 | $C_{10}H_{14}N_5O_6P$ | 313.0577 | $C_{10}H_{12}N_5O_5P$ |
| 胞嘧啶 | C | 111.0433 | $C_4H_5N_3O$ | dCp | 307.0570 | $C_9H_{14}N_3O_7P$ | 289.0465 | $C_9H_{12}N_3O_6P$ |
| 胸腺嘧啶 | T | 126.0429 | $C_5H_6N_2O_2$ | dTp | 322.0566 | $C_{10}H_{15}N_2O_8P$ | 304.0461 | $C_{10}H_{13}N_2O_7P$ |
| 鸟嘌呤 | G | 151.0494 | $C_5H_5N_5O$ | dGp | 347.0631 | $C_{10}H_{14}N_5O_7P$ | 329.0526 | $C_{10}H_{12}N_5O_6P$ |
| 核糖核酸（RNA） | | | | | | | | |
| 腺嘌呤 | A | 135.0545 | $C_5H_5N_5$ | AP | 347.0631 | $C_{10}H_{14}N_5O_7P$ | 329.0526 | $C_{10}H_{12}N_5O_6P$ |
| 胞嘧啶 | C | 111.0433 | $C_4H_5N_3O$ | CP | 323.0519 | $C_9H_{14}N_3O_8P$ | 305.0414 | $C_9H_{12}N_3O_7P$ |
| 尿嘧啶 | U | 112.0272 | $C_4H_4N_2O_2$ | UP | 324.0359 | $C_9H_{13}N_2O_9P$ | 306.0254 | $C_9H_{11}N_2O_8P$ |
| 鸟嘌呤 | G | 151.0494 | $C_5H_5N_5O$ | GP | 363.0580 | $C_{10}H_{14}N_5O_8P$ | 345.0475 | $C_{10}H_{12}N_5O_7P$ |

在第 3 章图 3-28 介绍的经修饰的 5′-GCTXCT-3′ DNA 负 ESI 的 MS/MS 图中[44]，读者可以看到用 MS/MS 法得到 Y 和 W 的序列离子。图中除了双电荷离子外，还可观察到单电荷离子。

用质谱法进行核苷酸的序列分析主要依赖于两种技术：一种为上述多电荷离子的 MS/MS 法，另一种为 MALDI 方法。例如 ESI 的离子阱 MS/MS 谱图中多电荷的多聚核苷酸显示了序列指认。其信息量取决于多聚体碱基的性质，即碱基 A、T 优于碱基 C、G，且较少见到用三级四极质谱仪的 MS/MS 分析；另外，由于各种电荷数的多电荷离子同时存在于一张 MS/MS 图中，图谱分析比较复杂，通常用高分辨质谱解决仍耗时费力。这就进一步显现了用 ESI 获得核苷酸序列信息时的限制。MALDI 方法是单电荷离子的 MS/MS，因而有明显的优势。按照 MALDI 离解的机制，可以把碎裂过程粗分为瞬时离解、离子化室内的正常离解、快速亚稳跃迁、正常亚稳跃迁。这四种过程都可以获得序列信息。如快速亚稳跃迁发生在加速区，目前可以用延迟引出技术（DE）的 MALDI-MS 来解决，即属于 ISD 法；正常亚稳跃迁发生在飞行过程，可以用 PSD 法解决。Juhasz 等人展示了 11mer 的核苷酸（图 7-22），即 5′-d(CACACGCCAGT)-3′ 的序列谱图[45]并对图中各峰的归属作了解释。图中 PA 是基质，266nm 为激光波长。

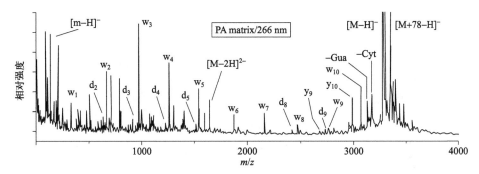

图 7-22　用 DE-MALDI-MS 法获得 11mer 核苷酸的负离子序列谱图[45]

无论是 ESI 还是 MALDI 都在不断地改进，以克服自身短板，增强技术优势。例如，McLuckey 等人[46]曾用改装的三维离子阱通过被称为离子极性组合的离子-离子反应（指正 ESI-MS 时采用负离子的电荷转移剂，负 ESI 时采用正离子剂），可以降低离子上的多电荷。他们以八个低聚核苷酸的混合组分为例，在负 ESI-MS 测定时，用 $O_2^{+\cdot}$ 作电荷转移剂而获得单电荷和双电荷离子。该法不仅实现了负 ESI 法直接进行混合物分析，而且有望为单电荷离子的 MS/MS 分析提供可能。

再如，用酶解和质谱法结合，以便与经典的 Sanger 法即凝胶电泳分离和放射性自显影相抗衡。早先一种阶梯测序（ladder sequencing）法用于多肽和蛋白质序列分析，以后在寡核苷酸的序列分析上也得到了应用。阶梯测序是一种改进的 Sanger 方法，是经外切核酸酶得到混合寡核苷酸直接用 MALDI-TOFMS 或 ESI-MS 方法测定。因为是通过水解磷酸二酯键，从 3′ 端基到 5′ 相继除去单个核苷酸残基，故称为阶梯[47]。图 7-23 展示了三个不同磷酸二酯酶浓度下的阶梯测序图，用 25mer 的寡核苷酸，经磷酸二酯酶的酶解，由 3′ 端基到 5′ 连续脱落单个核苷酸残基，由此获得了图中的结果[48]。如图 7-23 所示，可以看到连续两个峰的质量差即为序列中的某个残基成分。据称，与常规自动 DNA 测序仪例行分析达 500 碱基相比，阶梯测序限于 50 个碱基，因而还有提高的空间。除 MALDI-TOFMS 和 ESI-MS 用酶解法以外，化学降解方法和 Sanger 双脱氧测序法（或称 Sanger 定序法、Sanger dideoxy method）也能采用阶梯测序。

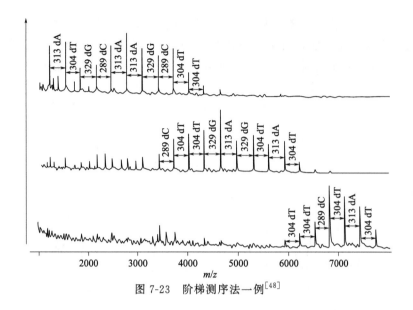

图 7-23　阶梯测序法一例[48]

# 7.4　脂质

　　脂质是生物有机体内的一类有机物，它是组成动、植物细胞膜的主要成分，也作为脂蛋白而常见于血液之中。作为一个复杂的群体，即脂质组学（lipidomics），由于它在细胞膜上具有调控细胞的重要功能，并与人类的许多疾病相关，因此成为研究生物体、组织或细胞中脂质的结构、功能及代谢途径的一门学科。据称，脂质有近 168 万种，种类众多，结构非常复杂，因此分类研究是必需的[49]。

## 7.4.1　脂质的分类

　　脂质绝大部分不溶于水，有人按此分为非极性脂质（如脂肪酸和它的衍生物、甘油酰化的衍生物、类固醇等）和极性脂质（如甘油磷脂、鞘脂衍生物等）；也有按大类可分为五类，磷脂、鞘脂、糖脂、类固醇和脂蛋白；目前，常见有八种结构的分类（表 7-5）[50]。实际上这一分类是六种分类的延续[51]。随着研究的深入，不断会有新的脂质出现，相信不会是终极版。

表 7-5　八种脂质的分类[50]

| 类别 | 缩写 | 结构例子 | 典型子类 |
|---|---|---|---|
| 脂肪酸类 | FA | | 脂肪醇，脂肪酯，脂肪酰胺，类花生酸类（eicosanoids），直链脂肪酸 |

续表

| 类别 | 缩写 | 结构例子 | 典型子类 |
|------|------|----------|----------|
| 甘油酯类 | GL | 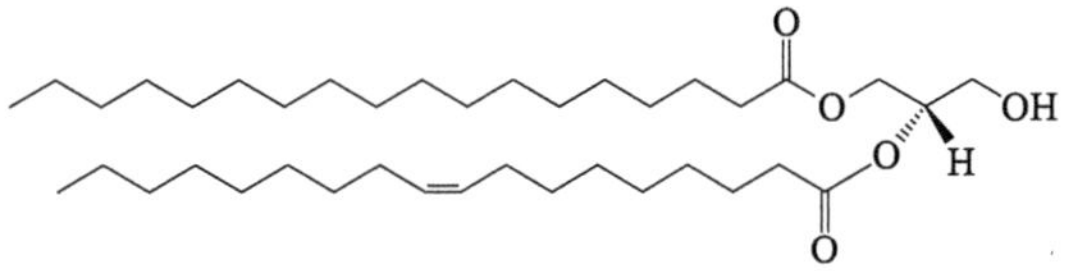 | 甘油单酯类（monoradylglycerols），单酰基甘油类，甘油二酯类，双酰基甘油类（DRG），甘油三酯类，三酰基甘油类 |
| 甘油磷脂类 | GP | 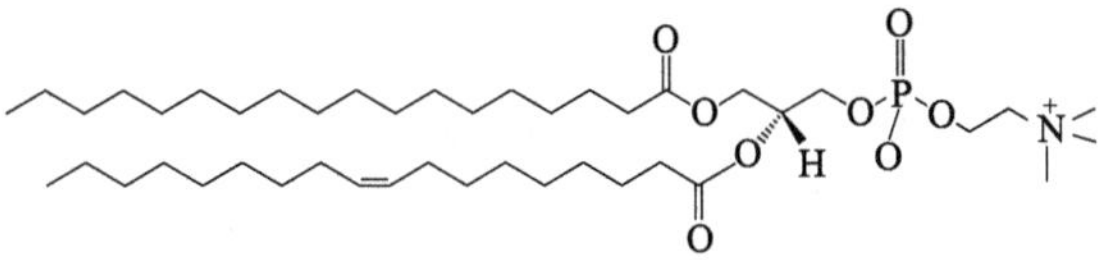 | 甘油磷脂酰胆碱类，甘油磷脂酰乙醇胺类，甘油磷脂酰丝氨酸类，甘油磷脂酰甘油类，甘油磷脂酰甘油磷酸酯类，甘油磷脂酰肌醇类，甘油磷脂酰甘油磷脂酰甘油类（glycerophospho-glycerophosphoglycer-ols） |
| 鞘脂类 | SP | 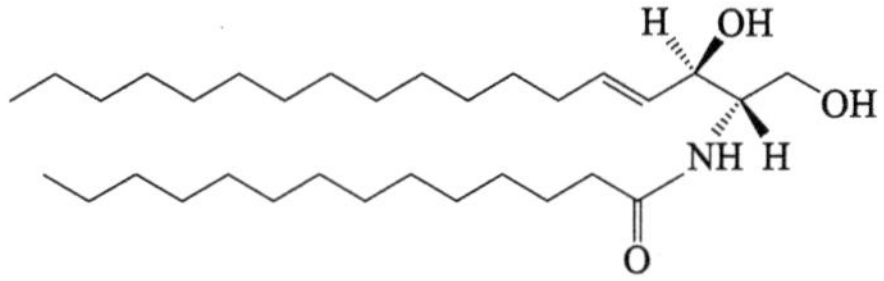 | 鞘氨醇碱（sphing-oids），神经酰胺，磷酸鞘脂（phosphosph-ingolipids），中性鞘糖脂，酸性鞘糖脂 |
| 甾醇酯类 | ST | 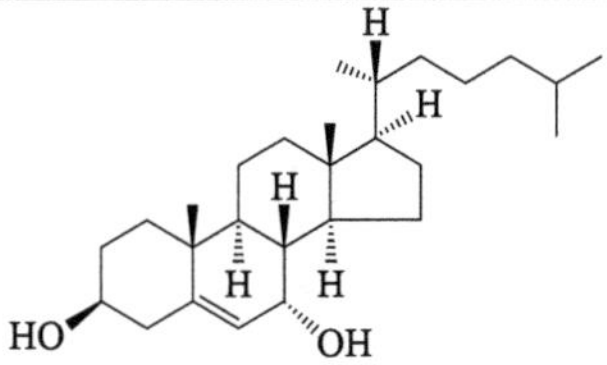 | 甾醇类，胆甾醇及其衍生物，类固醇类，胆汁酸类及其衍生物 |
| 异戊二烯醇脂类 | PR | 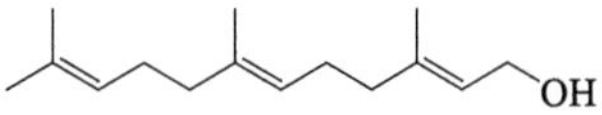 | 异戊二烯类（iso-prenoids），醌和氢醌类，聚戊烯醇（多萜醇）类 |
| 糖脂类 | SL | 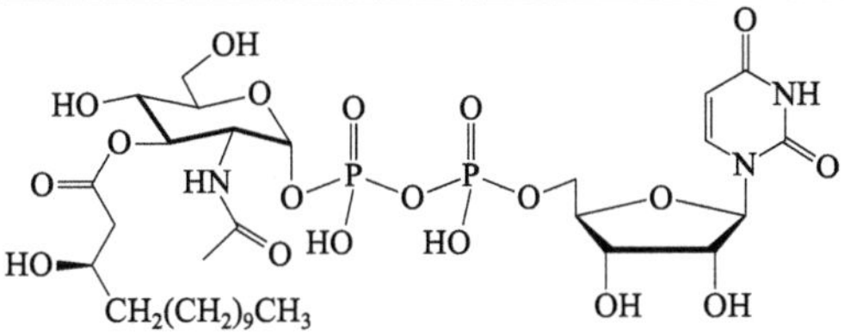 | 氨基糖脂，酰基氨基糖聚糖类，酰基海藻糖类，酰基海藻糖聚糖类 |
| 聚酮类 polyketide | PK | 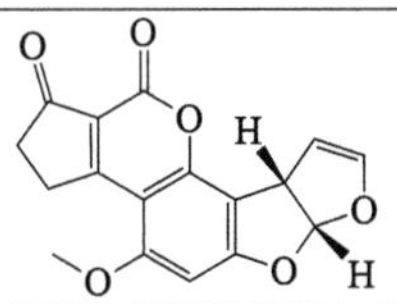 | 大环内聚酮类（macrolide polyketi-des），芳香聚酮类，非核糖体肽/聚酮桥接 |

333

## 7.4.2  脂质的质谱行为

与其他离子化相比，ESI 是很温和的电离方式，因此能形成溶剂的加合离子、样品的二聚体、弱结合的络合离子等。脂质的 ESI 能够提供有力的分子量信息，一般来说，正 ESI 有 $[M+H]^+$ 峰，负 ESI 有 $[M-H]^-$ 峰。能否形成阳离子化的脂质离子，尤其对极性脂质，取决于被分析脂质对阳离子的亲和力和所加合的离子浓度。钠离子无所不在，$[M+Na]^+$ 易出现。但当有助剂加入样品的环境中（如 LC-MS 的流动相中加入铵盐），则形成 $[M+NH_4]^+$。同样，若是负 ESI，酸性的脂质呈现强的 $[M-H]^-$，而中性脂质或两性脂质以 $[M+酸根]^-$ 的峰为主。ESI 谱中具结构信息的离子是有限的，往往要依赖 MS/MS 技术。图 7-24 为硬脂酸的负 ESI-MS/MS 谱[52]，其因丰富的序列离子而优于 EI 谱。

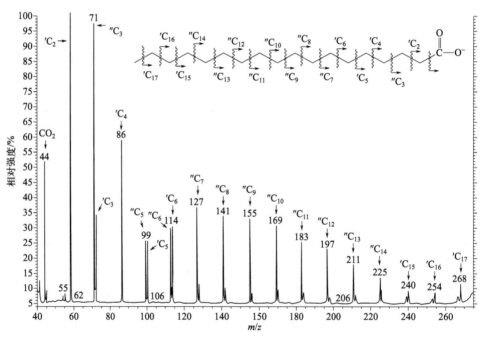

图 7-24  硬脂酸的负 ESI-MS/MS 谱[52]
'C 表示比均匀断裂时的碎片少一个氢，"C 表示少 2 个氢

## 7.4.3  脂质的质谱碎裂

脂质种类繁多，且结构五花八门，因此裂解规律只能依类别而行。而且，由于桥接的基团不同，同一类内脂质可能会有不同的裂解方式。Busik 等人展示了甘油磷脂类（GP）的若干子类的 MS/MS 数据[53]，利用特征子离子进行目标脂

质分析（targeted lipid analysis）和依据专一的中性丢失，实现综合脂质分析（global lipid profiling），后者的非靶向中性丢失也会涉及特有的桥接基团。Johnston 等人展示了一个未知脂质中的磷脂分析[54]，这是从破伤风梭状芽孢杆菌获得的脂质，经纯化后用 ESI-MS/MS 获得谱图（图 7-25），而作为母离子 $m/z$ 837.53 [M－H]$^-$ 的 CID-MS/MS 可获得 $m/z$ 627、325、140 离子，推测的结构得到了证实。图 7-25 中各个桥接基团信息都得到了反映，这是非常理想的结果。表 7-6 为若干磷脂子类的 MS/MS 分析用诊断离子。

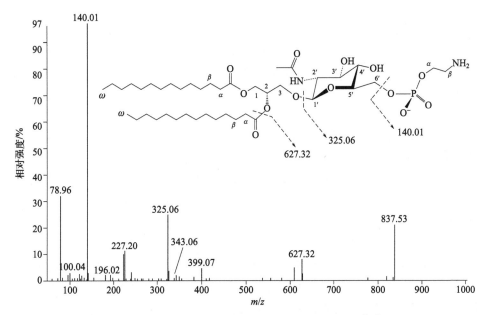

图 7-25　一个未知脂质中的磷脂负 ESI-MS/MS 谱[54]

**表 7-6　若干磷脂子类的 MS/MS 分析用诊断离子[53]**

| 子类 | 前体离子 ($m/z$) | 诊断的子离子 ($m/z$) | 中性丢失的诊断 | 相应诊断离子或中性丢失的结构名称 |
|---|---|---|---|---|
| 甘油磷酸 (glycerophosphate) | [M－H]$^-$ | 153 | | 脱水甘油磷酸 |
| 甘油磷脂酰肌醇 (glycerophosphatidylinositol) | [M－H]$^-$ | 241 | | 脱水磷酸肌醇 |
| 甘油磷脂酰肌醇 | [M＋NH$_4$]$^+$ | | 277 | 磷酸肌醇＋NH$_3$ |
| 甘油磷脂酰乙醇胺 (glycerophosphatidylethanolamine) | [M＋H]$^+$ [M＋Na]$^+$ | | 141 | 磷酸乙醇胺 |
| 甘油磷脂酰乙醇胺 | [M－H]$^-$ | 196 | | 甘油磷酸乙醇胺衍生物 |
| 甘油磷脂酰丝氨酸 (glycerophosphatidylserine) | [M＋H]$^+$ [M＋Na]$^+$ | 208 | 185 | 磷酸丝氨酸钠 磷酸丝氨酸 |

续表

| 子类 | 前体离子 (m/z) | 诊断的子离子(m/z) | 中性丢失的诊断 | 相应诊断离子或中性丢失的结构名称 |
|---|---|---|---|---|
| 甘油磷脂酰丝氨酸 | [M−H]⁻ | | 87 | 丝氨酸 |
| 甘油磷脂酰胆碱① (glycerophosphatidylcholine) | [M+Na]⁺ | | 183 | 磷酸胆碱 |

① 该项数据取自于 Wu Z, J Lifestyle Med, 2014, 4 (1): 17。

　　主流的观点认为正 ESI 的碎裂机理是电荷远程裂解（charge-remote fragmentation），而负 ESI 的碎裂机理为电荷驱动裂解（charge-driven fragmentation），以此来解释碎裂的差异。GPLs 的七个子类的正、负 ESI 碎裂机理和结构特点的详细介绍请参照有关文献[56]。

　　同样，在桥接胆碱（GP-Cho）、乙醇胺（GP-Etn）以及丝氨酸（GP-Ser）的 GP 类作正 MALDI-TOF 分析时，若分别使用中性丢失扫描（NLS），也一样可以获得丢失桥接基团 183、141 和 185 的特有信息[55]。

　　对生物大分子的 ESI-MS 和 MALDI-MS 谱图解析的讨论，本章仅止于介绍。尽管阐述每种生物大分子的结构测定，其内容各有不同，但相比有机小分子则明显要复杂得多，例如，有机小分子就不具备像生物大分子那样，有组成单元连接方式这一项。不过，用 ESI-MS 和 MALDI-MS 方法进行它们的分子量（或分子质量）测定和序列分析显然是每种生物大分子完整结构阐述的基础。读者可以从许多优秀的论文中使用的新技术和新方法受到鼓舞，也会意识到运用生物质谱法揭示生物大分子完整结构的目标任重道远。

　　生命科学的研究和探索既是广泛的又是无止境的，而组学（Omics）又是当代前沿研究领域之一。Omics 是英文称谓，它的词根 "-ome" 英译是一些种类个体的系统集合。把 Omics 作为一个平台，科学家提出从整体出发去研究人类组织细胞结构，基因、蛋白、代谢物（包括脂质、糖）及其分子间相互作用，通过整体分析反映人体组织器官功能和代谢的状态，为探索人类疾病的发病机制提供新的思路。因此，组学的名词也频繁地出现在与生物质谱法相关的许多文献中。除了上述提过的那些组学外，还有转录组学（transcriptomics）、免疫组学（immunomics）、RNA 组学（RNomics）、生理组学（physiomics）、表型组学（phenomics）、脂质组学[57]（lipidomics）、糖组学[58]（glycomics）、离子组学[59]（ionomics）、食物组学[60]（foodomics）等。除了这些组学外，还在它们的基础上衍生出一些相关学科或应用领域的组学，如蛋白基因组学[61]（proteogenomics）、药物基因组学[62]（Pharmacogenomics）、免疫蛋白质组学[63]（Immunoproteomics）、神经蛋白质组学[64]（neuro proteomics）、磷酸化蛋白质组学（phosphor proteomics）、法

医 蛋 白 质 组 学[65]（forensic proteomics）、微 生 物 代 谢 组 学[66]（microbial metabolomics）、癌症代谢组学[67]（cancer metabolomics）等。作为它们的重要研究工具之一，生物质谱学在组学的各个领域已经得到了广泛的应用。由于它的分子水平检测和鉴定的优势，必定在基因基础上随着各组学的深入和延伸而得到发展。可以期待，生物质谱的新仪器、新技术和新方法的涌现将会进一步丰富未来的生物质谱学。

## 7.5 习题

【题1】图 7-26 为光电离获得的一个九肽的质谱图，$m/z$ 848 是其分子离子峰，按照肽的碎裂规律：（1）请画出由 9 个氨基酸组成九肽的具体序列结构，并将图中已给出的"峰的质荷比"赋予该肽的相应裂解位置上；（2）请用代表氨基酸的三个英文字母缩写赋予九肽的氨基酸序列。

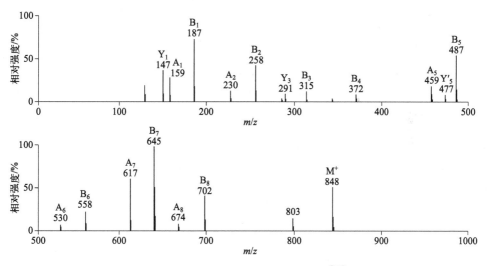

图 7-26　一个九肽的光电离正离子谱[68]

【题2】图 7-27 为 ESI 法获得的一个未知肽 MS/MS 子离子谱图，母离子是 $m/z$ 430 峰（[M＋H]⁺）。（1）请解析未知肽的序列（序列是指由氨基酸组成肽分子的排列）；（2）在未知肽的 MS/MS 质谱图上标出"各序列峰的系列命名"。

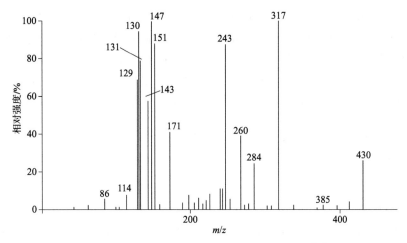

图 7-27　一个未知肽 ESI-MS/MS 子离子谱图[69]

# 参考文献

[1] Dennis C, Gallagher R. The human genome（人类基因组）[M]. 林侠，等译. 北京：科学出版社，2003：4-7，19-21.

[2] Roepstorff P, Fohlman J. Letter to the editors [J]. Biomedical Mass Spectrometry, 1984, 11 (11)：601-601.

[3] 汪聪慧. 有机质谱技术与方法 [M]. 北京：中国轻工业出版社，2011：183.

[4] Jovanovic M. Introduction to mass spectrometry of biomolecules：Theory and principles [M]. Hauppauge：Nova Science Pub, 2016：143.

[5] Roboz J, Wang T H, Ma L H. Electrospray tandem MS for amino acid sequence determination in antineoplastic peptidesc [C] // 44th Annual Conf on MS and Allied Topics. Portland：1996：728.

[6] Farmer T B, Caprioli R M. Mass spectrometry of biomed science. [M]. Boston：Kluwer Academic Publishers, 1996：61.

[7] 汪聪慧. 有机质谱技术与方法 [M]. 北京：中国轻工业出版社，2011：241.

[8] Wilm M, Mann M. Analytical properties of the nanoelectrospray ion source [J]. Anal Chem, 1996, 68 (1)：1-8.

[9] Malmstrom J, Westergren-Thorsson G. 4700 proteomics analyzer——A new level of productivity in high resolution proteomics. [Z] Applied Biosystems, 2002.

[10] Wilm M et al. Approaches to the practical use of MS/MS in a protein sequencing facility [M] // Burlingame A L, Carr S A. Mass spectrometry in the biological science. New York：Humana Press，1996：245.

[11] Brown C, Camilleri P, Haskins N J, et al. Probing protein conformation by a combination of electrospray mass spectrometry and molecular modelling [J]. Journal of the Chemical Society-Chemical Communications，1992，10：761-764.

[12] Smith R D, Light-Wahl K J. The observation of non-covalent interactions in solution by electrospray ionization mass spectrometry：Promise, pitfalls and prognosis [J]. Bio Mass Spectrom, 1993, 22 (9)：

493-501.

[13] Kool J, Niessen W M A. Analyzing biomolecular interactions by mass spectrometry [M]. Weinheim: Wiley-VCH, 2015.

[14] Schalley C A, Springer A. Mass spectrometry and gas-phase chemistry of non-covalent complexes [M]. Hoboken: John Wiley & Sons Inc, 2009.

[15] AB SCIEX. Hyper Mass. Application Note, No. 16390.

[16a] 李明, 吴佩泽. 基于质谱技术的二硫键定位分析方法研究进展 [J]. 质谱学报, 2021, 42 (6): 985-994.

[16b] Dass C. Fundamentals of contemporary mass spectrometry [M]. Hoboken: Wiley Interscience, 2007: 349.

[17] Carr S A, Huddleston M J, Annan R S. Selective detection and sequencing of phosphopeptides at the femtomole level by mass spectrometry [J]. Anal Biochem, 1996, 239 (2): 180-192.

[18] Annan R S, Carr S A. Phosphopeptide analysis by matrix-assisted laser desorption time-of-flight mass spectrometry [J]. Anal Chem, 1996, 68 (19): 3413-3421.

[19] AB SCIEX. LC-MS and LC-MS/MS——Life science application, PE SCIEX Seminar, 2002: 4.

[20] Delobei A. Mass spectrometry of glycoproteins: Methods and protocols [M]. New York: Humana Press, 2021; Kohler J J, Parties S M. Mass spectrometry of glycoproteins: Methods and protocols [M]. Berlin: Springer Verlag, 2013.

[21] Henning S, et al. Structure analysis of glycoprotein// Lipton M S. Mass spectrometry of proteins and peptides: Methods and protocols [M]. 2nd ed. New York: Humana Press, 2009: 189.

[22] Horn D M, Ge Y, McLafferty F W. Activated ion electron capture dissociation for mass spectral sequencing of larger (42 kDa) proteins [J]. Anal Chem, 2000, 72 (20): 4778-4784.

[23] Chi A, Bai D L, Geer L Y, et al. Analysis of intact proteins on a chromatographic time scale by electron transfer dissociation tandem mass spectrometry [J]. Int J Mass Spectom, 2007, 259 (1-3): 197-203.

[24] Zubarev R A. Reactions of polypeptide ions with electrons in the gas phase [J]. Mass Spectrometry Reviews, 2003, 22 (1): 57-77; Zubarev R A, Horn D M, Fridriksson E K, et al. Electron capture dissociation for structural characterization of multiply charged protein cations [J]. Anal Chem, 2000, 72 (3): 563-573.

[25] Syka J E P, Coon J J, Schroeder M J, et al. Peptide and protein sequence analysis by electron transfer dissociation mass spectrometry [J]. PNAS, 2004, 101 (26): 9528-9533.

[26] 赵颖华. 7600 高分辨质谱系统及电子活化解离 EAD 技术在翻译后修饰中的应用. EAD 电子活化解离技术及糖蛋白质组学研究进展小型线上研讨会, 2022.

[27] Smoluch J, et al. Mass spectrometry: An applied approach [M]. 2nd ed. Hoboken: John Wiley & Sons Ltd, 2019: 238; Watson T T, Sparkman O D. Introduction to mass spectrometry: Instrumentation, application and strategy for data interpretation. [M]. 4th ed. Hoboken: John Wiley & Sons, 2007: 749.

[28] de Hoffmann E, Stroobant V. Mass spectrometry: Principles and applications [M]. 3rd ed. Hoboken: John Wiley & Sons Ltd, 2007: 359-360.

[29] Cole R B. Electrospray and MALDI mass spectrometry: Fundamentals, instrumentation, practicalities and biological applications, [M]. 2nd ed. Hoboken: John Wiley Ltd, 2010: 739.

[30] Reinhold V N, Reinhold B B, Costello C E. Carbohydrate molecular weight profiling, sequence, linkage, and branching data: ES-MS and CID [J]. Anal Chem, 1995, 67 (11): 1772-1784.

[30a] Tsarbopoulos A, Bahr U, Karas M, et al. Chapter 7, Structure analysis of glycoproteins by

electrospray ionization mass spectromerty [M] // Pramanik B N, Ganguly A K, Gross M L. Applied electrospray mass spectromerty. New York: Marcel Dekker Inc. , 2002.

[30b] Spina E, Sturiale L, Romeo D, et al. New fragmentation mechanisms in matrix-assisted laser desorption/ionization time-of-flight/time-of-flight tandem mass spectrometry of carbohydrates [J]. Rapid Commun in Mass Spectrom, 2004, 18 (4): 392-398.

[31] Henning S, et al. Structure analysis of N-glycoproteins [M] // Pasa-Tolic L, Lipton M S. Mass spectrometry of proteins and peptides. 2nd ed. New York: Humana Press, 2009: 195-196.

[32] Domon B, Costello C E. A systematic nomenclature for carbohydrate fragmentations in FAB-MS/MS spectra of glycoconjugates [J]. Glycoconjugate Journal , 1988, 5: 397-409.

[33] de Hoffmann E, Stroobant V. Mass spectrometry: Principles and applications [M]. 3rd ed. Chichester: John Wiley & Sons Ltd, 2007: 362-368.

[34] Hillenkamp F, Peter-Katalinic J. MALDI MS: A practical guide to instrumentation, methods and applications [M]. Weinheim: Wiley Blackwell Press, 2014: 260.

[35] Harvey D J. Carbohydrate analysis by ESI and MALDI [M] // Cole R B. Electrospray and MALDI mass spectrometry. 2nd ed. Hoboken: Wiley, 2010: 733.

[36] Yu X, Huang Y Q, Lin C, et al. Energy-dependent electron activated dissociation of metal-adducted permethylated oligosaccharides [J]. Anal Chem, 2012, 84 (17): 7487-7494.

[36a] Watson J T , Sparkman O D. Introduction to mass spectrometry: Applications and strategie for data interpretation [M]. 4th ed. Chichester: John Wiley & Sons, 2007: 769.

[37] Gao X, et al. MALDI mass spectrometry for nucleic acid analysis [M] // Cai Z W, Liu S Y. Applications of MALDI-TOF mass spectrometry. Heidelberg: Springer Verlag, 2013: 55.

[38] Dass C. Fundamental of contemporary mass spectrometry. [M]. Hoboken: John Wiley & Sons, 2007: 459.

[39] Fenn J B, Mann M, Meng C K, et al. Electrospray ionization——principles and practice [J]. Mass Spectrometry Rev, 1990, 9 (1): 37-70.

[40] Limbach P A, Crain P F, McCloskey J A. Molecular mass measurement of intact ribonucleic acids via electrospray ionization quadrupole mass spectrometry [J]. J Am Soc Mass Spectrom, 1995, 6 (1): 27-39.

[41] Chang L Y, Tang K, Schell M, et al. Detection of delta F508 mutation of the cystic fibrosis gene by matrix-assisted laser desorption/ionization mass spectrometry [J]. Rapid Commun Mass Spectrom, 1995, 9 (9): 772-774.

[42] Lin H, Hunter J M, Becker C H. Laser desorption of DNA oligomers larger than one kilobase from cooled 4-nitrophenol [J]. Rapid Communications in Mass Spectrometry, 1999, 13 (23): 2335-2340.

[43] McLuckey S A, Berkel G J V, Glish G L. Tandem mass spectrometry of small, multiply charged oligonucleotides [J]. J Am Soc Mass Spectrom, 1992, 3 (1): 60-70.

[44] Snyder A P. Biochemical and biotechnological applications of electrospray ionization mass spectrometry [M]. Washinton DC: ACS, 1995: 281.

[45] Juhasz P, Roskey M T, Smirnov I P, et al. Applications of delayed extraction matrix-assisted laser desorption ionization time-of-flight mass spectrometry to oligonucleotide analysis [J]. Anal Chem, 1996, 68 (6): 941-946.

[46] McLuckey S A, Wu J, Bundy J L, et al. Oligonucleotide mixture analysis via electrospray and ion/ion reactions in a quadrupole ion trap [J]. Anal Chem, 2002, 74 (5): 976-984.

[47] Bartolini W P, Bentzley C M, Johnston M V, et al. Identification of single stranded regions of DNA by enzymatic digestion with matrix-assisted laser desorption/ionization analysis [J]. J Am Soc Mass

Spectrom，1999，10（6）：521-528.

［48］de Hoffmann E，Stroobant V. Mass spectrometry：Principles and applications［M］. 3rd ed. Chichester：John Wiley & Sons Ltd，2007：350.

［49］李琳，张阳阳，赵镇文. 功能脂质组质谱分析［J］. 中国科学：化学，2014，44（5）：732.

［50］Li M，Yang L，Bai Y，et al. Analytical methods in lipidomics and their applications［J］. Anal Chem，2014，86（1）：161-175.

［51］Griffiths W J ，Wang Y Q.　Introduction and overview of lipidomic strategies［M］// Wood P. Lipidomics New York：Humana Press，2017：3.

［52］Griffiths W J. Tandem mass spectrometry in the study of fatty acids，bile acids，and steroids［J］. Mass Spectrom Rev，2003，22（2）：88.

［53］Busik J V，Reid G E，Lydic T A. Global analysis of retina lipids by complementary precursor ion and neutral loss mode tandem mass spectrometry［J］. Methods Mol Biol，2009，579：30-70.

［54］Johnston N C，Sunar S A，Guan Z Q，et al. A phosphoethanolamine-modified glycosyl diradylglycerol in the polar lipids of Clostridium tetani［J］. J Lipid Res，2010，51（7）：1953-1961.

［55］Stübiger G，Pittenauer E，Allmaier G. MALDI seamless postsource decay fragment ion analysis of sodiated and lithiated phospholipids［J］. Anal Chem，2008，80（5）：1664-1678.

［56］Hsu F F，Turk J. Electrospray ionization with low-energy collisionally activated dissociation tandem mass spectrometry of glycerophospholipids：mechanisms of fragmentation and structural characterization［J］. J Chromatogr B Analyt Technol Biomed Life Sci，2009，877（26）：2673-2695.

［57］Han X L. Lipidomics：comprehensive mass spectrometry of lipids［M］. Amsterdam：Elsevier-Academic Press，2016；Leray C. Introduction to lipidomics：from bacteria to man［M］. Boca Raton：CRC Press，2013；Wood P. Lipidomics［M］. New York：Hamana Press，2017；Bhattacharya S K. Lipidomics：methods and protocols［M］. New York：Humana Press，2017.

［58］Aoki-kinoshita K F. A practical guide to using glycomics database［M］. New York：SpringerPress，2017.

［59］Ogra Y，Hirata T. Metallomics：recent analytical techniques and applications［M］. New York：Springer Press，2017.

［60］Cifuentes A. Foodomics：Advanced mass spectrometry in modern food science and nutrition［M］. Hoboken：John Wiley & Sons Ltd，2013.

［61］Vegvari A. Proteogenomics［M］. New Yok：Springer Press，2016.

［62］Innocent F. Pharmacogenomics：Methods and protocols［M］. New York：Humana Press，2013.

［63］Fulton K M，Twine S M. Immunoproteomics：Methods and protocols［M］. New York：Humana Press，2013.

［64］Kobeissy F H. Neuroproteomics：Methods and protocols［M］. New York：Humana Press，2017；Alzate O，Neuroproteomics［M］. Boca Raton：CRC Press，2010.

［65］Merkley E D. Applications in forensic proteomics：protein identification and profiling［M］. Washington DC：ACS Press，2019.

［66］Baidoo E E K. Microbial metabolomics：methods and protocols［M］. New York：Humana Press，2019.

［67］Hu S. Cancer metabolomics：Methods and applications［M］. Springer Nature：Springer Press，2021.

［68］Budzikiewicz H. Massenspektrometrie：Eine einfürung［M］. 4th ed. Weinheim：Wiley VCH，1998：132.

［69］de Hoffmann E，Stroobant V. Mass spectrometry：Principles and applications［M］. 3rd ed. Chichester：John Wiley & Sons Ltd，2007：413.

# 附录

## 附录1 天然同位素丰度和精确质量表①

| 元素 | 符号 | 序数 | 同位素质量/u | 相对丰度/% | 元素 | 符号 | 序数 | 同位素质量/u | 相对丰度/% |
|---|---|---|---|---|---|---|---|---|---|
| 氢 | H | 1 | 1.007825 | 99.98855 | 镁 | Mg | 12 | 23.985042 | 78.99 |
| | | | 2.014102 | 0.0115 | | | | 24.985837 | 10.00 |
| 氦 | He | 2 | 3.016029 | 0.0001 | | | | 25.982593 | 11.01 |
| | | | 4.002603 | 99.9999 | 铝 | Al | 13 | 26.981539 | 100 |
| 锂 | Li | 3 | 6.015123 | 7.59 | 硅 | Si | 14 | 27.976927 | 92.223 |
| | | | 7.016005 | 92.41 | | | | 28.976495 | 4.685 |
| 铍 | Be | 4 | 9.012182 | 100 | | | | 29.973770 | 3.092 |
| 硼 | B | 5 | 10.012937 | 19.91 | 磷 | P | 15 | 30.973762 | 100 |
| | | | 11.009305 | 80.9 | 硫 | S | 16 | 31.972071 | 94.99 |
| 碳 | C | 6 | 12.000000 | 98.93 | | | | 32.971459 | 0.75 |
| | | | 13.003355 | 1.07 | | | | 33.967867 | 4.25 |
| 氮 | N | 7 | 14.003074 | 99.636 | | | | 35.967081 | 0.01 |
| | | | 15.000109 | 0.364 | 氯 | Cl | 17 | 34.968853 | 75.76 |
| 氧 | O | 8 | 15.994915 | 99.757 | | | | 36.965903 | 24.24 |
| | | | 16.999132 | 0.038 | 氩 | Ar | 18 | 35.967545 | 0.3365 |
| | | | 17.999161 | 0.205 | | | | 37.962732 | 0.0632 |
| 氟 | F | 9 | 18.998403 | 100 | | | | 39.962383 | 99.6003 |
| 氖 | Ne | 10 | 19.992440 | 90.48 | 钾 | K | 19 | 38.963707 | 93.2581 |
| | | | 20.993847 | 0.27 | | | | 39.963998 | 0.0117 |
| | | | 21.991385 | 9.25 | | | | 40.961826 | 6.7302 |
| 钠 | Na | 11 | 22.989769 | 100 | 钙 | Ca | 20 | 39.962591 | 96.941 |

| 元素 | 符号 | 序数 | 同位素质量/u | 相对丰度/% | 元素 | 符号 | 序数 | 同位素质量/u | 相对丰度/% |
|---|---|---|---|---|---|---|---|---|---|
| 钙 | Ca | 20 | 41.958618 | 0.647 | 锌 | Zn | 30 | 63.929142 | 48.268 |
| | | | 42.958767 | 0.135 | | | | 65.926033 | 27.975 |
| | | | 43.955482 | 2.086 | | | | 66.927127 | 4.102 |
| | | | 45.953693 | 0.004 | | | | 67.924844 | 19.024 |
| | | | 47.952534 | 0.187 | | | | 69.925319 | 0.631 |
| 钪 | Sc | 21 | 44.955912 | 100 | 镓 | Ga | 31 | 68.925574 | 60.108 |
| 钛 | Ti | 22 | 45.952632 | 8.25 | | | | 70.924701 | 39.892 |
| | | | 46.951763 | 7.44 | 锗 | Ge | 32 | 69.924247 | 20.38 |
| | | | 47.947946 | 73.72 | | | | 71.922076 | 27.31 |
| | | | 48.947870 | 5.41 | | | | 72.923459 | 7.76 |
| | | | 49.944791 | 5.18 | | | | 73.921178 | 36.72 |
| 钒 | V | 23 | 49.947158 | 0.250 | | | | 75.921403 | 7.83 |
| | | | 50.943960 | 99.750 | 砷 | As | 33 | 74.921596 | 100 |
| 铬 | Cr | 24 | 49.946044 | 4.345 | 硒 | Se | 34 | 73.922476 | 0.89 |
| | | | 51.940508 | 83.789 | | | | 75.919214 | 9.37 |
| | | | 52.940649 | 9.501 | | | | 76.919914 | 7.63 |
| | | | 53.938880 | 2.365 | | | | 77.917309 | 23.77 |
| 锰 | Mn | 25 | 54.938045 | 100 | | | | 79.916521 | 49.61 |
| 铁 | Fe | 26 | 53.939610 | 5.845 | | | | 81.916699 | 8.73 |
| | | | 55.934938 | 91.754 | 溴 | Br | 35 | 78.918337 | 50.69 |
| | | | 56.935394 | 2.119 | | | | 80.916291 | 49.31 |
| | | | 57.933276 | 0.282 | 氪 | Kr | 36 | 77.920365 | 0.355 |
| 钴 | Co | 27 | 58.933195 | 100 | | | | 79.916379 | 2.286 |
| 镍 | Ni | 28 | 57.935343 | 68.0769 | | | | 81.913484 | 11.593 |
| | | | 59.930786 | 26.2231 | | | | 82.914136 | 11.500 |
| | | | 60.931056 | 1.1399 | | | | 83.911507 | 56.987 |
| | | | 61.928345 | 3.6345 | | | | 85.910611 | 17.279 |
| | | | 63.927966 | 0.9256 | 铷 | Rb | 37 | 84.911790 | 72.17 |
| 铜 | Cu | 29 | 62.929598 | 69.15 | | | | 86.909181 | 27.83 |
| | | | 64.927790 | 30.85 | 锶 | Sr | 38 | 83.913425 | 0.56 |

| 元素 | 符号 | 序数 | 同位素质量/u | 相对丰度/% | 元素 | 符号 | 序数 | 同位素质量/u | 相对丰度/% |
|------|------|------|--------------|-----------|------|------|------|--------------|-----------|
| 锶 | Sr | 38 | 85.909260 | 9.86 | 银 | Ag | 47 | 106.905097 | 51.839 |
| | | | 86.908877 | 7.00 | | | | 108.904752 | 48.161 |
| | | | 87.905612 | 82.58 | 镉 | Cd | 48 | 105.906459 | 1.25 |
| 钇 | Y | 39 | 88.905848 | 100 | | | | 107.904184 | 0.89 |
| 锆 | Zr | 40 | 89.904704 | 51.45 | | | | 109.903002 | 12.49 |
| | | | 90.905646 | 11.22 | | | | 110.904178 | 12.80 |
| | | | 91.905041 | 17.15 | | | | 111.902758 | 24.13 |
| | | | 93.906315 | 17.38 | | | | 112.904402 | 12.22 |
| | | | 95.908273 | 2.80 | | | | 113.903358 | 28.73 |
| 铌 | Nb | 41 | 92.906378 | 100 | | | | 115.904756 | 7.49 |
| 钼 | Mo | 42 | 91.906811 | 14.77 | 铟 | In | 49 | 112.904058 | 4.29 |
| | | | 93.905088 | 9.23 | | | | 114.903878 | 95.71 |
| | | | 94.905842 | 15.90 | 锡 | Sn | 50 | 111.904818 | 0.97 |
| | | | 95.904680 | 16.68 | | | | 113.902779 | 0.66 |
| | | | 96.906022 | 9.56 | | | | 114.903342 | 0.34 |
| | | | 97.905408 | 24.19 | | | | 115.901741 | 14.54 |
| | | | 99.907477 | 9.67 | | | | 116.902952 | 7.68 |
| 钌 | Ru | 44 | 95.907598 | 5.54 | | | | 117.901603 | 24.22 |
| | | | 97.905287 | 1.87 | | | | 118.903308 | 8.59 |
| | | | 98.905939 | 12.76 | | | | 119.902195 | 32.58 |
| | | | 99.904220 | 12.60 | | | | 121.903439 | 4.63 |
| | | | 100.905582 | 17.06 | | | | 123.905274 | 5.79 |
| | | | 101.904349 | 31.55 | 锑 | Sb | 51 | 120.903816 | 57.21 |
| | | | 103.905433 | 18.62 | | | | 122.904214 | 42.79 |
| 铑 | Rh | 45 | 102.905504 | 100 | 碲 | Te | 52 | 119.904020 | 0.09 |
| 钯 | Pd | 46 | 101.905609 | 1.02 | | | | 121.903044 | 2.55 |
| | | | 103.904036 | 11.14 | | | | 122.904270 | 0.89 |
| | | | 104.905085 | 22.33 | | | | 123.902818 | 4.74 |
| | | | 105.903486 | 27.33 | | | | 124.904431 | 7.07 |
| | | | 107.903892 | 26.46 | | | | 125.903312 | 18.84 |
| | | | 109.905153 | 11.72 | | | | 127.904463 | 31.74 |
| | | | | | | | | 129.906224 | 34.08 |

| 元素 | 符号 | 序数 | 同位素质量/u | 相对丰度/% | 元素 | 符号 | 序数 | 同位素质量/u | 相对丰度/% |
|---|---|---|---|---|---|---|---|---|---|
| 碘 | I | 53 | 126.904473 | 100 | | | | 143.911999 | 3.07 |
| | | | 123.905893 | 0.0952 | | | | 146.914898 | 14.99 |
| | | | 125.904274 | 0.0890 | | | | 147.914823 | 11.24 |
| | | | 127.903531 | 1.9102 | 钐 | Sm | 62 | 148.917185 | 13.82 |
| | | | 128.904779 | 26.4006 | | | | 149.917276 | 7.38 |
| 氙 | Xe | 54 | 129.903508 | 4.0710 | | | | 151.919732 | 26.75 |
| | | | 130.905082 | 21.2324 | | | | 153.922209 | 22.75 |
| | | | 131.904154 | 26.9086 | 铕 | Eu | 63 | 150.919850 | 47.81 |
| | | | 133.905394 | 10.4357 | | | | 152.921230 | 52.19 |
| | | | 135.907219 | 8.8573 | | | | 151.919791 | 0.20 |
| 铯 | Cs | 55 | 132.905452 | 100 | | | | 153.920866 | 2.18 |
| | | | 129.906321 | 0.106 | 钆 | Gd | 64 | 154.922622 | 14.80 |
| | | | 131.905061 | 0.101 | | | | 155.922123 | 20.47 |
| | | | 133.904508 | 2.417 | | | | 156.923960 | 15.65 |
| 钡 | Ba | 56 | 134.905689 | 6.592 | | | | 157.924104 | 24.84 |
| | | | 135.904576 | 7.854 | | | | 159.927054 | 21.86 |
| | | | 136.905827 | 11.232 | 铽 | Tb | 65 | 158.925347 | 100 |
| | | | 137.905247 | 71.698 | | | | 155.924283 | 0.056 |
| 镧 | La | 57 | 137.907112 | 0.090 | | | | 157.924409 | 0.095 |
| | | | 138.906353 | 99.910 | | | | 159.925198 | 2.329 |
| | | | 135.907172 | 0.185 | 镝 | Dy | 66 | 160.926933 | 18.889 |
| 铈 | Ce | 58 | 137.905991 | 0.251 | | | | 161.926798 | 25.475 |
| | | | 139.905439 | 88.450 | | | | 162.928731 | 24.896 |
| | | | 141.909244 | 11.114 | | | | 163.929175 | 28.260 |
| 镨 | Pr | 59 | 140.907653 | 100 | 钬 | Ho | 67 | 164.930322 | 100 |
| | | | 141.907723 | 27.2 | | | | 161.928778 | 0.139 |
| | | | 142.909814 | 12.2 | | | | 163.929200 | 1.601 |
| | | | 143.910087 | 23.8 | | | | 165.930293 | 33.503 |
| 钕 | Nd | 60 | 144.912574 | 8.3 | 铒 | Er | 68 | 166.932048 | 22.869 |
| | | | 145.913117 | 17.2 | | | | 167.932370 | 26.978 |
| | | | 147.916893 | 5.7 | | | | 169.935464 | 14.910 |
| | | | 149.920891 | 5.6 | 铥 | Tm | 69 | 168.934213 | 100 |

续表

| 元素 | 符号 | 序数 | 同位素质量/u | 相对丰度/% | 元素 | 符号 | 序数 | 同位素质量/u | 相对丰度/% |
|---|---|---|---|---|---|---|---|---|---|
| 镱 | Yb | 70 | 167.933897 | 0.13 | 锇 | Os | 76 | 189.958447 | 26.26 |
| | | | 169.934762 | 3.04 | | | | 191.961481 | 40.78 |
| | | | 170.936326 | 14.28 | 铱 | Ir | 77 | 190.960594 | 37.3 |
| | | | 171.936382 | 21.83 | | | | 192.962926 | 62.7 |
| | | | 172.938211 | 16.13 | 铂 | Pt | 78 | 189.959932 | 0.014 |
| | | | 173.938862 | 31.83 | | | | 191.961038 | 0.782 |
| | | | 175.942572 | 12.76 | | | | 193.962680 | 32.967 |
| 镥 | Lu | 71 | 174.940772 | 97.41 | | | | 194.964791 | 33.832 |
| | | | 175.942686 | 2.59 | | | | 195.964952 | 25.242 |
| 铪 | Hf | 72 | 173.940046 | 0.16 | | | | 197.967893 | 7.163 |
| | | | 175.941409 | 5.26 | 金 | Au | 79 | 196.966569 | 100 |
| | | | 176.943221 | 18.60 | 汞 | Hg | 80 | 195.965833 | 0.15 |
| | | | 177.943699 | 27.28 | | | | 197.966769 | 9.97 |
| | | | 178.945816 | 13.62 | | | | 198.968280 | 16.87 |
| | | | 179.946550 | 35.08 | | | | 199.968326 | 23.10 |
| 钽 | Ta | 73 | 179.947465 | 0.012 | | | | 200.970302 | 13.18 |
| | | | 180.947996 | 99.988 | | | | 201.970643 | 29.86 |
| 钨 | W | 74 | 179.946704 | 0.12 | | | | 203.973494 | 6.87 |
| | | | 181.948204 | 26.50 | 铊 | Tl | 81 | 202.972344 | 29.52 |
| | | | 182.950223 | 14.31 | | | | 204.974428 | 70.48 |
| | | | 183.950931 | 30.64 | 铅 | Pb | 82 | 203.973044 | 1.4 |
| | | | 185.954364 | 28.43 | | | | 205.974465 | 24.1 |
| 铼 | Re | 75 | 184.952955 | 37.40 | | | | 206.975897 | 22.1 |
| | | | 186.955753 | 62.60 | | | | 207.976652 | 52.4 |
| 锇 | Os | 76 | 183.952489 | 0.02 | 铋 | Bi | 83 | 208.980399 | 100 |
| | | | 185.953838 | 1.59 | 钍 | Th | 90 | 232.038055 | 100 |
| | | | 186.955750 | 1.96 | 铀 | U | 92 | 234.040952 | 0.0054 |
| | | | 187.955838 | 13.24 | | | | 235.043930 | 0.7204 |
| | | | 188.958148 | 16.15 | | | | 238.050788 | 99.2742 |

① 表中列出的同位素丰度和精确质量值未标出其测定的不确定度。

注：1. 摘自：Lide D R. Handbook of Chemistry and Physics, section 1 1-14, Atomic Masses and Abundances. 90th ed. New York：CRC Press, 2009.

2. 与 Rumble J R 等人的 Handbook of Chemistry and Physics, section 1 1-14, Atomic Masses and Abundances. 101st ed. New York：CRC Press, 2020—2021 相比，除了有些同位素的精确质量数值有变动外，101 版中还列出了各同位素精确质量测定的不确定度。就组成纯有机化合物常见元素的天然同位素（如 C、H、N、O、F、Cl、Br、I、P、S、Si 等）或组成元素有机化合物常见元素的天然同位素（如 As、Hg、Mn、Fe、Ni、Cu、Zn、Sn 等）而言，它们（指 2009 版与 2021 版）的小数点后四位精确质量数值实际上并没有变动，不影响有机、生物质谱的使用，所以仍推荐用 Lide 的表。

# 附录 2  常见的中性碎片丢失表

| M－X | 元素组成或结构 | 化合物结构类型 |
|---|---|---|
| 1 | H | 醛、缩醛、脂肪腈、环丙基化合物、芳香甲基取代物、酚类含 $N-CH_3$ 杂环化合物等 |
| 2 | $H_2$ | 稠环类、结构上易脱氢的化合物 |
| 3 | $H+H_2$ | M－H 碎片的脱氢裂解 |
| 15 | $CH_3$ | $N$-$C_2H_5$ 化合物、缩醛、三甲基硅醚衍生物、特丁基或异丙基化合物、芳香乙基化合物、饱和杂环化合物、脂环化合物、$ArCH=CHAr'$ 类、含 $CH_3$ 化合物等 |
| 16 | O | $N$-氧化合物、芳香硝基化合物、亚砜类、醌类、少数环氧化物等 |
|  | $NH_2$ | 芳香伯酰胺、磺酰胺、少数伯胺类 |
| 17 | OH | 羧酸、芳香酸、醇类、酚类、肟、$N$-氧化合物、亚砜类、芳香硝基化合物 |
|  | $NH_3$ | 伯胺类、二氨基化合物、少数氨基酸的酯 |
| 18 | $H_2O$ | 伯醇、脂环醇、甾醇、甾酮、酚类、内酯、羧酸、羧酸酯(少数)、邻位有 $CH_3$ 的芳香酸、砜类、直链醛($C\geqslant6$)、脂肪醚($C>8$) |
| 19 | F | 氟化物 |
| 20 | HF | 氟化物 |
|  | $H_2O+H_2$ | 脂肪醇热降解产物 |
| 25 | $C\equiv CH$ | 端基为 $-C\equiv CH$ 的化合物 |
| 26 | $C_2H_2$ | 联苯类、非共轭的二烯类、芳香类化合物、双环化合物 |
|  | CN | 异氰化物 |
| 27 | HCN | 芳香胺、二芳胺、芳腈、含氮杂环 |
|  | $C_2H_3$ | 端基为$-CH=CH_2$ 的化合物、乙酯类、磷酸乙酯类、亚磷酸乙酯类 |
| 28 | CO | 酚类、醛类、醌类、多环酮、二芳醚、芳酮、芳香酰氯、碳酸酯、$\beta$-酮酯、含氧杂环、芳香硝基化合物 |
|  | HCN＋H | 含氮杂环 |
|  | $C_2H_4$ | 脂肪腈、乙酯类、$N$-$C_2H_5$ 化合物、环乙烯类、$Ar-OC_2H_5$ 化合物 |
|  | $N_2$ | 芳香偶氮物、苯并三唑类、$CN_2$ 类化合物 |
| 29 | CHO | 芳香醛、饱和环酮、酚类、二芳醚、芳香环氧乙烷化合物 |
|  | $C_2H_5$ | 乙基衍生物、脂环化合物、$Ar-(n)C_3H_7$ 化合物 |
|  | $CH_2=NH$ | 嘌呤类、阿朴啡类生物碱(aporphine) |
| 30 | NO | 芳香硝基化合物、N—NO 亚硝胺类、硝基取代的脂肪酯类 |
|  | $CH_2O$ | 酯类、含氧杂环、$Ar-OCH_3$ 类、$R-OCH_2-OR'$类、内酯 |
|  | $C_2H_6$ | $RO-Si(CH_3)_3$ 类 |
| 31 | $CH_3O$ 或 $CH_2OH$ | 甲氧基衍生物、$\beta$ 支链的伯醇、甲酯、缩醛、缩酮、甲醚、支链位置上取代的 $CH_2OH$ |
|  | $CH_3NH_2$ | 胺类(能稳定正离子碎片的特定碎裂反应) |

| M−X | 元素组成或结构 | 化合物结构类型 |
|---|---|---|
| 32 | $O_2$ | 过氧化物 |
| | S | 硫醚、二硫化物、含 C=S 的五元杂环 |
| | $CH_3OH$ | 含 $OCH_3$ 的芳香化合物（邻位有氢）、甾醇、伯醇、甲酯类、饱和环醇、二元酸甲酯、芳香酸甲酯（邻位有甲基） |
| | $O+NH_2$ | 磺酰胺类 |
| 33 | $CH_3+H_2O$ | 甾醇、萜类 |
| | SH | 硫醇、硫醚、二硫化物、硫代芳醚、异硫氰酸酯类 |
| 34 | $H_2S$ | 伯硫醇、甲硫醚、二硫化物 |
| 35 | $H_2O+OH$ | 某些脂肪族多羟基化合物 |
| | Cl | 芳香含氯化合物，叔、季烷基氯化物 |
| 36 | HCl | 烷基氯化物、有机碱的氯盐 |
| | $H_2O+H_2O$ | 某些脂肪族多烃基化合物 |
| 38 | $F_2$ | 氟化物 |
| 39 | HF+F | 氟代醇类 |
| 40 | $C_2H_2N$ | 含 $CH_2CN$ 基团并处于有利的裂解位置（如脂肪二腈类） |
| 41 | $CH_3CN$ | 含氮杂环（芳香）、酮肟 |
| | $C_3H_5$ | 脂环化合物 |
| 42 | $CH_2CO$ | 乙酰化合物（N 或 O 上乙酰基）、甲基酮、$\beta$-二酮、内酯、含羰基的双环化合物（如樟脑） |
| | $NH_2—C≡N$ | 嘌呤类、蝶啶类 |
| | $CH_2=CH—CH_3$ | RDA 反应、麦氏重排反应 |
| 43 | $C_3H_7$ | 丙基或异丙基衍生物、Ar—$(n)C_4H_9$、丙基酮 |
| | $CH_3+CO$ | 芳香甲醚 |
| | CONH | 内酰胺、N 取代甲胺酸酯、嘌呤类、环肽、二氯代哌嗪、尿嘧啶类 |
| 44 | $CONH_2$ | 酰胺（R 能稳定存在的离子） |
| | CS | 芳香硫醚、硫酚类、噻吩类 |
| | $CH_3CHO$ | 脂肪醛 |
| | $CO_2$ | 羧酸、碳酸酯、$\alpha,\beta$ 不饱和酯（如芳香羧酸酯）、酰酰胺类、酸酐、内酯、羧酸芳酯 |
| 45 | $C_2H_5O$ | 乙酯、乙氧基衍生物、缩醛、缩酮 |
| | COOH | 羧酸、Ar—$CH_2COOR'$、RO—CO—CH=CH—COOR' |
| | $NH(CH_3)_2$ | 二甲胺类 |
| | CSH | 噻吩类 |
| 46 | $CH_2=CH_2+H_2O$ | 碳链伯醇 |
| | $NO_2$ | 芳香硝基化合物 |
| | $C_2H_5OH$ | 直链伯醇、乙酯、乙基醚类 |
| | HCOOH | 芳香酸（邻位有甲基） |
| 47 | $SCH_3$ | 硫醚类 |

| M-X | 元素组成或结构 | 化合物结构类型 |
|---|---|---|
| 48 | SO | 亚砜 |
| | $CH_3SH$ | 甲硫醚 |
| 49 | $CH_2Cl$ | 含氯化合物 |
| 50 | $CF_2$ | 三氟甲基取代物 |
| | $CH_3OH+H_2O$ | 不饱和脂肪酸甲酯、直链羟基取代脂肪酸甲酯(除 $\alpha$ 位) |
| 51 | $HC≡C-CN$ | $\alpha$、$\beta$ 不饱和腈,某些含氮杂环 |
| 54 | $C_4H_6$ | 芳香化合物 |
| | $C_2H_4CN$ | 脂肪族二胺类 |
| 55 | $C_4H_7$ | 脂环化合物、丁酯类化合物 |
| | $CO+HCN$ | 芳香族异氰酸 |
| 56 | $CO+CO$ | 醌类、邻苯二甲酰胺类 |
| | $C_4H_8$ | 脂环化合物、烷烃类 |
| | $C_3H_4O$ | 不饱和乙酰胺类 |
| 57 | $C_4H_9$ | 含丁基化合物或丁基衍生物 |
| 58 | $CH_3COCH_3$ | 脂肪甲酮、$\alpha$ 甲基取代的醛类 |
| | $CO+NO$ | 芳香硝基化合物 |
| | $CH_2CO_2$ | 氧乙酸类 |
| | $CH_2=C=S$ | 直链硫醇、硫氰酸酯、异硫氰酸酯 |
| 59 | $C_3H_7O$ | 丙酯 |
| | $COOCH_3$ | $\alpha$ 羟基羧酸甲酯类、$\alpha$ 甲氧基羧酸甲酯类、$R-COOCH_3$(失去 $COOCH_3$ 能形成稳定的 R 离子) |
| 60 | $C_2H_4O_2$ | 低级二元羧酸甲酯、乙酸酯、邻位甲基取代的芳香酸甲酯 |
| | COS | $RS-COOR'$ 类 |
| 61 | $C_2H_5S$ | 硫醇类 |
| 62 | $CH_2=CH_2+H_2S$ | 硫醇类 |
| 63 | $CH_3OH+CH_3O$ | 二元羧酸甲酯 |
| 64 | $CH_3OH+CH_3OH$ | 二元羧酸甲酯(除己二酸二甲酯外) |
| | $CH_2=CH_2+HCl$ | 氯代烷 |
| | $SO_2$ | 磺酰胺、磺酸酯 |
| | $S_2$ | 二硫化物 |
| 65 | $HSO_2$ | 某些砜类 |
| 69 | $CF_3$ | 含 $CF_3CO$ 取代基的化合物 |
| 72 | $C_3H_4O_2$ | 能丢失丙烯酸的化合物、能丢失 $C_2O_3$ 的化合物 |
| | $C_3H_8Si$ | 三甲基硅烷化合物 |
| 73 | $C_4H_9O$ | 丁酯 |
| | $COOC_2H_5$ | 芳香酸乙酯 |
| 77 | $C_6H_5$ | 含苯基化合物 |

续表

| M—X | 元素组成或结构 | 化合物结构类型 |
|---|---|---|
| 78 | $C_6H_6$ | 能丢失苯的化合物 |
| 79 | Br | 溴化物 |
| 80 | HBr | 溴化物、有机碱的溴盐 |
| 87 | $C_5H_{11}O$ | 戊酯 |
| 90 | $HO—Si(CH_3)_3$ | 三甲基硅烷化合物 |
| 91 | $HCOOCH_3+CH_3O$ | 壬二酸以上的二元脂肪酸甲酯 |
| 92 | $HCOOCH_3+CH_3OH$ | 壬二酸以下的二元脂肪酸甲酯 |
| 93 | $C_6H_5O$ | 芳香酸苯酯 |
| 95 | $SO_2OCH_3$ | 芳香族磺酸甲酯 |
| 98 | $H_3PO_4$ | 磷酸酯 |
| 100 | $C_2F_4$ | 氟化物 |
| 105 | $CH_3COOCH_3+CH_3O$ | 脂肪二元羧酸甲酯 |
|  | $C_6H_5CO$ | 安息香醚类 |
| 106 | $CH_3COOCH_3+CH_3OH$ | 脂肪二元羧酸甲酯 |
| 121 | $C_6H_5COO$ | 苯甲酸酯类 |
| 122 | $C_6H_5COOH$ | 邻苯二甲酰亚胺类、N-苯氨基-邻苯二甲酰亚胺类 |
| 127 | I | 碘化物 |
| 128 | HI | 碘化物、有机碱的碘盐 |

# 附录3　常见的低质量端碎片离子表

| $m/z$ | 元素组成或可能结构式 | 化合物结构类型 |
|---|---|---|
| 27 | $C_2H_3^+$ | 端位 $CH{=}CH_2$、烯类 |
|  | $HCN^{+\cdot}$ | 脂肪腈类 |
| 28 | $CO^{+\cdot}$ | 内酯、二噁烷类 |
|  | $[HC{\equiv}N^+H]$ | 亚乙基亚胺类 |
| 29 | $CHO^+$ | 醛、环聚醚 |
|  | $C_2H_5^+$ | 烷烃、烷基取代化合物 |
| 30 | $NO^+$ | 硝基化合物、亚硝胺、硝酸酯、亚硝酸酯 |
|  | $[CH_2{=}N^+H_2]$ | 脂肪胺类 |
| 31 | $[CH_2{=}O^+H]$ | 脂肪醇类、脂肪醚类、缩醛、环聚醚 |
|  | $CH_3O^+$ | 甲酯类 |
|  | CF | 碳氟化物 |
| 33 | $[CH_3O^+H_2]$ | 醇、二醇、三元醇、羟基酯、羟基醚 |
| 34 | $H_2S^{+\cdot}$ | 硫醇、硫醚、芳香硫代酰胺 |

| $m/z$ | 元素组成或可能结构式 | 化合物结构类型 |
|---|---|---|
| 35 | $H_3S^+$ | 硫醚、硫醇（还同时具有 $m/z$ 33、34 离子） |
| 36 | $HCl^{+\cdot}$ | 氯化物 |
| 39 | $C_3H_3^+$ | 烯、环烯、二烯、炔类、芳香化合物、芳杂环化合物（如呋喃类） |
| 41 | $C_3H_5^+$ | 烷烃、烯烃、伯醇、丙酯、含烷基（C>3）化合物 |
| | $[CH_3CN]^{+\cdot}$ | 脂肪腈化合物、异硫氰酸酯 |
| 42 | $C_3H_6^{+\cdot}$ | 环烷烃、环烯、丁基酮、$Ar-C_4H_9$（$n$） |
| | $C_2H_4N^+$ | 环氮丙烷类 |
| 43 | $[CH_3C\equiv O]^+$ | 含 $CH_3CO$ 取代基化合物、$CH_2=CH-OR$、饱和含氧杂环、环醚（如 $\alpha$ 位有 $CH_3$ 取代） |
| | $[CONH]^{+\cdot}$ | $RO-CONH_2$ 类、$R_2N-CONH_2$ 类 |
| | $C_3H_7^+$ | 烷烃类、烷基类化合物（C>3） |
| 44 | $C_2H_6N^+$ | 脂肪胺（$\alpha$ 甲基取代）、$RCON(CH_3)_2$ 化合物 |
| | $[CONH_2]^+$ | 伯酰胺、$RO-CONH_2$ |
| | $[CH_2=CH-OH]^{+\cdot}$ | 醛类（$\alpha$ 碳原子上无支链）、$CH_2=CH-OR$ 类 |
| 45 | $[COOH]^+$ | 脂肪羧酸 |
| | $C_2H_5O^+$ | 含 $C_2H_5O$ 基团 |
| | $[CH_2=O^+-CH_3]$ | $R-OCH_3$ 醚（$\alpha$ 位无取代基） |
| | $[CH_3-CH=O^+H]$ | 仲醇、$\alpha$ 甲基取代醇 |
| | $CHS^+$ | 硫醇、硫醚、噻吩类、饱和含硫杂环 |
| 46 | $NO_2^+$ | 硝酸酯 |
| | $CH_2=S^{+\cdot}$ | 饱和含硫杂环 |
| 47 | $CH_3O_2^+$ | 缩醛和缩酮（C≥2） |
| | $[CH_2=S^+H]$ | 脂肪硫醇和甲硫醚 |
| 50 | $C_4H_2^{+\cdot}$ | 芳香化合物、含吡啶基化合物 |
| | $CF_2^{+\cdot}$ | 碳氟化物 |
| 51 | $C_4H_3^+$ | 芳香化合物、含吡啶基化合物 |
| 52 | $C_4H_4^{+\cdot}$ | 芳香化合物、含吡啶基化合物 |
| 53 | $C_4H_5^+$ | 炔类、二烯类、呋喃类 |
| 54 | $C_4H_6^{+\cdot}$ | 炔类、环烷、环烯类 |
| | $[C_2H_4CN]^+$ | 脂肪腈类、脂肪二腈类 |
| 55 | $C_4H_7^+$ | 烷烃、烯烃、环烷烃、丁酯、脂肪伯醇、脂肪腈、硫醚 |
| | $C_3H_3O^+$ | 环酮类 |
| 56 | $C_3H_6N^+$ | 环胺类 |
| | $C_4H_8^{+\cdot}$ | 环烷烃、戊基酮、含丁基化合物 |
| 57 | $C_4H_9^+$ | 丁基化合物（尤为特丁基）、烷烃类 |
| | $C_3H_5O^+$ | 环醇、环醚、含丙酮基的化合物 |

| $m/z$ | 元素组成或可能结构式 | 化合物结构类型 |
|---|---|---|
| 58 | $[CH_2{=}C(OH){-}CH_3]^{+\cdot}$ | 甲基取代的酮(脂肪链部分的 $\alpha$ 位无取代)、$\alpha$ 甲基取代的脂肪醛类 |
| | $[(CH_3)_2N^+{=}CH_2]$ | 脂肪叔胺 |
| | $[C_2H_5{-}CH{=}N^+H_2]$ | $\alpha$ 乙基取代的脂肪伯胺 |
| 59 | $C_3H_7O^+$ | 醇类（$\alpha$ 取代）、醚类 |
| | $[COOCH_3]^+$ | 甲酯 |
| | $[CH_2{=}C(OH){-}NH_2]^{+\cdot}$ | 伯酰胺 |
| | $[CH_2{=}CHNHOH]^{+\cdot}$ | 醛肟类(R—CH=N—OH) |
| | $[NHCS]^{+\cdot}$ | 异硫氰酸酯 |
| 60 | $[CH_2{=}C(OH){-}OH]^{+\cdot}$ | 羧酸 |
| | $[HO{-}CH{=}CH{-}OH]^{+\cdot}$ | 糖类 |
| | $[CH_2{=}O^+{-}NO]$ | 硝酸酯、亚硝酸酯 |
| | $C_2H_4S^{+\cdot}$ | 饱和含硫杂环 |
| 61 | $[CH_3COO^+H_2]$ | $CH_3COOR$ （R 的 C≥2）、缩醛 |
| 62 | $[C_2H_5SH]^{+\cdot}$ | 乙硫醚 |
| 63 | $C_5H_3^+$ | 芳香族化合物 |
| 64 | $C_5H_4^{+\cdot}$ | 芳香族化合物 |
| 65 | $C_5H_5^+$ | 芳香族化合物 |
| 66 | $C_5H_6^{+\cdot}$ | 酚类、甲基吡啶类 |
| 68 | $[C_3H_6CN]^+$ | CN—R—CN (R 的 C≥3，且 $\alpha$ 和 $\beta$ 位无取代) |
| 69 | $CF_3^+$ | 三氟化合物 |
| | $C_4H_5O^+$ | 萜烯酮类 |
| 70 | $C_4H_8N^+$ | $\alpha$ 取代的吡咯烷 |
| | $C_3H_4NO^+$ | 异氰酸酯 |
| 71 | $C_4H_7O^+$ | $\alpha$ 取代的四氢呋喃类、丁酸酯类、丙基取代酮类、$\beta$-丁烯基醚 |
| 72 | $[C_2H_4CONH_2]^+$ | 伯酰胺类 |
| | $[CH_2{=}N^+{=}CS]$ | 异硫氰酸酯（硫氰酸的强度小） |
| | $C_4H_{10}N^+$ | 仲叔胺 |
| 73 | $[CH_2^+{-}C(OH){=}CH{-}OH]$ | 糖类 |
| | $C_3H_5S^+$ | 环硫醚 |
| | $C_3H_5O_2^+$ | 脂肪羧酸 $[C_2H_4COOH]^+$，脂肪羧酸酯 $[CH_2COOCH_3]^+$，$[COOC_2H_5]^+$，1,3-二氧芑烷类 |
| | $C_4H_9O^+$ | 脂肪族仲醇，脂肪族醚类 |
| | $[(CH_3)_3Si]^+$ | 三甲基硅醚衍生物 |
| 74 | $C_3H_6O_2^{+\cdot}$ | 麦氏重排，如：带 $\alpha$ 甲基取代的脂肪酸甲酯（酸基 C≥4），丙酸酯（醇基 C≥2） |
| 75 | $C_6H_3^+$ | 二取代苯（带有强的吸电子基团） |
| | $[CH_3O{-}CH{=}O^+{-}CH_3]$ | 二甲基缩醛化合物 |
| | $[C_2H_5SCH_2]^+$ | 硫醚 |

| $m/z$ | 元素组成或可能结构式 | 化合物结构类型 |
|---|---|---|
| 76 | $C_6H_4^{+\cdot}$ | 二取代苯 |
|  | $CH_2^+—NO_3$ | 硝酸酯 |
| 77 | $C_6H_5^+$ | 苯基取代物 |
| 78 | $C_6H_6^{+\cdot}$ | 苯基取代物 |
| 79 | $C_6H_7^+$ | 多环烷烃、多环烯烃、烷基苯 |
|  | $C_5H_5N^{+\cdot}$ | 含吡啶基化合物 |
| 80 | $HBr^{+\cdot}$ | 溴化物 |
|  | $C_5H_6N^+$ | 烷基取代吡咯类（C 或 N 原子上取代） |
| 81 | $C_5H_5O^+$ | 由 $XCH_2$ 取代的呋喃类 |
| 83 | $C_4H_3S^+$ | 含噻吩基化合物 |
|  | $H_4PO_3^{+\cdot}$ | $(RO)_2P—OH$ 类 |
| 84 | $C_5H_{10}N^+$ | 含吡咯基烷类，含哌啶基化合物 |
| 85 | $C_5H_9O^+$ | 四氢吡喃类 |
|  | $C_4H_5O_2^+$ | $\delta$-戊内酯类 |
| 86 | $C_5H_{12}N^+$ | 胺类 |
| 87 | $C_4H_7O_2^+$ | $n$-长链甲酯，含单甲基取代的二氧茂戊基化合物 |
| 88 | $C_4H_8O_2^{+\cdot}$ | 长链脂肪酸乙酯、$\alpha$ 甲基取代脂肪酸甲酯、$\alpha$ 乙基取代脂肪酸 |
| 89 | $C_7H_5$ | 苯并吡喃类、茚类、吲哚类、喹啉类和萘类等带有含 O、S、N 取代基的化合物 |
|  | $[(CH_3)_3SiO]^+$ | 三甲基硅醚衍生物 |
| 90 | $C_3H_6O_3^{+\cdot}$ | $\alpha$ 羟基取代的脂肪酸甲酯 |
| 91 | $C_7H_7^+$ | $C_6H_5CH_2X$（X 为取代基） |
|  | $C_4H_8Cl^+$ (cyclo) | 氯代烷（C≥6） |
| 92 | $C_6H_6N^+$ | $C_5H_4N—CH_2X$（$CH_2X$ 为吡啶上的取代基），具 $\gamma$-氢的苄基化合物 |
| 93 | $C_7H_9^+$ | 环二烯类、萜类 |
|  | $C_6H_7N^{+\cdot}$ | 烷基取代的吡啶 |
| 94 | $[CH_2=CH—C_4H_3O]^{+\cdot}$ | 类似咖伦宾（columbin）化合物 |
|  | $C_6H_6O^{+\cdot}$ | $C_6H_5OR$（R＞$CH_3$） |
|  | $[C(≡O^+)—C_4H_4N]$ | $C_4H_4N—COX$（COX 为吡咯上的取代基） |
|  | $[C_5H_5N^+—N—CH_3]$ | $XCH_2—C_4H_3N—N—CH_3$（$CH_2X$ 为吡咯上的取代基） |
| 95 | $[C(≡O^+)—C_4H_3O]$ | $C_4H_3O—COX$（COX 为呋喃上的取代基） |
|  | $C_6H_7O^+$ | $CH_3C_4H_2OCH_2$-甲基呋喃类 |
|  | $CH_3SO_3^+$ | 磺酸甲酯 |
| 96 | $C_7H_{12}^{+\cdot}$ | 脂肪族二烯类 |
|  | $[(CH_2)_5CN]^+$ | 脂肪族异氰化物 |
|  | $S_3$ | 硫元素 |

| $m/z$ | 元素组成或可能结构式 | 化合物结构类型 |
|---|---|---|
| 96 | $C_5H_5S^+$ | $C_4H_3S—CH_2X$（$CH_2X$ 为噻吩上的取代基） |
| | $C_6H_{11}N^{+\cdot}$ (cyclo) | 脂肪族腈类（C>5） |
| 98 | $[N—CH_3—N^+C_5H_9]$ | 哌啶类 |
| 99 | $[CH_2＝CH—C_3H_4O_2]^+$ (cyclo) | 亚乙基缩酮环化物（ethylene ketal） |
| | $C_4H_3O_3^+$ | 马来酸酯 |
| | $[(C_2H_5)_2NCO]^+$ | 脂肪酸 $N,N$-二乙基酰胺 |
| | $C_5H_7O_2^+$ | $\delta$-己内酯类 |
| | $PH_4O_4^+$ | 烷基磷酸酯 |
| | $[HO—C_5H_8N]^{+\cdot}$ (cyclo) | 异氰酸酯（C>4） |
| 100 | $[CH_2＝N^+C_4H_8O]$ (cyclo) | 烷基取代吗啉 |
| | $C_2F_4^{+\cdot}$ | 氟化物 |
| 103 | $[(CH_3)_3SiO^+＝CH_2]$ | 三甲基硅醚衍生物 |
| | $[C_6H_5CH＝CH]^+$ | 肉桂酸酯 |
| | $C_7H_5N^{+\cdot}$ | 烷基取代吲哚 |
| 104 | $[C_6H_4(＝CH_2)_2]^{+\cdot}$ | 茚满或萘满类 |
| | $[C_6H_5CH＝CH_2]^{+\cdot}$ | 苯乙烯类 |
| 105 | $[C_6H_5CO]^+$ | 苯甲酰取代基化合物（$m/z$ 105>77） |
| | $C_6H_5N_2^+$ | 芳香偶氮化合物（$m/z$ 105<77） |
| | $C_8H_9^+$ | 烷基苯 |
| 106 | $[Ph—NHCH_2]^+$ | 含苯氨基的 $N$-烷基取代物 |
| | $C_6H_4NO^+$ | 吡啶羧酸酯 |
| | $C_7H_8N^+$ | $\alpha$ 氨基取代烷基苯 |
| 107 | $C_7H_7O^+$ | $HO—C_6H_4—CH_2—R$ 羟基取代烷基苯，$C_6H_5—CH(OH)—R$ $\alpha$ 羟基取代烷基苯 |
| 109 | $C_5H_7N_3^{+\cdot}$ | 嘌呤类 |
| 110 | $C_7H_{10}O^{+\cdot}$ | 特定的雌甾烷 |
| 111 | $[C(≡O^+)—C_4H_3S]^+$ | $C_4H_3S—COX$（COX 为噻吩上的取代基） |
| | $C_5H_3SO^+$ | 2-噻吩羧酸，2-噻吩羧酸酯 |
| 113 | $C_6H_9O_2^+$ | 甲基丙烯酸酯 |
| 115 | $[HS—C_5H_8N]^{+\cdot}$ (cyclo) | 异硫氰酸酯（C>4） |
| 116 | $C_8H_7N^{+\cdot}$ | 烷基吲哚、吲哚酸、吲哚醛类 |
| | $[HS—C_4H_3S]^{+\cdot}$ | $C_4H_3S—SR$　（SR 为噻吩上的取代基，R 为烷基） |
| 119 | $C_2F_5^+$ | 多氟化物 |
| | $C_9H_{11}^+$ | 烷基苯类 |
| 120 | $C_7H_4O_2^{+\cdot}$ | $o$-XCO—$C_6H_4$—OY，黄酮类，异黄酮类 |
| 121 | $C_7H_5O_2^+$ | 水杨酸酯 |
| | $C_8H_9O^+$ | 烷基酚 |
| | $C_9H_{13}^+$ | 二萜类 |

| $m/z$ | 元素组成或可能结构式 | 化合物结构类型 |
|---|---|---|
| 122 | $[C_6H_5COOH]^{+\cdot}$ | 苯甲酸酯类 |
| | $C_8H_{10}O^{+\cdot}$ | $\Delta^1$-3-甾酮、$\Delta^2$-3-甾酮、$\Delta^4$-3,11-甾二酮等甾体类 |
| 123 | $[C_6H_5COOH_2]^+$ | 苯甲酸酯类 |
| | $C_8H_{11}O^+$，$C_9H_{15}^+$ | 倍半萜烯酮类 |
| 124 | $C_8H_{12}O^{+\cdot}$ | 特定的雄甾烷和孕甾烷 |
| 127 | $I^+$ | 碘化物 |
| | $C_{10}H_7^+$ | 萘类 |
| | $C_2H_8O_4^+$ | $(CH_3O)_2P(=O)OR$ 类 |
| 128 | $HI^{+\cdot}$ | 碘化物 |
| 129 | $[(CH_2)_6COOH]^+$ | 长碳链脂肪酸 |
| 130 | $C_9H_8N^+$ | $C_8H_6N-CH_2X$（$CH_2X$ 为吲哚的吡咯环上取代基） |
| | $C_8H_4NO^+$ (cyclo) | N-取代邻苯二甲酰亚胺类 |
| 131 | $C_9H_7O^+$ | $C_8H_5O-CH_2X$（$CH_2X$ 为苯并呋喃的呋喃环上的取代基） |
| 135 | $C_4H_8Br^+$ (cyclo) | 溴代烷（C≥6） |
| 139 | $C_{11}H_7^+$ | 苯基取代芳香族化合物、苯并杂环 |
| 141 | $C_{11}H_9^+$ | 烷基取代萘 |
| | $C_6H_5SO_2^+$ | 芳香砜类 |
| 142 | $C_{10}H_8N^+$ | 喹啉类 |
| | $CH_3I^{+\cdot}$ | N 上烷基取代的季铵碘盐 |
| 143 | $[(CH_2)_6COOCH_3]^+$ | 长碳链脂肪酸甲酯 |
| 147 | $C_9H_7S^+$ | $C_8H_5S-CH_2X$（$CH_2X$ 为苯并噻吩的噻吩环上的取代基） |
| 149 | $[(o)C_6H_4(C=O)_2OH]^+$ (cyclo) | 邻苯二甲酸酯类（除甲酯外） |
| 152 | $C_{12}H_8^{+\cdot}$ | 苯基取代芳香族化合物、苯并杂环 |
| 165 | $C_{13}H_9^+$ | 二苯甲烷类、取代联苯类 |
| 166 | $C_{12}H_8N^+$ | 二苯胺类 |
| 167 | $C_{12}H_9N^{+\cdot}$ | 二苯胺类 |
| | $C_{13}H_{11}^+$ | 烷基取代联苯类、二苯甲烷类 |

# 附录 4　压力换算表

# 附录 5　标准参考物质 EI 碎片离子的精确质量及其元素组成式

# 附录 6　部分分子和自由基的气相离子热化学数据

# 附录 7　互联网上与质谱相关的资源

# 附录 8　液-质联用与常见气-质联用干扰离子(或谱图)

# 附录 9　习题答案

附录 4～附录 9 的内容请扫描下方二维码关注化学工业出版社"化工帮 CIP"微信公众号，在对话页面输入"有机质谱解析导论附录"获取电子版下载链接。